国家出版基金资助项目
"十三五"国家重点出版物出版规划项目

重有色金属冶金
生产技术与管理手册

铅 卷

中国有色金属学会重有色金属冶金学术委员会　组织编写

唐谟堂　总主编　　　尉克俭　副总主编　　　李卫锋　主编

Handbook for Metallurgical Production Technology and
Management of Heavy Nonferrous Metals
Lead Volume

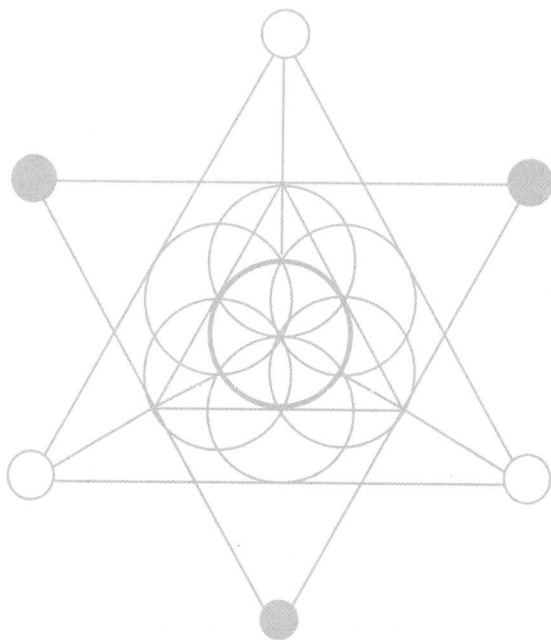

中南大学出版社
www.csupress.com.cn

图书在版编目(CIP)数据

重有色金属冶金生产技术与管理手册. 铅卷／唐谟堂
总主编. —长沙：中南大学出版社，2022.9
　　ISBN 978-7-5487-4853-3

　　Ⅰ. ①重… Ⅱ. ①唐… Ⅲ. ①炼铅—技术手册②炼铅
—生产管理—手册 Ⅳ. ①TF81-62

　　中国版本图书馆 CIP 数据核字(2022)第 047173 号

重有色金属冶金生产技术与管理手册
ZHONGYOUSEJINSHU YEJIN SHENGCHAN JISHU YU GUANLI SHOUCE

铅　卷
QIAN JUAN

唐谟堂　总主编

□出 版 人	吴湘华
□责任编辑	史海燕
□责任印制	唐　曦
□出版发行	中南大学出版社

社址：长沙市麓山南路　　　　邮编：410083
发行科电话：0731-88876770　　传真：0731-88710482

□印　　装　湖南省众鑫印务有限公司

□开　　本　710 mm×1000 mm 1/16　□印张 22.75　□字数 455 千字
□版　　次　2022 年 9 月第 1 版　　□印次 2022 年 9 月第 1 次印刷
□书　　号　ISBN 978-7-5487-4853-3
□定　　价　180.00 元

重有色金属冶金生产技术与管理手册

编写组织单位及负责人

中国有色金属学会重有色金属冶金学术委员会

主　　任　陆志方

副 主 任　张传福　彭金辉　蒋开喜

　　　　　张廷安　周　民　黄明金

秘 书 长　尉克俭

副秘书长　陈　莉

重有色金属冶金生产技术与管理手册
铅卷

编委会

内容简介

　　《重有色金属冶金生产技术与管理手册》总结了我国60多年来，特别是近40年来在重有色金属冶金技术、单元生产过程(工序)生产实践与管理方面的经验和进步。本手册共六卷，按铜卷、镍钴卷、铅卷、锌卷、锡锑铋卷、综合利用及通用技术卷顺序先后出版，分别介绍重有色金属及伴生元素在先进工艺冶炼生产中各单元过程的生产实践和管理状况，收集了大量技术数据和实例。本手册与以前出版的手册或相关书籍有显著区别，其主要特点和创新是突出设备运行及维护，突出生产实践与操作，包括工艺技术条件与指标、操作步骤及规程、常见事故及其处理，突出计量、检测和自动控制，突出单元生产过程(工序)管理，包括原辅材料、能量消耗、金属回收率、产品质量和生产成本的控制与管理。本手册是一部大型工具书，可供冶金、资源再生利用、检测与自控、安全与环保、企业管理专业人员参考，亦可作为上述专业职业院校的教材，更可供冶炼厂基层单位(车间、工段)生产人员学习借鉴。

　　铅卷共7章。第1章绪言，简介铅的性质、资源、生产方法、基本原理和应用。第2章熔池熔炼，包括硫化铅精矿的富氧底吹、顶吹、侧吹氧化熔炼，液态高铅渣的富氧底吹、侧吹还原熔炼，以及固态高铅渣的鼓风炉还原熔炼。第3章喷射熔炼，介绍了硫化铅精矿及铅物料的基夫赛特法和闪速熔炼法的富氧直接炼铅技术。第4章再生铅冶炼，介绍了废铅酸蓄电池分选，短回转窑熔炼脱硫铅膏，底吹法和侧吹法富氧熔池熔炼废铅酸蓄电池铅膏，以及还原造锍熔炼处理铅物料。第5章粗铅精炼，包括粗铅火法初步精炼和电解精炼。第6章铅生产安全及劳动卫生。第7章铅生产"三废"治理与环境保护。

序言

Preface

　　20 世纪 80 年代以来，我国重有色金属冶金行业发生了翻天覆地的变化，技术进步在行业发展过程中发挥了主要的引领与推动作用。一方面通过原始创新和集成创新，另一方面通过引进、消化和再创新，行业取得了一大批重大成果，工艺技术和核心装备都已经从引进走向出口，实现了从跟进到引领的重大转变，推动我国重有色金属冶金领域的主体工艺和技术达到世界先进水平。

　　底吹和侧吹富氧熔池熔炼就是自主原始创新的典型范例：底吹富氧熔池熔炼从无到有，从半工业试验研究到产业化应用，从铅精矿的氧化熔炼到液态氧化铅渣的还原熔炼，再扩展到铜、金精矿的造锍熔炼，以及铜锍吹炼和阳极泥处理，为重有色金属冶金工艺技术的发展和进步开辟了新途径。侧吹富氧熔池熔炼从铜、镍精矿造锍熔炼和锍吹炼到铅的冶炼，其装备技术也不断发展，从白银炉到金峰炉乃至浸没燃烧侧吹炉等，使侧吹富氧熔池熔炼工艺的应用快速拓展，全面应用在老厂改造和新厂建设中，技术水平大为提升。

　　闪速熔炼和基夫赛特冶炼等悬浮冶金工艺以及顶吹熔池熔炼工艺是引进、消化和再创新的典型范例：闪速熔炼产能大，广泛应用于铜、镍精矿的造锍熔炼和铜锍吹炼。基夫赛特冶炼实现了铅精矿及铅物料的直接冶炼，原料适应性广，综合利用好。顶吹熔池熔炼工艺，无论是艾萨法还是澳斯麦特法，首先应用于铜精矿的造锍熔炼和锡精矿的还原熔炼，随后扩展到铅冶炼、镍精矿的造锍熔炼及铜锍吹炼，实现了从引进、完善、拓展到创新突破的水平提升。

　　镍铁冶金工艺与技术，从无到有，从小高炉、小电炉冶炼低品位含镍生铁发展到转底炉、回转窑等煤基直接还原生产高品位镍铁，从与国外的技术合作发展到自主设计开发、深入开展 RKEF 工艺与技术研究，实现了产业化应用，在节能、环保、大型化等方面均取得长足的进步。此外，在羰化冶金及原料干燥等预处理技术方面，也都取得了可喜的进步。

　　湿法冶金的电解工艺与技术，从小板到大板，从人工作业到自动化生产线，从始极片到永久阴极，从低电流密度到高电流密度，技术水平不断提升。湿法冶金的堆浸和槽浸工艺也有较大技术进步；硫化锌精矿、硫化铜钴矿、复杂金矿、高镍锍和红土矿的中高压浸出均实现规模化生产，使伴生资源得到综合回收和利用。从控制手段到工艺作业条件，无论是应用的广度还是技术的整体水平，均实现了质的飞跃。此外，在溶剂萃取、电解液净化等方面，也都取得了骄人的成绩。

在二次资源处理工艺与技术方面，从倾动炉、顶吹旋转转炉的技术引进到侧吹浸没燃烧技术的自主创新，从高品位紫杂铜的处理到低品位复杂物料的综合回收再到硫酸铅泥膏的高效回收，从与硫化矿搭配处理到原料细分、短流程利用，二次资源利用的整体技术水平得到显著提升。

在装备技术方面，技术进步的成果更是令人赞叹：到目前为止，我国几乎已经占有了世界上重有色金属冶金领域所有主要工艺技术的规模之最，各种工艺最大的主体装备多数集中在我国，并且是由我们自己设计制造的。

技术进步推动了全行业的健康发展，科技创新支撑了行业技术的不断进步。创新是我们进步与发展的原动力。我国重有色金属冶炼行业的技术进步充分证明了这一点。为总结我国重有色金属冶炼行业的技术进步成果，反映冶金生产单元过程生产实践和管理方面的技术进步和经验，中国有色金属学会重有色金属冶金学术委员会汇集行业一线的专家、教授编写了《重有色金属冶金生产技术与管理手册》。与此前出版的同领域各种技术手册、专著不同，本手册侧重于生产实践与操作，包括各单元生产过程工艺技术指标、设备运行及维护、操作步骤及规程、常见事故及其处理，以及过程物流、能源、质量、成本测控与管理。作为一种新的探索和尝试，希望能够给读者提供更多的资讯和帮助。

此书面世，有赖于全国各重有色金属冶炼企业给予的极大支持，得益于参编人员付出的艰辛努力，我代表手册组织单位向以总主编及各卷主编为代表的所有为此付出心血、提供支持的各位专家、教授、领导、同仁致以衷心的感谢！相信手册的出版发行，必将为推动行业技术与管理水平的持续提升、促进我国重有色金属冶金行业的创新发展发挥重要作用。

中国有色金属学会重有色金属冶金学术委员会主任委员
中国有色工程有限公司党委书记、执行董事、总经理
中国恩菲工程技术有限公司董事长

陆志方

前言

Foreword

近四十年来，我国重有色金属冶金技术取得长足进步。20 世纪 80 年代，我国引进的铜闪速熔炼、锌大型硫态化焙烧技术获得成功，之后我国自行研发的底吹、侧吹富氧熔池熔炼工艺和引进的顶吹熔炼、锌精矿直接浸出工艺成功应用，并在铜、铅、锌、锡、镍冶金中快速推广。针对这种情况，已出版了一些介绍重有色金属冶金技术成就的书籍，但尚未介绍冶金单元生产过程(工序)的技术参数执行、过程控制和管理方面的进步和经验，而这些对冶金生产是非常重要的，各冶炼厂将其作为内部资料，从不公开发表，很少彼此交流。

在上述背景下，中国有色金属学会重有色金属冶金学术委员会(以下简称重冶学委会)决定组织《重有色金属冶金生产技术与管理手册》的编写。2010 年 3 月在昆明召开的"低碳经济条件下重有色金属冶金技术发展研讨会"期间召集重有色金属冶金行业的参会人员对该手册的编写事宜进行专门讨论，确定了中南大学唐谟堂教授任总主编，受重冶学委会委托，尉克俭秘书长号召各单位积极参编，提出可撰稿的内容范围，推荐编写人员和编委。2011 年 11 月在深圳召开的"全国重有色金属冶炼资源综合回收利用与清洁生产技术经验交流会"期间，重冶学委会又组织参会人员进行了第二次专门讨论，确定了入编原则，研讨了总主编提出的编写提纲，确定突出单元生产过程(工序)的生产实践与管理是本手册的特色；根据各单位的推荐和对撰稿范围的要求，初步确定了铜卷、镍钴卷、铅卷、锌卷的责任主编和编写分工。之后又确定了锡锑铋卷、综合利用及通用技术的责任主编和编写分工。

在重冶学委会的组织下，各卷分别召开两次以上的编写工作会议，确定编写细纲和部分撰稿任务调整。初稿完成后交责任主编汇总和审改，汇总稿交总主编审核修改，对撰稿人提出修改补充要求，然后返回撰稿人进行补充和修改，补充修改的内容返回后，总主编进行第二次审改，二审稿由总主编和副总主编终审定稿。

重冶学委会副秘书长陈莉女士对手册的编写做了大量的组织联络工作，中南大学出版社给予了大力支持，本手册的出版还获得国家出版基金的资助，特此鸣谢。

《重有色金属冶金生产技术与管理手册》总结了我国60多年来，特别是40年来在重有色金属冶金技术、单元生产过程（工序）生产实践与管理方面的经验和进步。本手册突出设备运行及维护，突出生产实践与操作，强调计量、检测和自动控制，突出单元生产过程（工序）管理，是一部大型工具书，可供冶金、检测与自控、安全与环保、企业管理专业人员参考，亦可作为上述专业职业院校的教材，更可供冶炼厂基层单位（车间、工段）生产人员学习借鉴。

参与和完成铅卷编写工作的单位有：河南豫光金铅集团股份有限公司、中南大学、中国恩菲工程技术有限公司、矿冶科技集团有限公司/北京科技大学、江西铜业铅锌金属有限公司、云南冶金集团驰宏锌锗有限公司、广西南方金属有限公司、河南万洋有限公司、株洲冶炼集团股份有限公司、湖南锐异资环科技有限公司。

铅卷各章节的撰稿者如下：第1章李卫锋。第2章：2.1李卫锋，2.2.1张涛、赵振波，2.2.2蔺公敏、荆涛、李卫锋，2.2.3俞兵，2.3.1李贵、李卫锋，2.3.2武鹏举、李泽，2.3.3马宝军、张立、马绍斌。第3章：3.1李卫锋，3.2李样人，3.3王成彦。第4章：4.1李卫锋，4.2李迁、王艳波，4.3李卫锋、李贵，4.4赵振波，4.5刘维，4.6唐朝波。第5章：5.1李卫锋，5.2李卫锋、陈选元，5.3彭海良、陈选元、王辉。第6章李波、孙兴凯。第7章李波、刘涛。

由于编者学识水平有限，手册中错误在所难免，敬请各位同行和读者批评指正，以便在本手册再版时修正。

目录

Contents

第 1 章　绪言

铅为史前金属之一。在公元前 7000—公元前 5000 年，前人就知道利用铅。根据史料记载，最初铅是与金和银同时在埃及得到的，现保存在大英博物馆的一座铅像是公认最古老的铅标本之一。这座铅像是公元前 3000 年的产物。远古时代人们偶然把方铅矿投进篝火中，它先被烧成氧化物，然后被碳还原成金属铅。在伊拉克乌尔城等城市发掘古迹所获得的材料中，不仅找到属于公元前 4000 年间的铅等金属物件，而且有古代波斯人所用的楔形文字的黏土板文件记录。处理铅矿最早的国家是西班牙和希腊，罗马人在公元前 3 世纪已经会熔炼金属铅和制造铅质水管、铅板及铅币。

中国铅发现最早的是河南偃师二里头遗址出土的铅块，它存在于距今 3500～4000 年。在商代和西周的墓葬中也出土了铅制的爵、觚、尊、鼎和戈，西周的铅戈中含铅已达 99.75%。我国在夏朝(公元前 21 世纪至公元前 16 世纪)已用铅做货币。宋应星著《天工开物》中列举的铅矿物种类就有"银铅矿""铜山铅"等，并记述了铅的冶炼方法。

在古代，除了金属铅外，人们还知道某些铅化合物，例如铅丹(Pb_3O_4)被普遍用作化妆品，密陀僧(PbO)和铅白$[2PbCO_3 \cdot Pb(OH)_2]$曾用在医药上。

北美于 1621 年开始采炼铅矿，17 世纪欧洲有大规模生产铅的记载，但直到 19—20 世纪全世界才开始大规模生产和应用铅，主要产铅国家有美国、苏联、日本、德国、英国、中国等。1800 年欧洲产铅约 20 kt，其中一半产于英国，1900 年欧美两洲约产铅 78 kt。21 世纪初，世界铅产量居有色金属的第四位，已超过 4 Mt，我国 2000 年就产铅 1.034 Mt。

我国已成为世界第一大铅消费国和铅生产国。但我国铅矿资源严重不足，且多为难处理的复杂低品位矿，资源对外依存度高。我国铅消费中，除满足国内正常的消费需求外，铅酸电池及其部件的出口量占比较大。因此，我国铅冶金工业在注重节能、环保、低成本和高生产率的同时，要在难处理矿和复杂氧化矿上下大力气，重点在低品位硫酸铅二次物料的资源化利用上开展新工艺的研究和产业化，以实现铅工业的可持续发展。

1.1 铅的性质和化合物

1.1.1 铅的物理性质

金属铅结晶为等轴晶系,其物理特点为硬度小、密度大、熔点低、沸点高、展性好、延性差、对电与热的传导性能差、高温下容易挥发、在液态下流动性大。铅是放射性元素铀、锕和钍分裂的最后产物,可吸收放射线,具有抗放射性物质透过的性能。其物理性质列于表1-1。表1-2是铅在相应温度下的蒸汽压。

表1-1 铅的主要物理性质

项目	熔点 /℃	硬度 (莫氏)	340℃下黏度 /(Pa·s)	100℃下平均热容 /(J·g^{-1}·℃$^{-1}$)
数值	327.43	1.5	0.189	0.1505
项目	沸点 /℃	熔化潜热 /(J·g^{-1})	327.5℃下表面张力 /(Pa·cm^{-1})	100℃下导热系数 /(J·cm^{-1}·s^{-1}·℃$^{-1}$)
数值	1525	26.17	44.4	0.339
项目	原子量	气化潜热 /(J·g^{-1})	20℃下密度 /(g·cm^{-3})	20~40℃下比电阻 /(μΩ·cm^{-2})
数值	207.21	840	11.3437	20.648

表1-2 铅的蒸汽压与温度的关系

温度/℃	620	710	820	960	1130	1290	1360	1415	1525
蒸汽压/kPa	1.33×10^{-4}	1.33×10^{-3}	1.33×10^{-2}	0.133	1.33	6.7	13.3	38.5	101.3

可见在高温下铅的挥发性很强,所以在火法炼铅过程中容易导致铅的挥发损失和环境污染,炼铅厂必须设置完善的收尘设备。

1.1.2 铅的化学性质

铅在干燥的常温空气中或在不含空气的水中,不发生任何化学变化;但在潮湿和含有 CO_2 的空气中,会失去光泽而变成暗灰色,其表面被 PbO_2 薄膜所覆盖,此膜慢慢转变成碱性碳酸铅 $3PbCO_3 \cdot Pb(OH)_2$。铅在空气中加热熔化时,最初氧化成 Pb_2O,温度升高时则氧化为 PbO,继续加热到 $330 \sim 450℃$,PbO 氧化为

Pb_2O_3，在 $450\sim470℃$，则形成 Pb_3O_4（即 $2PbO\cdot PbO_2$，俗称红丹或铅丹）。无论是 Pb_2O_3 或 Pb_3O_4，在高温下都会离解生成 PbO，因此 PbO 是高温下唯一稳定的氧化物。CO_2 对铅的作用不大；浸没在水中（无空气）的铅很少腐蚀。

铅易溶于硝酸（HNO_3）、硼氟酸（HBF_4）、硅氟酸（H_2SiF_6）及醋酸（CH_3COOH）等；盐酸与硫酸在常温下仅与铅的表面起反应而形成几乎是不溶解的 $PbCl_2$ 和 $PbSO_4$ 膜，但铅与硝酸形成的 $Pb(NO_3)_2$ 在水溶液中不太稳定，容易生成挥发性的氮氧化物。可见，以工业上常用的"三酸"都不适宜用作湿法炼铅和粗金属铅的水溶液电解精炼的溶剂。这是湿法炼铅工业化规模生产的困难所在，也是粗铅电解精炼不得不采用较昂贵的 H_2SiF_6 做电解质的缘故。

1.1.3　铅的主要化合物

1. 硫化铅

硫化铅在自然界中以方铅矿形式存在，为黑色（结晶态呈灰色），有金属光泽。硫化铅密度为 $7.4\sim7.6\ g/cm^3$，熔点为 $1135℃$，熔化后流动性强，可透过黏土质耐火材料而不起侵蚀作用，易渗入砖缝。$600℃$ 时 PbS 开始挥发，其蒸气压列于表 1-3。

表 1-3　PbS 的蒸气压与温度的关系

温度/℃	852	928	975	1074	1108	1160	1221	1281
蒸气压/kPa	0.133	0.667	1.33	7.99	13.3	26.7	53.3	101.3

PbS 的离解压很小，$1000℃$ 时仅为 $16.8\ Pa$。但 PbS 中的 Pb 可被对硫亲和力大的金属置换，如温度高于 $1000℃$ 时，铁可置换 PbS 中的铅。这就是"沉淀熔炼"炼铅的原理。PbS 可与 FeS、Cu_2S 等金属硫化物形成锍。CaO 和 BaO 可分解 PbS：

$$4PbS+4CaO \Longrightarrow 4Pb+3CaS+CaSO_4 \tag{1-1}$$

在还原气氛下，可发生下列反应：

$$2PbS+CaO+C(CO) \Longrightarrow Pb+PbS\cdot CaS+CO(CO_2) \tag{1-2}$$

当炉料中存在大量 CaS 时，会降低铅的回收率，因为 CaS 将与 PbS 形成稳定的 $PbS\cdot CaS$。

在铅的熔点附近，PbS 不溶于铅，随着温度的升高，PbS 在铅中的溶解度增加。到 $1040℃$ 时，PbS 与 Pb 的熔合体分为两层：上层含 PbS 89.5%，Pb 10.5%；下层含 PbS 19.4%，Pb 80.6%。当冷却时 PbS 以纯净的结晶体从 Pb-PbS 熔合体中析出，这是鼓风炉熔炼中炉结形成的原因之一。

PbS 溶解于 HNO_3 及 $FeCl_3$ 的水溶液中，所以 HNO_3 和 $FeCl_3$ 均可用来作为方

铅矿的浸出剂。PbS 几乎不与 C 和 CO 发生作用。PbS 在空气中加热时生成 PbO 和 $PbSO_4$，其开始氧化温度为 360~380℃。

2. 氧化铅

铅有一氧化铅(PbO)、四氧化三铅(Pb_3O_4)和二氧化铅(PbO_2)三种氧化物。一氧化铅是最重要的铅氧化物，习惯上称之为氧化铅，又名密陀僧、黄丹，熔点为 886℃，沸点为 1472℃，有两种同素异形体，正方晶系的红密陀僧和斜方晶系的黄密陀僧。熔化的密陀僧急冷时呈黄色，缓冷时呈红色，前者在高温下稳定，两者的相变点为 450~500℃。PbO 在不同温度下的平衡蒸汽压列于表 1-4。

表 1-4 PbO 的蒸汽压与温度的关系

温度/℃	943	1039	1085	1222	1265	1330	1402	1472
蒸汽压/kPa	0.133	0.667	1.33	7.99	13.3	26.7	53.3	101.3

PbO 能氧化 Te、S、As、Sb、Bi 和 Zn 等。PbO 是两性氧化物，既可与 SiO_2、Fe_2O_3 结合成硅酸盐、铁酸盐，亦可与 CaO、MgO 等形成铅酸盐：

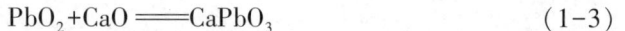

$$PbO_2 + CaO \Longrightarrow CaPbO_3 \tag{1-3}$$

还可与 Al_2O_3 结合生成铝酸盐。因而，PbO 对硅砖和黏土砖的侵蚀作用很强烈。所有的铅酸盐都不稳定，在高温下离解并放出氧气。PbO 是良好的助熔剂，它可与许多金属氧化物形成易熔的共晶体或化合物。PbO 过剩时，难熔的金属氧化物即使不形成化合物也会变成易熔物。这种作用在炼铅过程中具有重要意义。PbO 属难离解的稳定化合物，易被 C 和 CO 还原。

3. 硫酸铅

硫酸铅($PbSO_4$)的密度为 6.34 g/cm^3，熔点为 1170℃。$PbSO_4$ 是比较稳定的化合物，开始分解的温度为 850℃，而激烈分解的温度为 905℃。PbS、ZnS 和 Cu_2S 等的存在可促进 $PbSO_4$ 的分解，促使其开始分解温度降低。例如 $PbSO_4$ + PbS 系中，反应开始温度为 630℃。$PbSO_4$ 和 PbO 均能与 PbS 发生交互反应生成金属铅：

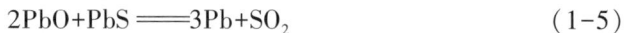

$$PbSO_4 + PbS \Longrightarrow 2Pb + 2SO_2 \tag{1-4}$$

$$2PbO + PbS \Longrightarrow 3Pb + SO_2 \tag{1-5}$$

这都是硫化铅精矿直接熔炼的重要反应。

4. 氯化铅

氯化铅($PbCl_2$)为白色，熔点为 498℃，沸点为 954℃，密度为 5.91 g/cm^3。$PbCl_2$ 在水溶液中的溶解度甚小，25℃时为 1.07%，100℃时才为 3.2%。但 $PbCl_2$ 溶解于碱金属和碱土金属的氯化物(如 NaCl 等)水溶液中。$PbCl_2$ 在 NaCl 水溶液中的溶解度随温度和 NaCl 浓度的升高而增大，当有 $CaCl_2$ 存在时，其溶解度更大。例如，在 50℃ 下 NaCl 饱和溶液中铅的最大溶解度为 42 g/L；当有 $CaCl_2$ 存在的 NaCl 饱和溶液加热至 100℃ 时，则铅的溶解度可达 100~110 g/L。$PbCl_2$ 溶解于浓氯化物溶液中的这一特性是人们曾经开展的湿法炼铅研究的重要依据。

1.2　铅资源

1.2.1　原生铅资源

铅是一种较为重要的重有色金属资源，其产量仅次于铝、铜、锌，在有色金属产量中排名第四位。在自然界地壳中，铅的丰度为 0.0016%，储量较为丰富，以方铅矿（PbS）为主，其次是白铅矿（$PbCO_3$）和硫酸铅矿（$PbSO_4$）。常与锌矿、铜矿共生或伴生形成铅锌矿或铅铜锌矿。单一铅矿床和以铅为主的复合矿床的铅资源占总储量的 32.2%，还有少量铅矿存在于各种钍矿、铀矿中。

1. 铅储量

根据美国地质勘探局 *Mineral Commodity Summaries* 2020 年的统计数据，世界铅资源总储量为 9000 万 t。2019 年世界主要国家铅资源储量及占比如表 1-5 所示。

表 1-5　2019 年世界主要国家铅资源储量及占比

排名	国家	储量/万 t	占比/%	排名	国家	储量/万 t	占比/%
1	澳大利亚	3600	39.8	7	印度	250	2.8
2	中国	1800	19.9	8	哈萨克斯坦	200	2.2
3	俄罗斯	640	7.1	9	玻利维亚	160	1.8
4	秘鲁	630	7.0	10	瑞典	110	1.2
5	墨西哥	560	6.2	11	土耳其	86	1.0
6	美国	500	5.5	12	其他国家	500	5.5

由表 1-5 可知，澳大利亚和中国储量较多，合计约占世界总铅储量的 60%。中国的铅资源储量居世界第二，约为全球总储量的 20%，但已探明的铅矿人均储量低于世界平均水平。我国铅资源集中在中、西部，如川滇、岭南、秦岭-祁连山、狼山-阿尔泰山地区，内蒙古白音诺尔、湖南常宁和湘西、云南兰坪金顶、甘肃西河和成县、广东凡口等地，其合计储量占全国总储量的 72%。我国铅资源特点为：①主要与锌伴生，且矿石含铅低、含锌高，伴生组分多，矿石类型复杂；

②多为低品位矿石，铅加锌总品位为 5%~10%；③以硫化矿为主。

2. 世界铅精矿的生产概况

世界铅精矿产能大的国家主要为中国、澳大利亚、秘鲁、美国以及欧洲部分国家。根据国际铅锌研究小组（ILZSG）统计数据，2019 年世界铅精矿铅产量为 470.5 万 t，中国和澳大利亚产量分别为 205.8 万 t 和 47.2 万 t。2019 年世界主要国家铅精矿产量及占比如表 1-6 所示。

表 1-6　2019 年世界主要国家铅精矿铅产量及占比

排名	国家	产量/万 t	占比/%	排名	国家	产量/万 t	占比/%
1	中国	205.8	43.7	7	印度	20.1	4.3
2	澳大利亚	47.2	10.0	8	玻利维亚	8.8	1.9
3	秘鲁	30.8	6.6	9	瑞典	7.2	1.5
4	美国	28.3	6.0	10	土耳其	7.1	1.5
5	墨西哥	25.9	5.5	11	哈萨克斯坦	5.6	1.2
6	俄罗斯	22.0	4.7	12	其他国家	61.7	13.1

3. 中国铅资源开发强度大

从资源开发强度上看，中国铅精矿开发强度远高于世界其他国家。2019 年，中国铅精矿产量占世界总产量的 43.7%，而储量仅占世界总储量的 20.0%，铅精矿静态储采比（USGS 储量数据与 ILZSG 产量数据之比）为 8.7 年；澳大利亚铅精矿产量占世界总产量的 10.0%，储量却占世界总储量的 40.0%，铅精矿静态储采比为 76.3 年。世界其他主要铅精矿生产国产量占比与储量占比基本一致。2019 年世界主要国家铅精矿储采情况如图 1-1 所示。

4. 中国铅精矿进口需求大

虽然中国是世界铅资源大国，但作为世界第一大精炼铅生产国，铅精矿进口需求依然较大。2019 年，中国消费了世界铅精矿总产量中的 60.8%，进口铅精矿实物量为 161.2 万 t，折铅金属量为 80.6 万 t（按铅精矿含铅 50% 折算），占世界铅精矿总产量的 17.1%。2019 年中国进口铅精矿来源国结构如图 1-2 所示。

2019 年中国分别自俄罗斯、澳大利亚、秘鲁进口铅精矿（折铅金属）15.31 万 t、11.28 万 t、8.87 万 t，分别占中国进口铅总量的 19%、14%、11%。

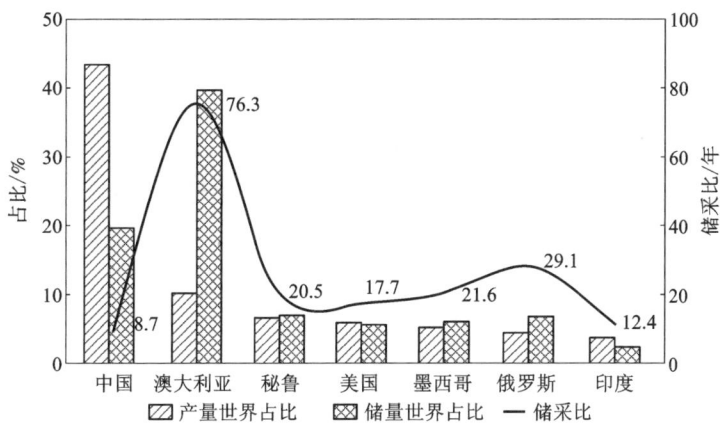

图 1-1 2019 年世界主要国家铅精矿储采情况

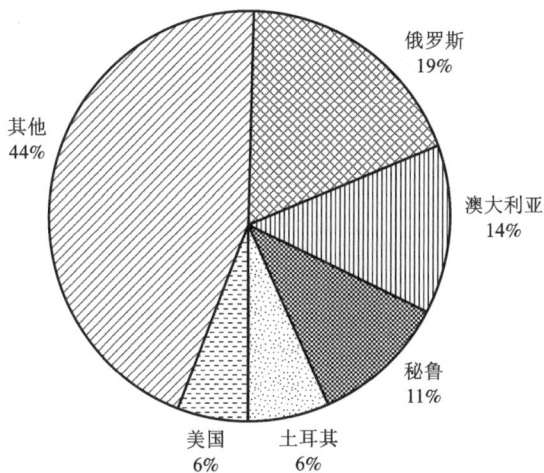

图 1-2 2019 年中国进口铅精矿来源国结构

1.2.2 再生铅资源

再生铅资源种类繁多，可分为五大类，按照占比从大到小依次为废铅酸蓄电池极板及膏泥、含铅烟尘、硫酸铅废料、氯化铅废料、铅合金废料。其中废铅酸蓄电池极板及膏泥占再生铅总量的 85% 以上。废铅酸蓄电池成分较复杂，一个 12 V 的废铅酸蓄电池的组成为：阳极栅板（Pb-Sb 合金）2.05 kg，阴极栅板（纯 Pb）2.27 kg，阳极膏泥 3.29 kg，阴极膏泥 2.28 kg，硫酸 4.4 kg(2.5 L)。含铅烟尘包括铅冶炼开路烟尘和阳极泥处理烟尘等。硫酸铅废料包括湿法炼锌高浸渣、立德粉厂废渣、提铟废渣和酸泥等。氯化铅类废料包括氯化精炼渣、氯化冶金的含铅浸出渣等。铅合金废料包括废压延铅板及铅管、废铅锑合金、电缆包皮废料、印刷合金及废焊锡等。

1. 再生铅资源特征

随着需求的增长和铅矿产资源濒临枯竭，回收二次铅资源中的铅是可持续发展的必由之路。图 1-3 为世界原生铅、再生铅的变化趋势。由图 1-3 可知，原生铅产量相对平稳，再生铅总体呈上升趋势，是铅产量持续增加的有力贡献者，也表明再生铅产业的发展前景良好。

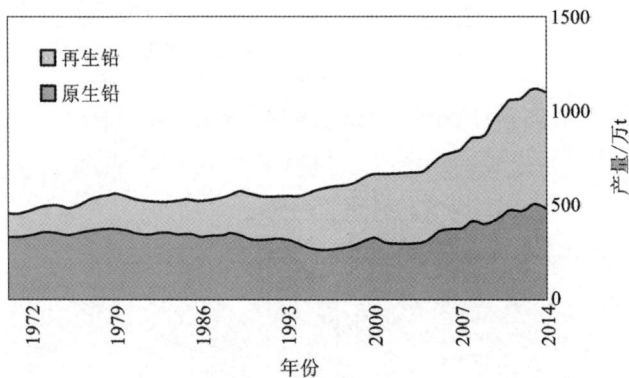

图 1-3　世界原生铅、再生铅的变化趋势

再生铅的主要来源是废铅酸蓄电池，约占再生铅的 85%。在废铅酸蓄电池中，废电解液占 11%~30%，铅极柱及铅合金板栅占 24%~30%，铅膏占 30%~40%，有机物占 22%~30%。铅膏的主要成分是 $PbSO_4$，还有 PbO_2、PbO 和 Pb 等，是铅再生冶炼的重要原料，也是回收处理废铅酸蓄电池的关键。另外，废铅酸蓄电池若不加以回收，将成为环境的污染源。因此，充分回收利用废铅酸蓄电池，开发清洁高效的再生铅技术，不仅可缓解铅资源日益锐减的困局，还可减少铅酸蓄电池全生命周期对环境的污染。

另外，改革开放以来其他重有色金属工业的迅速发展，使伴生重金属冶炼、富集副产的含铅物料量快速增长，以硫酸铅产出的二次铅物料为主，已成为铅冶炼的重要原料。高效清洁地回收这些物料中的铅金属，势在必行。

2. 再生铅资源分布

1) 世界再生铅产量

随着支柱产业汽车业的发展，国民环境意识与资源再生利用意识的提高，废铅酸蓄电池的回收和再生铅生产技术得到了世界各国政府的高度重视。根据公开资料，2016—2020 年全球再生循环铅的产出情况见表 1-7。由表 1-7 可以看出，再生铅产量逐年提高，2020 年全球精铅产量约为 1259 万 t，其中再生铅约占 61.4%。西方欧美发达国家因经济发达、汽车保有量大，再生循环铅生产量都占铅总产量的 60% 以上，美国已超过 90%，新兴经济体印度、墨西哥和巴西的再生铅产量，也都随经济增长而稳步增长。

表 1-7　2016—2020 年全球再生铅产量及占比

年份	2016	2017	2018	2019	2020
产量/万 t	661	752	776	821	773
增速/%	—	13.77	3.19	5.80	−5.85
占比/%	56.11	59.97	61.34	63.35	61.40

注：据公开资料整理。

2）中国再生铅产量

改革开放以来，我国铅冶炼规模快速增长，铅工业迅速发展，但再生循环铅在总铅产量中的占比约为 30%，年增长缓慢，与铅消费大国地位极不相称。随着铅产量及汽车业的迅猛发展，近二十年来我国再生铅产量增长较快，2002—2014 年间，我国再生铅产量有近 10 倍的高速增长，再生铅在铅总产量中的占比由 13% 提升至 38%，2013—2019 年我国再生铅的产出情况见表 1-8。

表 1-8　2013—2019 年我国再生铅的产出情况

年份	2013	2014	2015	2016	2017	2018	2019
产量/万 t	150	160	150	165	205	225	237
增速/%	—	6.67	−6.25	10.00	24.24	9.76	5.33
占比/%	33.52	37.91	38.88	35.33	43.47	44.01	40.88

由表 1-8 可以看出，2019 年我国的再生铅产量达到 237 万 t，在同期原生铅产量明显下降的情况下，同比增长 5.33%。从 2017 年起，再生铅在铅总产量中的占比超过 40%。但与发达国家相比，仍有较大的发展空间。

1.3 铅的生产方法

1.3.1 原生铅冶炼方法

1. 概述

原生铅冶炼方法包括传统火法炼铅和现代火法炼铅两大类。烧结焙烧-鼓风炉熔炼、沉淀熔炼、反应熔炼都属于传统火法炼铅；现代火法炼铅包括氧化熔炼和还原熔炼分开进行的两步炼铅流程和直接炼铅流程两种，都是以脱除精矿中的硫并还原熔炼成金属铅为最终目标。直接炼铅法是一种铅精矿与富氧直接氧化脱硫并还原产出粗铅的熔炼方法，是氧化熔炼过程和还原熔炼过程在同一台炉子中完成的炼铅工艺，如 Kivcet 熔炼法、Kaldo 法、QSL 法、Ausmelt 法、闪速炼铅法等；而水口山炼铅法(SKS 法)、瓦纽科夫熔炼法和艾萨熔炼法则属于现代两步炼铅工艺，即将氧化脱硫和高铅渣还原贫化分步分炉实施，以达到渣、铅、硫分离的目的。现代炼铅工艺一般都具有炉渣烟化过程，其主要目的是回收低铅炉渣中的锌及铟等伴生金属，且具有普适性，故其内容将在通用卷中介绍，在此不叙述。

现代炼铅工艺按熔炼方式和状态又可分为熔池熔炼和喷射熔炼。熔池熔炼包括顶吹浸没熔炼(如澳斯麦特/艾萨熔炼法)、顶吹非浸没熔炼(如卡尔多炉熔炼法)、侧吹熔炼(如瓦纽科夫熔炼法等)和底吹熔炼(如水口山熔炼法) 四大类。喷射熔炼包括 Kivcet 熔炼法和闪速熔炼法等。这些强化熔炼法的共同特点是运用富氧熔炼技术来强化熔炼过程，能大大提高生产效率；充分利用硫化矿氧化过程的反应热实现自热或近自热熔炼，从而大幅降低了能源消耗；产出高浓度 SO_2 烟气，实现了硫的高效回收，从而避免了环境污染。

我国自主开发成功水口山炼铅法，继而发展成具有自主知识产权的富氧熔池强化炼铅新工艺，该工艺也是我国目前的主体炼铅工艺。与此同时，我国还引进、成功开发了澳斯麦特/艾萨熔炼法(顶吹) 熔池炼铅工艺。

2. 烧结焙烧-鼓风炉炼铅

传统炼铅工艺是硫化铅精矿经鼓风或吸风烧结焙烧后，烧结块进鼓风炉内还原熔炼得粗铅的火法炼铅工艺，工艺流程如图 1-4 所示。

该方法具有工艺稳定可靠、原料适应性强、技术要求低等优点，在 20 世纪成为世界各国炼铅的主要方法。但由于该工艺采用敞开式或半密闭式的烧结机和鼓风炉设备，存在工艺流程长、生产效率低、操作环境恶劣、SO_2 污染严重、自动化程度低、工人劳动量大等问题。围绕这些问题，科技工作者对烧结焙烧-鼓风炉炼铅工艺进行了多项技术改进。主要有：①针对烟气中 SO_2 难回收问题，采用强化烧结脱硫技术和托普索制酸技术，提高硫的回收率；②针对鼓风炉还原阶段高能耗问题，采用富氧、喷粉煤技术减少焦耗，降低粗铅生产成本；③采用余热锅炉与烟化炉一体化装置，回收鼓风炉还原渣中锌、铅、铟，实现资源和能源的综合利用。但是这些措施都无法从根本上解决低浓度 SO_2 和铅尘对环境的污染问题，因此该工艺在处理单一硫化铅精矿方面，已经被现代炼铅方法取代，在国内已不再使用，本卷后续章节中未包括单一硫化铅精矿烧结焙烧–鼓风炉还原熔炼的相应内容。

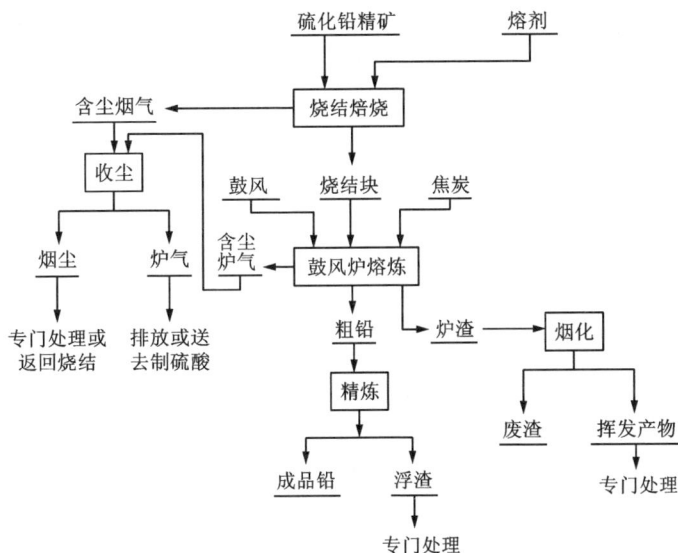

图 1-4　传统火法炼铅工艺流程

3. 水口山炼铅法

底吹熔池熔炼机理是将氧气通过多支氧枪分散成许多细小的气流从反应器底部喷入熔体中，又被熔体分割成许多微小的气泡，在气–液相之间形成巨大的反应界面，使反应迅速进行。这种良好的反应动力学条件是其他熔池熔炼过程所不及的，因而底吹熔池熔炼技术快速发展。20 世纪 80 年代我国曾引进 QSL 炼铅法即富氧底吹熔池熔炼工艺，但没有成功，80 年代末我国决定自主研发底吹熔池熔炼技术，由水口山矿务局、北京有色冶金设计研究总院联合国内多家高校、研究院所共同开发，在水口山完成硫化铅精矿富氧底吹氧化熔炼半工业试验。2002 年河南豫光金铅集团率先与中国恩菲工程技术有限公司开始合作开发富氧底吹氧化熔炼产业化技术，经过论证、设计、施工，建成我国第一条富氧底吹氧化冶炼原生铅的生产线，成功开发"富氧底吹熔池氧化熔炼–鼓风炉还原熔炼"炼铅新工艺，称为水口山炼铅法(SKS 法)，其工艺流程如图 1-5 所示。

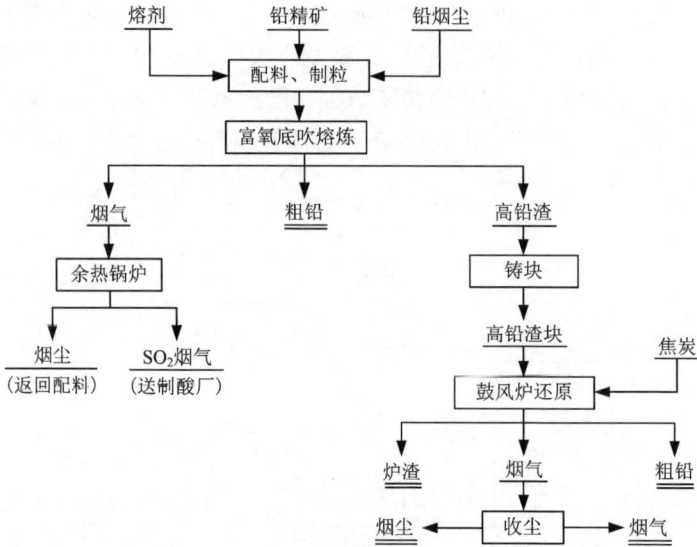

图1-5　富氧底吹熔炼–鼓风炉还原炼铅工艺原则流程

水口山炼铅法采用富氧底吹熔池氧化熔炼代替氧化烧结焙烧，工艺特点是利用炉体底部鼓入的富氧气流对含铅物料、熔剂等原料进行充分搅拌、熔化和氧化，通过控制反应气氛，使精矿中的硫化铅氧化并和氧化铅产生交互反应，生成一次粗铅、氧化铅渣和可满足制酸要求且体积浓度大于10%的SO_2烟气。富铅氧化渣经铸块后送往鼓风炉进行还原熔炼，产出二次粗铅和炉渣。

水口山炼铅法以富氧底吹熔池氧化熔炼代替烧结焙烧是一大技术进步，但存在熔融氧化铅渣必须冷却铸造成块方可进鼓风炉还原熔炼的问题，而且鼓风炉熔炼污染严重等缺点依然存在。

针对上述问题和缺点，河南豫光金铅集团等单位近些年开发出液态氧化铅渣直接还原新技术，用底吹炉或侧吹炉作为液态氧化铅渣的还原炉，第一台反应器产出的液态氧化铅渣直接流入第二台反应器，用粉煤或天然气作还原剂，将高铅渣还原成粗铅并产出炉渣，液态炉渣流入烟化炉烟化回收锌等有价金属，从而形成了富氧熔池强化炼铅新工艺。该工艺也是我国目前的主体炼铅工艺，具有我国自主知识产权。与传统炼铅工艺相比，新工艺由于采用了富氧熔池熔炼等强化手段，具有熔化速度快，对炉料的适应性强，烟气量相对较少、含尘少、SO_2浓度高有利于制酸，机械化程度高，操作方便，烟气外溢少，环境条件好等突出优点。同时，与烧结机相比较，新工艺还具有投资省、综合能耗低、铅冶炼生产环境好、金属直收率高、生产成本低、自动化程度高等特点。

4. 富氧侧吹熔池炼铅法

瓦纽科夫法是苏联钢铁和合金学院瓦纽科夫(A. V. Vanvukov)教授在 1949 年发明的。其核心是固定的长方形瓦纽科夫炉,50%~80% 的富氧空气从炉子两侧风口鼓入,强烈搅动上部熔体,使从炉顶料口加入的物料迅速完成混合、干燥、焙烧、熔炼造渣等过程;鼓泡层以下维持一个澄清区,金属与渣迅速分离,渣含金属低。瓦纽科夫法冶炼铜、镍早已获得工业应用,但炼铅 2001 年前还只是实验室技术。在学习借鉴瓦纽科夫法冶炼铜、镍的基础上,我国自行研究开发富氧侧吹炼铅技术,国内第一台瓦纽科夫炼铅炉由俄罗斯专家设计,长沙有色冶金设计研究院有限公司做相关工程配套,2001 年由中南大学宾万达教授负责技术,河南新乡中联集团率先进行富氧侧吹冶炼原生铅工业试验并获得成功,实现了长时间稳定生产,处理精矿近万吨,产出粗铅 4600 多吨。2007 年济源金利公司与中国恩菲工程技术有限公司联合研发成功熔融氧化铅渣侧吹熔池还原技术及装备,2009 年河南新乡中联集团联合万洋集团、豫北金铅公司合作开发了用于液态铅渣还原的 8.4 m² 侧吹炉,于 2011 年首先用于河南万洋集团液态高铅渣还原工业生产,各项技术经济指标达到世界领先水平,自此具有我国自主知识产权的富氧侧吹熔池炼铅新技术研发成功。该技术的核心设备为富氧侧吹氧化炉和与其通过溜槽连接的富氧侧吹还原炉。在富氧侧吹氧化炉中产出的是一次粗铅和高铅渣,其中高铅渣在还原炉中继续产出二次粗铅和低铅渣,低铅渣再送往烟化炉中进行锌的回收,其工艺流程如图 1-6 所示。近年来,也有人采用侧吹炉进行冶金废渣处理的试验研究,并增加烟化炉处理湿法炼锌废渣,形成三段氧气侧吹法炼铅新工艺,以期实现铅锌互补。如 2017 年 11 月,南方公司富氧侧吹三联炉熔炼正式投产,三炉高差排列、溜槽连接,实现了自流连续作业。

与其他工艺比,该技术的主要特点是流程短、备料简单、对原料适应性强、生产效率高和生产成本较低,床能力高达 50~80 t/(m²·d),投资省,炉子密封性好,烟气 SO₂ 浓度高且稳定连续易于制酸,硫利用率高,铜水套炉体结构的高温渣线区耐火材料蚀损小,炉大修周期可达 1.5~2 年。但因富氧直接鼓入渣中,易与 FeO 直接反应生成 Fe₃O₄ 形成泡沫渣,因此该工艺不宜处理高铁物料。

5. 富氧顶吹熔池炼铅法

富氧顶吹熔池熔炼包括顶吹浸没熔池熔炼和顶吹非浸没熔池熔炼两种。前者工业化应用的有澳斯麦特法和艾萨熔炼法,后者有卡尔多炉熔炼法。

20 世纪 70 年代,芒特·艾萨矿业公司(MIM)和澳大利亚联邦科学与工业研究组织(CSIRO)共同研究开发了一项富氧顶吹炉浸没熔炼新技术,并以艾萨熔炼法(ISASMELT)取得专利权,随后该技术发明人组建了澳斯麦特公司(AUSMELT),至此 MIM 和 AUSMELT 两家公司均获得了该项技术的转让权。顶吹浸没熔炼属熔池强化熔炼,此技术初期试验用于铅的冶炼,现已广泛应用于

```
                            返尘，铅精矿，熔剂，煤
        ┌─────────────────────────┐
        │                      ┌──────┐
        │                      │ 备料 │
        │                      └──┬───┘
        │                      ┌──┴────┐
        │                      │氧化熔炼│◄────── 富氧空气
        │                      └──┬────┘
        │         ┌───────────────┼───────────────┐
        │       烟气           高铅渣          粗铅(1)        还原煤
        │    ┌───────┐      ┌───────┐
        │    │余热利用│      │还原熔炼│◄── 富氧空气
   蒸汽◄┤    └──┬────┘      └──┬────┘
        │    ┌──┴────┐    ┌─────┼─────┐
        │    │冷却收尘│  粗铅(2)  烟气    终渣
        │    └──┬────┘
      烟尘   SO₂烟气        蒸汽◄──┌───────┐
        │      │                  │余热利用│
   ┌────┤   ┌──┴──┐              └──┬────┘
   │制粒│   │ 回收 │              ┌──┴────┐
   └────┘   └──┬──┘              │冷却收尘│
             ┌─┴──┐              └──┬────┘
           硫制品  烟气          ┌───┼──────┐
                  排放        高铅烟尘  高锌烟尘  烟气
                                      回收锌    排放
```

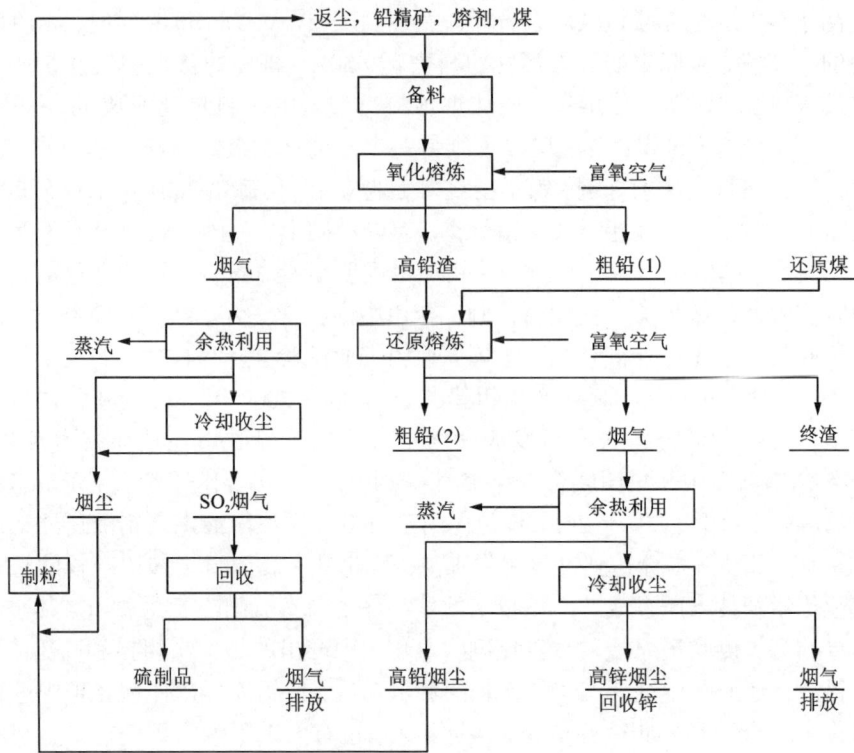

图 1-6 双炉富氧侧吹熔池炼铅工艺流程

铅、铜、镍、锡等金属熔炼。

富氧顶吹氧化熔炼在立式圆筒炉中进行，硫化精矿与铅渣、烟尘按一定比例配料，煤作为辅助燃料、石英砂作为助熔剂一起投入，经混合、配水制粒后，通过皮带运输从炉顶加入顶吹炉内，氧气纯度为 93% 左右。操作温度一般控制在 1050℃ 左右。喷枪浸没在熔池中，富氧空气和燃油通过喷枪进入熔体。进入顶吹炉内的炉料在强烈搅动的熔池中迅速熔化并进行熔炼反应，得到粗铅、富铅渣和烟气等冶炼产物，传热、传质快。熔炼过程中几乎全部的 FeS_2 和 ZnS 及大部分 PbS 发生氧化燃烧反应，最终冶炼产物中铁以 Fe_3O_4 形态、锌以 ZnO 形态存在，铅以 PbO、Pb 和 $PbSO_4$ 形态存在，而硫绝大部分以 SO_2 形态存在。冶炼烟气经上升烟道排出到余热锅炉降温并回收余热，再经电收尘净化后送制酸。

根据相关理论，熔池熔炼是在气-液-固三相形成的卷流运动中进行物理化学反应的过程。进入熔池的生料，在高温熔池内发生氧化脱硫与造渣反应。喷枪喷入的富氧空气和化学反应生成的气体对熔池起到强力搅拌的作用，强化了冶金过程。

　　2005 年云南驰宏锌锗股份有限公司在曲靖建成国内第一台用于铅冶炼的富氧顶吹炉，将引进技术与企业自主开发技术相结合并进行创新，形成富氧顶吹氧化熔炼、富铅渣鼓风炉还原熔炼的 ISA-YMG 炼铅新技术。其工艺流程如图 1-7 所示。

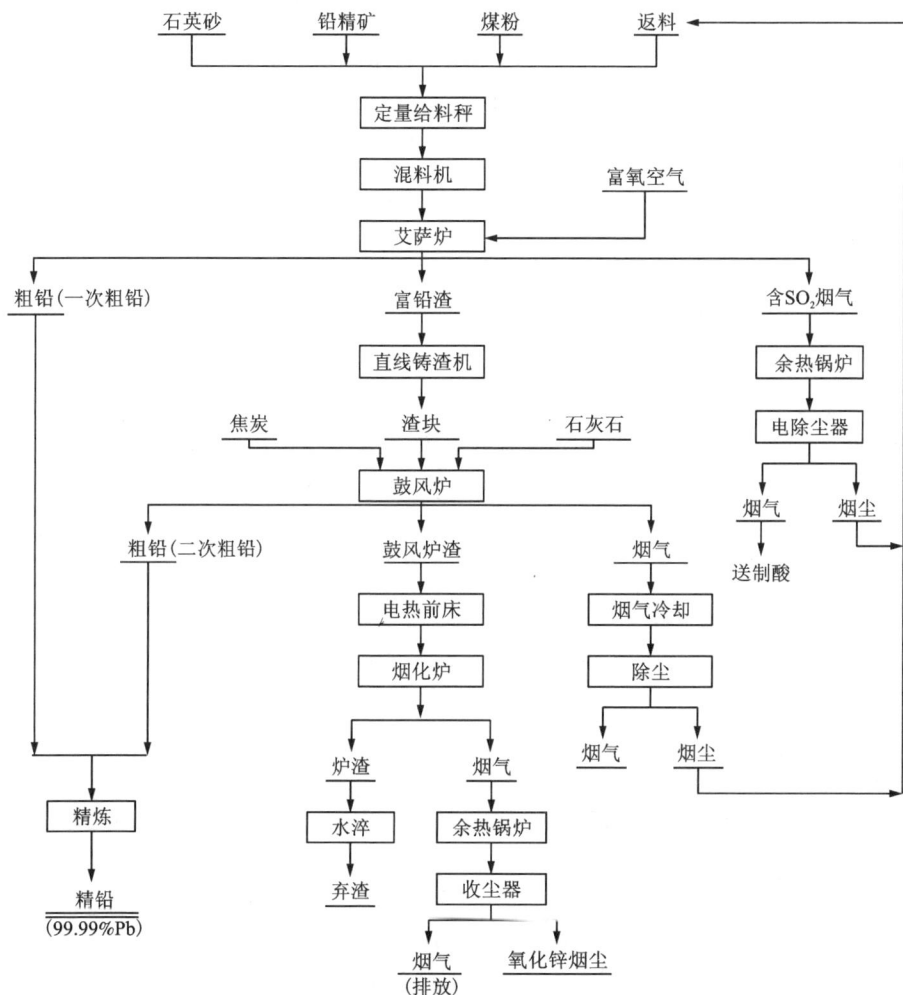

图 1-7　ISA-YMG 炼铅工艺流程

　　澳斯麦特公司进行了大量的应用性技术开发，对艾萨熔炼法进行改进，在 20 世纪末由欧洲金属公司(德国)诺丁汉姆(Nordenham)冶炼厂成功采用。1981 年正式命名为澳斯麦特技术。与 ISA 熔炼法相比，在核心装备方面，澳斯麦特的喷枪由 4 层套筒组成,中心管由里到外分别供给燃料、氧气、空气和套筒风,引入了二次燃烧机制;炉内无阻溅板,炉壳外部喷水冷却;在作业制度方面,不同于艾萨熔炼炉仅用于氧化熔炼,澳斯麦特采用单炉分阶段完成氧化、还原和烟化三步作业(俗称一炉三段法),并采用高温作业制度。

云南锡业集团公司 2006 年引进澳斯麦特工艺,建成一套 100 kt/a 的精铅生产线。2010 年 5 月投产运行,稳定运行了 7 年。后因原料供给不足,该生产线被改造用于锡冶炼。

卡尔多炉技术是由瑞典专家 Bokalling 发明的氧气顶吹转炉熔炼技术,1976 年瑞典波立登(Boliden)金属公司将该技术应用于有色金属冶炼。卡尔多炉炼铅分为加料、氧化熔炼、还原熔炼及出渣四个阶段,单个冶炼过程周期性进行。2005 年我国西部矿业有限公司采用卡尔多炉技术,由长沙有色冶金设计研究院何醒民负责相关工程设计,建成一座 51.5 kt/a 的粗铅冶炼厂,于 2005 年 11 月投产。该厂以硫化铅精矿为原料,二氧化硫烟气采用两转两吸接触法制酸。但由于是分阶段周期性操作,未能长期生产。

富氧顶吹冶炼原生铅技术具有生产效率高、能耗低、环保达标、资源综合利用效果好等特点,是国家重点推荐应用的炼铅新技术。其优点:①环保。烟气易于治理,富氧顶吹炼铅烟气含 SO_2 浓度一般为 5%~8%,便于制酸,硫的利用率可达 98% 以上,防止了 SO_2 对环境的污染,设备密闭性能好,在微负压下操作,工作环境清洁。②生产效率高。系统采用 DCS 系统控制,自动化程度高,生产效率高。③运行成本低。富氧顶吹艾萨炼铅炉 70% 的热源来源于硫化物氧化后释放的热量,实现了半自热熔炼。④处理能力大。设计处理物料为 500 t/d,目前已达到 600 t/d 以上。⑤原料适应性强。对各种铅物料及其水分、粒度等性质要求不严。富氧顶吹艾萨炼铅炉投产至今,先后处理过低品位氧化矿、硫酸铅渣、含铅 23% 左右的渣料、铅铜锍等多种杂料,物料经简单混合,加水制粒后即可直接入炉。

鉴于澳斯麦特和卡尔多铅冶炼技术在国内已不再使用,本卷的后续章节中未包括澳斯麦特炼铅法和卡尔多炼铅法的相应内容。

6. 基夫赛特直接炼铅法

早在 20 世纪 60 年代,苏联有色金属矿冶研究院开始了基夫赛特炼铅工艺的研究开发工作,先后进行了中间工厂实验和半工业实验。20 世纪 80 年代和 90 年代,先后采用该工艺建成哈萨克斯坦的乌斯季-卡缅诺戈尔斯克铅厂、意大利的维斯麦港铅厂和加拿大的特雷尔铅厂,原料日处理能力分别为 450 t、600 t 和 1340 t,分别于 1986 年 1 月、1987 年 2 月和 1996 年 12 月投产。我国江西铜业公司九江冶炼厂和株冶集团引进基夫赛特炼铅技术,分别于 2012 年 3 月和 2013 年 1 月投产。

基夫赛特法的核心设备为基夫赛特炉,由带火焰喷嘴的反应塔、填有焦炭过滤层的熔池、余热锅炉及铅锌氧化物的还原挥发电热区组成。图 1-8 为基夫赛特炼铅工艺流程图。

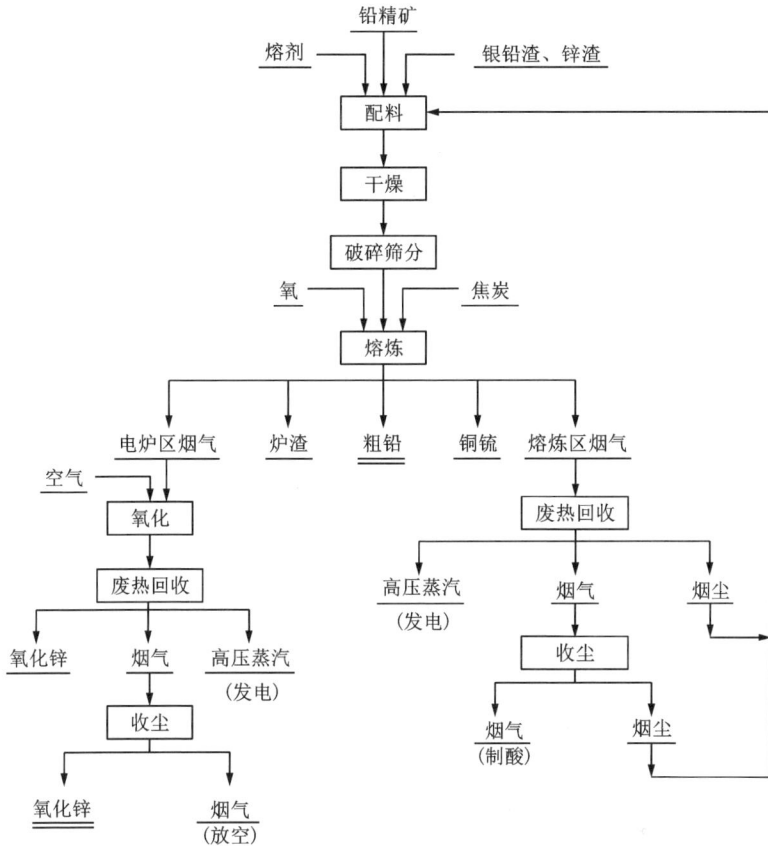

图 1-8　基夫赛特炼铅工艺流程

基夫赛特法的工艺过程包括配料、焦炭干燥、炉料干燥球磨、基夫赛特熔炼、余热利用及收尘等。基夫赛特法的冶金反应过程主要包括氧化、还原和烟化,其最大特点是在同一反应器中,充分利用闪速熔炼的强化熔炼手段实现高氧势条件下 PbS 的脱硫和氧化,同时利用了炭质还原剂对氧化铅和硅酸铅等铅化合物在低氧势下的强还原性,实现炉渣 Pb 贫化,有效化解了高低氧势在同一反应器中难以共存的矛盾,真正达到了一步炼铅的目的。

基夫赛特法的优点:①原料适应性强,可处理含 Pb 15% ~ 70%, S 13.5% ~ 28% 的物料,并能处理含铅锌渣料。②主要金属回收率高,综合回收效果较好。

③烟尘率低，为 5%~7%，烟尘可直接返回炉内。④炉子寿命长，大约为 3 年。⑤后续维修费用低、生产成本低。⑥能耗低，综合能耗约为 350 kg ce/t 粗铅。缺点是原料制备比较复杂，须干燥至 $w(H_2O)<1\%$。

7. 富氧闪速熔炼炼铅法

闪速炉是处理粉状硫化物的一种强化冶炼设备。它是 20 世纪 40 年代后期由芬兰奥托昆普公司首先应用于工业生产的。由于它具有诸多优点而迅速应用于硫化铜、镍精矿造锍熔炼的工业生产中。

奥托昆普公司早在 20 世纪 60 年代考虑将闪速熔炼技术用于熔炼铅精矿，并进行了试验研究，然而没有处理足够多的铅精矿来证明建设铅冶炼厂是合算的。因此，这一方法就被搁置起来。直到 20 世纪 70 年代后期，由于环境保护对现有炼铅法的压力，促使奥托昆普公司又重新注意此方法。1980 年 6 月完成短期中间规模试验，1981 年按 5 t/h 铅精矿的规模进行了最终试验。这次试验规模较大，可为大型冶炼厂的设计提供可靠基础数据和依据。

北京矿冶研究总院王成彦等研究并发展了奥托昆普闪速炼铅技术，2010 年将铅富氧闪速熔炼新技术应用于河南灵宝市华宝产业有限责任公司，10 万 t/a 粗铅规模的示范工厂建成投产。

闪速熔炼将氧化焙烧和还原熔炼两个过程在一个设备内结合进行。闪速炉熔炼工艺是将干燥后的粉状混合料(铅精矿加熔剂)经中央精矿喷嘴与工艺风充分混合后喷入闪速炉，在高温反应塔内进行热离解和氧化反应的熔炼过程。得到的粗铅和炉渣在沉淀电炉内分离，烟气经余热回收及电收尘后送硫酸厂制酸。

在一个强烈搅动的熔体内，要同步实现高氧势下的脱硫和低氧势下的铅还原这两个互相矛盾的反应，热力学上极为困难。因此，现代熔池炼铅均采用"三段炉"生产：氧化熔炼炉脱硫、还原熔炼炉还原高铅渣、烟化炉挥发锌。为了确保产出一次粗铅以保护炉衬和交互反应的正常进行，熔池炼铅通常要求入炉料含铅在 45% 以上。

富氧闪速炼铅法则突破了上述限制，把两个互相矛盾的反应分成两步进行。①使用工业纯氧实现物料在反应塔的快速氧化脱硫，脱硫率大于 98%。

$$2PbS+3O_2 \rule[0.5ex]{1.5em}{0.4pt} 2PbO+2SO_2 \tag{1-6}$$

②利用炽热焦滤层实现熔融高铅渣在熔池内的快速高效还原，铅还原率大于 90%。

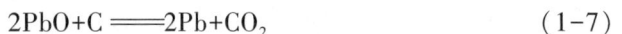

$$2PbO+C \rule[0.5ex]{1.5em}{0.4pt} 2Pb+CO_2 \tag{1-7}$$

在一个炉体内实现了反应塔内高氧势快速氧化脱硫和熔池内低氧势高铅渣快速还原两个过程，含铅 3% 左右的闪速炉渣自流至贫化电炉内进行二次还原，产出弃渣和锌质量分数大于 55% 的次氧化锌。

铅富氧闪速熔炼具有如下优点：①原料适应性强，入炉料含铅可以在 20% 至

70%之间波动。不仅适用于铅精矿的处理，还可以处理铅酸蓄电池、湿法炼锌和炼铜渣、含铅20%左右的二次铅物料、含铅30%左右的氧化铅矿、含铅20%~30%的电子玻璃、难处理金矿、含金黄铁矿等，做到铅、锌、铜及贵金属回收互补，使铅、锌、铜联合企业更具优势。②弃渣含铅、锌可降至1%以下，金属回收率高。③富氧浓度高，熔炼强度大。直接喷吹工业纯氧，氧利用率高达100%，烟气体积小，烟气二氧化硫浓度高。④不产生泡沫渣，生产安全可靠。由于熔池中有焦滤层，且熔渣呈类静态流动，即使处理含锌超过10%的物料，也不会有"泡沫渣"产出。⑤能耗及耐火材料消耗量小。⑥投资低。"大三明治"结构的反应塔使铜水套的使用量大幅降低，同时由于贫化电炉炉温较低，炉墙不使用铜水套，并取消了烟化炉，因而投资较少。

1.3.2 再生铅冶炼方法

1. 概述

再生铅的种类不同，冶炼方法也不一样。废铅酸蓄电池等一般要经过拆分预处理后再进行冶炼。再生铅的冶炼方法包括火法、火法-湿法联合法、湿法-电解法等。由于火法炼铅工艺能有效除去其他杂质金属元素，在铅精炼的环节获得纯度很高的精铅，因此目前火法工艺仍然是再生铅冶炼的主要方法。火法熔炼再生铅主要有鼓风炉、反射炉、短回转窑和电炉熔炼等方法。全球采用短回转窑工艺的再生铅厂约有76家，产能达1410 kt/a，大部分短回转窑熔炼厂家产能为20~50 kt/a，能耗约为200 kg ce/t铅。其次是鼓风炉工艺，接近40家工厂，产能达到970 kt/a；在欧洲有4家工厂依旧用鼓风炉处理不经破碎的废铅酸蓄电池。第三是反射炉工艺，有23家工厂采用，而产能达到1120 kt/a，绝大部分产能在美国。此外有4家工厂采用浸没式喷枪熔炼新工艺，总产能为420 kt/a，此工艺程序灵活，且非常适合处理原生铅和再生铅的混合料。通过技术经济指标比较，采用短回转窑处理铅膏有更多的优越性，不过短回转窑熔炼的再生铅原料须经过湿法脱硫预处理。我国则根据二次铅废料的组成，采用反射炉、鼓风炉、SB炉、短窑和电炉进行火法熔炼，生产再生铅或铅合金，也有将二次铅资源和原生铅矿搭配，作为冶炼原料一起处理。当含铅废料中含有铅的化合物时，则可使用湿法工艺处理，生产电铅或铅化工产品。下面分别重点介绍废铅酸蓄电池膏泥(铅膏)及铅烟尘的处理工艺和方法。

2. 火法工艺

火法处理废铅酸蓄电池膏泥的方法主要有简单混合熔炼法、搭配铅精矿还原熔炼法、侧吹炉脱硫-还原熔炼法等。另外，铅烟尘和硫酸铅物料采用还原造锍熔炼工艺处理。

1) 简单混合熔炼法

我国再生铅企业几百家,大多数厂家的生产能力为几百吨到几千吨,只有少数几家冶炼厂的生产能力达到 10 kt 以上。普遍采用手工拆解-简单熔炼工艺,废旧蓄电池中的格栅、极板和铅泥不分选,装备水平低,采用反射炉、冲天炉、鼓风炉、回转窑和短窑熔炼,极板直接入炉混炼,熔炼温度为 1350~1500℃,铅回收率为 80%~85%。一些规模企业虽破碎分选废铅酸蓄电池,但熔炼仍用传统反射炉、短窑熔炼回收铅;有些企业则把含硫铅膏搭配到传统炼铅的烧结机中,铅膏处理能力有限。总之,普遍存在收率低、能耗大、污染重、废渣多,以及低浓度二氧化硫和铅尘对环境的污染等问题。

2) 富氧底吹熔池熔炼再生铅

富氧底吹熔炼废铅酸蓄电池膏泥有搭配熔炼和单独熔炼两种方式,不管哪种方式,都是一种符合循环经济、生态经济理念的低碳环保的再生铅生产工艺,实现了短流程、规模化、集约化生产,具有能耗低、环保效果好、金属回收率高等特点。

(1) 铅膏搭配熔炼　硫化铅精矿炼铅时硫化物氧化放出大量热量,所以硫化铅精矿可搭配部分铅膏进行富氧熔池熔炼。根据富氧底吹熔炼的热平衡计算,最大铅膏处理量可占总处理物料的 30%~40%,是目前经济有效地综合利用再生铅资源的途径之一。豫光金铅联合中南大学研发成功的这种冶炼再生铅新工艺,将 $w(S) \leqslant 7\%$ 的废铅酸蓄电池膏泥与精矿搭配混合配料,进行高温自热熔炼处理,铅膏和精矿中的 S 均以 SO_2 形式进入烟气,用于制酸,熔炼回收铅膏中铅的同时还利用其中的硫。"自动分离铅膏-底吹搭配铅精矿熔炼再生铅新工艺"在 2009 年通过了中国有色金属工业协会组织的成果鉴定。该工艺能自热熔炼,豫光金铅集团、水口山铅业集团公司和祥云飞龙公司都是采用底吹炉搭配处理铅废料。

(2) 铅膏单独熔炼　搭配熔炼铅膏是一种先进工艺,但也存在问题,即铅膏成分本来比较单纯,单独冶炼的粗铅只需经过简单的火法精炼就可获得高质量的精铅,而铅膏搭配铅精矿冶炼所产粗铅成分复杂,须经过电解精炼方可获得电池级精铅。因而,豫光金铅集团紧接着成功开发铅膏富氧底吹熔池熔炼新工艺。该工艺以煤为还原剂,天然气为燃料,第一阶段是铅膏熔炼,大部分氧化铅被还原,硫酸铅先分解后还原,产出一次粗铅(产率 70% 左右)、烟尘、高铅渣和可制酸的二氧化硫烟气;第二阶段是高铅渣、烟尘和其他铅物料的还原熔炼,产出二次粗铅、烟尘和弃渣。

3) 侧吹法熔炼废铅酸蓄电池胶泥

该技术是中国恩菲工程技术有限公司在开发城市矿山、促进再生资源循环利用方面进行的技术开发与拓展。国内第一条用于处理未脱硫膏泥的侧吹炉生产线于 2012 年在湖北金洋投产。

熔炼前首先进行配料，膏泥中通常会带入少量的硅，须按特定渣型配入铁矿石和石灰石将硅造渣。配料时地仓中各物料用抓斗抓入料仓，通过计量皮带按比例控制进料量，各种物料按预定配比定量、连续、均匀给料到混合上料皮带，经皮带输送至侧吹氧化炉或者侧吹还原炉，混合仓上方设集气罩，输送带全部密封集气，配料过程产生的废气经布袋除尘后通过排气筒排放。

侧吹法熔炼废铅酸蓄电池膏泥分两个阶段完成。第一阶段铅膏熔炼：废电池拆解过程所产生的膏泥以及外购的铅泥、铅渣等含铅物料均在富氧侧吹氧化炉中进行氧化熔炼得到一次粗铅和高铅渣。第二阶段还原熔炼：高铅热渣流入侧吹还原炉，用于铅的还原。侧吹氧化炉、还原炉所产含铅烟尘制粒后，从顶部加料口一起加入侧吹还原炉熔炼得到二次粗铅和炉渣。

侧吹法熔炼废铅酸蓄电池膏泥技术采用富氧空气熔炼，强化了熔炼过程，有利于制酸。双炉工艺中，侧吹氧化炉与侧吹还原炉通过溜槽连接，实现了膏泥氧化脱硫与高铅渣还原两个过程连续进行，且流程短。

4) 还原造锍熔炼

中南大学发明的"还原造锍熔炼"（专利号 ZL00113284.9）用氧化铁废料或含重金属的氧化铁矿做固硫剂，直接由有色金属硫化精矿或含硫物料冶炼粗金属或合金，烟气中二氧化硫达标排放。对 $w(Pb)<20\%$ 的铅物料，如铅烟灰、铅泥、硫酸铅渣、废电瓶熔炼渣等，此前没有成熟可靠的处置方法，绝大部分就地堆存，成为重金属污染的重大隐患与祸源。而还原造锍熔炼最适合处理这种含 Pb 低的铅废料。2009 年 9 月至 2011 年 1 月，成功进行了"4 m^2 鼓风炉还原造锍熔炼清洁处置重金属（铅）固体废弃物一步炼铅工业试验"，试验以亟待处置和来源非常广泛的富铁高危重金属废弃物做固硫剂，在无二氧化硫产生的情况下由铅废料一步炼制粗铅和铁锍，低铜铁锍替代铸铁铸造压重物件，含铜较高的铁锍进行氧化熔炼回收铜和铅，炉料含砷高时产生自然环境下化学性质稳定的砷铜锍，可固定和开路剧毒元素砷。该技术实现了高危重金属固体废弃物的连续无害化处置，具有化害为利、变废为宝、流程短、环境友好及成本低廉等优点，对重金属污染治理和资源利用均具有重要意义。

5) 其他火法工艺

除此之外，再生铅火法冶炼工艺及装备主要有 QSL 法、瑞典 Boliden 公司的卡尔多炉熔炼法。这两种炼铅法的过程难控制，氧化、还原两段的气氛转换难以掌握，氧化段脱硫率低，还原终渣难达弃渣要求，不能经济高效运行，在国内目前未有应用。

3. 全湿法工艺

按废铅酸蓄电池膏泥最终回收的产物不同，全湿法工艺分为生产金属铅工艺和生产氧化铅工艺。湿法生产金属铅工艺延续湿法炼铅思路，一直是国内外学者的主要研究方向。主要工艺有废极板固相电解法、直接浸出-电沉积法、固相电解还原法及还原转化脱硫-浸出-电沉积法。

第一种方法是直接将废极板置于电解槽中电解回收铅。该方法实现了年处理 12 kt 铅膏泥的生产规模。第二种方法以 Placid 工艺为代表，它是用热 HCl-NaCl 浸出体系先将铅膏泥中的铅转化为可溶 $PbCl_2$，直接电积酸性饱和 $PbCl_2$ 溶液，在阴极得到纯度 99.995% 的金属铅，铅回收率为 99.5% 以上，但该工艺酸雾腐蚀严重、能耗较高(吨铅耗电 1300 kW·h)。第三种方法系陆克源等提出，在装有 10%~15% NaOH 溶液的电解槽中(温度控制在 50℃ 左右)，直接电解铅膏泥生产电铅。该法可回收铅膏泥中大部分的硫酸根，在槽电压 1.8~2.6 V、电流密度 600 A/m² 的电解条件下，电流效率可达 85%，铅回收率大于 95%。第四种方法是世界上研究最多、发展最好的湿法工艺，其经典代表工艺为 RSR 工艺和 CX-EW 工艺。它们都是用碳酸盐做脱硫剂，将 $PbSO_4$ 转化为溶度积更小的铅不溶物 $PbCO_3$ 等，将 PbO_2 还原为 PbO 后，再把不溶物转化成可溶性铅盐，电沉积得到金属铅。RSR 工艺和 CX-EW 工艺的区别在于脱硫剂和还原剂的选择不同，RSR 工艺用 $(NH_4)_2CO_3$ 做脱硫剂，SO_2 或亚硫酸盐为还原剂；CX-EW 工艺以纯碱为脱硫剂，铅粉和双氧水为还原剂；电沉积均用 H_2SiF_6/HBF_4。全湿法工艺的典型流程如图 1-9 所示。

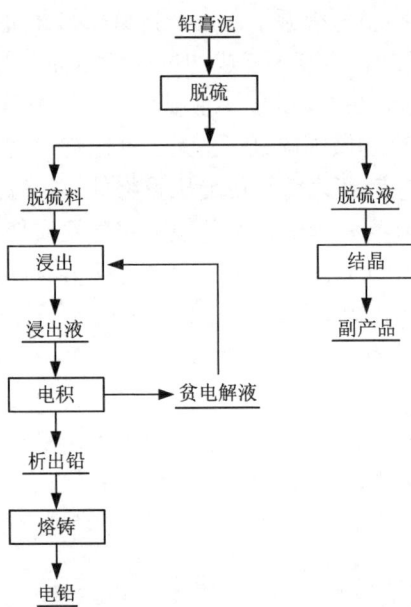

图1-9 铅膏泥的脱硫-浸出-电沉积全湿法冶金工艺流程

H. Karami 等采用柠檬酸浸出铅膏泥，可直接产出以 PbO 和 Pb 为主的铅粉，此法进一步降低了湿法炼铅的能耗，避免了污染，产出的铅粉可用作蓄电池的活性材料。杨家宽等在此基础上，对柠檬酸法回收再生铅的工艺条件进行了优化，同时对铅膏泥中锑、铁、锌、铜、钡等杂质的行为进行了深入的研究。

潘军青从原子经济性角度提出了废铅膏泥直接生产氧化铅产品的再生回收铅的工艺思想。该工艺是将铅膏泥与金属铅粉混合加热，在固相间 Pb 和 PbO_2 发生自热反应得到 PbO 的碱性溶液，再将这种含铅溶液净化、冷却，析出高纯度氧化铅。2014 年，这种制取氧化铅的工艺进行了 200 kg/d 规模的扩大实验，金属再生成本大幅度降低，避免了现有冶炼回收电铅工艺的流程长、能耗高、污染重的问题，实现了铅再生回收过程的清洁高效、节能减排的目的。

铅膏泥湿法处理工艺虽然能有效防治大气铅污染，环境效益好，但其工艺环节多、投入大，技术还不成熟，还不具备工业推广条件。

4. 火法-湿法联合工艺

该工艺又称干湿联合法，分为湿法和火法工艺两个部分，即先用湿法工艺将铅膏泥中的 $PbSO_4$ 进行转型和脱硫处理，再用火法工艺处理脱硫产物碳酸铅，生产纯铅或铅的化工产品。该工艺是"八五"期间我国重点推广应用的再生铅熔炼工艺，包括机械破碎分选、铅膏泥转化脱硫、短窑还原熔炼等。

近三十年来国内有少数几家大型工厂引进和开发相结合，采用干湿联合法冶炼再生铅，湖北金洋冶金股份有限公司 1994 年从美国引进了 M. A. 31S S 破碎/分选系统和熔炼短窑，其他设备厂内配套，建成年产再生铅 15.1 kt、无污染的废铅酸蓄电池破碎分选-铅膏泥浆料湿法转化脱硫-碳酸铅短窑熔炼生产线，铅总回收率为 96.8%，直收率为 81.5%。江苏春兴集团 2002 年引进美国 MA 破碎分选系统处理废铅酸蓄电池，将生产能力从 40 kt/a 扩建为年产铅和合金铅 100 kt。新生产线从工艺上改变传统的燃煤法，采用煤气直接加热转化和低温熔炼的办法，使废铅酸蓄电池破碎-分选-脱硫转化为精铅和合金铅，整个过程均处于封闭无污染状态，综合回收率大幅提高。

干湿联合法副产的硫酸钠和硫酸铵可出售，产出的碳酸铅可在较低温度下直接还原产出再生铅，减少了二氧化硫及铅粉尘的污染，而且产渣量少，铅回收率高；但脱硫剂在国内价格较高，副产品市场压力大，脱硫转化不稳定。此外，预脱硫并不能完全杜绝后续熔炼过程中的二氧化硫污染，仍需进行烟气处理才能达标排放，熔炼过程中环保压力仍然较大。干湿联合法依然存在温度较高、能耗大、铅尘及铅蒸气毒害大等问题，而且与反射炉工艺相比，由于增加了预处理工序，改变了熔炼设备，因此增加了生产成本，使冶炼厂的利润大幅降低。

1.3.3　粗铅精炼方法

与铅性质相近及更正电性的金属熔炼过程中进入粗铅。为满足用户要求和回收贵金属，粗铅必须进行精炼。粗铅精炼方法分为全火法精炼和火法-电解精炼联合法两种。国外采用全火法精炼的厂家较多，占全世界精铅产量的80%以上，仅有加拿大、秘鲁、日本和我国的炼铅厂因所产粗铅含铋较高而采用粗铅先经初步火法精炼脱铜后再进行电解精炼即火法-电解精炼联合法工艺，其工艺流程见图1-10。

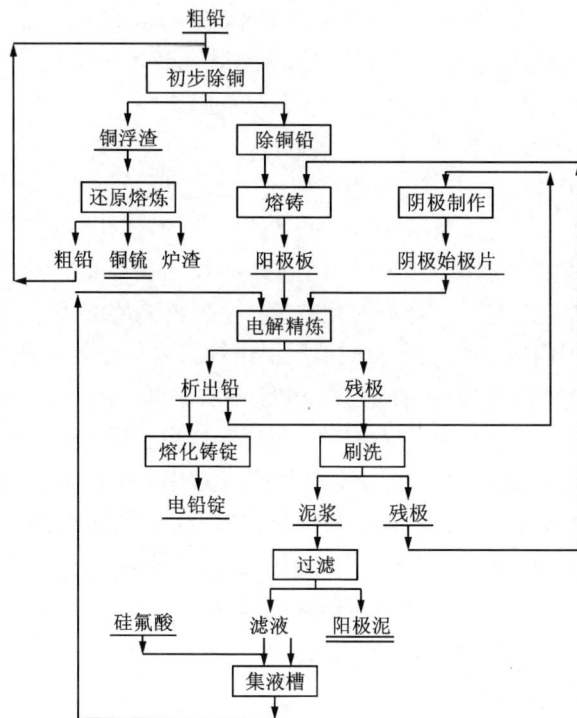

图1-10　火法-电解精炼联合法工艺流程

按照工艺特性，我国粗铅精炼工艺可分为火法除铜预精炼-小极板电解精炼工艺和火法除铜预精炼-大极板电解精炼工艺两种。无论是采用全火法精炼还是火法-电解精炼法联合工艺，均可产出99.99% Pb 的精铅，同时可从半成品中回收铜、金、银、铋、锡、锑、硒和碲等有价金属，所有各个精炼过程的作业都可间断或连续进行。

1.4 铅生产基本原理

1.4.1 原生铅生产

1. 烧结焙烧–鼓风炉还原熔炼原理

烧结焙烧–鼓风炉还原熔炼是氧化还原熔炼法传统炼铅工艺。该工艺先将铅精矿中的硫化铅及其他硫化物进行氧化烧结焙烧脱硫，生成金属氧化物或金属，然后将金属氧化物烧结块在鼓风炉中还原成金属，脉石形成炉渣，液态金属和炉渣相因密度差异而分层，最后分别放出分离。其基本原理包括铅精矿氧化烧结焙烧原理和铅鼓风炉还原熔炼原理。

1) 铅精矿氧化烧结焙烧原理

(1) PbS 氧化热力学 在 Pb-S-O 系中可能存在的凝聚相有 $Pb_{(液)}$、$PbS_{(固)}$、$PbO_{(固)}$、$PbSO_{4(固)}$、$PbSO_4 \cdot PbO_{(固)}$、$PbSO_4 \cdot 2PbO_{(固)}$ 和 $PbSO_4 \cdot 4PbO_{(固)}$。根据在铅精矿的焙烧条件下 Pb-S-O 系可能发生的反应式的平衡数据，作 1100 K 下 Pb-S-O 系 $\lg p_{SO_2}$-$\lg p_{O_2}$ 的等温化学势图，即图 1-11。

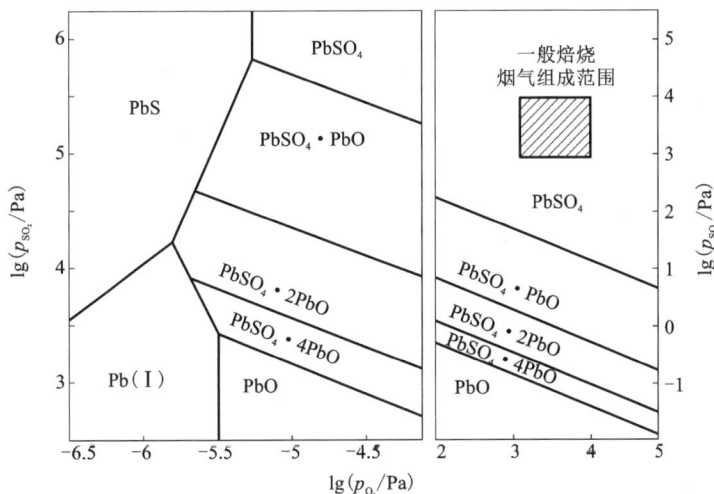

图 1-11 1100 K 下 Pb-S-O 系等温化学势图

图 1-11 表明，铅精矿进行焙烧时，PbS 可以生成 PbO、$PbSO_4$ 和碱式硫酸铅，这在一定温度下取决于焙烧炉中的气相成分。在一般焙烧条件下，氧压波动范围为 $10^3 \sim 10^4$ Pa。假如焙烧气氛控制在 10^3 Pa$<p_{SO_2}<10^4$ Pa、10^3 Pa$<p_{O_2}<10^4$ Pa，

则焙烧的最终产物是 $PbSO_4$(或碱式硫酸铅)。当温度发生变化时,铅化合物的稳定区域便会发生变化,其变化规律见图 1-12。

图 1-12 表明,当温度升高,各稳定区向右上方移动,即 Pb 相与 PbO 相稳定区不断扩大,而 $PbSO_4$ 相与 xPbO·yPbSO$_4$ 相则相反。这就说明,焙烧温度升高有利于 PbS 氧化生成 Pb 与 PbO。

强制空气与料层接触,控制一定温度,精矿中的硫化物发生氧化反应,新鲜铅精矿低温加热氧化时,硫化铅可以按以下方式进行脱硫反应:

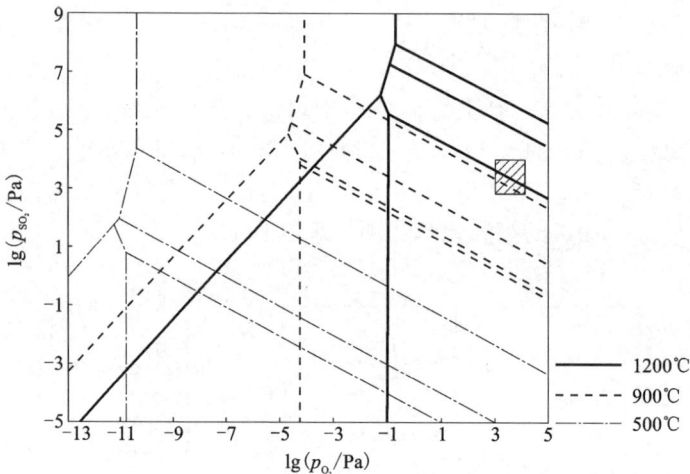

$$2PbS+3O_2 \rightleftharpoons 2PbO+2SO_2 \qquad (1-6)$$

$$PbS+2O_2 \rightleftharpoons PbSO_4 \qquad (1-7)$$

图 1-12 不同温度下 Pb-S-O 系化学势图(重叠图)

注:画阴影线的方框区为一般焙烧烟气组成范围。

返粉返回配料后,焙烧过程中还有硫化铅与氧化铅、硫酸铅的交互反应:

$$2PbO+PbS \rightleftharpoons 3Pb+SO_2 \qquad (1-8)$$

$$3PbSO_4+PbS \rightleftharpoons 4PbO+4SO_2 \qquad (1-9)$$

$$PbSO_4+PbS \rightleftharpoons 2Pb+2SO_2 \qquad (1-10)$$

同时,低温焙烧烟气还与其中残余的氧、烧结块中的氧化铅发生反应,与气相维持以下的反应平衡:

$$SO_2+1/2O_2 \rightleftharpoons SO_3 \qquad (1-11)$$

$$PbO+SO_2+1/2O_2 \rightleftharpoons PbSO_4 \qquad (1-12)$$

(2)铁硫化物在焙烧过程中的行为 在铅锌硫化精矿中存在大量的铁,一般质量分数为 5%~8%,个别高达 10% 以上。硫化铅精矿中的铁主要是以黄铁矿

（FeS_2）的形态存在，在焙烧温度下容易发生分解反应，即 $FeS_2 \longrightarrow FeS+1/2S_2$，然后会进一步与空气中的氧反应，铁被氧化生成 FeO、Fe_3O_4 和 Fe_2O_3。用氧化反应的热力学数据作 Fe-S-O 系化学势图见图 1-13。

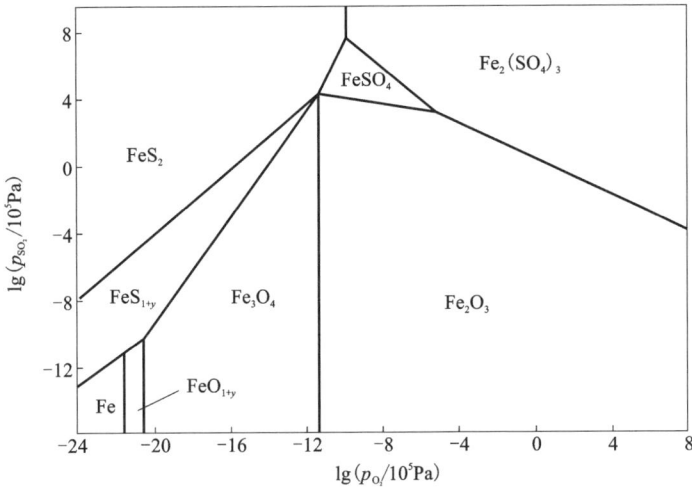

图 1-13　Fe-S-O 系化学势图（700℃）

图 1-13 表明，在一定温度下，随着氧压 p_{O_2} 的增大，铁的氧化产物从低价开始依次氧化，即 $FeO \longrightarrow Fe_3O_4 \longrightarrow Fe_2O_3$。随着温度的升高，平衡反应的稳定区逐步向上方移动，其生成硫酸盐的区域缩小。与铅、锌比较，铁氧化生成硫酸盐的可能性要小得多，所以在铅锌硫化精矿焙烧或烧结的高温（900~1000℃）及强氧化气氛的条件下，精矿中铁的最终氧化产物是 Fe_2O_3。生成的 Fe_2O_3 与焙烧过程中产生的 PbO 发生反应生成 $xPbO \cdot yFe_2O_3$。

（3）SiO_2、CaO 等脉石矿物的行为　在硫化铅精矿中，SiO_2 大都以游离石英矿物存在，而 CaO、MgO 大都以碳酸盐（$CaCO_3$、$MgCO_3$）形态存在。钙、镁碳酸盐在高温条件下会发生分解反应，生成 CaO、MgO。碳酸盐分解反应均为吸热反应，在烧结焙烧过程中可能消耗硫化物氧化放出的过剩热，起到一定的热量调节剂作用，防止过早烧结。CaO（或 MgO）能与 PbS、ZnS 等发生置换反应，有利于 PbS、ZnS 转换为 PbO、ZnO，但由于该反应生成的 CaS 是一种热稳定性好的硫化物，残存于焙烧产物之中，不利于焙烧脱硫；还因为 CaO 能与 SO_3 反应生成 $CaSO_4$，它在焙烧与烧结的温度下也很难分解完全。因此，在铅烧结焙烧中过多地加入钙熔剂对脱硫是无益的。精矿中游离的石英（SiO_2）在高温下易与金属氧化物 PbO、ZnO、FeO、CaO 等发生反应形成相应的硅酸盐（$xMO \cdot ySiO_2$）。SiO_2-PbO 系形成许多低熔点的化合物与共晶熔体（$xPbO \cdot ySiO_2$）。在 710℃ 时开始反应；当温度升高到750℃以上时，反应速度会迅速增加。这些化合物和共晶的熔化温度大都在770℃以下，比 PbO 的熔点(886℃)还要低。由于这些硅酸铅熔体的熔化温度低，在高温下流动性好，在冷却时便成为炉料的黏结剂，以保证获得性能优良的烧结块。

为保证烧结块透气性，维持烧结料处于半熔化态，防止料层熔融板结，须控制烧结温度；而高含硫物料使硫化物氧化并大量放热，难以控制烧结温度升高，为此须制备大量返粉以稀释精矿含硫，应控制烧结料含硫在6%至8%之间。

2)铅鼓风炉还原熔炼原理

鼓风炉还原熔炼以焦炭做还原剂时，因为反应一开始就被反应产物隔开，固体碳还原氧化物的固-固(液)之间的扩散几乎不再发生，致使其反应速度缓慢。对于烧结块和焦块的鼓风炉还原，实际上是 CO 起还原作用。在高温下，CO 分压比 CO_2 更高，在 $CO+CO_2$ 的混合气体中占绝对优势，随着温度升高这种优势更加增长，只要有固体碳存在就可以提供大量的 CO 作为还原剂。

(1)氧化铅及硅酸铅还原热力学　炉内上下区域温度的差别有下述三种情况：

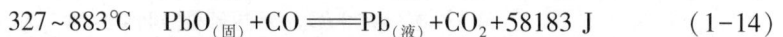

$$<327℃ \qquad PbO_{(固)}+CO ===Pb_{(固)}+CO_2+63625 \text{ J} \qquad (1-13)$$

$$327\sim883℃ \qquad PbO_{(固)}+CO ===Pb_{(液)}+CO_2+58183 \text{ J} \qquad (1-14)$$

$$>883℃ \qquad PbO_{(固)}+CO ===Pb_{(液)}+CO_2+67895 \text{ J} \qquad (1-15)$$

上述三式均为放热反应，其反应的平衡常数表达式见式(1-16)，按式(1-16)计算结果见表1-9。

$$\lg K_p = 3250/T + 0.417 \times 10^{-3}T + 0.3 \qquad (1-16)$$

表1-9　用 CO 还原 PbO 的热力学计算结果

t/℃	T/K	$\lg K_p = \lg(p_{CO_2}/p_{CO})$	平衡气相($CO+CO_2$)中 φ_{CO}/%	$p=0.1$ MPa 时的 p_{CO}/Pa
300	573	5.17	0.001	1.013
727	1000	-2.87	0.13	11.99
1227	1500	-1.24	5.10	5129.36

由表1-9数据可知，PbO 还原所需 CO 浓度不大，在低于1000℃的温度时为万分之几至千分之几，而在高于1000℃的温度时为3%~5%。不管是固体氧化铅还是液体氧化铅都是易还原的氧化物。由于上述反应是放热反应，所以温度越高，还原所需 CO 浓度也越大。硅酸铅($xPbO \cdot ySiO_2$)是烧结块中最多的一种结合态氧化铅，熔化温度为720~800℃，熔融后的硅酸铅还原反应进行的程度是降

低鼓风炉渣含铅的关键所在。还原反应进行的极限或以氧化物形态残留在炉渣中的金属铅量，可按下式的热力学计算加以判断。

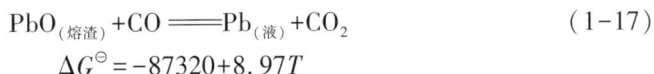

$$PbO_{(熔渣)} + CO \Longrightarrow Pb_{(液)} + CO_2 \tag{1-17}$$

$$\Delta G^{\ominus} = -87320 + 8.97T$$

PbO 作为碱性较强的氧化物，在铁硅酸盐炉渣中的活度系数被认为是 0.3，则计算 p_{CO_2}/p_{CO} 与 x_{PbO} 和 w_{Pb}（炉渣中铅的质量分数）的关系见表 1-10。

表 1-10　还原气氛对炼铅渣渣含铅的影响

p_{CO_2}/p_{CO}	4	1	0.144
x_{PbO}	0.031	0.0078	0.0011
w_{Pb}	9.7	2.4	0.35

从反应的平衡常数表达式可知，熔渣中 a_{PbO} 或 x_{PbO} 愈小，气相成分中 p_{CO_2}/p_{CO} 平衡值愈低。因此，要提高结合态 PbO 的还原程度，降低渣含铅，混合气体（$\varphi_{CO+CO_2} = 100\%$）中的 CO 浓度必须比游离 PbO（$a_{PbO}=1$）高，这表明结合态 PbO 被 CO 还原比游离 PbO 要困难得多。

（2）FeO、CaO、SiO₂ 等氧化物的行为　铅鼓风炉熔炼炉渣的 CaO 含量比一般造锍熔炼铜炉渣的高，因为强碱性的 CaO 可置换硅酸铅中的 PbO，增大 a_{PbO}（或 x_{PbO}），有利于熔渣中的 PbO 还原。因此，从降低鼓风炉熔炼的渣含铅损失以及提高含锌炉渣烟化处理时的金属回收率出发，要求选用高钙渣型是合理的。

但在鼓风炉炼铅时，这一措施与提高烧结脱硫率和降低冶炼成本有矛盾，因而有很大的局限性。从上面计算可以看出，当采用强还原气氛时，有利于降低渣含铅。但是，强还原气氛除在热的利用上不经济外，还受到铁的还原反应的制约：

$$FeO_{(液)} + CO \Longrightarrow Fe_{(\gamma)} + CO_2 \tag{1-18}$$

$$\Delta G^{\ominus} = -43640 + 38.12T$$

$$K_{1473} = 0.36$$

在铅冶炼中，铅、铁是完全不互溶的，所以粗铅几乎不含铁。为有足够的还原气氛以降低渣含铅，局部的、极少量的铁还原是很难避免的，对熔炼过程也无多大妨碍。但当还原气氛强时，则固体铁作为独立相析出，从而影响熔炼的顺利进行。铅烧结块中的 Fe₂O₃ 应还原为 FeO，但不希望形成 Fe₃O₄，因为 Fe₃O₄ 也会导致像金属铁一样的炉缸"积铁"，迫使炉子停产，也只有 FeO 才能形成性质很好的硅酸盐炉渣。因此对于熔渣中 PbO 的充分还原和 Fe₃O₄ 还原成 FeO 来说，炼铅鼓风炉的气体组成应位于 Fe_3O_4 还原线和 FeO 还原线之间(图 1-14),炉气中 CO 含量不应当提高到高于 FeO 或 $FeO_{(渣)}$ 还原的平衡曲线。

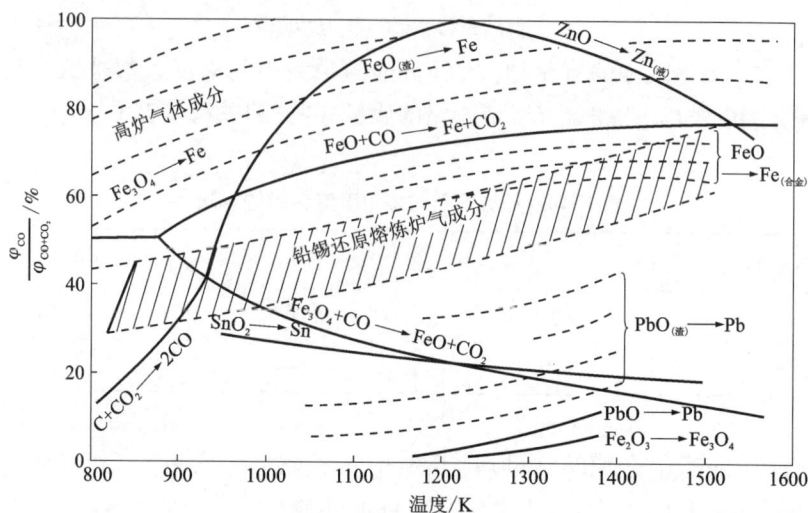

图 1-14　铅、锌、锡和铁的氧化物用 CO 还原的平衡图

(3)碳燃烧与布多尔反应　在铅鼓风炉生产过程中,为了使炉内反应顺利进行,必须保证焦炭在风口区正常燃烧。焦炭和烧结块从炉顶加入炉内,沿炉身向下运动,空气从下部风口鼓入,在风口区使焦炭燃烧,产生的高温还原气体沿炉身向上运动。这种炉料与炉气逆向运动的结果,使炉料发生一系列的物理化学变化,炉气温度从 1300℃左右逐渐降至 200℃左右,CO 含量也不断降低,然后从炉顶排出。烧结块与焦炭在下降过程中,被高温炉气加热,其中铅的氧化物被炉气中的 CO 还原为金属,没有被还原的氧化物则互相熔合成液体炉渣。焦炭既是炉料熔化造渣和发生吸热反应的供热燃料,又是还原剂的来源。焦炭在风口区先后发生完全燃烧反应和碳的汽化反应即布多尔反应:

$$C+O_2 \Longrightarrow CO_2+408568 \text{ J} \qquad (1-19)$$
$$CO_2+C \Longrightarrow 2CO-162297 \text{ J} \qquad (1-20)$$

假如焦炭燃烧后产生的 CO_2 完全转变为 CO,碳燃烧的总反应式为:

$$2C+O_2 \Longrightarrow 2CO+246270 \text{ J} \qquad (1-21)$$

如果焦炭在风口区完全燃烧,则放出的热量最大,这对于满足炉内所需的热量是理想的,但不能满足还原反应所要求的 CO 量。如果按不完全燃烧进行,虽可以得到充足的还原剂 CO,但对于相同质量的焦炭而言,发热量仅为完全燃烧的 30%左右,大大降低了焦炭的热量利用率,燃料的浪费大。另外,得到的强还

原气氛(100%CO)也为铅冶炼过程所不容许。因此铅鼓风炉焦炭正常燃烧的原料成分和熔炼条件应该是在保证还原所需要的 CO 分压条件下，尽量使焦炭完全燃烧，以降低熔炼过程的焦炭消耗。炉气中 CO 与 CO_2 体积比的调节办法是对于加入炉内的一定炉料和燃料，要求在单位时间内鼓入恒定的风量。在生产实践中，通常是按照焦炭中 C 量的 50%~55%燃烧成 CO、另外的 45%~50%燃烧成 CO_2 的比例来计算风量的。由于碳的燃烧反应是在扩散区进行的，炉内反应没有达到平衡。

2. 硫化铅精矿直接熔炼原理

硫化铅精矿直接熔炼包括氧化熔炼和还原熔炼两个过程。氧化熔炼就是 PbS 被气流中的 O_2 或者是呈气泡状态均匀分散于熔池(熔体)中的 O_2 氧化产生金属铅与 PbO，后者又与氧化产生的 FeO 以及其他造渣组分造渣熔化，最终产出粗铅、含 PbO 高的炉渣及 SO_2 烟气；还原熔炼是高铅炉渣中的 PbO 等金属氧化物被还原的过程，最终产出二次粗铅和含铅较少的炉渣。

1)氧化熔炼原理

(1)氧化熔炼热力学 这里重点叙述相平衡方程和相平衡图两个问题。

①相平衡方程。根据武津典彦等人对 Pb-S-O 系相平衡关系的实测，确定了以下 9 种二聚相共存的平衡方程：

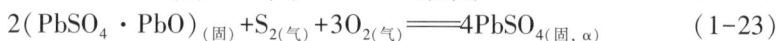

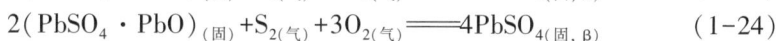

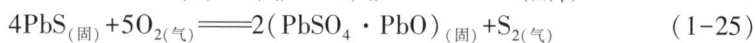

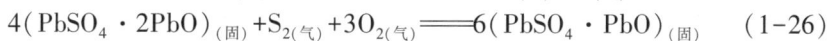

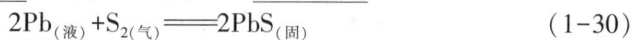

$$PbS_{(固)} + 2O_{2(气)} \Longrightarrow PbSO_{4(固, \alpha)} \tag{1-22}$$

$$2(PbSO_4 \cdot PbO)_{(固)} + S_{2(气)} + 3O_{2(气)} \Longrightarrow 4PbSO_{4(固, \alpha)} \tag{1-23}$$

$$2(PbSO_4 \cdot PbO)_{(固)} + S_{2(气)} + 3O_{2(气)} \Longrightarrow 4PbSO_{4(固, \beta)} \tag{1-24}$$

$$4PbS_{(固)} + 5O_{2(气)} \Longrightarrow 2(PbSO_4 \cdot PbO)_{(固)} + S_{2(气)} \tag{1-25}$$

$$4(PbSO_4 \cdot 2PbO)_{(固)} + S_{2(气)} + 3O_{2(气)} \Longrightarrow 6(PbSO_4 \cdot PbO)_{(固)} \tag{1-26}$$

$$3PbS_{(固)} + 3O_{2(气)} \Longrightarrow PbSO_4 \cdot 2PbO_{(固)} + S_{2(气)} \tag{1-27}$$

$$\underline{4Pb_{(液)}} + S_{2(气)} + 5O_{2(气)} \Longrightarrow 2(PbSO_4 \cdot PbO)_{(固)} \tag{1-28}$$

$$\underline{2Pb_{(液)}} + S_{2(气)} + 4O_{2(气)} \Longrightarrow \underline{2PbSO_{4(液)}} \tag{1-29}$$

$$\underline{2Pb_{(液)}} + S_{2(气)} \Longrightarrow 2PbS_{(固)} \tag{1-30}$$

还有如下的固-液相变过程：

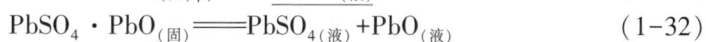

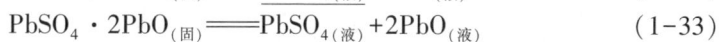

$$PbSO_{4(固, \beta)} \Longrightarrow \underline{PbSO_{4(液)}} \tag{1-31}$$

$$PbSO_4 \cdot PbO_{(固)} \Longrightarrow \underline{PbSO_{4(液)}} + PbO_{(液)} \tag{1-32}$$

$$PbSO_4 \cdot 2PbO_{(固)} \Longrightarrow \underline{PbSO_{4(液)}} + 2PbO_{(液)} \tag{1-33}$$

上述反应式中底下画横线的液态铅及其化合物不能看作是纯的。平衡凝聚相为固相时其活度可看作 1。

②相平衡图。Schuhmann 等人根据热力学数据分别绘制了 p_{SO_2} 为 1×10^5 Pa、0.5×10^5 Pa、0.05×10^5 Pa 时 Pb-S-O 系 $\lg p_{O_2} - 1/T$ 状态图，其中 $p_{SO_2} = 1 \times 10^5$ Pa 时的状态图如图 1-15 所示。

图 1-15 中 y 点的温度便是 PbS 转变为液体铅的最低平衡温度。当 p_{SO_2} 发生变化时，y 点的平衡温度和平衡氧位发生相应的变化。

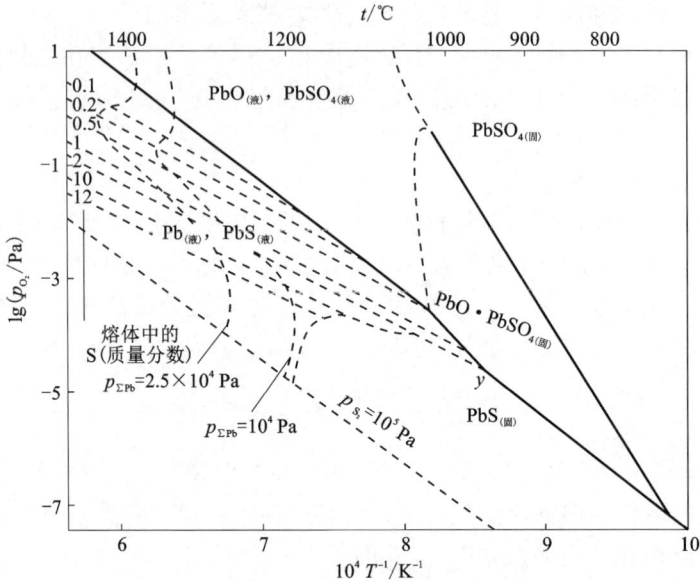

图 1-15　$p_{SO_2}=10^5$ Pa 时 Pb-S-O 系平衡状态图

在图 1-15 中，$p_{SO_2}=10^5$ Pa，低于 y 点温度时，PbS 是稳定的；高于 y 点温度时，PbS 便会氧化形成熔融金属铅相（系 Pb-PbS 液态共熔体）。在一定温度及 p_{O_2} 的范围内金属铅相是稳定的。当熔炼温度一定时，在高氧势下，熔融金属铅便会氧化，形成 PbO 和 PbSO$_4$ 的熔体混合物，其中硫酸盐的含量随 p_{O_2} 的增大而增加；在低氧势下，熔铅中的硫含量便会增加，所以直接熔炼产生的金属铅含有硫，并与炉渣中的 PbO 保持平衡。在直接熔炼的熔池反应中，PbS 按下式发生反应：

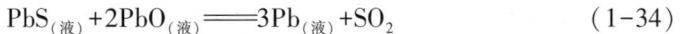

$$PbS_{(液)}+2PbO_{(液)}\Longrightarrow3Pb_{(液)}+SO_2 \tag{1-34}$$

视粗铅为稀溶液，$a_{Pb}=1$。用铅液中硫质量分数表示 a_{PbS}，式（1-34）的平衡常数可写成

$$K'=p_{SO_2}/(w_S \cdot a_{PbO}^2) \tag{1-35}$$

这表明在一定温度和 p_{SO_2} 条件下，铅液中的含硫量与共轭炉渣相中 a_{PbO} 平方成反比。炉渣中 a_{PbO} 低会导致粗铅含硫高和 PbS 大量挥发，这时 PbS 转化成金属铅是不完全的。

根据热力学计算，矢泽彬等人绘制了在 1200℃ 下包括铜、铁、锌等硫化物氧化行为的 Pb-S-O 系硫势-氧势图，如图 1-16 所示。

一般说来，传统法炼铅是首先将 PbS 精矿在图 1-16 中所示的"氧化"区域进行烧结焙烧，得到的烧结块在鼓风炉用焦炭还原(图 1-16 中的"还原"区域)得出含硫少的粗铅(含硫 0.3% 左右)和含 PbO 少的炉渣(含铅 1.5%～3%)。

图 1-16 也给出了直接炼铅氧化熔炼在平衡相图中的位置在标有"直接"字样的区域，该区域所处气氛中的 SO_2 分压在 $p_{SO_2}=10^4$ Pa 附近。在 1200℃高温下，只要气氛控制得当，用空气或氧气就会使 PbS 转变成该状态下的金属铅和含 PbO 的炉渣。

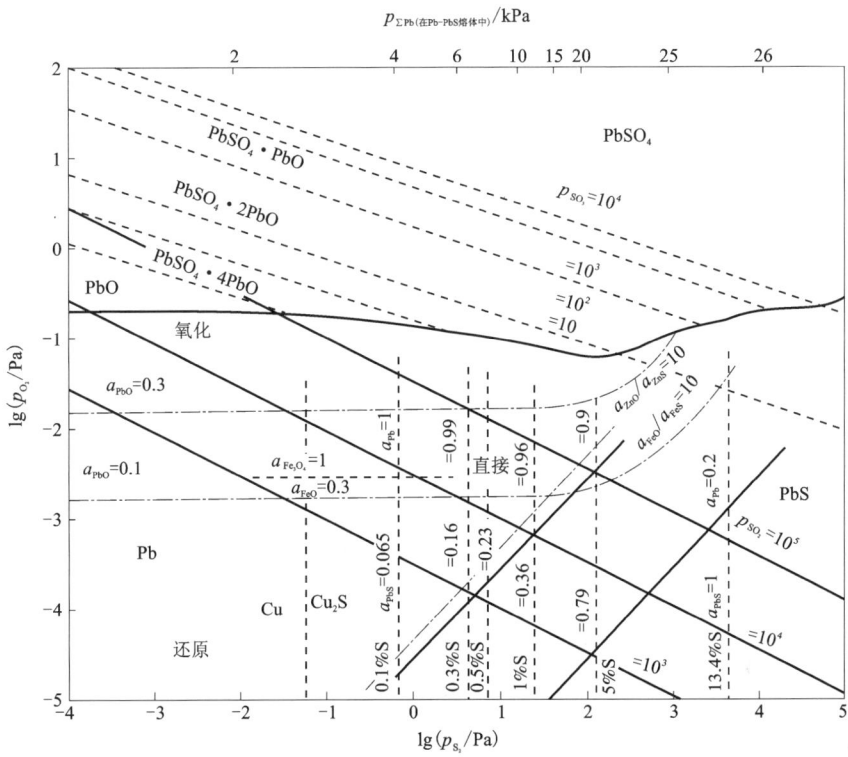

图 1-16 1200℃时 Pb-S-O 系硫势-氧势图

(2)分段熔炼原理 根据以上热力学分析，直接氧化熔炼的气氛控制在 $\lg p_{O_2}=-3$ 或 -4 低氧势时可保证式(1-36)的反应能充分进行:

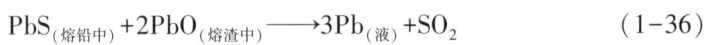

$$PbS_{(熔铅中)}+2PbO_{(炉渣中)}\longrightarrow 3Pb_{(液)}+SO_2 \qquad (1-36)$$

产出炉渣中 a_{PbO} 可能小于 0.1，即渣含铅可以达到较低的水平(5% 左右)，但是要得到弃渣是很困难的，而且得到的金属铅品质较低，含硫为 3% 左右，须进一步吹炼脱硫。如果要将渣含铅降到鼓风炉熔炼的水平，炉渣放出区域的氧势也应该控制在鼓风炉熔炼的氧势水平($\lg p_{O_2}<-5$)上。如果将熔炼室空间的氧势

（$\lg p_{O_2}$）提高到 -1 或 -2 时，则可使熔铅中硫含量降到 0.1% 以下，这样一来渣含铅将显著升高，可能比鼓风炉高一个数量级，达到 20% 以上。因此直接熔炼必须分段进行，氧化熔炼产出的高铅渣必须进一步还原贫化。硫化铅精矿直接熔炼的技术条件和工艺过程应当满足下述基本要求：

①采用两个熔炼炉分别进行氧化熔炼和还原熔炼；采用一个熔炼炉时炉内必须形成两段氧势明显不同的熔炼区间。精矿在高氧势下氧化，得到含铅高的炉渣和含硫低的粗铅，金属从高氧势的区域放出；炉渣流经一个低氧势区受贫化处理，其中的 PbO 尽可能还原成金属铅。

②除了精矿在高氧势下熔炼以减少挥发损失外，适当降低氧化段温度（如从 1300℃ 降至 950~1050℃），采用富氧熔炼和熔池熔炼均能起到降低烟尘率的作用。

③采用一个熔炼炉时，为了避免两种不同化学势下的烟气和熔体的回流混合，熔炼炉两区间应设置带通道的液封式隔墙或密封溜槽，使两气相彼此隔开，而液相互相连通。

④直接熔炼应当采用闪速熔炼或熔池熔炼新方法以强化冶金过程。闪速熔炼（如基夫赛特法）主要强化了以气相（高温下的强氧化性气流）为连续相，固、液（精矿及其氧化产物的固体颗粒或液滴）为分散相的空间反应过程；熔池熔炼主要强化了以液相（粗铅和炉渣）为连续相，固、气（精矿粒子和氧气泡）为分散相的熔池反应过程。根据硫化精矿比表面积大、流态化性能好的特点，直接熔炼方法采用喷吹技术使精矿颗粒在反应场中处于悬浮状态，物料混合充分，传热传质好，反应速度快，只要合理控制加料中的料氧比就可实现在特定氧势下的连续熔炼，使化学反应在接近平衡状态下完成，产出成分稳定的粗铅、炉渣和烟气。

（3）氧化熔炼过程特性及调控

①铅及其化合物的挥发性。硫化铅精矿直接熔炼工艺所遇到的困难还在于铅的各种化合物及金属本身挥发性很强的这一特性。在图 1-17 的铅及其化合物蒸气压曲线中，PbS 挥发性最大，PbO 次之，金属铅挥发少一些。为了减少进入气相的铅量，必须选择适当的熔炼条件，否则进入烟尘中的铅量及其在熔炼过程中的循环量将是很大的。

图 1-16 的顶线附有按 $p_{\Sigma Pb}=p_{PbS}+p_{PbO}+p_{Pb}$ 计算得到的在 Pb-PbS 共熔体中铅的总蒸气压 $p_{\Sigma Pb}$ 的划分线：在给定的温度下，主要与体系中的 $\lg p_{O_2}$ 及 $\lg p_{S_2}$ 有关，并依熔炼条件而变。温度在 1200℃ 时，当 $\lg p_{S_2}$ 从 2 降到 -1，相当于铅含硫从 5% 降到 0.1%，$p_{\Sigma Pb}$ 降低为之前的 1/5~1/4。由于 p_{S_2} 对 $p_{\Sigma Pb}$ 的影响具有决定性，"直接"炼铅范围的 $p_{\Sigma Pb}$ 与 PbS 区域相比，前者仅为后者的 1/4，但在烧结焙烧的"氧化"区域，$p_{\Sigma Pb}$ 接近可忽略的程度。可见直接熔炼铅的挥发要比鼓风炉流程大得多。铅的总蒸气压是温度的函数，其关系见图 1-18。

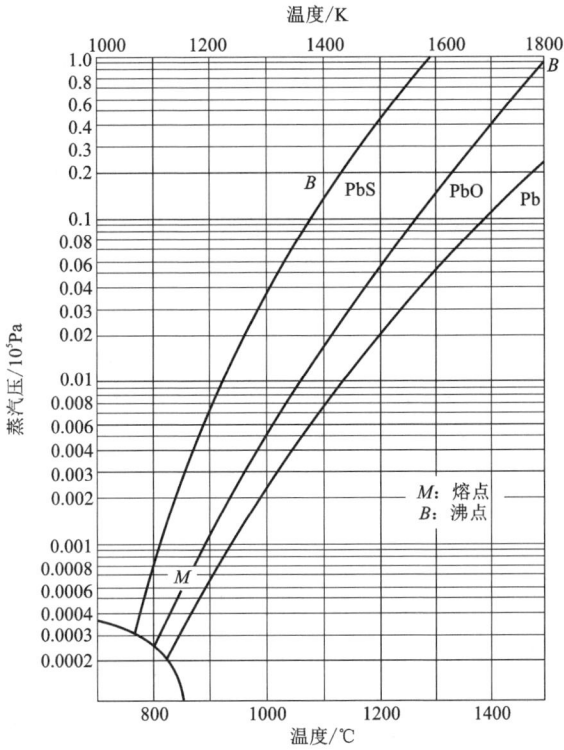

图 1-17　铅及其化合物的蒸气压

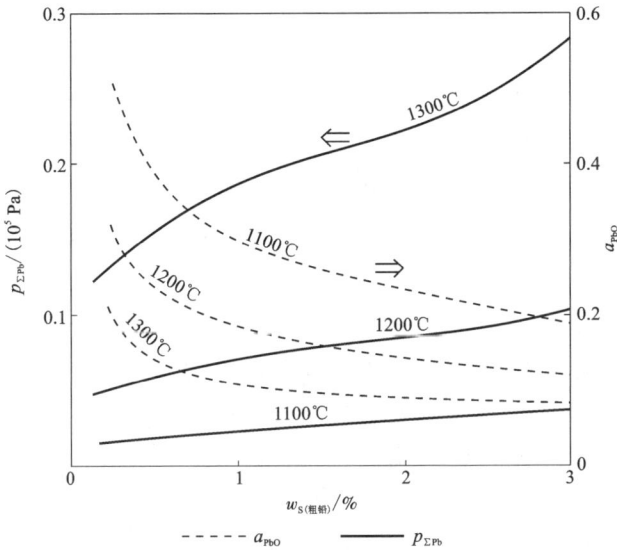

图 1-18　$p_{SO_2} = 10^5\,Pa$ 时 $p_{\Sigma Pb}$ 与 a_{PbO} 及粗铅含硫的关系

图 1-18 表明，温度升高 100℃，$p_{\Sigma Pb}$ 约增加 1.5 倍。因此，从减少烟尘损失的角度看，直接炼铅应尽可能在较低温度下生成低硫粗铅，但这又会使 a_{PbO} 增大，铅入渣量增加。这些矛盾都是直接工艺条件选择时需要综合考虑的问题。直接熔炼时铅主要以硫化物形态挥发，这就是直接氧化熔炼的铅烟尘率(约 20%)高于传统烧结烟尘率(约 6%)的主要原因。因此在直接炼铅过程中，首先要考虑抑制 PbS 的挥发，其次是 PbO，再次是金属铅。为提高铅直收率，控制适当的熔炼条件，减少进入气相的铅量，降低烟尘率和铅熔炼循环量，是直接熔炼技术控制的主要特征。氧化熔炼因高铅渣(含铅 20%~50%)熔点低，可在 1200~1400 K 温度下进行，还原熔炼的温度应控制在 1473~1523 K 下进行。

②氧化熔炼产物产出率调控。铅在直接熔炼产物中的分配如图 1-19 所示。

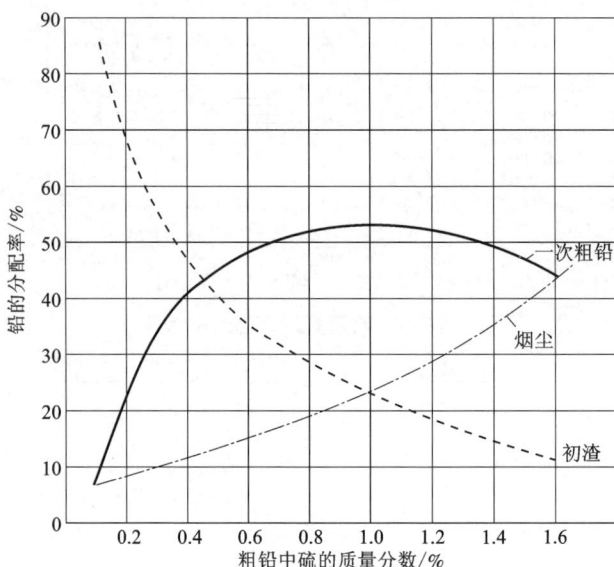

图 1-19 熔池熔炼时铅在直接熔炼产物中的分配

铅的分配率是 $\lg p_{O_2}$ 的函数。随着粗铅含硫增加到 1.0%，铅在粗铅中的分配率小幅降低，粗铅含硫增加，铅入渣比率降低，而进入烟尘的比率升高。就炉渣和烟尘的处理来考虑，当然以处理炉渣回收铅容易一些，所以应尽可能地进行低硫粗铅熔炼。但不管是高硫粗铅熔炼还是低硫粗铅熔炼，铅入炉渣和烟尘中的量占 45%~60%。因此，后续处理高铅渣和烟尘的工作都是不可避免的。

依据直接炼铅的这种特点，综合考虑直收率、烟尘处理的清洁性和高铅渣处理的便利性等因素，合理选择熔炼作业制度，最大限度地先获得低硫粗铅，并彻底完成熔炼脱硫，少产出烟尘，合理产出高铅渣，已成为直接炼铅氧化段的唯一选择策略。工业生产控制的粗铅含硫通常在 0.2% 至 0.6% 之间,所以按照图 1-19 推算,在直接炼铅氧化段,铅在粗铅中的分配率(相当于一次沉铅率)一般在 24% 至 48% 之间,烟尘中铅的分配率在 9% 至 15% 之间,烟尘率在 18% 至 30% 之间。

③渣型选择与控制。与传统火法炼铅渣型比较,铅精矿直接氧化熔炼产出的炉渣为高铅渣,即含 PbO 高、ZnO 较高。考虑到高铅渣经还原熔炼后,渣含铅大幅降低,因此,仍然按传统火法炼铅渣型来确定 FeO、SiO_2、CaO 等炉渣基体组分的比例。根据各氧化物共晶组成,可确定某组成炉渣的熔化温度,也可知道熔点最低的炉渣组成,如熔点最低的炉渣成分在 FeO 45%、SiO_2 35%、CaO 20% 附近,熔点为 1100℃ 左右。图 1-20 为火法炼铅工艺渣型选择 SiO_2-FeO-CaO 三元系相图,炼铅渣型多选择在图 1-20 中易于操作的橄榄石区域,并同时满足氧化熔炼、还原熔炼、炉渣烟化三阶段的熔炼要求,该区域炉渣最低熔点在 1100℃ 至 1200℃ 之间,炉窑耐火材料易选,利于金属与炉渣分离。

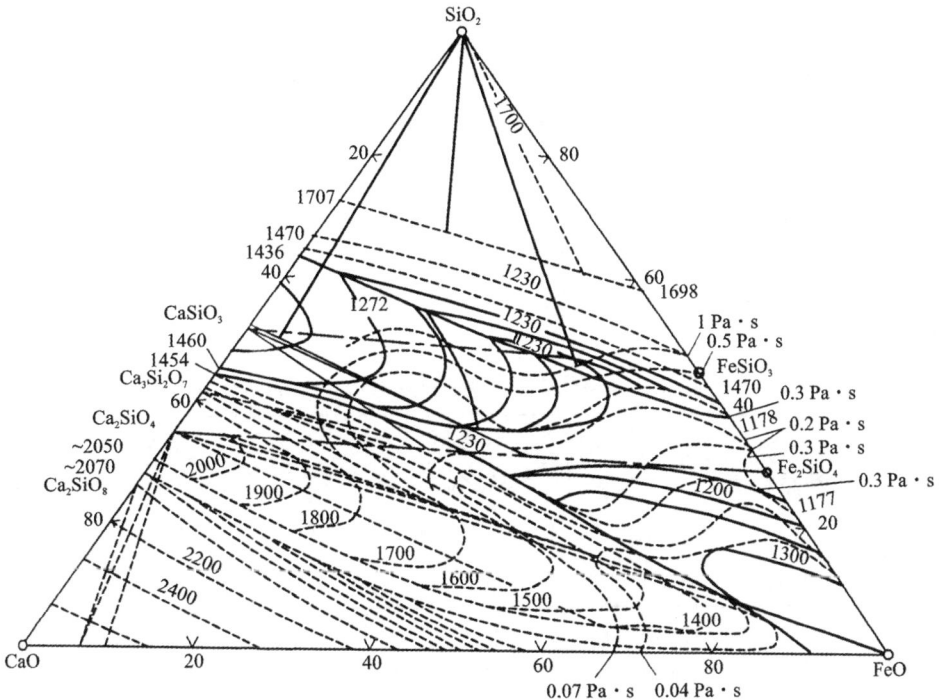

图 1-20 SiO_2-FeO-CaO 三元系相图

最终目标渣型的 $w(Fe)/w(SiO_2)$ 一般控制在 1.2 至 2.2 之间, $w(CaO)$ 在 3.5% 至 5% 之间, 渣熔点为 1100~1200℃, 密度为 3.3~3.6 g/cm³, 黏度小于 0.5 Pa·s, 渣流动性好。在确定最终渣型的同时, 还要重点考虑不同冶炼阶段 PbO 和 ZnO 等对渣型的影响, 并采取相应的操作对策; 还需控制炉渣中的氧势, 防止冶炼过程中的过度氧化, 避免熔点高、黏度大的 Fe_3O_4 熔渣相形成, 影响熔池可操作性。

2) 高铅渣还原熔炼原理

熔融高铅渣的还原熔炼属于熔池熔炼, 其基本原理与铅鼓风炉还原熔炼类似, 上面已述及, 在此不再重复。熔融高铅渣的还原可采用碳做还原剂, 也可采用煤气、天然气做还原剂。用碳质还原剂时, 固体碳对熔融物料直接接触的还原反应具有特殊意义, 无论是氧化铅还原还是硅酸铅还原, 都包含液(熔融的铅氧化物)-固(炽热焦炭)、液(熔融的铅氧化物)-气(CO) 两类相接触的反应过程, 其中液(熔融的铅氧化物)-固(炽热焦炭)反应占主导地位, 且反应速度很快, 在高温下能短时间完成。PbS 主要进入铜锍, 一部分挥发进入烟尘, 少量与硫酸铅反应生成金属铅。PbSO₄ 则主要被还原为 PbS 进入铜锍, 极少量在高温下分解为 PbO, 再被还原为金属铅。

(1) 液态高铅渣中氧化铅的还原 以固体焦炭(粒煤)做还原剂时, 高温熔体内氧化铅的还原反应主要是 C 直接还原反应[式(1-37)], CO 间接还原反应为次要或次生化学反应。

$$PbO_{(液)} + C \longrightarrow Pb_{(液)} + CO - 90581.84 \text{ J} \qquad (1-37)$$

式(1-37)为吸热反应, 表 1-11 为式(1-37)的吉布斯自由能变化和平衡常数计算结果。由于 C 还原氧化铅是吸热反应, 升高反应温度, 有利于还原反应的进行。

表 1-11　反应式(1-37)的吉布斯自由能变化和平衡常数计算结果

T/K	$\Delta G^{\ominus}/kJ$	K
1159	-110.3454	9.3972×10^4
1200	-116.9681	1.2341×10^5
1500	-164.4329	5.3201×10^5

由表 1-11 可知, 在高达 1500 K 的熔炼温度下, 还原反应[式(1-37)]的自由能变化约为-164 kJ, 平衡常数约为 5.32×10^5, 而还原反应[式(1-17)]的自由能变化为-7.3865 kJ, 平衡常数为 2.386×10^4, 可见碳直接还原的趋势更强。表明碳直接还原的反应程度高于 CO 对液态渣中 PbO 的还原反应。在动力学方面由于高温熔体中 CO 和 CO_2 均很容易脱离熔池反应界面, 导致 CO 与 PbO 的接触时间

短甚至没有接触就逸出到气相中。

（2）液态渣中硅酸铅的还原　碳直接还原不同形态的硅酸铅的反应为：

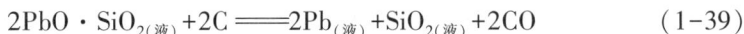

$$PbO \cdot SiO_{2(液)} + C \Longrightarrow Pb_{(液)} + SiO_{2(液)} + CO \tag{1-38}$$

$$2PbO \cdot SiO_{2(液)} + 2C \Longrightarrow 2Pb_{(液)} + SiO_{2(液)} + 2CO \tag{1-39}$$

表 1-12 为式（1-38）和式（1-39）的热力学参数计算值。

表 1-12　碳直接还原硅酸铅的吉布斯自由能变化和平衡常数的计算值

$t/℃$	T/K	式（1-38）		式（1-39）	
		$\Delta G^{\ominus}/kJ$	$\lg K_p$	$\Delta G^{\ominus}/kJ$	$\lg K_p$
1000	1273.15	-107.653	4.417	-220.595	9.051
1200	1473.15	-137.483	4.875	-291.180	10.325
1250	1523.15	-144.862	4.968	-308.664	10.586

由表 1-12 可知，在 1273.15 K 下 C 还原 $PbO \cdot SiO_2$ 和 $2PbO \cdot SiO_2$ 反应的标准吉布斯自由能变化分别约为 -107.65 kJ 和 -220.60 kJ，其平衡常数分别约为 2.61×10^4 和 1.12×10^9，表明高温下熔融硅酸铅被碳还原得非常彻底。而在 1273.15 K 下用 CO 还原硅酸铅反应的标准吉布斯自由能变化分别为 -55.39 kJ 和 -116.06 kJ。可见高温下固体碳还原硅酸铅要比 CO 还原更彻底。

（3）液态渣中氧化铅还原极限　熔融状态的氧化铅化合物被固体碳直接还原是主要还原反应，按照 $PbO \rightarrow 2PbO \cdot SiO_2 \rightarrow PbO \cdot SiO_2$ 的顺序，铅的氧化物和盐类依次被还原。当有 CaO 参与时，还原顺序为：$PbO \cdot SiO_2 \rightarrow 2PbO \cdot SiO_2 \rightarrow PbO$。当有 FeO 参与时，还原顺序变为：$PbO \cdot SiO_2 \rightarrow PbO \rightarrow 2PbO \cdot SiO_2$。液态铅渣中直接还原过程中还会发生如下反应：

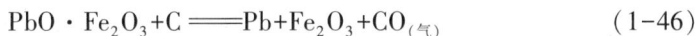

$$PbO \cdot SiO_2 + CaO \Longrightarrow CaO \cdot SiO_2 + PbO \tag{1-40}$$

$$PbO \cdot SiO_2 + CaO + C_{(固)} \Longrightarrow CaO \cdot SiO_2 + Pb + CO_{(气)} \tag{1-41}$$

$$2PbO \cdot SiO_2 + 2CaO + 2C_{(固)} \Longrightarrow 2CaO \cdot SiO_2 + 2Pb + 2CO_{(气)} \tag{1-42}$$

$$PbO \cdot SiO_2 + FeO + C_{(固)} \Longrightarrow FeO \cdot SiO_2 + Pb + CO_{(气)} \tag{1-43}$$

$$2PbO \cdot SiO_2 + 2FeO + 2C_{(固)} \Longrightarrow 2FeO \cdot SiO_2 + 2Pb + 2CO_{(气)} \tag{1-44}$$

$$2PbO \cdot SiO_2 + CaO + FeO + 2C_{(固)} \Longrightarrow CaO \cdot FeO \cdot SiO_2 + 2Pb + 2CO_{(气)} \tag{1-45}$$

$$PbO \cdot Fe_2O_3 + C \Longrightarrow Pb + Fe_2O_3 + CO_{(气)} \tag{1-46}$$

铅氧化物还原需要的 CO 浓度并不太高，各种炼铅方法还原段的气氛都足以保证它们的还原条件。然而，从熔体中还原硅酸铅则困难得多。在 1100℃ 下以 $w(CO) = 80\%$ 和 $w(CO_2) = 20\%$ 的混合气体还原熔体中的 PbO，并已知 1100℃ 时与还原独立相 PbO 平衡的气相组成为 $w(CO)=0.03$ 和 $w(CO_2)=0.97$，则所能获得的该熔体含 PbO 的极限浓度为 $w(PbO)=2.57\%$ 或 $w(Pb)=2.38\%$。实践中，经还原后的熔渣若含 $w(Pb)=0.5\%\sim1.5\%$，则以硅酸铅形式存在的铅为 $w(Pb)=0.2\%\sim0.4\%$。这是由于硅酸铅除被 CO 还原外，固体碳的还原也起很大作用，在理论上于 1300℃ 温度和 $w(CO)=50\%$ 气氛下碳直接还原熔体中的 PbO 及铅盐时，熔体最终的 PbO 极限浓度 $w(Pb)=0.01\%$，这是熔体含铅的最低平衡浓度的计算结果。实际生产中的还原反应还没达到平衡状态，所以熔体中 PbO 的 $w(Pb)$ 都高于此计算值。

(4)有价金属的还原富集行为 铅是 Au、Ag 等稀贵金属的良好捕集剂，大多数稀贵金属都与金属铅无限互溶，因而炉料中的绝大多数稀贵金属都富集到粗铅中，这里仅对与粗铅有限互溶、还原富集溶入粗铅的几种杂质金属氧化物的还原问题加以阐述。当该类杂质金属氧化物以复杂氧化物形式存在于硅酸盐熔体中时，可用如下化学反应通式表达其行为走向：

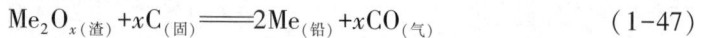

$$Me_2O_{x(渣)}+xC_{(固)} = 2Me_{(铅)}+xCO_{(气)} \qquad (1-47)$$

式中：$Me_{(铅)}$ 为溶解于粗铅液中的杂质金属如 Cu、Bi、As、Sb、Sn 等。从反应方程式可以看出，当被还原的杂质金属元素溶于粗铅熔液中时，杂质元素的氧化物变得更易被还原，而不溶于粗铅中的其他杂质元素则难以被还原。另外还可知道，杂质金属元素在粗铅中含量较低时，其氧化物更易被还原。杂质金属元素的还原过程，不仅与铅液中杂质元素的浓度有关，还与杂质金属氧化物在熔渣中的浓度有关。Cu、Bi 元素对氧的亲和力很小，其氧化物易还原，且易与铅形成金属间化合物，大部分被还原进入粗铅中；虽然 As、Sn 元素对氧的亲和力大于铅，但因其在铅中的溶解度大，因而亦容易被还原进入粗铅。

(5)还原熔池熔炼渣型控制 还原熔炼炉渣熔体是一个复杂的多元体系，由 FeO、SiO_2、CaO、Al_2O_3、ZnO、PbO、MgO 等多种氧化物形成的硅酸盐、亚铁酸盐及铝酸盐等组成。控制适当的炉渣成分，才会有使熔炼顺行的熔渣物理化学性质。渣型控制要求如下：①炉渣成分须满足熔炼时熔剂消耗量最小。②炉渣熔点合适。③炉渣黏度要小，便于炉渣与金属分离。炉渣黏度与其组分有关，酸性渣一般比碱性渣的黏度大，组分 SiO_2、Al_2O_3、Fe_2O_3、Fe_3O_4、ZnO 和 MgO 会使黏度增加，而 FeO、CaO、PbO、MnO 和 BaO 会使黏度降低。④炉渣密度尽可能小。⑤炉渣表面张力和界面张力要尽可能小，以利于炉渣与金属分离。

火法炼铅弃渣主要成分为 FeO、SiO_2、CaO、ZnO 及少量 MgO、Al_2O_3 等，其中前四者约占总量的 90%。为降低渣含铅、提高原料中锌等金属综合利用率，炼铅厂常采用高锌渣型。$FeO-SiO_2-CaO$ 系炉渣黏度最小的渣成分范围(%)为：$w(CaO)\ 10\sim30$，$w(SiO_2)\ 20\sim30$，$w(FeO)\ 40\sim60$。还原熔炼的目标渣型落在该区域，熔炼过程中温度维持在 1100℃ 至 1200℃ 之间，这样既对耐火材料的要求宽松，又可获得黏度小、流动性好的炉渣，实现金属与炉渣的良好分离。

1.4.2 再生铅生产

1. 概述

再生铅原料主要是废铅酸蓄电池，约占 85%，其次是铅锌铜冶炼副产的硫酸铅物料及少量的氯化铅渣。废铅酸蓄电池中难处理的铅物料是铅膏泥，为 $PbSO_4$、PbO_2 和 PbO 的混合物。由 PbO_2 和 PbO 冶炼铅的基本原理前文已述及。本小节重点分析硫酸铅物料冶炼再生铅的基本理论。

2. 硫酸铅物料火法冶炼原理

1) 氧化熔炼搭配处理硫酸铅物料

硫化铅精矿中的硫化物在氧化熔炼过程中燃烧发热并进行自热熔炼，通过控制混合炉料含硫量保持炉内热平衡，可搭配处理硫酸铅物料，无须加或很少加燃料。由热力学计算（图 1-16）可知，氧化熔炼的氧浓度为 95%、温度为 1150~1350℃ 时，硫势为 $-8.5 < \lg p_{S_2} < -3$，炉料中的 $PbSO_4$ 及其派生物易与 PbS 发生交互反应生成金属铅和二氧化硫，但多为吸热反应。因此，为维持熔炼温度和热平衡，氧化段搭配处理硫酸铅物料的重要措施是严格控制其处理量。

2) 硫酸铅分解热力学

$PbSO_4$ 是比较稳定的化合物，温度是 $PbSO_4$ 分解的关键因素。开始分解温度为 850℃，900℃ 后分解较快，1000℃ 后激烈分解，1100℃ 时约 25 min 完全分解，因此将温度升到 1050℃ 以上可满足 $PbSO_4$ 的分解要求。

由图 1-16 可知，$PbSO_4$ 分解过程是先分解为各种碱式硫酸铅，然后分解为氧化铅，只有当气相中 SO_2 分压较小、O_2 分压较大时，才能稳定地分解为氧化铅，这就要先在较高的 O_2 分压下，将 $PbSO_4$ 转化为 $PbSO_4 \cdot 4PbO$，然后降低气相中的 SO_2、SO_3 分压，确保 $PbSO_4$ 最终分解成 PbO，但这不利于烟气 SO_2 回收制酸。因此工业生产上搭配处理时仅靠硫酸铅热分解脱硫并还原铅是不可行的。

3) 硫酸铅碳还原热力学

还原气氛中硫酸铅物料加热时产生如下还原分解反应：

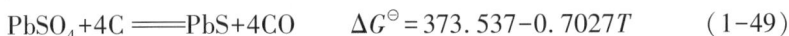

$$PbSO_4 + C \Longrightarrow PbO + SO_2 + CO \qquad \Delta G^{\ominus} = 289.169 - 0.3511T \qquad (1-48)$$

$$PbSO_4 + 4C \Longrightarrow PbS + 4CO \qquad \Delta G^{\ominus} = 373.537 - 0.7027T \qquad (1-49)$$

$$PbSO_4 + 2C \Longrightarrow Pb + SO_2 + 2CO \qquad \Delta G^{\ominus} = 397.685 - 0.5405T \qquad (1-50)$$

计算 1000 K 与 1400 K 下上述反应的 $\Delta G^{\ominus}$，见表 1-13。

表 1-13　硫酸铅还原分解反应的 $\Delta G^{\ominus}$　　　　　　　　单位：kJ

温度/K	式(1-48)	式(1-49)	式(1-50)
1000	-61.931	-329.163	-142.815
1400	-202.371	-610.243	-359.015

由表 1-13 可知，在 1000 K 与 1400 K 下，上述硫酸铅还原分解反应的 $G^{\ominus}$ 都为负值，说明碳的存在使 $PbSO_4$ 可还原分解为 PbS、PbO 和 Pb。其先后顺序为：PbS→Pb→PbO。若还原气氛控制过强，则有利于 Pb 进入铅铜锍中；若氧化气氛过强，则有利于 Pb 以 PbO 形式进入渣中；由于 PbS 优先生成，加上其易挥发，部分 PbS 挥发进入烟尘。因此，控制合适的还原气氛和较低烟气温度是提高 Pb 直收率的关键。硫酸铅物料熔炼时 PbS 优先生成的特性，应在生产实践中高度重视。

4）硫酸铅物料单独熔炼原理

硫酸铅热分解、碳还原、交互反应都是吸热反应，须添加一定量燃料补热以维持熔炼过程热平衡和熔炼温度。硫酸铅物料单独还原熔炼时，由于原料成分、物相的复杂性和不确定性，以及补热消耗还原煤的波动性，难以精确合理控制还原气氛。为解决这个难题，应采用分段熔炼方式，即在第一段还原炉中适当增加富氧，提高冶炼效率，减少炉结，彻底脱除物料中的硫，控制相对较高的渣含铅；再在第二段还原炉熔池中对渣层进行还原、贫化，降低渣含铅。在控制烟尘中 Pb 的分布量方面，主要通过控制较低的还原气氛和温度来减少 PbS 的挥发量，降低烟尘率。也可将硫酸铅物料配煤球团后投入还原炉，在有强还原气氛的还原炉内，形成具有弱还原气氛的配煤球团微熔池，微熔池生成的氧化铅熔渣被还原炉大熔池内的过量还原剂还原。在操作过程中气氛的控制与还原剂的配入量是熔炼硫酸铅物料的关键。

3. 铅物料湿法处理原理

为了降低熔炼温度，减少铅蒸气(雾)对环境的污染，人们往往希望用全湿法或湿-火法联合法处理铅物料，在此重点介绍铅物料中硫酸铅等主要组分湿法转化和氯配合浸出的基本原理。转化产物碳酸铅的火法冶炼原理前面已基本述及，碳酸铅及 Pb(Ⅱ)-氯配合物溶液进一步加工为铅化工产品或金属铅的基础属一般的化工原理，在此不叙述。

1）转化过程基础

根据热力学计算可知，用 Na_2CO_3 或 $(NH_4)_2CO_3$ 溶液可将固体硫酸铅或固体氯化铅转化为固体碳酸铅，并除去 SO_4^{2-} 或 Cl^-：

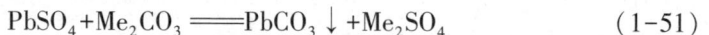

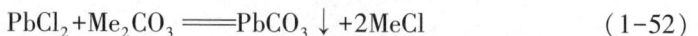

$$PbSO_4+Me_2CO_3 =\!=\!=\!= PbCO_3\downarrow +Me_2SO_4 \tag{1-51}$$

$$PbCl_2+Me_2CO_3 =\!=\!=\!= PbCO_3\downarrow +2MeCl \tag{1-52}$$

式中：Me 代表 Na$^+$或 NH$_4^+$，以下同。这是反应物和生成物均为固体的反应，称为固相转化反应，与反应物粒度关系很大，固体反应物粒度越小，反应界面越大，反应速度也就越快；液体反应物和生成物通过固体生成物扩散的过程也非常重要，所以提高转化温度加速扩散过程是必需的。转化剂必须过量，保持转化过程中料浆的 pH 为 8，转化温度维持在 85℃以上，时间 3 h 以上。脱硫副产品 Na$_2$SO$_4$ 或（NH$_4$）$_2$SO$_4$ 可以循环使用。

$$Me_2SO_4 + 2\left(CaSO_4 \cdot \frac{1}{2}H_2O\right) + H_2SO_4 + 3H_2O == 2\left(CaSO_4 \cdot 2H_2O\right)\downarrow +$$

$$2MeHSO_4 \tag{1-53}$$

$$2MeHSO_4+2Ca(OH)_2 == 2MeOH+2\left(CaSO_4 \cdot \frac{1}{2}H_2O\right)\downarrow +H_2O \tag{1-54}$$

$$2MeOH+CO_2 == Me_2CO_3+H_2O \tag{1-55}$$

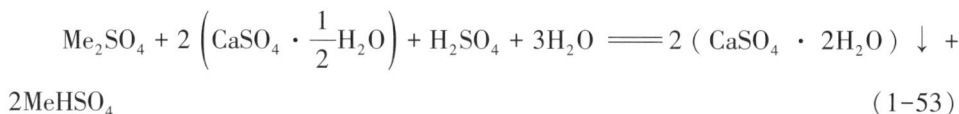

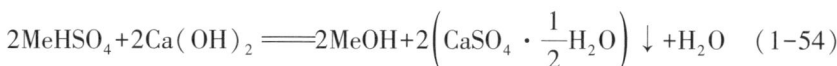

2）氯配合浸出原理

利用 Pb（Ⅱ）-氯配合物溶解度较大的特点，以浓氯化物溶液做浸出剂，从 PbCl$_2$ 或 PbSO$_4$ 中浸出铅：

$$PbCl_2+\frac{1}{2}(i-2)CaCl_2 == PbCl_i^{2-i}+\frac{1}{2}(i-2)Ca^{2+} \tag{1-56}$$

$$PbSO_4+\frac{i}{2}CaCl_2 == PbCl_i^{2-i}+CaSO_4+\left(\frac{i}{2}-1\right)Ca^{2+} \tag{1-57}$$

$$PbCl_2+(i-2)MeCl == PbCl_i^{2-i}+(i-2)Me^+ \tag{1-58}$$

$$PbSO_4+iMeCl == PbCl_i^{2-i}+Me_2SO_4+(i-2)Me^+ \tag{1-59}$$

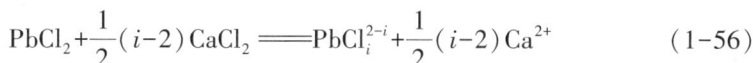

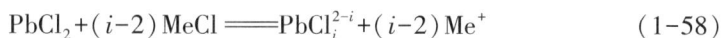

温度越高，溶解度越大，因此过程应在较高的温度下进行。浸出剂可以再生，用浓 MeCl 溶液做浸出剂时在近沸腾温度下浸出，然后将滤液冷却至室温，大部分铅以 PbCl$_2$ 晶体析出。母液调整浓度和 pH 后返回循环使用。用浓 CaCl$_2$ 溶液做浸出剂时，可在室温下浸出，然后向浸铅液中加入石灰，可发生如下沉铅反应：

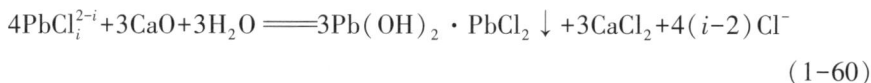

$$4PbCl_i^{2-i}+3CaO+3H_2O == 3Pb(OH)_2 \cdot PbCl_2\downarrow +3CaCl_2+4(i-2)Cl^- \tag{1-60}$$

该过程在 pH=8.5~9 的条件下进行。因此，开始沉铅前有中和反应产生：

$$2HCl+CaO == CaCl_2+H_2O \tag{1-61}$$

母液调整浓度和 pH 后亦可返回，循环使用。

1.4.3　粗铅精炼原理

1. 火法除铜精炼

粗铅除铜精炼包括熔析（凝析）除铜和加硫除铜两个主要过程。熔析或凝析除铜根据铜在铅中的溶解度随温度的降低而减小，其关系可用 Cu-Pb 相图(图 1-21)说明。其理论极限值是在 Cu-Pb 共晶温度 326℃时铅含 Cu 0.06%。实际上粗铅中还含有 As、Sb 和 S，其中 Cu 大部分不是呈金属状态存在，而是以 Cu_3As、$CuAs_2$、Cu_2Sb 及 Cu_2S 形态存在，当粗铅含砷、锑、硫较高时，熔析除铜能使铜含量降至 0.06%以下，甚至可降至 0.02%。

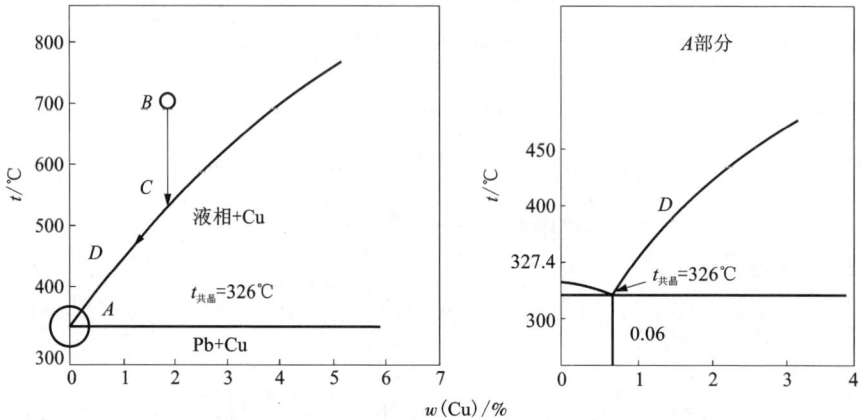

图 1-21 Cu-Pb 相图含少量铜的一部分

加硫除铜是基于铜与硫的亲和力远大于铅与硫的亲和力。当向铅液中加入元素硫时，由于铅浓度远大于铜浓度，所以首先形成 PbS 溶于铅中，在搅拌的条件下 PbS 继而与 Cu 反应生成 Cu_2S：

$$2[Pb]+S_2 = 2[PbS] \tag{1-62}$$

$$[PbS]+2[Cu] = [Pb]+(Cu_2S) \tag{1-63}$$

生成的 Cu_2S 密度较小，且在作业温度下不溶于铅，呈固体浮在铅液表面形成硫化铜浮渣而被除去。随着反应的进行，铅液中含 Cu 浓度降低，反应达到平衡：

$$\frac{[Pb] \cdot Cu_2S}{[PbS][Cu]^2} = K_c \tag{1-64}$$

由于 Cu_2S 不溶于铅液，且铅的浓度可视为不变，则有

$$\frac{1}{[PbS][Cu]^2} = K_c, \quad [Cu] = (K_c[Pb])^{-0.5} \tag{1-65}$$

330~350℃时 PbS 在铅中饱和溶解度为 0.7%~0.8%，理论计算残存的最低含 Cu 量可达百万分之几，实际上为 0.001%~0.002%。

2. 电解精炼

还原熔炼产出的粗铅一般先经火法精炼脱铜并调整锑含量之后，即可铸成阳

极板送去电解精炼，其电解液是 $PbSiF_6$ 和 H_2SiF_6 的混合水溶液，一般含 Pb^{2+} 70~130 g/L，即 $PbSiF_6$ 为 120~220 g/L，含 H_2SiF_6 为 60~100 g/L，总的硅氟酸根相当于 110~190 g/L。阴极为纯铅，阳极为经过初步脱铜的粗铅，电解槽内参与电化学过程的物质分布可以表示为：

$$Pb_{(纯)} \mid Pb^{2+} H^+ SiF_6^{2-} \mid Pb_{(粗)}$$

在直流电的作用下，阴极反应有：

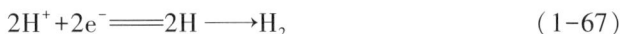

$$Pb^{2+} + 2e^- \Longrightarrow Pb \tag{1-66}$$

$$2H^+ + 2e^- \Longrightarrow 2H \longrightarrow H_2 \tag{1-67}$$

在硅氟酸溶液中，铅的析出电势为 -0.1274 V，而氢的标准电势为 0，由于氢在铅上析出具有 1.1 V 的较高超电压，因此 H^+ 放电是不可能的。电流密度较大时，贴近阴极表面的薄层电解液中 Pb^{2+} 浓度要低很多，当电解液含 Pb^{2+} 为 90~100 g/L 时，这个薄层中的 Pb^{2+} 浓度能降至 10 g/L 以下，以 0.048 mol/L 计算，确定 H^+ 是否在阴极放电。在此阴极薄层内 H^+ 摩尔浓度若高达 10 mol/L，则它们在 25℃时实际析出电势应分别为：

$$\varphi_{Pb^{2+}/Pb} = \varphi_{Pb^{2+}}^{\ominus} + \frac{RT}{nF} \ln a_{Pb^{2+}} - \eta_{Pb^{2+}}$$

$$= -0.1274 + \frac{0.05915}{2} \lg 0.048 - 0 = -0.1664(V) \tag{1-68}$$

所以仍是更正电性的 Pb^{2+} 优先在阴极放电析出。为了确保 Pb^{2+} 的优先析出，必须加强电解液循环，不断地向阴极附近提供 Pb^{2+} 离子。当阴极结晶不平整、长出尖状疙瘩时，尖端的电流密度很高，甚至高达平均电流密度的十几倍或数十倍，在贴近阴极的薄层微观区域，可能造成 Pb^{2+} 浓度接近或等于零。同时在这个不平整的凹凸处，H^+ 放电超电压显著减小，这时 H^+ 可能放电析出氢气，这就是析出铅结晶恶化时电流效率下降的原因之一。

在阳极进行的反应为：

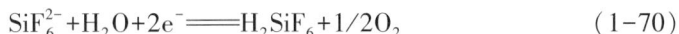

$$Pb \Longrightarrow 2e^- + Pb^{2+} \tag{1-69}$$

$$SiF_6^{2-} + H_2O + 2e^- \Longrightarrow H_2SiF_6 + 1/2 O_2 \tag{1-70}$$

在阳极区，由于阳极泥层的存在显著地影响 Pb^{2+} 的扩散，在电解液含 Pb^{2+} 为 100 g/L 时，阳极泥层中的电解液含 Pb^{2+} 可达 300~350 g/L，在阳极表面与泥层之间的薄膜中 Pb^{2+} 浓度会更高，若其质量浓度为 500 g/L 即 2.5 mol/L 时，则

$$\varphi_{Pb^{2+}/Pb} = \varphi_{Pb^{2+}}^{\ominus} + \frac{0.05915}{2} \lg a_{Pb^{2+}} = -0.1156(V) \tag{1-71}$$

若 SiF_6^{2-} 的质量浓度为 400 g/L 即 2.8 mol/L 时，则

$$\varphi_{SiF_6^{2-}} = \varphi_{SiF_6^{2-}}^{\ominus} + \frac{0.05915}{2} \lg a_{SiF_6^{2-}} = 0.467(V) \tag{1-72}$$

以上计算表明,铅电解的阳极反应过程都比较单纯,只发生式(1-69)的反应。所以它不需要附加的净液过程就能产出品位较高的产品。

比铅更负电性的金属,如 Zn、Cd、Fe 等若在阳极中存在,则优先放电溶解而进入电解液,但不能在阴极析出。由于这些杂质金属在阳极中含量很低,不会在电解液中积累造成危害。

比铅更正电性的金属,如 As、Sb、Bi、Cu、Ag 等在阳极不放电溶解而残留在阳极泥中。但实际上当阳极含 Cu 高于 0.06% 时,由于 Cu-Pb 形成共晶,铅溶解时铜可能被夹带溶出,造成析出铅含铜升高。因此电解前阳极含铜应尽可能低。当锑在阳极中含量较高时,在阳极能发生溶解,在阴极只有少部分析出,能在电解液中维持 1 g/L 的浓度。我国处理脆硫铅锑混合精矿时,产出一种含锑为 13%~18% 的合金阳极,在低电流密度($100 \sim 120$ A/m^2)下电解精炼,亦可获得 1 号精铅。

与铅的电极电势接近的金属锡,在阳极能溶解,在阴极也能析出,因此要严格控制锡在阳极中的含量,以防影响析出铅质量和污染电解液。

铅电解过程中添加明胶、骨胶或皮胶等添加剂的作用是,胶质粒子带正电荷,可电泳而移至阴极,若阴极表面有突出的结晶或瘤状物时,则此尖点的电力线集中;而带正电荷的胶质粒子集中停留于此处,使此处电阻增大,从而减少了 Pb^{2+} 在此尖点处的放电,于是便可获得表面均匀致密光滑的阴极析出铅。

1.5　铅的应用

1.5.1　铅消费结构

铅下游消费领域主要集中在铅酸蓄电池、铅化工、铅板材及管材、铅锡焊料和铅弹等领域。据 2017 年资料,全球及中国的铅消费结构分别见图 1-22 及图 1-23。

由图 1-22 可知,全世界 80% 的铅用于生产铅酸蓄电池,铅化工、铅管铅板、铅弹、铅合金、电缆护套及其他分别占 5%、6%、3%、2%、1% 及 3%。图 1-23 说明,在中国 86% 的铅用于生产铅酸蓄电池,铅合金及铅材料、氧化铅、铅盐及其他分别占 7%、4%、2% 及 1%。因此,电池行业是金属铅的主要下游应用。2014 年铅酸蓄电池耗铅量占总消费量的比例在美国、日本和中国分别达到了 95%、95% 和 81.4%。基于铅污染及环保要求考虑,其他领域的铅消费量都占比较低。近年来虽然锂电池、镍氢电池等新能源电池发展迅速,但铅酸蓄电池因其安全性好和性价比高仍然是目前市场主流。

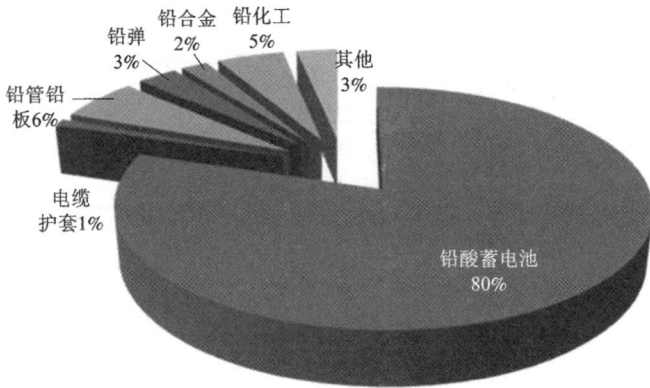

图 1-22　全球铅消费结构

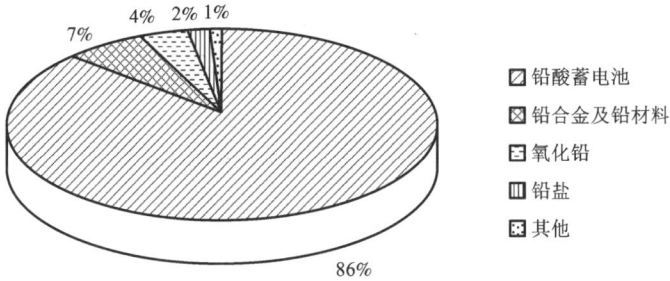

图 1-23　中国铅消费结构

1.5.2　铅需求趋势

表 1-14 列出了 2012—2014 年全球及主要产铅国家的精炼铅消费量。

表 1-14　2012—2014 年全球及主要产铅国家精炼铅消费量　　单位：kt

年份	2012	2013	2014	(2014 年比 2013 年)增长率/%
中国	4340	4700	4960	5.5
美国	1499	1520	1532	0.8
印度	521	497	535	7.6
韩国	428	487	492	1.0
德国	377	367	369	0.5
全球	10249	10843	11160	2.9

由表 1-14 可知，世界精炼铅的消费量呈持续增长态势，年平均递增 3.6%，到 2014 年全球精炼铅消费量达到 11160 kt。2016—2019 年这四年中全球精炼铅消费量依次为 12180 kt、12580 kt、12770 kt、12870 kt。中国和美国为精炼铅的主要消费国，2014 年两国精炼铅消费量分别占全球总消费量的 44.4% 和 13.7%，印度、韩国、德国的精炼铅消费量紧随其后。随着全球汽车行业持续稳步发展，全球精炼铅供需由供应过剩局面逐渐转变为供应短缺局面。目前，由于铅酸蓄电池消费领域是精炼铅消费的主力军，全球汽车、通信、风力发电行业的发展将直接影响铅消费变化趋势，未来一段时间内，国内外的铅消费量将继续保持较高的增长态势。

1.6　炼铅工艺技术的发展趋势

硫化铅精矿氧化熔炼技术比较成熟，已有多项技术产业化。液态高铅渣还原熔炼技术虽然在底吹、侧吹、顶吹三种熔炼方式中都有工业应用范例，但人们的研发热情仍然很高，以图确定最优方法。液态高铅渣还原熔炼技术正不断地创新发展。中国恩菲公司开发了液态高铅渣电热焦还原法，多家企业自主研发了液态高铅渣直接还原技术，并用于工业生产。现有的再生铅冶炼技术还不是最佳技术，富氧熔池熔炼法单独冶炼废铅酸蓄电池膏泥是今后再生铅生产的发展方向。另外，现有的火法炼铅技术由于温度高，铅铜锍、烟尘和铜浮渣处理过程中铅蒸气(雾) 的低空污染不可避免，因此，研究低温清洁炼铅新方法仍然是今后的重要方向。

1.6.1　液态高铅渣还原熔炼技术的创新

1. 底吹天然气粒煤还原法

将底吹氧化熔炼所产液态高铅渣用溜槽从出渣口直接加到底吹卧式还原炉内，同时从加料口加入熔剂、块煤或焦炭，进行直接还原熔炼。由于还原熔炼所需温度较高，须先用天然气补热，控制熔池温度在 1200℃ 左右。该法还原效果较好，还原终渣含铅可降到 2% 左右，单位粗铅综合能耗比鼓风炉熔炼可降低 40%。

2. 底吹粉煤电热还原法

底吹粉煤电热还原法的原理及操作与底吹天然气煤粒还原法相同，只是加热方式不同，还原过程中从炉底喷入氧和粉煤，并辅以工频电极加热熔池，减少烟气量。块煤还原剂和富铅渣从底吹炉顶部加入，底吹喷枪搅动熔池，稳定熔池温度，完成液态渣直接还原熔炼。实践表明，该法原料适应性广，能较好地处理高铜、高铁物料，作业率高，能耗低，热利用效果好，烟气产生量小，可操作性强。

3. 侧吹煤气粒煤还原法

煤气从炉侧喷入燃烧维持熔炼温度，用块煤或焦炭做还原剂，从炉上部加入熔池。液态渣还原过程中风口区采用大风量、弱氧化性气氛作业，先在熔池上部形成强还原气氛彻底还原铅，然后在风口区控制为弱氧化气氛，平衡氧化渣中过还原的铁，避免炉缸积铁。该法熔池内气氛复杂多变，尚存在不少问题须进一步解决。

4. 侧吹富氧粒煤还原法

该法采用立柱式矩形炉结构，炉顶为吊顶式拱形结构，顶部设熔剂与还原煤加料口和竖直烟道。液态高铅渣经溜槽流进炉内，富氧空气从炉侧风口吹入炉内有一定深度的熔池中，使从炉体上部加入的还原粒煤、熔剂与熔渣混合。通过调节粒煤及富氧空气量，维持炉内温度在1150℃至1200℃之间，控制还原气氛。还原产出的粗铅由虹吸口放出，还原渣从上部渣口排出；上部炉侧的冷风吸入口用于燃烧还原反应中的剩余可燃物。该法还原剂单一，炉渣可进一步烟化回收锌和残存的铅及稀散金属，炉子维修费用低，使用寿命长，但尚存在不少问题须进一步解决。

5. 顶吹粉煤还原法

云锡公司通过引进开发，2010年7月在国内率先采用顶吹炉"一炉三段"直接炼铅技术建成10万t/a的冶炼厂。氧化熔炼、还原熔炼和炉渣烟化在同一顶吹炉内依次连续进行。三个阶段加入的炉料不同：氧化熔炼阶段加入硫化铅精矿、氧化铅烟尘和熔剂，通过喷入氧气，控制高氧势和较低的温度；还原熔炼阶段加入氧化铅精矿和还原剂，一般不用氧气，控制较低的氧势和中等温度；炉渣烟化阶段加入还原煤，不用氧气，控制较高的温度和较强的还原气氛；余热锅炉和电收尘器也是同一套系统。该法实现了在一座冶金炉内通过控制不同阶段的氧势和熔炼温度完成三个冶炼过程。该法具有技术经济指标先进、节能环保、熔炼效率高等优点，其缺点是操作难度大，还原渣含铅高。

1.6.2 低温熔盐炼铅

1. 概述

先进高温炼铅工艺解决了二氧化硫的污染问题，而无法解决铅尘及铅雾的污染问题。铅冶炼最大的污染危害是低空铅尘、铅雾污染，铅液的饱和蒸气压在973℃以下时很低，小于17.3 Pa，但随着温度的升高，铅液的饱和蒸气压呈几何级数上升，1358℃时达到177318 Pa。高温炼铅工艺均有熔炼（氧化熔炼和还原熔炼）、火法除铜精炼、铅铜锍处理及炉渣烟化等高温（1250~1450℃）过程，不可避免地排放大量的铅尘、铅雾污染大气和周边土地。根据苏联学者谢里科会（З. А. Сериковым）和斯米尔洛夫（М. П. Смирнов）的研究，高温炼铅厂的上空及其周边地区空气中的铅含量为本底的十倍以上，铅蒸气不能被百分之百地冷凝和收集，总有一小部分以铅雾的形式飘散在空气中，最终被雨水冲洗进入土壤。

针对以上情况，苏联学者谢里科会母于 1948 年提出低温碱性熔炼法，20 世纪 60—90 年代由斯米尔洛夫完成研究，结果良好。但由于该法碱耗较高而未能工业应用。

20 世纪 90 年代末，中南大学唐谟堂学术团队对低温碱性熔炼进行了系统深入研究，发现低温碱性熔炼更适合再生铅冶炼。21 世纪初，该团队提出和开始研究低温熔盐冶金新工艺和理论，开拓新熔炼体系。在新体系中以碳酸钠为熔盐，加入还原剂和次氧化锌固硫剂，在 800～900℃ 及还原气氛下，铅原料中的 PbS、$PbSO_4$、PbO、PbO_2 及固硫剂中的 PbO 被还原成金属铅，硫酸铅还原获得的及原有的 PbS 中的负二价硫被次氧化锌中的 ZnO 固定生成 ZnS，与精矿中的 ZnS 加合在一起。产出的液态金属铅聚集于熔盐下面，而固态产物 ZnS 及固态未反应物悬浮于熔盐介质中。用热澄清或热过滤的方法将大部分熔盐与固态物分离，熔盐热态直接返回熔炼过程，少部分熔盐被固态物黏附形成固态渣。这种固态渣经湿法处理再生 Na_2CO_3 循环利用，水浸渣经浮选或直接获得较高品位的硫化锌精矿。

与传统火法冶金比较，低温熔盐冶金具有低温、低碳、清洁等特点。二者间的显著区别是低温熔盐冶金过程不产生熔融渣，具有湿法冶金的特性，即有液、固两种相态存在，固相组成既有未反应的固态物，又有熔炼过程生成的固态物，两类固态物形成熔炼渣悬浮于熔盐介质中。因此，熔炼过程属于复杂多相作用过程。其与湿法冶金不同，液态相包括熔盐和液态金属两相。

本小节简要介绍用含铅次氧化锌做固硫剂的单一硫化铅精矿、铅锌硫化混合精矿和废铅酸蓄电池膏泥的低温熔盐冶金实验室研究情况和结果。

2. 试验原料及流程

以硫化铅精矿、铅锌混合硫化精矿和废铅酸蓄电池铅膏作为低温熔盐炼铅试验的原料，以次氧化锌烟灰作为固硫剂，以焦粉作为还原剂。试验原料(含固硫剂)的化学成分见表 1-15。

表 1-15　试验原料(含固硫剂)的化学成分(质量分数)　　　单位：%

成分	Pb	Zn	Fe	Cu	S	SiO_2	Al_2O_3	CaO	MgO	Sb	Au[①]	Ag[①]	As
单一精矿	52.08	3.04	6.06	0.51	16.94	5.45	1.64	1.89	1.14	0.24	2.8	480	0.28
混合精矿	25.02	26.82	8.14	0.054	24.50	2.78	1.23	1.44	0.18	0.012	2.5	330	—
铅膏	69.86	—	0.69	—	5.60	—	<0.06	—	—	0.71	—	—	—
固硫剂	8.14	64.06	0.076	0.011	0.0009	—	—	—	—	—	—	—	0.84

注：①单位为 g/t。

由表 1-15 可知，精矿中的铅、锌以硫化物的形式存在，而膏泥中的铅主要以硫酸铅和氧化铅的形式存在，而固硫剂次氧化锌中的铅、锌以氧化物的形式存在。试验流程见图 1-24。

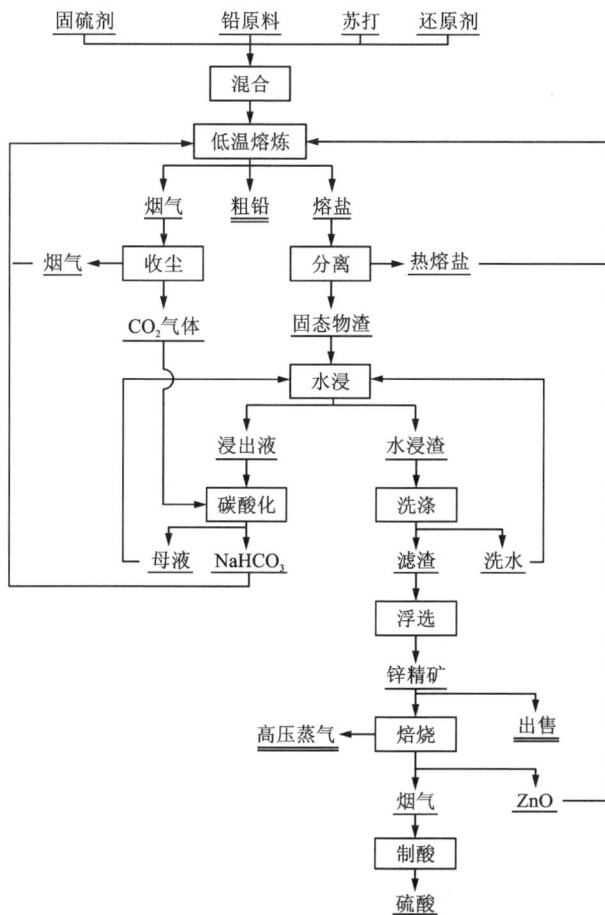

图 1-24　低温熔盐炼铅试验流程

图 1-24 表明，炼铅主流程简短，回收锌及再生熔盐副流程较复杂，但其为闭路循环，排废很少，属清洁冶金流程。

3. 基本原理

1) 原生铅冶炼

在大于 700 K 的温度下铅精矿中的 PbS 产生如下反应：

$$PbS+ZnO+C \Longrightarrow Pb+ZnS+CO_{(气)} \tag{1-73}$$

$$PbS+ZnO+CO(g) \Longrightarrow Pb+ZnS+CO_{2(气)} \tag{1-74}$$

$$Na_2S+ZnO+CO_{2(气)}\Longrightarrow Na_2CO_3+ZnS \qquad (1-75)$$

$$PbS+Na_2CO_3+2C\Longrightarrow Pb+Na_2S+3CO_{(气)} \qquad (1-76)$$

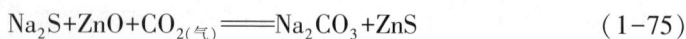

在温度大于 1080 K 时，反应(1-76)进行。由于反应(1-75)在整个温度区间内均进行，因此硫化钠又会和 ZnO 及 CO_2 反应生成碳酸钠和硫化锌。总之，还原固硫反应产出液体铅和固态 ZnS，熔盐的主成分 Na_2CO_3 不变化。

在还原固硫过程中，锑、铜、铁的硫化物均可与 ZnO 发生反应，硫以 ZnS 的形式固定，锑和铜被还原成单质进入粗铅，而 FeS_2 中的铁转化为 FeO。在 700~1150 K 时，SiO_2 和 Na_2CO_3 反应生成 Na_2SiO_3，$MgCO_3$ 分解为 MgO；>1150 K 时，$CaCO_3$ 亦分解为 CaO；>900 K 时，Al_2O_3 生成 $Na_2Al_2O_4$；>1100 K 时，生成 $NaAlO_2$。

2）再生铅冶炼

再生铅原料铅膏泥中的主成分是 $PbSO_4$、PbO 和 PbO_2，碳热还原反应前已述及，下面重点介绍在碳酸钠熔盐中可能产生的还原固硫反应：

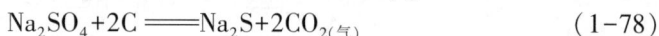

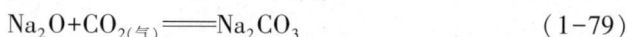

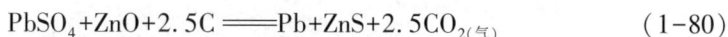

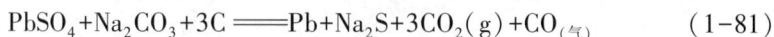

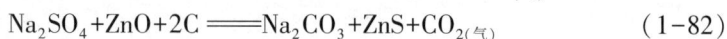

$$PbSO_4+Na_2CO_3\Longrightarrow PbO+Na_2SO_4+CO_{2(气)} \qquad (1-77)$$

$$Na_2SO_4+2C\Longrightarrow Na_2S+2CO_{2(气)} \qquad (1-78)$$

$$Na_2O+CO_{2(气)}\Longrightarrow Na_2CO_3 \qquad (1-79)$$

$$PbSO_4+ZnO+2.5C\Longrightarrow Pb+ZnS+2.5CO_{2(气)} \qquad (1-80)$$

$$PbSO_4+Na_2CO_3+3C\Longrightarrow Pb+Na_2S+3CO_2(g)+CO_{(气)} \qquad (1-81)$$

$$Na_2SO_4+ZnO+2C\Longrightarrow Na_2CO_3+ZnS+CO_{2(气)} \qquad (1-82)$$

在低温熔盐冶炼再生铅过程中这些反应可以发生，反应(1-75)也会发生，这说明铅膏泥能够被 ZnO 固硫生成 ZnS 和液态金属铅，而钠盐仍以碳酸钠形态存在。

4. 试验结果

由条件试验结果确定低温熔盐固硫还原熔炼单一硫化铅精矿、铅锌硫化混合精矿和废铅酸蓄电池膏泥的最佳技术条件基本相同，在固定还原剂焦粉用量为 2 倍理论量的情况下，熔炼温度均为 880℃，熔炼时间均为 60 min，固硫剂 ZnO 均用 1 倍理论量，但碳酸钠与固态物的质量比值不同，对应上述三种原料，该比值分别为 3.0、3.2 和 2.8。在优化条件下，分别进行了 400 g 铅原料/次规模的综合扩大试验，试验结果列于表 1-16~表 1-18。

表 1-16　低温熔盐固硫还原熔炼综合扩大试验产物质量　　　　　　单位：g

铅原料	粗铅	熔盐渣	水浸渣
单一硫化铅精矿	224.85	905.64	470.69
铅锌硫化混合精矿	111.06	880.32	355.45
废铅酸蓄电池膏泥	284.07	673.31	121.54

表 1-17　低温熔盐固硫还原熔炼综合扩大试验产物成分的质量分数　　单位：%

铅原料	产物	Pb	Zn	Fe	Cu	Sb	As	S	Na	Au	Ag	In
单一硫化铅精矿	粗铅	98.38	0.011	0.012	0.66	0.39	0.38	—	—	0.0005	0.085	—
铅锌硫化混合精矿		98.52	0.015	0.014	0.19	0.038	0.11	—	—	0.0012	0.132	—
废铅酸蓄电池膏泥		98.96	0.054	—	0.002	0.55	0.009	—	—	—	—	—
单一硫化铅精矿	水浸渣	0.46	27.84	4.56	0.09	0.002	0.052	13.95	1.17	—	—	0.021
铅锌硫化混合精矿		0.74	55.89	7.38	0.009	0.002	0.006	26.31	1.47	—	—	0.031
废铅酸蓄电池膏泥		1.73	37.55	2.26	0.001	0.24	0.268	18.33	12.42	—	—	0.032

表 1-18　低温熔盐固硫还原熔炼综合扩大试验金属回收率　　单位：%

铅原料	铅直收率	铅回收率	锌回收率	锌固硫率
单一硫化铅精矿	98.88	99.03	94.67	96.87
铅锌硫化混合精矿	97.15	97.64	99.23	95.42
废铅酸蓄电池膏泥	98.50	99.26	99.73	94.52

由表 1-16~表 1-18 可以看出，试验指标很理想，粗铅品位均大于 98.00%，杂质较少，铅、锌回收率都很高，锌富集于水浸渣，混合精矿产出的水浸渣含锌达 55.89%，已超过锌精矿的标准。

5. 结论

①低温熔盐炼铅工艺大幅度降低熔炼温度，取消现有炼铅工艺存在的炉渣烟化、铅铜锍处理等高温过程，从源头根除了铅蒸气(雾)和二氧化硫烟气污染。

②该工艺很好地解决了固硫和铅锌分离两个关键技术问题，大幅提高了金属直收率，锌和硫都富集于熔盐渣中，熔盐渣水浸后，锌在水浸渣中的含量进一步提高，特别是熔炼铅锌硫化混合精矿时，水浸渣中的 Zn 含量超过锌精矿标准。

③该工艺对原料适应性特别强，不仅可以处理单一硫化铅精矿、铅锌硫化混合精矿和废铅酸蓄电池膏泥等铅原料，还可以处理高铅锌烟尘及高氟氯次氧化锌等锌资源。

④作为熔盐介质的碳酸钠在熔炼过程中不变化，可大部分热态返回，小部分湿法再生后循环利用。

总之，低温熔盐炼铅工艺具有低温、低碳和清洁环保等突出特点，推广应用前景广阔，特别对铅锌硫化混合精矿和废铅酸蓄电池膏泥的清洁高效冶炼意义重大。

6. 建议

①继续开展低温熔盐清洁炼铅新工艺的研发工作，建议以铅锌硫化混合精矿、废铅酸蓄电池膏泥和难处理高氟氯次氧化锌为重点研究对象，开展系统深入的研究开发工作，包括扩大试验、半工业试验以及示范生产线的建立和运行研发工作。

②重点研究开发能大规模长期连续运行的熔炼设备，优选设备类型、结构和材质。

③深入开展熔盐热态返回利用研究。重点研究液态熔盐中的沉降分离固态物，进一步优化条件。亦可探索热过滤、旋涡及离心分离等其他更好的热态熔盐与 ZnS 等固态物颗粒的分离方法。

参考文献

[1] 赵天从. 重金属冶金学[M]. 北京：冶金工业出版社，1981.

[2] 彭容秋. 重金属冶金学[M]. 长沙：中南工业大学出版社，1991.

[3] 陈国发. 重金属冶金学[M]. 北京：冶金工业出版社，1992.

[4] 彭容秋. 铅锌冶金学[M]. 北京：科学出版社，2003.

[5] 蒋继穆，张驾，陈邦俊，等. 重有色金属冶炼设计手册：铅锌铋卷[M]. 北京：冶金工业出版社，1995.

[6] 彭容秋. 有色金属提取冶金手册：锌镉铅铋卷[M]. 北京：冶金工业出版社，1992.

[7] 王吉坤，冯桂林. 铅锌冶炼生产技术手册[M]. 北京：冶金工业出版社，2012.

[8] 张乐如. 铅锌冶炼新技术[M]. 长沙：湖南科学技术出版社，2006.

[9] 邱定蕃，徐传华. 有色金属资源循环利用[M]. 北京. 冶金工业出版社，2006.

［10］张训鹏，彭容秋. 熔池熔炼的发展［J］. 有色冶炼，1995(4)：20-25.

［11］陈新民. 火法冶金过程物理化学［M］. 北京：冶金工业出版社，1993.

［12］傅崇说. 有色冶金原理［M］. 北京：冶金工业出版社，1993.

［13］兰兴华. 全球铅供需结构的变化［J］. 中国金属通报，2004(26)：11-12.

［14］李卫锋，张晓国，郭学益，等. 我国铅冶炼的技术现状及进展［J］. 中国有色冶金，2010 (2)：29-33.

［15］胡宇杰. 低温熔盐炼铅清洁冶金新工艺及其基础理论研究［D］. 长沙：中南大学，2016.

［16］胡宇杰，唐朝波，唐谟堂，等. 铅锌混合硫化精矿的低温熔盐还原固硫熔炼［J］. 中国有色金属学报，2015，25(12)：3488-3496.

［17］胡宇杰，唐朝波，唐谟堂，等. 再生铅低温碱性固硫熔炼的实验研究［J］. 工程科学学报，2015，37(5)：588-594.

第 2 章 熔池熔炼

2.1 概述

2.1.1 熔池熔炼简介

熔池熔炼是一种强化熔炼方式,其特点是熔炼过程在熔池中进行,即将细小的硫化精矿粉体直接加入富氧鼓风翻腾的熔池内,在熔融体(锍及炉渣)和气体包围的湍流中迅速完成气、液、固相间的反应,精矿在适当的温度和气氛(氧势)下,在熔池中同时进行加热、熔化、氧化、还原、造渣和熔炼产物汇集等过程,使炉料中的有价金属元素依其物理化学性质分别富集到氧化渣、粗金属、锍和烟尘中,以利于进一步加工,而脉石、熔剂等组分则与金属氧化物形成炉渣。由喷枪或通过埋入熔池的风口向熔体吹入富氧空气或工业氧气,当鼓入的气泡通过熔池上升时,造成"熔体柱"运动,给熔体输入了很大的动能,加入的物料在熔池中被气湍流包裹、搅动,快速传热传质,在熔池内快速完成主要的物理化学反应,反应体系连续相是液相(锍、金属或炉渣)。

熔池熔炼优点:①具有很大的搅拌能,熔体与炉料的传热、传质速率很大,可使精矿迅速熔入熔体。如诺兰达炼铜法,精矿熔入熔体的速率达 $1.5\ t/(m^2\cdot h)$。②硫化物氧化、造渣反应放出的热量被强烈搅拌的熔体吸收,为熔体内部对流传热,而不是靠辐射或外部对流供热,传热过程大为强化,熔体与乳化状固体粒子之间的传热系数达到 $56.78\ W/(m^2\cdot K)$,传热效果优于闪速熔炼。③由于分散性的氧化性气泡与熔体间的接触面很大,传质系数很大,氧化反应速度很快,尽管气泡在熔池中的停留时间很短,但氧的利用系数很大。如诺兰达炼铜法,氧的利用率超过 98%。由于熔池熔炼过程中的传热与传质效果好,可大大强化冶金过程,达到提高设备生产率和降低冶炼过程能耗的目的,因此,20 世纪 70 年代后熔池熔炼得到了迅速发展。

属于熔池熔炼范畴的炼铅方法有:艾萨熔炼法、澳斯麦特法、瓦纽科夫法、QSL 法和水口山炼铅法(SKS 法)。按供风和加料方式,熔池熔炼可分为顶吹、侧吹及底吹三种熔炼方式。

我国在 2000 年以前一直采用传统的烧结-鼓风炉工艺生产原生铅。20 世纪

80 年代以来,我国曾引进 QSL 法即富氧底吹熔池熔炼一步炼铅工艺,但没有成功,后来通过自主研发,成功开发了富氧熔池氧化熔炼-还原熔炼等先进的炼铅工艺,并在工业上推广应用。富氧熔池氧化熔炼包括富氧底吹熔池氧化熔炼(SKS)和富氧侧吹熔池氧化熔炼,氧化铅渣的还原熔炼由开始的鼓风炉还原熔炼发展为富氧底吹和侧吹还原熔炼,从而形成了富氧熔池强化炼铅工艺。该工艺也是我国目前的主体炼铅工艺,具有自主知识产权。与此同时,我国还引进并成功开发了澳斯麦特/艾萨熔炼法(顶吹)熔池炼铅工艺。与传统炼铅工艺相比,新工艺由于采用了富氧熔池熔炼等强化手段,省去了硫化铅精矿的烧结焙烧工序,因此具有生产效率高、烟气量小、SO_2 浓度高和能耗低等优点。

本章将系统介绍我国自主开发的主体炼铅工艺——水口山炼铅法、富氧底吹/侧吹熔池氧化熔炼和还原熔炼工艺,以及引进并开发的澳斯麦特/艾萨熔炼法(顶吹)熔池炼铅工艺的设备、生产实践、检测、自动控制、管理情况。

2.1.2　水口山炼铅法

水口山炼铅法采用富氧底吹熔池氧化熔炼代替氧化烧结焙烧,该工艺的特点是利用炉体底部鼓入的富氧气流对含铅物料、熔剂等原料进行充分搅拌、熔化和氧化,通过控制反应气氛,使精矿中的硫化铅氧化并和氧化铅产生交互反应,生成一次粗铅、高铅氧化渣和可满足制酸要求且浓度大于 10% 的 SO_2 烟气。高铅氧化渣经铸块后送往鼓风炉进行还原熔炼,产出二次粗铅和低铅炉渣。

2.1.3　富氧底吹熔池熔炼

针对水口山炼铅法须采用鼓风炉进行还原熔炼的缺点,河南豫光金铅集团等单位于近些年开发出液态高铅氧化渣直接还原新技术,用底吹炉作为液态高铅氧化渣的还原炉,即第一台底吹氧化熔炼反应器产出的液态高铅氧化渣直接流入第二台底吹还原熔炼反应器,用粉煤或天然气做还原剂,将高铅渣还原成粗铅并产出低铅炉渣,液态炉渣再流入烟化炉烟化回收锌等有价金属。取消鼓风炉后,不仅生产效率大幅提高,更主要的是能耗大幅降低,操作环境得以改善。

2.1.4　富氧侧吹熔池熔炼

富氧侧吹熔池炼铅是在瓦纽科夫熔池炼铜技术的基础上,由我国自主研发并具有独立知识产权的炼铅技术,其核心设备为富氧侧吹氧化炉和与其通过溜槽连接的富氧侧吹还原炉。在富氧侧吹氧化炉中主要产出的是一次粗铅和高铅氧化渣,其中高铅氧化渣在还原炉中继续产出二次粗铅和低铅渣,低铅渣再送往烟化炉中进行锌的回收。该技术的主要特点是流程短、备料简单、对原料适应性强、生产效率高和生产成本较低等。

2.1.5　澳斯麦特/艾萨熔炼法

澳斯麦特/艾萨熔炼法属富氧顶吹工艺,源于澳大利亚联邦科学院组织研发的气体顶吹浸没喷枪技术。该方法的特点是通过浸没式喷枪将炼铅过程所需要的原料、燃料、熔剂和氧气喷入高温熔渣中,使熔体产生剧烈搅动,从而改善反应过程的传热和传质条件。该工艺的炼铅过程分为氧化和还原两个阶段。氧化阶段,通过喷入富氧,炉内保持高氧位,产出粗铅和液态高铅渣。还原阶段,通过喷入还原剂,炉内保持还原气氛,渣中的氧化态铅被最大限度地还原,产出粗铅和弃渣。与传统炼铅工艺相比,富氧顶吹工艺具有工艺流程短、反应速度快、自动化程度高、能耗低和环境友好等优点。

2.2　氧化熔炼

现代火法炼铅过程实际可分为氧化脱硫熔炼、高铅渣还原、炉渣烟化回收铅锌三个阶段。目前氧化脱硫熔炼技术中,熔池氧化熔炼包括底吹、顶吹和侧吹氧化熔炼都有工业化成熟应用的实例,其中底吹氧化熔池熔炼可产低硫粗铅,熔炼不需配煤,能实现全自热熔炼,工业应用范围广,是最成熟的氧化熔炼工艺。

2.2.1　底吹炉富氧熔炼

富氧底吹炼铅技术——水口山炼铅法始于 20 世纪八九十年代,由水口山矿务局、北京有色冶金设计研究总院联合国内多家高校、研究院(所)研究开发,在水口山完成半工业试验。在铅冶炼行业,河南豫光金铅集团于 2002 年率先与中国恩菲工程技术有限公司开始合作开发水口山炼铅法即富氧底吹炼铅产业化技术,经过论证、设计、施工,建成我国第一条富氧底吹冶炼原生铅的生产线。其原则工艺流程见图 2-1。

试生产过程中,在技术人员的不懈努力下,经过不断研究、总结、改进,终于使铅精矿氧化熔池熔炼新工艺顺利实现连续稳定生产,并在很短的时间内达产达标。相对于传统烧结工艺,富氧底吹熔池熔炼工艺具有熔化速度快,对炉料的适应性强,烟气量相对较小、含尘低、SO_2 浓度高有利于制酸,机械化程度高,操作方便,烟气外溢少,环境条件好等突出优点。同时,与烧结机相比较,新工艺还具有投资省、综合能耗低、铅冶炼生产环境好、金属直收率高、生产成本低、自动化程度高等特点。经过十多年的持续升级与推广应用,它已发展成我国目前原生铅冶炼的主体工艺。

```
混合矿    燃料    辅料    烟灰 ←┐
   │       │      │      │     │
   └───────┴──────┴──────┘     │
          混合制粒              │
             │                 │
        氧气底吹熔炼 ──→ 烟灰 ──┘
   ┌─────────┼─────────┐
  粗铅      高铅渣   含二氧化硫烟气
   │         │         │
  精炼     还原熔炼    制酸
```

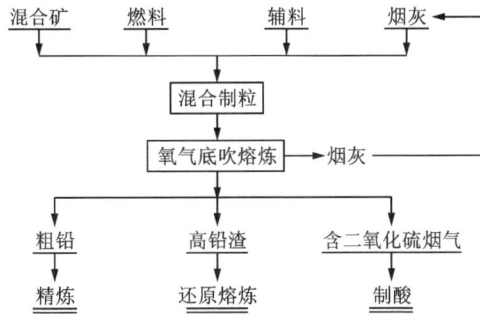

图 2-1　氧气底吹冶炼原生铅原则工艺流程

1. 底吹炉熔池熔炼系统运行及维护

1) 底吹炉

富氧底吹熔炼技术的核心设备为水平卧式圆筒形转炉，内衬镁铬质耐火砖，由炉体、传动装置等组成，配套铸渣机、余热锅炉及电收尘等主要设备。在氧气底吹熔炼过程中，炉子底部的氧气喷枪将氧气及保护性气体(氮气和雾化水)吹入熔池，使熔池处于强烈的搅拌状态。炉料从炉子顶部加入熔炼区的熔池表面后，被迅速卷入搅拌的熔体中，形成良好的传热和传质条件，氧化反应和造渣反应激烈进行并释放出大量的热能，炉料很快被熔化，生成粗铅和高铅渣。在沉降区进行沉降分离后，铅由虹吸口放出；渣从渣口放出；烟气由排烟口排出，进入余热锅炉经降温除尘后送制酸系统。

(1)炉体　底吹炉炉体主要有加料口、出铅口、出渣口以及氧气喷枪等装置。

①加料口：炉顶设有通过铜水套降温的加料口，制粒料通过加料皮带传输到加料口上部并连续不断地加入炉内。炉内熔池被炉底喷入的氧气剧烈搅拌并产生喷溅，这样易使加料口处结渣。为预防结渣过多堵塞加料口，加料口须经常清理，但要小心处理结渣，避免损伤铜水套。

②出铅口：利用虹吸原理放铅，铅坝高度为 680 mm 左右。出铅口前段为水平通道，靠近炉体处约呈 75°角向炉底倾斜，最终和炉壳底端连接，虹吸道与炉内相连通，炉内液态粗铅、高铅渣分层明显，且由于粗铅的比重大于高铅渣，液态粗铅沉于底部，当炉内液面达到一定高度时，在大气压作用下，液态粗铅会自动从出铅口流出，通过铅井进入铸铅机。

③出渣口：与出铅口相对的炉体另一端设有出渣口，渣坝高度为 1050 mm。熔炼产生的液态高铅渣浮于炉内熔体上层，因此出渣口设置的高度略高于出铅口，当炉内高铅渣积蓄到一定高度时，操作工打开出渣口，放出炉内液态高铅渣。

④氧气喷枪：炉底配置有氧气喷枪，含氧量大于 99%的工业纯氧及氮气、软

化水通过氧气喷枪吹入熔池,炼铅原料在熔池中进行氧的传递,迅速发生氧化反应。同时,由于喷枪中的氧气压力非常大,鼓入的气体进入高温熔体后,其体积迅速膨胀,加上它的浮力作用,使熔体均匀搅拌混合,氧化反应快速进行。

(2)传动装置　传动装置由电动机、减速器、小齿轮、大齿圈组成。传动装置位于底吹炉的底部,整个炉体通过两个滚圈支撑在两组托轮上,通过传动装置转动固定在滚圈上的大齿圈,其可以做360°转动。生产过程中需要更换转炉氧枪或检修时,只需要转动炉体90°即可,此时氧枪露出液面以上,避免被炉内熔体倒灌报废。转炉过程非常短暂,极大地缩短了整个开停炉时间。

(3)铸渣机　铸渣机用于液态高铅渣冷却和铸块,作为氧气底吹-鼓风炉还原炼铅工艺的配套装备,位于底吹炉的出渣口与鼓风炉还原系统之间,起高铅渣成型、运输、冷却作用。铸渣机系统主要由以下几部分组成:一级和二级渣溜槽、动力传动部分、链条、走轮、渣模、轨道、支架、头尾轮、拉紧调整丝杠、下部料仓装置、喷灰装置、制动部分、冷却部分等。豫光金铅底吹炉铸渣机全长87 m,经过二次减速后,由头轮带动双链板及固定于其上的490个渣模,以920个走轮为支撑,沿上下两层轨道直线往返回旋运行,液态高铅渣在运行过程中逐渐自然冷却(也可加水强制冷却)。渣模长1.76 m,宽0.365 m,内部有双排16个凹槽,热渣浇注后,在槽内成型、冷却,形成块状的高铅渣在下道工序中进行冶炼。

(4)余热锅炉　余热锅炉由直升烟道和锅炉本体构成。直升烟道位于炉体上方,是连接炉体和锅炉本体的通道,由上、下直升烟道组成,中间由膨胀节连接,可以相对移动。含硫烟气在直升烟道内降温的同时,会沉降一部分烟灰并直接返回炉内,因此为提高熔炼效率、降低烟尘率,一般要求直升烟道有一定的高度。锅炉本体为中空腔体,为烟气通道,锅炉炉墙为全膜式水冷壁。直升烟道与辐射冷却室水冷壁管子间距为80 mm,对流区膜式壁管子间距为100 mm。锅炉本体中沿烟气流通方向依次布置有凝渣管屏、1~3对流管束,可加大换热面积,增强降温效果。含硫烟气经直升烟道进入锅炉本体后,高温烟气通过辐射、对流、传导等方式与管束、水冷壁内的冷却水发生热传递,烟气温度会下降至电收尘允许范围,同时一部分烟灰沉降在锅炉本体下部的灰仓内,收集后返回底吹炉配料。由于烟气内的烟灰已在余热锅炉内初步沉降,降低了电收尘的工作负荷。

(5)电收尘器　电收尘器由壳体、阴阳极、振打装置、气流分布装置及保温箱构成。壳体起密封气体、支撑全部工作重量及外加载荷的作用。阳极作为收尘沉淀极,用来捕集荷电粉尘;阴极为放电极,主要和阳极一起形成电场产生电晕电流。振打装置则通过振打力使阳极板上的粉尘落入灰斗。气流分布装置使进入收尘器的烟气气流稳定、分布均匀。保温箱是阴阳极支撑及绝缘装置,起保温作用,以确保烟气温度高于硫酸露点。电收尘器在一定间距的阴阳极间,通以高压直流电,建立一个足以使通过它的烟气产生电离的静电场,气体电离形成的阴阳离子吸附在通过电场的粉尘上,使粉尘带电,带电的粉尘在电场力的作用下向极性相反的方向移动,沉积在电极上,达到粉尘、气体分离的目的。净化后的气体由出口排出。电极上沉积的粉尘达到一定厚度时,借助于振打装置使粉尘落入灰斗。电收尘器的收尘效率可达 99.64%。

2)配料及输送系统

(1)混合矿制备 这是将各种铅精矿搭配烟灰等原料制备成符合底吹炉生产的混合矿。单一的铅精矿不论在成分上还是数量上往往都无法满足底吹炉生产的需求,因此,需要将多种铅精矿搭配计算,得到符合生产要求的混合矿。铅精矿的混合需要在地仓中进行,地仓上部设有行车,利用行车将成分不同的铅精矿进行兑翻。兑翻时遵守"异仓、侧翻、锥形、清底"的八字方针。经过四次兑翻后,混合矿成分均匀,适合底吹炉使用。

(2)原辅料搭配 制备的混合矿并不能直接用于底吹炉熔炼,仍须进行渣型调整及部分热量补充,这就需要搭配辅料、燃料等对混合矿进行再配料,这个过程称为原辅料搭配。原料系统对混合矿、每一种原辅料单独设置一个储料钢仓,利用核子秤进行计量,通过运输皮带输送到同一条皮带上混合,为下一步混合制粒做好准备。

(3)混合制粒 这是为了将搭配好的混合矿、原辅料等制成粒度均匀、强度适宜的球团料,要求 80% 以上的球团料粒度在 3 mm 至 15 mm 之间,水分在 8% 至 10% 之间。球团料减少了皮带运输过程中的损耗和扬尘,与粉状物料相比,球粒料不易飘散,从加料口下落到熔池表面的过程中,不会轻易被收尘设备收走,降低了底吹炉熔炼烟尘率。制粒设备可选择圆盘制粒机或圆筒制粒机。与圆筒制粒机相比,圆盘制粒机具有生产能力大、制粒效果好、调整范围大等优点,但是,圆盘制粒机不是密闭作业,由于工作环境较差,对电机等设备影响较大,其故障率要高于圆筒制粒机。

(4)皮带运输 原辅料和球团料用皮带运输,由于皮带在运输过程中存在物料倾洒现象,因此需要定时对倾洒的物料进行清理。可用核子秤对原辅料和球团料的下料量进行计量。配料房洒水过多或洒水不当,易造成核子秤电离室电源线、信号线、接头发生短路,系统无法运行,电离室内前置放大器或电源板发潮易导致元器件性能不稳、核子秤计量失真,因此,应注意输送的物料要符合核子秤工作条件。

3)底吹喷嘴

底吹喷嘴即氧枪,是底吹炉生产最重要的部件之一。它能够提供底吹炉生产所需要的高压工业纯氧。同时,由于氧枪直接深度插入熔池内,为减少其损耗、延长其寿命,可在氧枪导流槽中通入高压惰性气体——氮气,使得氧枪头部与熔池间形成真空层,有效减少高温熔池对氧枪的损耗。另外,氧枪导流槽中还通入一部分冷却水，也可起到保护氧枪的作用。

（1）氧枪结构　氧枪由外套管、内芯构成。其中内芯由最外层的氮气软水混合导流槽，第二层、第三层及中心氧气导流槽构成。氧枪的表面质量要求严格，外套管内、外壁表面光滑、平整，看不到耐高温不锈钢与普通不锈钢的焊缝，内芯在外套管内活动自如，无卡顿现象。枪芯的每层导流槽表面光滑，无加工残留的毛刺，导流槽深度、宽度及槽数分布均匀一致，中心孔不偏移；中心孔及各导流槽内部以手摸光滑为宜。中心管与氮气软水混合管的焊接必须同心牢固，不得偏移，以防氧枪在使用过程中出现烧偏现象；各焊接部位光滑平整。氧枪横截面见图 2-2。

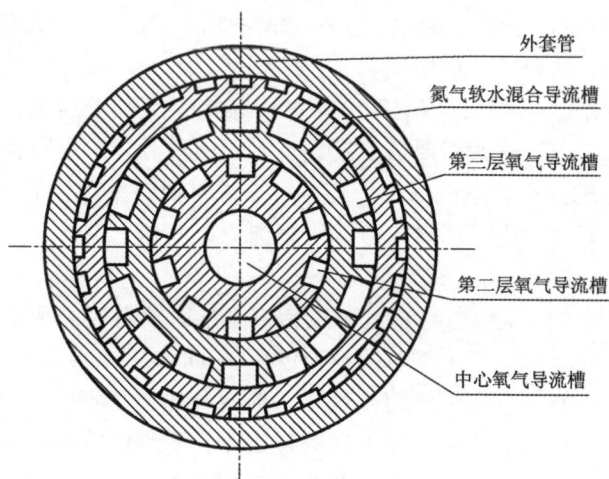

图 2-2　氧枪横截面示意图

（2）氧枪装配　氧枪在工作时，依托于氧枪座之上，周围被枪砖包围，氧枪座、枪砖对氧枪起固定、保护的作用。由于氧枪的寿命对底吹炉熔炼作业率影响很大，氧枪与氧枪座、枪砖配合是否严密，也就间接影响到了熔炼作业率。因此，在装配时，应严格注意氧枪座、枪砖及枪本身的装配过程。氧枪装配见图 2-3。

氧枪座装配注意事项：①外套管及内芯的螺纹与枪座的配合应紧凑；氧枪座的螺丝孔若磨损，必须更换备用氧枪座，以防在正常生产中氧枪脱落。②装配氧枪时，先在内芯的螺丝部位缠绕几圈生胶带，然后拧进氧枪座内，再在外套管的螺丝部位缠绕几圈生胶带，拧进氧枪座内。拧外套管时，注意外套管内壁与内芯的外壁是否摩擦严重。合格氧枪在拧外套管时应没有摩擦现象，用手就能把外套管拧入氧枪座中。如出现严重摩擦现象应更换氧枪，以防因氮和水混合分布不均，起不到保护氧气导流槽的作用，出现氧枪烧偏现象。③装备好后氧枪的外套管与内芯平齐为正常，枪座底部到枪头尺寸为 735 mm，该段尺寸为枪与枪砖配合使用尺寸。

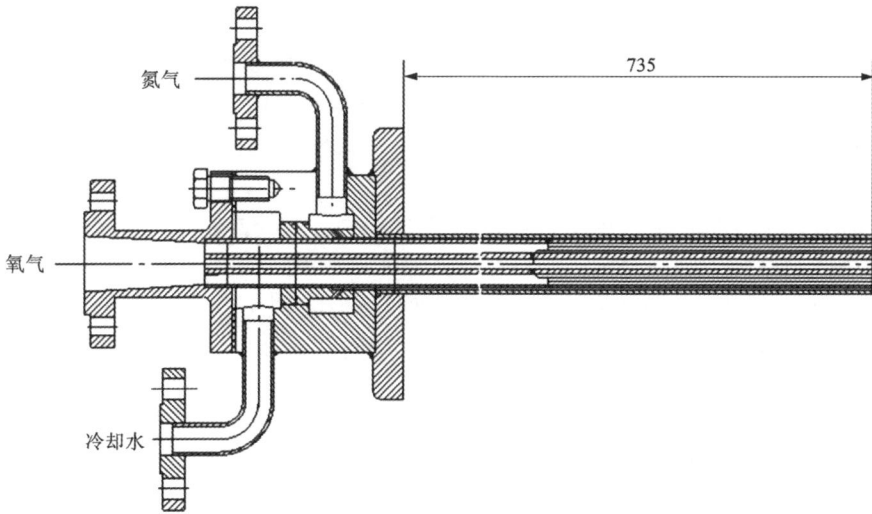

图 2-3 氧枪装配图

　　枪砖装配应注意：无论何种枪砖，中心孔必须笔直、光滑，以氧枪外套管能顺利、完全穿过为合格。氧枪套砖由 7 块组成(图 2-4)，各砖面要求平整，不得缺棱角。组合后各面平整、光滑，砖缝小于 2 mm。装配时还应注意外套管尺寸是否与枪砖中心孔尺寸配合良好；可用外套管试装，间隙不大于 0.2~0.3 mm，保证安装顺利且不能有太大间隙，防止使用时进渣影响氧枪正常使用。氧枪及枪砖安装到位后，在炉内氧枪端部应突出枪砖约 15 mm。安装氧枪时，需要注意以下事项：①吹扫 N_2、O_2 金属软管，防止异物堵塞氧枪；冲洗软水金属软管，防止异物堵塞节流孔板。②检查氧枪座内有无异物及飞边毛刺等，并及时清理(可用 CCl_4

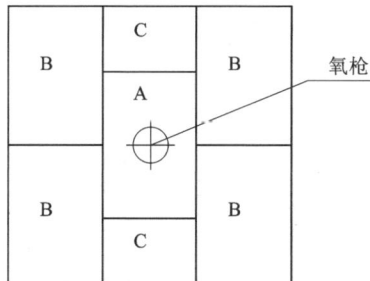

图 2-4 枪砖装配图

清洗)。③内芯、外套管防止滑脱，端头并齐。④检查内芯、外套管是否同心，以防因冷却软水分布不均导致氧枪烧斜。⑤以上均无问题后，用肥皂水检查各连接点气密性。⑥往枪砖中推进之前微开 N_2 以免耐火材料等异物堵塞导流槽，另外将各金属软管位置摆正，以防缠绕。⑦氧枪装好后及时通 N_2 进行保护。

2. 生产实践与操作

1)工艺技术条件与指标

氧气底吹熔池氧化熔炼铅炉料的生产过程中，工艺控制重点是配料和工艺调整。

(1)原料与工艺操作条件　冶炼的主要原料为以 PbS 为主的铅混合矿，其成分的质量分数(%)为：$w(Pb)$ 40~60、$w(Zn) \leqslant 6$、$w(Fe)$ 6~11、$w(SiO_2)$ 4~8、$w(CaO)$ 3~5、$w(Cu) < 1.5$、$w(S) < 18$、$w(As) \leqslant 0.25$、$w(Sb)$ 0.4~0.8、$w(H_2O)$ 8~10；物理规格：粒度 3~15 mm。以混合矿为主，再配入部分再生铅铅膏和余热锅炉、电收尘沉降收集的烟灰；用石英砂和石灰调整渣型，热量不足时搭配适量焦粒补充。氧气底吹熔池氧化熔炼工艺操作条件见表 2-1。

表 2-1　氧气底吹熔池氧化熔炼工艺操作条件

指标	数值	备注
处理量/$(t \cdot h^{-1})$	25~35	
氧料比/$(m^3 \cdot t^{-1})$	90~120	
熔池温度/℃	950~1150	一般以渣温作为判据
高铅渣 $w(Pb)$/%	35~55	
高铅渣 $w(S)$/%	<1	
高铅渣 $w(ZnO)$/%	7~10	
$w(FeO)/w(SiO_2)$	1.8~2.0	
$w(CaO)/w(SiO_2)$	0.35~0.45	
沉铅率/%	30~45	
烟气 $\varphi(SO_2)$/%	8~10	
烟尘率/%	12~18	相对于入炉物料
熔炼周期/h	2	高铅渣排放周期
粗铅 $w(Pb)$/%	$\geqslant 96$	所铸铅锭表面平整，无飞边毛刺，无浮渣，无夹杂物
粗铅 $w(Cu)$/%	$\leqslant 0.8$	
粗铅 $w(Sb)$/%	$\leqslant 0.9$	

(2)配料　混合矿制备是氧气底吹氧化熔池熔炼的第一步，利用铅精矿搭配

制备混合矿时，要根据实际生产需求，考虑多方面的要求。一般而言，要考虑的主要因素有铅品位、渣型、硫品位，它们分别影响底吹熔池熔炼的沉铅率、渣属性及发热量。如铅品位直接影响沉铅率，铅品位越高，沉铅率即铅产量就越高，因此，配料时可根据公司要求，搭配混合矿的含铅量。

混合矿的渣型要与高铅渣的渣型接近，这样可以减少辅料的投用比例，一方面可提高入炉球团料的铅品位，另一方面可降低生产成本，这要求配料员对铅精矿成分熟练掌握与合理搭配利用。

氧气底吹熔池熔炼生产是自热熔炼，所需热量主要来自铅精矿中金属硫化物氧化反应放出的热量，所以通过控制混合矿含硫比例可保持炉内热平衡。混合矿的含硫比例要控制在一定范围内，太低不能满足熔炼热量，太高会对后续制酸工序造成影响，因此，配料时需要结合生产实际，摸索出符合自身生产条件的混合矿含硫比例。河南豫光金铅集团底吹熔池熔炼使用的混合矿化学成分见表 2-2。

表 2-2　河南豫光金铅集团混合矿代表成分的质量分数　　单位：%

成分	Pb	Zn	Cu	Fe	SiO$_2$	CaO	S	As	Sb
混合矿 1	48.93	5.61	0.79	7.90	4.35	1.23	16.46	0.24	0.74
混合矿 2	47.41	6.04	0.84	11.87	3.47	1.09	17.04	0.21	0.68
混合矿 3	53.95	6.44	0.94	9.25	4.28	0.80	17.49	0.22	0.8

（3）原辅料搭配　混合矿制备后，需要与石英砂、石灰石粉、焦粒及再生铅膏进行混合制粒，得到成分符合底吹熔池熔炼生产要求的球粒料。在选择原辅料时，尽量选用高品位的石英砂、石灰石粉，以及含碳高、发热量足、灰分少的焦粒，这样可以降低辅料率，提高混合矿投用比例。配料时搭配部分再生铅膏，提高入炉球团料的铅品位，同时有利于废铅酸蓄电池的再生利用。铅膏的铅物相及含铅量见表 2-3，再生铅膏经核子秤计量后参与配料。

表 2-3　废铅酸蓄电池铅膏的铅物相及含铅量

铅物相	PbSO$_4$ 中铅	PbO$_2$ 中铅	PbO 中铅	金属铅	铅总量	Sb
w(Pb)/%	25~30	15~20	10~15	—	67~76	约 0.5

豫光金铅底吹炉熔池熔炼辅料率和燃料率分别为 2.5% 左右和 2.3% 左右，再生铅膏配入比例为 20% 左右。

配料计算准确与否直接影响着生产顺利与否和指标的好坏。配料计算应遵循以下原则：①精矿合理搭配，造渣成分合适，尽可能接近渣型要求，少配入熔剂；②渣型既满足底吹炉熔池熔炼要求，又尽可能接近后续还原段的熔炼要求；③发热量合适，以提高底吹炉处理量和硫酸产量；④熔剂中杂质越少越好。

（4）混合制粒 混合矿与原辅料、再生铅膏按比例混合后，经皮带运送到制粒机，制成粒度和水分适宜、成分均匀的混合球团料。

（5）底吹熔炼工艺调整 工艺调整指标主要有处理量、氧料比、熔池温度、周期、高铅渣成分等。

①处理量。即为 1 h 内入炉的球团料数量，它反映了炉窑的生产规模。处理量的测定，是为了准确控制入炉料量，以便得出相应的氧气量来控制炉内氧势，进而控制沉铅率和高铅渣品位。如果球团料计量不准或波动大，将影响炉况稳定和技术指标。

②氧料比。是 1 h 内入炉球团料的耗氧量，即每小时喷入炉内的氧气量与入炉球团料量的比值，单位是 m^3/t。氧料比对底吹炉内的反应有着很大的影响，氧料比高则炉内氧势高，底吹炉沉铅率低，渣含铅高；氧料比低则沉铅率高，但渣黏度大，且粗铅质量差，因而选择最佳的氧料比是控制底吹炉熔炼的关键。可以通过调整处理量和氧气量这两种方式来调整氧料比，在炉渣反应较差、高铅渣含硫较高而含铅较低、熔池温度低、虹吸道温度低时，可以采用提高氧料比的措施来解决以上问题。

③熔池温度。温度的选定与高铅渣的渣型有关，它既要满足底吹炉熔炼各种反应的温度要求，同时又必须保证高铅渣过热充分。河南豫光金铅公司熔炼三厂依据底吹炉熔炼选用的渣型，熔池温度通常控制在 950℃ 至 1150℃ 之间，在此范围内，沉铅过程的交互反应和造渣反应正常进行，高铅渣过热充分、流动性良好。熔池温度选定过高，不仅造成热量浪费，对炉内耐火材料也有损耗。熔池温度可通过放渣时将测温枪探入渣内获得，在熔池温度较低时，可通过调整渣型、提高氧料比、降低再生铅膏与烟灰的投用比例等措施进行调整。

④高铅渣成分。对高铅渣成分的控制主要体现在高铅渣含铅量和渣型上。高铅渣含铅量影响底吹炉熔炼的沉铅率，渣含铅越高，沉铅率越低。考虑到还原段使用的冶金焦成本较高，渣含铅应该越低越好，但实际操作中，还需要考虑到高铅渣的流动性。PbO 的存在有利于降低高铅渣的黏度。底吹炉熔炼生产实践证明，当渣含铅低于 40% 时，在目前的渣型下，高铅渣流动性变差，不利于操作，并带走一部分铅，降低回收率；同时，降低渣含铅的方法通常为降低氧料比，当氧料比降低到一定程度时，会影响到炉内氧化反应，渣含硫会升高，熔池温度会下降，不利于底吹炉冶炼。河南豫光金铅集团通过多年生产总结，将高铅渣含铅量控制在 40%~55%。降低渣含铅的途径有降低氧料比、降低再生铅膏与烟灰的投用比例（两者主要成分为 PbO 与 $PbSO_4$）。高铅渣含硫量反映底吹炉熔炼的氧化

反应进行得是否彻底,而还原段也要求高铅渣含硫越低越好,与烧结机比较,底吹炉脱硫彻底,在合适的氧料比下,高铅渣通常 $w(S) < 0.6\%$,最低 $w(S) < 0.2\%$。高铅渣渣型主要体现在 FeO、SiO_2、CaO 的比例上,它影响到高铅渣的熔点、黏度、密度等性质,因此,选用熔点适宜、黏度低的渣型对底吹炉熔炼十分重要。河南豫光金铅公司通过混合矿的搭配实现渣型的初步调整,同时调整石英砂与石灰石粉的配入比例对渣型进行二次调整,使高铅渣铁硅比控制在 $1.8 \sim 2.0$,钙硅比控制在 $0.35 \sim 0.45$,此时渣的熔点在 950℃ 至 1150℃ 之间,渣黏度小,流动性好,完全符合底吹炉熔炼的生产要求。

⑤作业方式。底吹炉熔炼的作业方式为连续进料、间断出铅放渣,冶炼周期为两次放渣之间的时间间隔。连续进料意味着炉内底铅层、渣层厚度逐渐增加,当底吹炉的渣线高度达到 1.1 m 左右时,在熔炼产物和大气压的作用下,液态铅通过虹吸道从出铅口逐渐流出,炉内底铅层厚度逐渐变薄,一定时间后,渣口及时放渣,可避免炉内底铅全部从铅口流出,也可避免液态高铅渣也从铅口流出,影响正常操作。根据单位时间的处理量,豫光金铅底吹炉熔炼以 2 h 为一个冶炼周期,由于放渣时间约 40 min,因此操作工通常在上次放渣结束 70 min 后再开始下个炉次的放渣准备工作。若放渣时间提前,由于压力不够,该炉次出铅少甚至不出铅;若放渣时间延后,该炉次出铅较多导致底铅较少,严重时会出现铅口出渣的现象,影响正常生产。

2)岗位操作规程

球团料制备过程包括料场管理员、行车工、料台工、配料工、原料中控工、制粒工等 6 个岗位,底吹炉冶炼包括炉前工、中控工、司炉工、软水化验工、电收尘工等 5 个岗位。

工作流程如下:料场管理员负责来料的接收、记录、堆放工作,根据工艺员下达的配料单向仓内进料。进完料后,行车工负责混料兑翻工作,确保混合矿成分均匀,同时配合料台工做好原辅料的上料工作。料台工负责混合矿及各种原辅料、再生铅膏的上料工作,确保无误,同时确保各种原辅料在钢仓内顺利下行。配料工现场观察、配合原料中控工的远程监控,确保物料配比的准确性。制粒工监控制粒机制粒过程,确保制出的球团料符合底吹炉熔炼的要求。制成的球团料到达底吹炉后,中控工与炉前工互相配合,前者负责炉况的监控、调整,后者负责出铅、放渣工作的顺利进行,共同确保底吹炉有序生产。软水化验工负责软水的监控、化验、调整工作,确保供给锅炉的软水水质合格。司炉工负责余热锅炉、汽包、各供水泵的监控、调整工作,确保以上设备正常运行。电收尘工负责监控电收尘器的各项参数,确保其正常运行。底吹炉中心控制室、渣口、铅口正常生产及开停炉操作规程如下:

(1)中心控制岗位 ①接班后询问上一班生产状况及指标控制情况。②详细查看显示屏上收尘系统、余热锅炉系统、熔炼炉系统、柴油输送系统各工艺参数是否按正常技术标准执行，如果没有，则通知相关岗位人员或带班长处理。③协调各岗位，统一指挥，严格按照工艺条件执行。④开车程序：接到调度开车指令后，在电脑上点击"准备开车"，铃声响 60 s。在此期间把现场设备转换开关打到"自动"，并检查有无设备运行的障碍物。然后点击"开车"，铃声响 10 s 后，点击"启程子程序"，按"东、西加料带→东、西定量给料机→移动皮带→3#皮带→制粒机→2#皮带→1#皮带→定量配料带"顺序开启铅精矿输送系统；按"双轴搅拌机→1#埋刮板→斗式提升机→烟灰定量给料机"顺序开启烟灰配料系统；按"2#埋刮板→3#埋刮板→4#埋刮板→8 个螺旋输灰机→17 台振打(分 8 组，每组依次开启，间隔 5 min)"顺序开启烟灰输送系统。启动时，总控室应密切注意启动情况，发现问题必须及时通知相关人员处理。启动后，应监控各设备运行情况。⑤停车程序：a. 按"停程序子程"。按照与开车顺序相反的顺序依次停车。b. 收到故障信号或发生其他紧急情况，按"紧急停车"，待故障或紧急情况处理完毕后，按"故障复位"，系统将按正常开车顺序启动设备。⑥开高温风机抽烟气时应与电收尘岗位、余热锅炉岗位、风机岗位、硫酸工段联系，转炉或停炉时，也应通知相应岗位。⑦转入过程 O_2、N_2、H_2O 通入操作：a. 通知氧站送 O_2、N_2 并稳定在 1.2 MPa (刚开炉时渣层低，应先通入 0.6 MPa，然后根据渣层厚度、下料情况，缓慢地把 O_2、N_2 压力提高)。b. 炉转入后先缓慢调节 N_2 总管压力达到生产要求，再缓慢调节 O_2 总管流量达到生产要求。随后通知水泵操作工开计量泵，当压力达到生产要求时送水，调节流量，使之稳定并达到生产要求。c. 密切观察其参数，若有异常，通知带班长及时处理，处理不了应发出转炉信号，转炉，然后 O_2/N_2 切换，断水。

(2)渣口岗位　①放渣准备：清扫溜槽，将放好渣包的小车开至放渣位置，准备好工具、黄泥等。②放渣：a. 打开渣口，用大锤打钢钎，直到将渣口打穿为止。如果打不穿，应采用氧气管烧穿，将炉渣导入渣包。b. 控制好流量(用工具)，不可放得过大，以免流到地面或四处飞溅造成事故。c. 当渣包内液位达到渣包吊耳位置时，将渣溜槽转至备用渣包位置，当渣面高度降至 900 mm、渣流较小时，用黄泥堵住渣口插入钢钎，使热渣不再外流为止。d. 开动渣包小车到吊包平台上，通知控制室及行车工可以吊渣。e. 清扫溜槽和现场。③平时管理：a. 不放渣时，经常观察炉内变化，配合司炉、加料及控制室做好炉况管理工作，使炉内无炉结产生，无黏渣出现。b. 按要求定时在放渣口取样。c. 停炉时将渣口开到最低处，尽量将渣放出，当渣流不出时可封住渣口，清扫溜槽，并与虹吸口联系放粗铅。

(3)铅口岗位　①进行连续放铅操作。②将铅模均匀地抹上一层黄泥，便于铅锭脱模。③开炉第一次放粗铅应放好铅溜槽，并对准铅包，然后用钢钎和大锤将铅口打穿，若不能打开，可用氧气烧。④把铅放进铅包、捞渣。⑤从铅包出来的铅进入铅模，铅满后要及时转动铸铅机，不可让铅溢出，同时要在铅凝固之前安上铅鼻。⑥待铅锭冷却后,再吊出铅锭。⑦经常观察铅流量变化情况,用钢钎捅虹吸口,及时做好记录。⑧预案处理:a.放铅时,如果发现铅流量明显减少,应停止放铅,通知值班工程师和主控室,加大给料量。如果停止放铅后铅面继续下降,则相应减少给氧量。b.铅虹吸口被堵:若铅口表面被堵,可用铅口烧嘴使其畅通。若虹吸口上下全堵,可烧氧气使其畅通(可从底铅口烧氧气)。c.主控室预警转炉,此时要迅速检查有无阻碍炉体转动的物体。转炉过程中要与主控室密切配合。d.转炉之前要堵好铅虹吸口,防止渣铅从虹吸口冒出。e.转炉正位后,尽快打开虹吸口堵塞物,扒净渣,露出铅面。f.虹吸口铅表面正常应处于波动状态,若不是,则表示虹吸口堵塞。

3)常见事故及处理

在底吹炉熔炼过程中,由于混合矿搭配、操作失误等,会发生铅中带渣、渣中带铅、渣温偏高、渣温偏低、虹吸道堵塞等常见事故,可通过调整原辅料使用比例、氧料比、操作制度等措施解决,具体情况如下。

(1)铅中带渣　①现象1:铅流温度正常,铅中明显带渣。原因分析:操作失误,炉内铅少渣多,导致部分熔渣进入虹吸道。处理方法:抬高铅坝,迅速放渣;渣含铅较高时适当降低氧料比。②现象2:铅流温度较低,颜色暗红,铅糊,铅中明显有渣;渣含铅很低或者渣黏度大,渣含铅很高。原因分析:氧料比偏低,导致炉况失调,渣温偏低,渣与铅不分相,其混合物进入虹吸道。处理方法:抬高铅坝;提高氧料比,调整渣含铅,提高渣温。

(2)渣中带铅　①现象1:渣温较低,渣样发灰无光泽,渣含铅较低,渣黏度大、带明铅多。原因分析:氧料比偏低,炉况失调,渣铅不分。处理方法:提高氧料比,提高渣温,调整炉况。②现象2:渣温正常,铅流较小,铅放不下,渣中带铅。原因分析:虹吸道堵塞,导致炉内积铅过多、随渣流出。处理方法:用压缩空气吹虹吸道,如果效果不佳,转炉处理底铅眼。

(3)渣温偏高　①原因分析:物料含硫较高;所配碎煤较多;铁硅比较高;炉内铅多,同时氧料比较高。②处理方法:通过加烟灰、加红渣等降低炉料含硫;如果渣流正常,渣含铅正常、渣温较高时,可减少或停配碎煤;铁硅比较高时,调整配料单、降低铁硅比;若氧料比偏高,则降低氧料比。

(4)渣温较低　①原因分析:物料含硫较低(小于15%)、所配碎煤较少、铁硅比较低、炉内铅少的同时氧料比较低等都可导致渣温较低。②处理方法:适当降烟灰、降红渣,提高配料硫含量;如果渣流正常、渣含铅正常、渣温较低时,可增加碎煤;铁硅比较低时,提高铁硅比;渣含铅较低时,提高氧料比。

(5)虹吸道堵塞　①现象:铅液面波动小或不波动,铅流较小,铅温逐步降低,呈暗红色甚至白色,放渣前后基本无变化。②原因分析:氧料比偏低,炉况失调,导致炉内渣铅不分,其混合物进入虹吸道,部分熔渣在虹吸道内沉积,造成虹吸道缩小、逐步堵塞；渣含铅出现剧烈波动或放铅过多而导致炉内铅少渣多，部分熔渣进入虹吸道沉积，造成虹吸道缩小，并逐步堵塞。③预防措施：保持稳定的放渣放铅操作，减少炉内渣、铅层厚度的明显波动；保持适宜的铅坝和渣坝的高度配合，在不对氧枪寿命造成较大影响的情况下可适当抬高铅坝，以稳定炉内铅液量；预防或及时处理炉内积渣；根据铅井内铅的波动情况及早发现堵塞故障。④处理方法：在堵塞初期可使用压缩空气尽早处理；控制较高的产铅量；在中、后期抬高铅坝、调整氧料比，同时用压缩空气吹虹吸道，如果效果不佳，转炉处理底铅眼。

(6)渣稀、渣黏 ①原因分析：炉料中含铁偏高导致渣稀，锌钙含量偏高导致渣黏；物料成分变化不大，氧料比偏高导致渣含铅偏高、渣稀，氧料比偏低导致渣含铅偏低或异常偏高(同时渣黏)。②处理方法：调整炉料造渣成分；氧料比原因引起的渣稀渣黏，应适时调整氧料比。

(7)下料口积渣较快 ①原因分析：渣线过高；渣黏所致，渣黏时易喷溅黏结；②处理方法：立即放渣；提高氧料比；调整渣含铅。

(8)下料口喷渣喷火或冒炉 ①现象：液态渣、明火不定时从下料口喷溅而出，严重时液态渣会从出烟口甚至下料口冒出流到作业平台上。②原因分析：液态渣因流动性差等，无法及时放出，导致炉内渣线升高，当渣线达到一定的临界值时，会造成下料口喷渣喷火甚至冒炉。③预防措施：加燃料量不宜过高，一般应在0.4%以下，加燃料量过大时要严密监控炉况；在因炉况不正常而调整时，不要同时一次性地调整太多项目，调整幅度不要太大，尤其是炉况不稳、渣黏时；保证造渣成分稳定及渣含铅为42%～48%时 $w(\mathrm{FeO})/w(\mathrm{SiO_2})$ 为 1.8～2.0、$w(\mathrm{CaO})/w(\mathrm{SiO_2})$ 为 0.35～0.45，超出此范围要及时调整；每批料在使用初期测几次渣线，根据渣线上升速度制订本批料放渣时间，在渣口小黑板上标明，渣口人员严格按照放渣时间间隔要求放渣，只能提前，不能推迟；在炉况不正常时，下料口操作工要加强对下料口的捅打，严防下料口堵塞，若堵塞打通后要及时下料，同时和带班长多沟通，严密监控渣线变化，及时通知渣口人员放渣。④处理方法：不能转炉，因炉内渣线高，转炉后会造成渣外溢的严重后果；将料量减少，同时减少氧气量，氧料比要比喷渣前高，但绝对不能停料，停料会造成更严重的后果。如果已开始冒炉，渣从出烟口活动门或下料口开始外溢，要紧急进行氮氧切换，1 min 左右待炉内渣面下降不再冒渣时再重新切换，使用小料量、高氧料比；快速放渣。

3.计量、检测与自动控制

1)计量

计量包括配料、入炉料、粗铅、高铅渣、氧气和空气计量等。

(1)配料系统计量 硫化铅精矿、返料和混合料计量用核子秤将瞬时流量检测数据传送给原料控制室配料自动控制系统，系统通过调整皮带的转速来确定物料的每小时用量。确保控制配料总量为 35~40 t/h。

（2）入炉料计量 混合料被采用变频调速的定量给料机进行称重计量；冷料则采用电子皮带秤计量。

（3）粗铅和高铅渣计量 采用电子天车秤计量，当载荷作用于传感器时，传感器的输出电压发生变化，该电压被 A/D 转换成数字信号，经发射机无线发送给称重仪表，由称重仪表中央处理器换算成实际重量，并打印显示出来。

（4）氧气和空气的计量 总管氧气和空气流量均采用威力巴流量计测定；支管氧气和空气流量则采用 V 锥流量计测定。

计量设备的日常维护很重要，如定期清扫皮带和秤架、校准皮带，对流量测量的差压变送器调整零点以防漂零。另外，给料要稳定，PID 值设定要合理，否则不容易控制调节给料量。

2）检测

底吹炉检测系统可分为温度检测、液位和料位检测、压力检测及成分分析。

（1）温度检测 通过测量炉膛温度来间接测量熔池温度。检测到的炉膛温度是炉内气体的温度，通过放高铅渣、放粗铅时用一次性快速测温热电偶或红外测温仪测量高铅渣和粗铅的温度来校正测量气体温度的偏差，并建立相应的温度校正模块，将炉膛温度的示数校正到熔体温度。炉膛温度测温点选取的位置很关键，选在靠近炉尾端，可以避免热电偶受喷溅物黏结而导致测量的温度值失真，还能延长热电偶的使用寿命。测炉膛温度热电偶使用的电缆最好用耐高温的补偿电缆，避免电缆被炉壳高温烤坏。或采用无线温度变送器及无线网关，将数据通过无线传输的方式传送到 DCS 中。

（2）液位和料位检测 目前还没有什么设备可以直接在线测量底吹炉熔池液位，主要采用人工神经网络结合机理分析的建模方法进行高铅渣液位和粗铅液位的软测量。根据底吹炉进料量、出渣出铅量以及烟气流量、成分，结合实际反应情况，对炉内的反应进行机理分析，然后通过计算出来的各组分的量进行液位推算，并以图形显示出来。根据插入熔体内的钢钎上黏结的熔融物的分层尺寸校正软测量液位误差。通过不断地对液位测量模型进行校正，可以得出符合实际情况的液位数据。料仓料位采用具有水滴形天线的雷达物位计测量，解决了物位测量中量程大、物位不平整及天线易附着扬尘等难题。

（3）压力检测 压力检测主要有空气总管和支管压力、氧气总管和支管压力、炉膛负压。氧气空气压力、压差主要采用智能式压力、压差变送器测量，其带 HART 通信协议，用手操器可在线诊断变送器的状态，便于变送器故障的处理。

（4）成分分析 硫化铅精矿、混合炉料、鼓风富氧浓度、粗铅、高铅渣及烟气等投入和产出物料都要进行成分分析。其主要检测手段有手工化验和仪器分析。

外来矿料一般采用手工化验分析。矿料中的杂质成分则采用原子吸收分光光度计分析，而炉料、粗铅和高铅渣成分主要采用 X 荧光光谱仪分析。富氧浓度采用氧浓度分析仪分析，烟气成分则采用质谱仪检测。烟气分析的难点在于气体采样，关键是探头不被烟尘黏结。

3) 自动控制

底吹炉通过 DCS 自动控制，控制的内容包括物料输送连锁控制、优化控制、炉子自动倾转控制及系统运行控制等。由于配料系统离主控室较远，可以采用一个远程壁挂柜，将配料系统的所有信号都接至壁挂柜上，然后通过 Profibus-DP 通信电缆与主控室的控制系统进行通信，实现远程控制的目的。

(1) 物料输送的连锁控制　物料输送系统对皮带启停的顺序有严格要求。输送物料时，皮带启动顺序是从炉前皮带往后一一启动的，中间设置一个延时时间；停止加料时，皮带停止顺序是从配料厂房的定量给料机往炉前一一停止，中间也设置延时，以此实现逆生产流程连锁顺序启动、顺生产流程连锁顺序停机。在生产过程中，只要其中有一个环节出现故障停机，后续的皮带就会自动停止，以避免皮带压料，保障设备安全。要实现长期稳定安全运行，定期维护保养很关键，特别要注意维护各条皮带的中间继电器。由于动作频繁、所处环境恶劣，触头容易接触不良而导致皮带停止运行。另外，频繁启停皮带也容易导致控制皮带输出的熔断器烧断，所以在操作时应多加注意。

(2) 优化控制　这是自动控制的核心，由此可找到底吹炉的最佳工作点，保证工况稳定。优化控制层由三个子模块组成：控制回路预设定子模块、反馈补偿子模块和控制回路输出判别子模块。根据粗铅量、高铅渣含铅量、铁硅比的目标值，以及硫化铅精矿、石英石、冷料的成分，先预设氧气流量、空气流量、投料量及各原辅材料的配比。然后根据反馈补偿子模块反馈回的粗铅量、高铅渣含铅量及铁硅比，与预设值进行比较最后通过控制回路输出判别模块输出氧气流量、空气流量、投料量及各原辅材料配比的设定值，实现自动配料、自动调节氧料比、优化工艺参数、保证工况稳定的目的。

(3) 炉子自动倾转控制　当正常生产时，炉子在生产位，一旦氧枪氧压或空气压力过低，或市电欠压、停电时，系统自动切换到直流电源将炉子转出到安全位置，避免高铅渣倒灌氧枪。直流应急电源有两套系统可自动投切。如果第一套直流电源因故障无法将炉子转出，那么系统自动切换到第二套直流电源将炉子转出。如果还转不出炉子，则切换到柴油发电系统将炉子转出，确保炉子生产安全。

4. 技术经济指标控制与生产管理

河南豫光金铅集团熔炼三厂底吹炉由北京有色冶金设计研究总院设计，其设计指标见表 2-4。

表 2-4　氧气底吹炉设计综合技术经济指标

序号	指标名称	数值	备注
1	设计规模		
	粗铅(含铅量)/(t·a⁻¹)	50000	
2	产品产量/(t·a⁻¹)		
2.1	粗铅(96.5%)	51813	
	金/(kg·a⁻¹)	1621.62	
	银/(kg·a⁻¹)	86050	
	锑/(kg·a⁻¹)	617.17	
2.2	硫酸(100%)/(t·a⁻¹)	65216	
3	金属回收率/%		精矿→粗铅
	Pb	96	
	S	93.26	精矿→硫酸
	Au	98.5	
	Ag	98.5	
	Cu	85	
4	铅精矿数量及品位		
4.1	数量/(t·a⁻¹)	109200	
4.2	品位/%		
	Pb	48.2	
	Cu	0.9	
	S	21.91	
	Au/(g·t⁻¹)	15	
	Ag/(g·t⁻¹)	800	
	Sb	0.6	
5	主要技术指标		
	氧气底吹炉一次产铅率/%	34.5	
	氧气消耗量(98%O₂)/(m³·t⁻¹)	200	按干精矿计
	车间硫利用率/%	98.69	

续表2-4

序号	指标名称	数值	备注
6	主要原辅材料消耗量/$(t \cdot a^{-1})$		
	铅精矿含铅	52634.4	
	铅精矿含金/$(kg \cdot a^{-1})$	1638	
	铅精矿含银/$(kg \cdot a^{-1})$	87360	
	铅精矿含硫/$(t \cdot a^{-1})$	22833.72	
	石灰石	13000	
	耐火材料	140	
	石英石	7800	

　　由表2-4可以看出，一台底吹炉日处理精矿量为390 t，精矿品位为48.2%，烟尘率为20%，一次产铅率为34.5%，脱硫率为97.4%。自开炉以来，一直围绕着处理量、烟尘率、一次产铅率等指标大胆改造、试验，使日处理精矿量提高到450 t，一次产铅率可达到45%左右，烟尘率控制在16%以内，SO_2浓度稳定在8%~9%。

　　1）能量平衡与节能

　　氧气底吹炼铅技术在节能方面与烧结-鼓风炉炼铅等技术相比有明显优势，熔池反应除在大量使用二次物料时配入少量燃料外，基本依靠反应热进行自热熔炼。氧气底吹熔池熔炼过程的热平衡情况见表2-5。

表2-5　氧气底吹熔池熔炼过程的热平衡

热收入				热支出			
序号	名称	热量/$(GJ \cdot h^{-1})$	比例/%	序号	名称	热量/$(GJ \cdot h^{-1})$	比例/%
1	精矿反应热	135.57	95.35	1	粗铅显热	9.17	6.44
2	造渣热	2.21	1.55	2	富铅渣显热	28.34	19.92
3	炉料显热	0.41	0.29	3	精矿分解热	72.56	51.03
4	炉料水分显热	0.22	0.15	4	反应烟气显热	21.54	15.18
5	氧气显热	0.31	0.22	5	烟尘显热	0.26	0.18
6	燃料燃烧热	3.47	2.44	6	炉子散热	9.34	6.56
				7	废电瓶熔化热	0.98	0.69
	合计	142.19	100		合计	142.19	100

在用水节能方面，对底吹炉熔炼一次水合理利用，通过设备改造回收利用外排水，降低了一次水的使用总量，基本实现了底吹炉熔炼无外排水。在用电节能方面，对 75 kW、132 kW 制粒机等部分关键大型设备增加变频器，操作工根据生产实时情况，及时通过变频器调节电机运行频率，实现变频节能改造，经统计，每月可节约用电 10000 kW·h；同时，315 kW 高压风机通过变频节能改造，每月可节约用电 13000 kW·h。

2）物质平衡与减排

氧气底吹熔池熔炼投入的炉料是混合矿制粒料，并吹入工业纯氧；熔炼产物是富铅渣、粗铅、烟尘和二氧化硫烟气。豫光金铅氧气底吹熔池熔炼的混合炉料及固体产物成分见表 2-6，物质平衡见表 2-7。

表 2-6　豫光金铅氧气底吹熔池熔炼混合炉料及产物成分的质量分数　　单位：%

产物	Pb	ZnO	Cu	FeO	SiO_2	CaO	S	As	Sb
混合矿	53.9	7.21	0.96	9.78	5.62	0.98	16.4	0.26	0.18
废电瓶	72.3								
粗铅	96.7		0.60				0.08	0.25	0.15
富铅渣	46.9	7.46	1.10	16.67	7.80	3.21	0.36	1.45	1.18
烟灰	39.6	13.20					5.65	0.34	0.19

表 2-7　豫光金铅氧气底吹熔池熔炼的物质平衡　　单位：kg/h

物料量 /(t·h⁻¹)	加入							产出				
	石英石	碎煤	铅原料	石膏渣	还原烟尘	底吹烟尘	合计	一次粗铅	高铅渣	烟气 /(m³·h⁻¹)	底吹烟尘	合计
	0.92	2.09	45.51	4.29	3.73	6.83	63.37	7.78	37.27	—	6.83	—
Pb	—	—	20.87	—	2.235	4.094	27.20	7.62	15.64	—	4.094	27.35
Zn	—	—	1.831		0.559	0.068	2.458	—	2.390		0.068	2.458
Cu	—	—	0.406			0.006	0.412	0.158	0.248		0.006	0.412
Fe	0.018	0.009	4.822		0.019	0.068	4.936	—	4.868		0.068	4.936
S	—	0.009	7.076	1.01	0.037	0.667	8.799	0.018	0.186	7.928	0.667	8.799
SiO_2	0.779	0.288	2.475		0.056	0.068	3.666	—	3.597		0.068	3.665
CaO	0.005	0.019	0.529	1.767	0.019	0.068	2.407	—	2.338		0.068	2.406

续表2-7

物料量/(t·h⁻¹)	加入							产出				
	石英石	碎煤	铅原料	石膏渣	还原烟尘	底吹烟尘	合计	一次粗铅	高铅渣	烟气/(m³·h⁻¹)	底吹烟尘	合计
	0.92	2.09	45.51	4.29	3.73	6.83	63.37	7.78	37.27	—	6.83	—
Al₂O₃	—	0.154	0.284	—	—	—	0.438	—	0.438			0.438
As	—	—	0.165	—	—	0.007	0.172	0.01	0.034	0.12	0.007	0.171
Sb	—	—	0.168	—	—	0.007	0.175	0.046	0.123		0.007	0.176
Bi	—	—	0.018	—	—		0.018	0.015	0.004			0.019
Ag	—	—	0.029	—	—		0.029	0.023	0.006			0.029
Au*	—	—	0.341	—	—		0.341	0.273	0.068			0.341
C	0.001	1.276	0.084	—	—		1.361				1.361	1.361

氧气底吹熔池熔炼生产过程中产生部分污水及烟气；结合生产实际情况在厂房南侧及北侧建有排污水收集池，污水先汇入收集池，再用水泵将污水送至中水站进行处理后返回重新使用；生产现场制粒机减速机冷却水、铅模冷却水及部分生活用水通过排水管道流至还原炉冲渣池，实现底吹熔池熔炼生产过程无外排水。

3）原料控制与管理

冶炼的原料包括铅精矿和二次铅物料，其化学成分见表2-8。

表2-8 豫光金铅底吹熔池熔炼原料成分的质量分数 单位：%

原料	Pb	Zn	Cu	Fe	SiO₂	CaO	S	As	Sb
铅精矿	54.6	5.14	1.03	7.82	5.77	0.91	17.33	0.28	0.19
铅银渣	5.50	21.24	2.04	20.39	9.74	1.28	10.84	0.41	0.28
熔炼段烟灰	39.6	10.60					5.65	0.34	0.19
还原段烟灰	45.2	19.77					5	0.45	0.23

（1）铅精矿 根据底吹炉熔炼实际生产需要，结合国内市场情况，河南豫光金铅集团的铅精矿进厂标准见表2-9。

表 2-9　铅精矿进厂标准　　　　　　　　　　　　　　　　　单位：%

元素	Pb	As	S	备注
质量分数	≥50	<0.3	≥16	铅精矿 $w(Cu)>5\%$，或 $w(Zn)>13\%$ 时，原料部门在采购前必须和科技发展部沟通

除铅精矿外，还选购部分金精矿和银精矿作为配料的原料，旨在回收其中的金、银等贵金属，提高生产效益。金精矿、银精矿的进厂标准见表 2-10、表 2-11。

表 2-10　金精矿进厂标准　　　　　　　　　　　　　　　　　单位：%

元素	$\rho(Au)/(g \cdot t^{-1})$	As	S	SiO_2
质量分数	≥40	≤2.5	>16	<30

表 2-11　银精矿进厂标准

元素	$\rho(Ag)/(g \cdot t^{-1})$	$w(As)/\%$
质量分数	≥5000	<2.0

铅精矿进入原料堆场后，料场管理员对物料执行以下管理制度：①物料管理员应将物料卸到指定地点，卸完后应督促车主将车清理干净。来矿经分料人员分料完毕后，装卸车负责将矿粉送至规定地点，应进行全程跟踪，避免出现装错料及货物未清理干净、料场乱卸料情况。②卸料时注意观察物料的均匀性，发现颜色有明显差异时要暂停卸料，通知质检人员及时处理；卸料完毕后，及时清理编织袋等杂物，配合采样人员及时采样，然后通知铲车将料拢堆成形，合理堆放，杜绝混杂。③做好来料记录，应写清楚产地名称、数量及堆放地点。④对料场物料进行标识管理，标识上应有产地、名称、数量、日期四项内容；将地上散落矿粉清理干净，并覆盖洒水等，减少上料、雨水冲刷所引起的矿粉损失。⑤生产进料时全程跟踪，依据进料通知单，监督铲车按比例使物料进入指定仓位，杜绝进错料。⑥入仓的混合矿必须通过兑翻混合均匀后才能使用。在兑翻过程中，需按照异仓、侧翻、锥形、清底的原则进行操作。a. 异仓、侧翻：兑翻操作在两个仓内进行，开始时，应从料堆的南端抓起，决不允许从料堆顶部抓起。b. 锥形：抓进另一仓的料应呈锥形向上堆起，抓斗放开时的位置应在锥顶正上方 1 m 左右，以保证料能一层一层向上分布堆起，决不允许抓斗一过隔墙就开始卸料或将料卸在锥形四周的其他地方。如此进行，直至绝大部分料已翻至另一仓时，才开始清仓

底。c.清底：清仓底工作要严格进行，不允许有死角，不允许有小料堆，抓斗在同一位置抓两次后，间隙料堆高度不能超过 10 cm。⑦混合矿兑翻 4 遍之后为成料，取样后即可使用。使用前可对混合矿兑翻情况进行检测：在成料堆任意两个地方抓取混合矿进行化验，两者任意元素相差在 1.5% 以内的即可认为是兑翻合格的物料，否则需要再次进行兑翻。

（2）二次铅物料　二次铅物料为再生铅膏。豫光金铅底吹炉熔炼所用再生铅膏大部分来自该集团的再生铅厂，其余部分依靠外部采购。再生铅膏含水量较高，不利于下料的稳定性，因此，需要通过晾晒、烘烤等一系列措施来控制其含水量。为减少对生产的影响，要求再生铅膏中水的质量分数 $[w(H_2O)]<8\%$。再生铅膏的铅品位越高越好，该集团自产铅膏的铅品位为 70%~75%。由于再生铅膏的主要成分为硫酸铅、氧化铅，其熔炼反应吸收大量热量，因此需要相应地提高混合矿含硫比例及燃料的配比来补充这部分热量。

4）辅助材料控制与管理

辅助材料有石英砂、石灰石粉与碎煤，其中：石英砂、石灰石粉作为调整渣型所用的熔剂；碎煤作为补热剂，在炉内热量不足的情况下适量加入。辅助材料的规格见表 2-12。

表 2-12　辅助材料的规格（成分的质量分数）　　　　单位：%

辅助材料	SiO$_2$	Fe	CaO	C	灰分	挥发分	水分	粒度/mm
石英砂	≥85	≤3.0	≤0.5	—		—	≤4	≤3
石灰石粉	—	—	≥40				≤4	≤3
碎煤	—	—	—	50	<20	≤4		≤3

石英砂、石灰石粉、碎煤须分类堆放，不相互掺杂，堆放地点要干燥、有遮挡物，不可露天堆放，避免下雨等增加物料湿度，影响下料稳定性，不利于生产。新进的辅料，需要对每一批次进行取样，分析其化学成分，在使用时，通过其成分及球料所需渣型，计算出辅料所用比例，通过核子秤称量使用。

5）能量消耗控制与管理

氧气底吹熔炼生产中消耗的主要能源是电能，包括动力电以及制备所需氧气、氮气、自来水、软水等所消耗的电能。河南豫光金铅集团以目标责任书方式，控制底吹炉熔炼能耗指标，2012 年及 2013 年的具体情况见表 2-13。

表 2-13 河南豫光金铅集团底吹炉熔炼能耗指标

项目	2012 年标准要求	2012 年完成指标	2013 年计划指标
水/(t·t^{-1})	1.80	1.52	1.50
电/(kW·h·t^{-1})	92	83.5	88
氧气/(m^3·t^{-1})	470	457	470
氮气/(m^3·t^{-1})	138	125	135

在用水方面,通过对现场设备及工艺的改造,逐步减少一次水用量,实现外排水循环使用;在用电方面,现场高温风机、高压收尘风机及大型设备进行变频节能改造,有效降低大型设备的耗电量;在氧气、氮气用量方面,通过不断摸索熔渣情况对物料成分进行调整、改造氧枪结构合理控制氧料比,逐步降低用气量。

6)金属回收率控制与管理

影响富氧底吹熔炼金属回收率的因素主要有物料传输损耗、铅烟尘损失。

(1)物料传输损耗 它主要是指物料在堆卸、兑翻、皮带运输过程中的损耗。损耗越大,金属回收率就越低。在生产过程中,此类损耗不可避免,但应尽量将其控制在一个较低的、可接受的范围内。可通过以下途径对其进行控制:①在物料堆卸过程中,尽量做到物料在卸车、堆放之后及时进料,减少二次运输造成的损失;物料禁止露天堆放,必要时进行遮盖。②兑翻料时,行车抓取物料过仓后,在锥形物料顶部 1 m 左右处松开抓斗,禁止高位抛洒物料,同时,在物料非常干燥的情况下,可加水减少其逸散。③皮带运输过程中,由于物料含水量太低时容易逸散,太高时容易黏皮带,因此应当确保其含水量适宜,一般控制在 8% 至 10% 之间。④在兑翻、运输过程中,可加装收尘装置,对逸散的物料进行捕集,之后返回配料,这样也有利于改善工作环境。

(2)铅烟尘损失 底吹炉冶炼过程中会产生铅烟尘,正常情况下,铅烟尘会被收尘系统捕集,在底吹炉熔炼过程中循环使用。然而,在下料口、渣口、铅口集尘效果差或整个底吹炉熔炼系统出现漏风现象时,会造成铅烟尘的溢出,在污染环境的同时,也会降低底吹炉熔炼金属回收率。因此,日常设备维护时,需要定时检查收尘系统的收尘效果及整个底吹炉熔炼系统的密闭情况,减少铅烟尘的逸散损失。

7)产品质量控制与管理

底吹炉熔炼产出的产品是粗铅和高铅渣。

(1)粗铅 底吹炉氧化熔炼所产粗铅含铅可达 98%,粗铅杂质含量要求见表 2-14。

表 2-14 粗铅中杂质质量分数的要求 单位:%

Pb	Cu	As	Sb
≥98	≤0.6	≤0.6	≤0.8

粗铅锭在外观方面要做到表面平整,不得有炉渣、铜锍、飞边、毛刺,内部不得有夹层、包心和其他杂物。为确保粗铅杂质含量达标,需要在配料阶段对混合矿成分进行控制。操作规程对球团料中 Cu、As、Sb 三种元素比例有限制,要求 $w(Cu)<1\%$、$w(As)\leq0.25\%$、$w(Sb)\leq0.8\%$。在实际生产中发现,Cu 主要分布于粗铅和高铅渣中,As、Sb 主要分布于含硫烟气中,对粗铅的影响较小。

氧料比对粗铅质量也有一定的影响。氧料比较低时,熔渣反应较不充分,黏度大,液铅沉降不好,渣-铅分离效果差,熔渣会从虹吸道流出进入铸铅机中,造成粗铅质量差,甚至不合格。熔池温度对粗铅质量的影响和氧料比相近,温度低时容易造成渣-铅分离效果差,进而影响粗铅质量。豫光金铅熔炼工序与精炼工序分开,因此需对粗铅进行铸锭。铅锭质量受操作工铸锭熟练程度的影响,粗铅锭可能会出现飞边、毛刺多等现象,需要操作工对其外观进行处理。如果出现爆铅、夹心、包层等现象,则需要对粗铅进行重新熔铸。

(2)高铅渣 用于还原熔炼的高铅渣,其质量要求是既要适合还原熔炼,又要方便底吹炉熔炼放渣操作。生产中主要控制高铅渣中 Pb、ZnO、S 的含量及渣型。

高铅渣含 Pb 高低,对还原段终渣指标、能耗及虹吸道运行情况影响较大。高铅渣含 Pb 较高时,还原段用还原剂量相应提高,熔炼时间长,否则终渣含铅较高,金属回收率低,影响生产效益。高铅渣含 Pb 较低时,还原段产量相应降低,渣量增加,不利于保持虹吸道通畅。虹吸道的通畅与否也影响着粗铅的质量。如果还原段为鼓风炉,高铅渣含 ZnO 高会对鼓风炉产生不利影响,例如形成尖晶石,导致炉结生成较快、床能力下降,生成 ZnS 导致熔渣熔点升高、黏度增大,使渣-铅分离效果差等,因此,需要控制混合矿中的 ZnO 比例使之较低。如果还原炉为底吹炉,从实际生产来看,高铅渣含 ZnO 高对还原炉的影响较小。高铅渣含硫高不利于鼓风炉生产:PbS、CuS、FeS、ZnS 等金属硫化物数量增加,使得炉渣变黏,渣-铅分离变差,液铅中夹杂部分渣,导致粗铅质量下降,有部分液铅随炉渣流出,造成渣含铅升高,金属回收率降低,同时,含硫高时,鼓风炉炉结生成较快,影响鼓风炉床能力与作业率。

渣型影响高铅渣的熔点。若选择的渣型熔点较高,而熔炼温度不能使其过热充分,就会影响渣-铅分离,导致部分熔渣混入液铅,通过出铅口进入铸铅机,这样铸成的粗铅锭,表面浮渣层特别厚,铅品位达不到要求。同时,渣型不适宜的高铅渣进入还原段后,会影响还原段的生产与操作,原辅料的配入相应增加,生产成本提高；还原段调整不及时，会影响其床能力和渣-铅分离能力，产量下降，还原熔炼渣含铅上升，液铅中也会夹杂部分炉渣，使粗铅质量下降。

8）生产成本控制与管理

底吹炉熔炼的生产成本主要包括氮气、氧气、焦粒、水、电及其他材料的消耗，以及人工费用、设备折旧费用等几个方面。河南豫光金铅集团底吹炉的设计能力为每台 50 kt/a 铅，实际生产能力为 51.6 kt/a 铅，其生产成本概算见表2-15。

表 2-15　河南豫光金铅集团底吹炉熔炼的生产成本概算

项目	单位成本/(元·t⁻¹)	总成本/(万元·a⁻¹)
1. 定额材料	22.41	115.6356
其中：吹氧管	22.41	115.6356
2. 其他材料	15.63	80.6508
3. 燃料	357.48	1844.5968
其中：氧气	247.61	1277.6676
焦粒	89.68	462.7488
氮气	20.19	104.1804
4. 动力费	56.16	289.7856
其中：水	9.14	47.1624
电	47.02	242.6232
5. 分厂管理费	36.57	188.7012
6. 折旧	48.84	2520.144
7. 大修	0.00	0.00
8. 工资及保险费用	39.46	203.6136
9. 福利费	1.66	8.5656
10. 工会及教育费附加	1.45	7.482
加工成本合计	579.66	2991.0456

由表2-15可以看出，包括氧气在内的燃料费是底吹炉熔炼生产成本的大头，占比高达61.67%，其次是水、电等动力费，占9.69%。其中氧气、氮气、水、电、分厂管理费、人工费几项，并不会发生大的改变。吹氧管主要用于放渣时烧渣口，可以用自动放渣机替代，但其实用性仍需进一步考察。焦粒用于底吹炉补热，此项支出可通过提高混合矿发热量来减少，但考虑到二次物料的投用会大量

耗热，因此焦粒的使用量会随二次物料投用比例的增加而加大。同时，焦粒的投用量应加以限制，因为它会影响底吹炉内的氧化气氛。折旧、大修的费用，应通过日常的设备管理及工艺的稳定性来延长炉窑寿命，以减少这方面的开支。

2.2.2 侧吹炉富氧熔炼

侧吹炉熔池熔炼技术是一项用途十分广泛的技术。该项技术由苏联瓦纽科夫开发，在苏联广泛用于铜精矿、铜镍精矿和含锌铜精矿的冶炼。

富氧侧吹熔炼的炉料包括各种粉状硫化物（或氧化物）原料或粒料、固体或液体返料、熔剂和煤。炉料经配料后，用传动带送到炉顶部，从设在炉顶部的加料口加入炉内，落入强烈搅拌的熔池；同时通过低于静止渣层熔池表面 0.5 m 处的两侧面风口鼓入工业氧或富氧空气，保证了炉渣熔体的强烈搅拌。在搅拌的作用下，炉料颗粒在熔体中迅速和均匀分布，使化学反应高速进行。控制不同条件，可调整炉内的氧化和还原气氛，实现被处理物料的氧化或还原，得到相应的目标产物。

2001 年由中南大学宾万达教授负责技术，河南新乡中联集团率先在中国进行富氧侧吹冶炼原生铅试验，获得成功；2007 年济源金利公司与中国恩菲联合研发了熔融氧化铅渣侧吹还原技术及装备，2011 年在河南万洋集团首先用于液态高铅渣还原，各项技术经济指标达到世界领先水平，淘汰了传统的鼓风炉工艺，目前国内铅冶炼鼓风炉还原高铅渣工艺基本被该项工艺取代。此外，富氧侧吹技术在国内已应用于铜熔炼；处理废铅酸蓄电池中的铅膏泥回收工厂也在建设之中，规模达到 100 kt/a 的电池处理量；值得一提的是，含多种金属的复杂原料综合回收、锌浸出渣的处理、危险废料无害化处理、垃圾焚烧等方面的应用也在实验中。2017 年 11 月，南方公司富氧侧吹三联炉炼铅生产线正式投产，氧化炉、还原炉、烟化炉的面积分别为 21.5 m²、13.5 m²、12 m²，三炉高差排列、溜槽连接，实现了自流连续作业。

富氧侧吹炉熔炼具有如下特点：①对入炉原料的适应性强，可处各种成分复杂的多金属物料。②备料简单，炉料无须干燥、细磨等特殊处理，含水 6% ~ 10% 的物料可以直接入炉。③熔炼迅速，鼓入熔体的富氧空气对熔体进行剧烈搅拌，炉料在熔池中迅速完成气、液、固三相之间的传质、传热及主要反应。④渣中可回收金属含量低、回收率高，富氧侧吹使物料中的硫化物充分燃烧放出大量热，可节省 30% 的燃料，还原好，回收率达到 98%。⑤熔炼过程简便，操作方便，炉内液面稳定可调，可以根据生产中的要求，稳定所需要的熔体高度（950 ~ 1250 mm），从而避免液面波动造成风量、风压等指标的波动，便于实现自动化稳定控制。由于液面可调，还可以根据生产需要通过调整液面高度来调整氧的利用率，得到品位稳定的粗铅，有着密闭鼓风炉操作经验的人员很容易掌握侧吹炉的操作。⑥综合能耗低，节能效果好，富氧侧吹炉能充分利用炉料物质的化学反应热，对燃料的种类、质量没有什么严格要求。燃料消耗少、生产效率高、炉子密封性好，保护环境，烟尘率低，后续设施投资相对较省。

可以说，侧吹炉熔池熔炼技术除应用在有色金属冶炼领域外，未来在其他应用领域里也会发挥出重要作用，有着不可估量的市场前景。

1. 侧吹炉熔池熔炼系统运行及维护

1）侧吹炉

侧吹炉由炉缸、炉身、炉顶及直升烟道构成。炉体尺寸各有区别，其示意图如图 2-5 所示，基本指标见表 2-16。

表 2-16　南方公司氧化熔炼侧吹炉基本指标

指标	数值
炉床面积/m^2	23.5
日处理混合料量/$(t \cdot d^{-1})$	1450
床能力/$(t \cdot m^{-2} \cdot d^{-1})$	62
风口区宽度/mm	2200
出炉烟气量/$(m^3 \cdot h^{-1})$	约 29454
一次风量/$(m^3 \cdot h^{-1})$	≥9900
一次风含氧浓度/%	≥85
二次风量/$(m^3 \cdot h^{-1})$	约 14500
一次风风口（$\phi32$ mm）数量/个	26
二次风风口（$\phi80$ mm）数量/个	16
炉顶设炉料加入口（$\phi394$ mm）数量/个	3

（1）炉缸　用耐火材料砌筑在外围钢板焊接的钢槽内构成炉缸，耐火材料内层用镁铬砖砌筑，外层用普通高铝砖砌筑，炉底砌体呈倒拱形，在耐火材料与钢制外壳之间填充保温材料。炉缸上沿铺以水平铜水套，支承炉身下层水套。炉缸的作用是使渣-铅分层并通过咽喉进入虹吸道，而后分别排出。为了保证炉缸内的热交换，炉缸砌成高低炉底，以减少炉缸容积，使沉积在炉缸内的金属停留时间缩短，保持温度，便于排出。炉缸上平面铺设有钢板，支承炉身下层水套的重量。炉缸内衬砖不承重。

（2）炉身　炉身由熔池区和再燃烧区组成。

①熔池区。熔池区由下层和中层水套构成，为了避免物料在下落过程中被烟气带走，炉内设置了加料室。加料室高度比炉顶低，在熔炼区和加料室之间设有

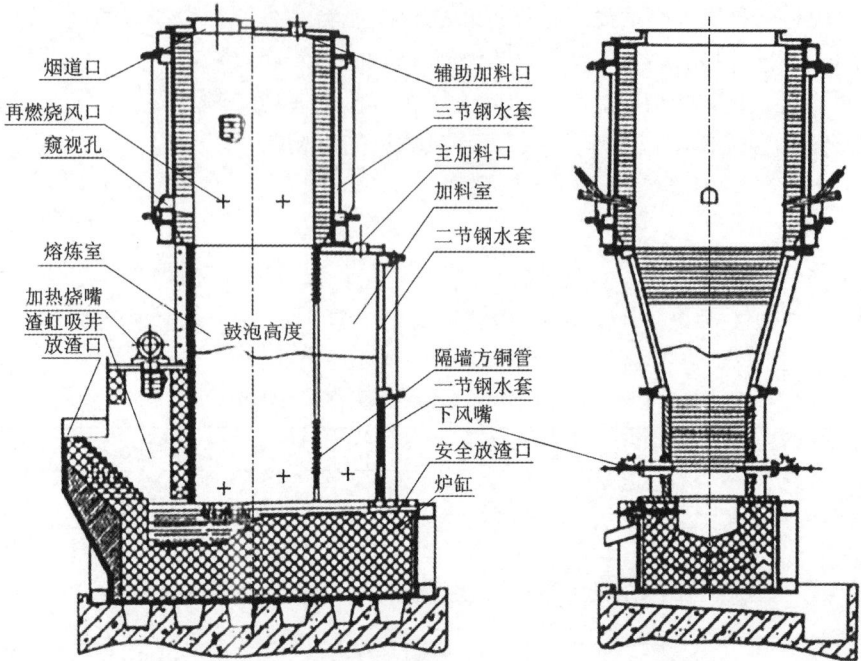

图 2-5　侧吹炉示意图

铜水套隔墙，隔墙上、下均有通道。工业氧气(或富氧空气)从安装在下层铜水套的喷嘴鼓入熔池，使熔体鼓泡、膨胀，从熔炼区通过上通道进入加料室，裹带加入的炉料后经下通道返回熔炼区进行熔炼反应。熔池喷嘴共四个，生产时使用两个。其结构与炼铜瓦纽科夫炉喷嘴完全相同。下层水套为铜质水套，中层为钢水套。为了减少细炉料被炉气带走，中层水套向外倾斜，炉子宽度加大，以降低气流速度，此外，在炉料的下落空间还有隔墙阻挡。据俄罗斯的文献介绍，富氧侧吹炉可以使用两种铜水套、一种钢水套和一种铜-钢复合水套。冷却方式可以是水冷却，也可以是汽化冷却。采用水冷却时，水套上的结壳稍厚；采用汽化冷却时，结壳较薄。根据瓦纽科夫炉炼铜的操作经验，水套能够工作的最薄结壳厚度为 5~8 mm，这时操作人员须加大水量。采用汽化冷却时能自调，这是汽化冷却的优点。我国一般采用埋管浇铸铜水套，这种铜水套的国内制造水平基本达到国外产品的水平。

②再燃烧区。该区炉壁由内砌镁砖的钢水套围成，侧壁各装有两个再燃烧风口，在此进行炉气中 PbS、S、CO 等组分的氧化燃烧反应，助燃剂为二次鼓风或富氧，氧化反应所放出的热量部分返回熔池。

（3）炉顶及直升烟道　盖顶采用钢制水箱，内衬耐火材料，根据炉子大小的不同，一端设有数个加料口，另一端设有烟气排出口，与直升烟道相接。直升烟道采用膜式水冷壁，高度要求要保证在最高点熔体全部冷却成固体，以减少烟尘量和保证熔体不进入余热锅炉。直升烟道是余热锅炉的一部分。在侧吹炉的前端或后端设有液态物料的加入口。

2）辅助系统

辅助系统包括水冷却系统、供风系统、烟气冷却系统等设施。

（1）水冷却系统　氧化炉水套冷却水为软化水，循环水总量约为 800 m³/h，进口给水压力（炉前）为 0.2~0.3 MPa。循环水供水总管管径为 DN500，炉前环管分上、下两层布置，管径为 DN350，每层环管末端各设压力表，监测炉前供水压力。共设 275 个回水点，各点设温度表监测回水温度（正常为 40~60℃）。回水回到集水槽后经排水总管返回循环水池。

（2）供风系统　由氧化炉配气系统配好的富氧空气经工艺管道输送至炉前的一次风环形总管，总管管径为 DN400；环形总管两侧各设 13 个支风管与一次风嘴相连接。一次支风管管径为 DN65，管子上设切断蝶阀，支风管均设压力和流量检测仪表。由离心鼓风机出来的压缩空气经工艺管道输送至炉前的二次风环形总管，总管管径为 DN400；环形总管两侧各设 8 个支风管与二次风嘴相连接。二次支风管管径为 DN80，管子上设切断蝶阀，支风管均设压力检测仪表。

（3）烟气冷却系统　烟气进入余热锅炉冷却和回收烟尘，烟道出口尺寸为 2928 mm×3743 mm，余热锅炉上升烟道横截面尺寸为 3200 mm×3900 mm，理论出口烟气流速为 0.66 m/s。

3）配料及输送系统

（1）配料系统　配料是生产工艺过程中一道非常重要的工序，配料质量对侧吹炉熔炼生产举足轻重。侧吹炉熔炼炉料采用自动配料系统配制。配料系统是一个多输入、多输出系统，各条配料输送生产线严格地协调控制，对料位、流量及时准确地进行监测和调节。该系统由可编程控制器与电子皮带秤组成一个两级计算机控制网络，通过总线连接现场仪器仪表、控制计算机、PLC、变频器等，智能程度较高、处理速度快。在自动配料生产工艺过程中，将主料与辅料按一定比例配合，由电子皮带秤对皮带输送机输送的物料进行计量。PLC 主要对输送设备、称量过程进行实时控制，并完成对系统故障的检测、显示及报警，同时向变频器输出信号以调节皮带机转速。

（2）配料原则　根据不同物料的不同配料要求，合理搭配原料品种，使配用的熔剂最少，燃料使用率最低。

（3）配加料过程　首先用抓斗起重机将分类存放在原料库内的原料、辅料、中间物料及粒煤抓入各自的配料仓内，物料经相应的称量胶带机自动计量后，经一条或数条皮带输送到炉顶的加料皮带机上，从炉顶加料口连续加入炉内。

4)侧吹炉喷嘴

侧吹炉喷嘴外形为圆柱体，口径为 $\phi30\sim40$ mm，嵌装在炉两侧下层铜水套上；风口本体材料为电解铜，经锻打成型，加工成环水路(或铸造预埋管)，风口外侧用法兰连接弹子阀三通，不用的风口可插入堵杆。侧吹炉风口示意图见图2-6。

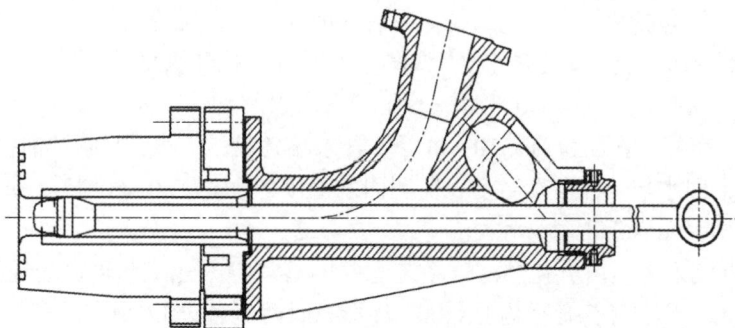

图2-6　风口示意图

2. 生产实践与操作

1)工艺技术条件与指标

(1)工艺条件控制　根据不同的处理物料，建立相应的熔炼制度，选择适当的渣型，根据炉渣的熔点，控制炉内熔炼的温度、炉内的气氛、氧气的浓度、炉内液面的高度、炉缸内存留金属层的厚度。不同的原料选择不同的渣型，尽量减少熔剂的使用量，对于含铁高的原料采用高铁渣型，对于含硅高的原料采用高硅渣型。考虑熔渣熔点的需求，还要有相应的钙硅比。在满足炉内搅拌功率的前提下，提高氧气浓度，减小烟气带走热量。

(2)工艺技术条件　①熔池液面总高为1400~2000 mm。②渣层厚度为1200 mm。③一次风口设在低于静止液面400~500 mm处。④金属层厚度为500~800 mm(高品位原料)或小于300 mm(低品位原料)。⑤炉料要求：粒度为5~20 mm，水分为6%~10%。⑥风口送风压力为8.106~12.159 kPa。⑦风口送风风速为200~240 m/s。⑧渣型：$w(Fe)/w(SiO_2)$为0.8~1.8。⑨炉内负压为-30~-50 Pa。⑩熔池温度为1100~1500℃，粗铅温度为600~800℃，炉渣温度为1000~1100℃，锅炉入口烟气温度为500~1100℃。

2)岗位操作规程

处理物料不同，岗位操作规程也不同，但生产操作中务必遵循以下原则：①侧吹炉的加料是连续的，断料必须停风，送风必须给煤；②在生产中出现任何紧急情况，须关闭风口，停止送风，停止加料；③每个水冷元件的进水阀是全开的，不能用进水阀调节水流量；④风口送风前，必须保证有足够的风压；⑤在工作时和停炉后炉子没有充分冷却前水循环不能中断。

（1）开炉　①开炉准备：制订详细的开炉作业计划；组织和安排好生产人员；对系统进行严格的检查和调试；检查和准备好开炉用的燃料和原料。②烘炉：根据耐火材料厂家提供的升温曲线要求把炉温升到 1000℃。③开炉操作：开炉可分为热开炉和冷开炉，热开炉适合较大的炉子，小炉子一般采用冷开炉。a. 热开炉：炉缸经充分预热后，用吊包向炉内倒入熔体，当熔体没过风口，形成熔池，则可向炉内过渡投料，炉况正常后，即可转为正式投料。b. 冷开炉：炉缸经充分预热后，首先向炉内加木柴，一般要求木材高度超过风口，再向炉内投入焦炭，待焦炭均匀上火后，再一批炉料、一批焦炭分批加入，从风口观察到熔体跳动后，改用正常炉料，消除料柱，形成熔池，即可正常加料。

（2）停炉　停炉分临时故障停炉和正常计划停炉。①临时故障停炉操作步骤：a. 把风口堵塞杆插入风口，关闭送风阀；b. 停止加料送风；c. 在炉内熔体表面加一层煤覆盖保温。②正常计划停炉操作步骤：a. 正常炉温提高 100℃；b. 把风口堵塞杆插入风口，关闭送风阀；c. 停止加料送风；d. 从安全放渣口放出炉渣；e. 从底部安全口放出全部熔体。

（3）正常生产操作　侧吹炉熔炼各生产岗位操作由主控室进行指挥与协调。①按生产配料送风要求，严格控制氧料比、炉温和炉内气氛。②根据炉内各层液面要求，控制液面高度。③交接班时应该做到：a. 检查主控室 DCS 工作状态、仪表气压、附属设备运行状况、各设备运行情况、料仓储料情况；b. 认真记录当班炉内熔体面、粗铅面高度，炉渣、粗铅和炉料的成分，以及风量、风压和炉温等操作数据。

3）"热平衡"和"热停炉"制度

（1）"热平衡"制度　侧吹炉在运转过程中，在某些情况下不进行熔炼（炉料停止加入）时，有必要继续向熔体鼓入富氧空气和煤（或液化气），以保持炉子热平衡和炉温，使炉渣处于可流动的液体状态。这些情况有：①炉子的加料突然停止（由于料仓加料器停止工作、没炉料了、加料漏斗堵塞等）。②有必要降低炉子中熔池的高度（使之低于鼓风风嘴的高度）。③在完全停炉时放出熔体。"热平衡"制度是靠在富氧鼓风搅拌的熔池中燃烧碳氢化合物燃料来实现的，此时不加入"不可燃"物质。燃料和富氧鼓风的耗量比，应保持在炉子鼓泡区的氧化还原条件和相当于熔炼温度的熔体温度。在此过程中炉渣熔池被搅拌的部分保持在正常的温度制度下，而未被搅拌的下部炉渣、炉膛中的金属铅以及虹吸中的熔体将被冷却，所以炉子处于热平衡的时间受到限制。

（2）不放出熔体短期停炉"热停炉"制度　①在停止鼓风、加料和加煤情况下，不放出熔体而停止熔炼的过程称为"热停炉"制度。这种制度只用在紧急情况下，即当整个熔炼体系在工作中出现氧气-空气混合气体供气系统故障、煤和炉料供料系统故障、水套冷却故障、熔体漏流等"易排除"故障而无法在稳定制度下进行熔炼时。②这种停炉作业按下列顺序进行操作：a. 停止向炉内加料；b. 在下排风口的鼓风通道中用钢质堵塞钎严密堵死；c. 停止向下排风嘴供给氧气-空气混合气体；d. 如果需要，停止上排风口氧气-空气混合气体的供风；e. 关闭工业氧和压缩空气混合器的供气；f. 在炉渣熔体的表面加入适量的保温煤；g. 插入塞板，减小炉子工作空间和烟道中的负压；h. 用耐火黏土在粗铅虹吸放出口和放渣口的门槛上作坝。③"热停炉"的最长时间根据炉子的大小、炉膛中熔体温度事先确定。在故障消除后熔炼过程可重新开始，开炉操作如下：a. 检查主体设备和辅助设备、氧气-空气管道、溜槽的状况，烟道和加料系统是否有炉料和煤，冶金熔体容器是否腾空和干燥，等等；b. 打开烟道中的塞板，调节所要求的负压；c. 在熔池的表面加入适量的保温煤覆盖熔体；d. 打开对工业氧和压缩空气混合器的供气，并调整氧气-空气混合气体至给定的氧浓度；e. 打开氧气-空气混合气体对下排风嘴的供风；f. 从下排风口的送风管道中抽出钢质堵塞杆，并用风口钢钎清理风口；g. 打开上排风嘴氧-空气混合气体的供风；h. 当炉子的工作空间达到必需的温度后开始供应炉料；i. 根据熔炼的要求，调整下排风嘴的鼓风制度。

4) 常见事故及处理

(1) 炉渣产出量突然加大、虹吸道断流 ①形成原因：虹吸道堵塞不通，炉内金属重相液面抬高，封住渣的正常通道；从上部掉下大块炉结，封住虹吸道入口，炉内产生横隔层，金属重相不能沉入炉底。②预防及处理方法：清理虹吸道，确保畅通；消除炉内横隔层。

(2) 炉渣断流、虹吸道金属相产出加大 ①形成原因：炉渣通道堵塞不通，炉内液面增高，压力加大。②预防及处理方法：抬高虹吸道出口坝体，清理炉渣通道，调整液面高度。

(3) 炉体有轻微振动，一次风口发暗，结渣，不易清理，循环水温差减小 ①形成原因：加料量大，燃料及送风不足，氧料比失调，造成熔体温度过低。②处理方法：检查原料、燃料计量是否有偏差，送风给氧是否失调，及时更正。

(4) 炉中部结瘤，二次风口送风不畅 ①形成原因：炉温高，熔池面升高，二次送风风量过大，喷溅上来熔融炉渣，冷却形成结瘤。②处理方法：调节炉温、熔池面高度，减少二次送风量，调换或关闭二次送风口，使结瘤消除。

(5) 加料口有白色气体溢出，烟道口负压加大，从渣口涌出大量的炉渣 ①形成原因：氧料比失调，给料或给煤中断，造成炉内炉渣过度氧化，形成喷炉。②处理方法：加大给煤量，降低送风氧气浓度，关闭部分送风口，减少炉内鼓入氧气量，严重时，停止加料，采用热平衡制度还原过氧化渣，正常后再重新加料。

3. 计量、检测与自动控制

1) 计量

侧吹炉熔炼化学反应过程极快，对入炉炉料、燃料的配比，鼓风量和氧气浓度都有精确计量要求，炉料和燃料先加入各自的料仓，然后按配料要求，经带称量装置的皮带机送至加料皮带机加入炉内，称重信号返回主控室 DCS 或 PLC 控制系统，参数的输入可在控制室也可在现场完成，鼓风量和氧气浓度计量根据熔炼的要求由主控室给定参数，自动完成。计量设备的日常维护很重要，如定期清扫皮带和秤架、校准皮带，对流量测量的差压变送器进行零点调整以防漂零。另外，给料要稳定，PID 值设定要合理，否则不易控制调节给料量。

2) 检测

检测主要包括温度、流量、压力的检测，以及氧气浓度和尾气成分分析。

(1) 温度检测　分炉温、水温及烟气温度检测。①炉温检测：通过埋在炉缸耐火材料内的温度计了解炉缸温度的变化趋势，通过炉渣排出温度、烟气出口温度、循环水温差的变化判定炉温；②水温检测：在进水和出水总管上装有温度计，炉体每块水冷壁给水是独立的，在每块水冷壁的出水水路上均装有温度计，以了解每块水冷壁的工作情况；③烟气温度检测：在烟道出口、余热锅炉顶部和余热锅炉出口装有温度计以判定设备的工作情况。

(2) 流量检测　在混合气体的总风管和炉上各支风管上装有流量表，检测送风总量及各支风管的流量分配，在供水总管上装有流量计测定供水流量，在收尘器出口部装有流量计测定烟气流量。

(3) 压力检测　压力检测主要有空气和氧气总管、支管压力及炉膛负压检测。①风压检测：在氧气与空气混合前的管路上装有风压表测定风压，以了解是否有足够的备压；在气体混合后，炉子环形风管上及每个风口均装有风压表测定风压。②水压检测：在给水总管上装有水压表测定水压。

(4) 氧气浓度和尾气成分分析　在混合气体管线上装有氧气浓度分析仪在线分析氧浓度；在余热锅炉的出口装有气体分析仪，分析 SO_2、CO、CO_2、残余 O_2，保证炉内产出的 CO、单体 S 完全燃烧。

3) 自动控制

采用 PLC 或 DCS 系统，通过通信网络将工业现场控制站、数据采集检测站与操作控制中心的操作管理站、控制管理站、工程师站等连接起来，对侧吹炉熔炼系统完成分散控制、集中操作管理和综合控制。

(1) 控制系统的相应连锁关系　这是自控系统的一个重要环节。原料输送系统的连锁关系：输送系统在开始工作时，应先启动向加料口加料的皮带机，再启动输送皮带机，最后启动计量皮带机。停车时则相反，先停计量皮带机，再停输送皮带机，最后停加料皮带机，否则会造成物料堆集。

(2)供风系统压力与备压供风系统的连锁关系　当炉子正常供风时，放空阀和备压供风系统是关闭的；炉况异常时，会暂时关闭炉子进风口，放空阀自动打开，保持风压的稳定，不会影响供风设备工作；在正常供风设备故障或意外停电，造成风压突降到安全设定值时，备压供风系统会自动打开，向侧吹炉供风，保证有用堵塞杆堵住风口的时间，防止炉渣从风口溢出，造成重大事故。

(3)供水系统与高位水箱、备用水泵的连锁关系　有两台水泵正常供水，一开一备。一台水泵出现故障时，另一台水泵自动切换开始工作；当出现两台水泵同时不能工作(如停电)，供水水压下降到设定值时，高位水箱控制阀门自动打开，保证向侧吹炉供水。

4.技术经济指标控制与生产管理

侧吹炉熔炼的主要技术经济指标为：生产能力，有价金属回收率，氧气、辅助材料及煤的消耗等。确保良好技术经济指标的管理措施有：①必须选择合适的渣型，其成分应满足 $w(FeO)/w(SiO_2)=1.5\sim2.0$、$w(CaO)/w(SiO_2)=0.4\sim0.75$ 的要求。②控制好氧料比，氧气的供给必须满足加入的铅精矿中的全部硫化物、低价化合物和燃料的燃烧、氧化所需要的氧量。在生产过程中，控制最佳氧料比，实现自热熔炼，确保合适的沉铅率和脱硫率，从而获得最佳的熔炼指标。③控制好烟尘率，因为烟尘率高意味着冶炼过程中铅的直收率下降，容易造成直升烟道内黏结以及增大收尘负荷。采用较低温度的冶炼制度及控制好氧料比可控制烟尘率不大于15%。

1)生产能力

生产能力是侧吹炉熔炼的一项重要指标，主要指炉子的床能力和有效工作时间(送风时率)，它与工厂的管理水平、操作水平及全厂的设备故障率等密切相关。床能力系侧吹炉风口区水平截面单位面积一天内处理的物料量[单位为 $t/(m^2\cdot d)$]。由于侧吹炉处理的原料种类繁多，侧吹炉熔炼床能力一般为 $70\sim100\ t/(m^2\cdot d)$。正常情况下，送风时率为95%。

2)能量消耗控制与管理

侧吹炉氧化熔炼采用富氧技术，提高了熔炼强度，使原有的烟气排放量大为减少，节约燃料消耗，获得高浓度的 SO_2 用于制酸；同时烟气出口经直升烟道与余热锅炉连接，回收的余热可用于余热发电或直接驱动设备，降低了能耗。对一定成分的炉料而言，其反应热值可认为是一常数。要减少外来补热，一是要利用好精矿中自身的热能，二是减少热的支出，可以通过提高富氧浓度减少烟气量以降低烟气带走热的损失来实现。原生铅富氧侧吹氧化熔炼热平衡实例见表2-17。

3)原料控制与管理

为保证富氧侧吹熔炼入炉炉料的稳定，应根据不同的原料来源及组分、明细分类存放，对于数量少、品种复杂的原料，要先进行预配料，按比例混合，达到一定的量,再根据要求配料入炉。原料的粒度控制在 20 mm 以内,对于结构疏松不致密的原料,可适当放宽。对于粉状物料,则需加湿或制粒,水分要求控制在 6%~10%,水分含量低,粉料会被吹入烟尘,过高会加重熔炼的负担,增加成本。

表 2-17　原生铅侧吹炉氧化熔炼热平衡实例

热收入			热支出		
名称	热量/(MJ·h⁻¹)	比例/%	名称	热量/(MJ·h⁻¹)	比例/%
精矿反应热	122640	69.50	$CaCO_3$ 分解热	5847	3.31
C 燃烧氧化热	33806	19.16	粗铅带走热	25816	14.63
鼓风带入热	741	0.42	硫酸盐分解热	8600	4.87
炉料带入热	1608	0.91	炉渣带走热	49050	27.80
炉渣生成热	17658	10.01	水汽化热	13561	7.69
			粉尘带走热	2490	1.41
			尾气带走热	49674	28.15
			冷却水带走热	20630	11.69
			炉缸热损失	785	0.45
总　计	176453	100.00	总　计	176453	100.00

4)辅助材料控制与管理

辅助材料主要包括氧气、熔剂、煤和耐火材料。

使用氧气是侧吹炉强化熔炼的必备条件。侧吹炉处理的物料不同,则氧气的消耗不同,原则是在满足送风量可保证侧吹炉熔体搅拌功率的条件下,尽可能提高氧气浓度,以保证热利用率,氧气的浓度控制范围一般为 50%~100%。熔剂的加入是为了保证造渣渣型的需要,要尽可能减少熔剂的使用量;要根据处理原料的不同,选择合理的造渣渣型,优化原料的配比,尽可能采用有效成分高的熔剂。侧吹炉即使处理硫化矿原料,也不能做到完全自热,根据原料中硫化物含量,煤的加入量一般为 2%~5%。在处理发热量小或不发热的物料时,熔炼所需热量由燃煤提供,加入量为 5%~10%或更高。选用合适的渣型、与其相适应的熔炼温度是节煤的重要手段。

常用的造渣熔剂主要有铁质熔剂、石英石和石灰石。对熔剂的要求是有效成分要高,含杂质要少,粒度控制在 5 mm 左右。对石英石、石灰石等熔剂和煤的要求与底吹氧化熔炼相同,见表 2-12。

侧吹炉不同的部位采用不同的耐火材料,一般炉内衬常用优质镁铬砖砌筑或优质铝铬砖砌筑，在铅口、渣出口及烟气出口等易损坏部位，根据具体情况还需采取其他保护措施，以延长耐火材料使用寿命。耐火材料单耗与处理原料、造渣成分、耐火材料质量、砌炉质量及生产操作等很多因素有关。

5）金属回收率控制与管理

侧吹炉氧化熔炼中控制和管理金属回收率的重要措施如下：①由于铅对贵金属有极好的捕集能力，因此，要尽可能多配入含贵金属及锌、锑等有价金属的原料，提高综合回收率，要求贵金属回收率大于99%。②从入厂的物料着手，组织好原料的入厂管理，建立专门的物料管理机构，做好物料平衡、金属平衡的统计管理，及时返回数据指导生产。③加强各操作岗位的管理，提高操作水平，控制好物料输送过程，减少机械损失和降低烟尘率，使中间返回物料降到最低。

6）产品质量控制与管理

侧吹氧化熔炼的产品是粗铅和高铅渣，副产品是二氧化硫烟气，中间产品是烟尘。根据不同的处理原料进行配料，使产出的粗铅和高铅渣符合质量要求。粗铅质量要求（%）为：$w(Pb) \geqslant 98$，$w(Cu) \leqslant 0.6$，$w(As) \leqslant 0.6$，$w(Sb) \leqslant 0.8$。高铅渣和烟尘的代表性成分见表2-18。

表2-18　高铅渣和烟尘的代表性成分的质量分数　　　　　单位：%

成分	Pb	ZnO	Cu	FeO	SiO$_2$	CaO	S
高铅渣	45.66	8.61	0.28	15.22	8.71	4.71	0.34
烟尘	67.42	0.72	—	0.74	0.79	0.37	10.30

7）生产成本控制与管理

生产成本管理重点：①加强原料管理，尽可能提高原料中有价金属含量，达到综合回收的目的；②充分利用原料中的可燃成分，以减少燃料的使用量；③合理配比不同的原料，利用原料中的造渣成分减小熔剂使用量；④选择合理的渣型，减少炉渣中的金属含量，使回收率最大化；⑤加强定额管理，按计划或预算进行控制；⑥提高作业时率，发挥最大产能，这是降低生产成本的重要手段。生产成本及其构成合并于侧吹还原熔炼中。

2.2.3　顶吹炉富氧熔炼

1. 基本情况及机理

1）基本情况

2005年云南驰宏锌锗股份有限公司在曲靖建成国内第一台用于铅冶炼的富氧顶吹炉，将国外先进的富氧顶吹浸没氧化熔炼技术与企业自主开发的富铅渣还原技术进行技术集成并创新,形成由富氧顶吹氧化熔炼-富铅渣鼓风炉(YMG)还原熔炼的直接炼铅新技术。国际上虽在铜、锡熔炼中成功采用富氧顶吹炉熔炼技术,但在铅精矿的冶炼上,富氧顶吹熔炼技术首先在云南驰宏锌锗股份有限公司实现大规模工业化生产。2006 年,国家九部委联合发文,将富氧顶吹熔炼作为规范铅锌冶炼行业投资行为和结构调整的推广应用工艺,在新建粗铅项目和淘汰高耗能高污染的落后工艺改造等方面具有较大的推广应用潜力。

2)富氧顶吹炼铅基本过程和机理

富氧顶吹氧化熔炼在立式圆筒炉中进行,硫化铅精矿与铅渣、烟尘按一定比例配料,煤作为助燃剂、石英砂作为助熔剂一起投入,经混合、配水制粒后,通过皮带运输从炉顶加入顶吹炉内,氧气由氧气站供给,纯度为93%左右。操作温度一般控制在 1050℃左右。喷枪浸没在熔池中,富氧空气和燃油通过喷枪进入熔体。进入顶吹炉内的炉料在强烈搅拌的熔池中迅速熔化,并进行传热、传质反应,得到粗铅、富铅渣和烟气等冶炼产物。熔炼过程中几乎燃烧全部 FeS_2、ZnS 及大部分的 PbS。冶炼烟气经上升烟道排出到余热锅炉降温并回收余热,再经电收尘净化后送制酸。

根据相关理论,熔池熔炼是在气-液-固三相形成的卷流运动中进行物理化学反应的过程。进入熔池的生料,在高温熔池内发生氧化脱硫与造渣反应。喷枪喷入的富氧空气和化学反应生成的气体对熔池起到强烈搅拌的作用,强化了冶金过程。

熔池反应区域可划分为四个区。如图 2-7 所示,1 区在喷枪出口处,属于燃烧氧化区,燃料在此区域迅速燃烧,硫化铅精矿发生剧烈的氧化反应,并放出大量的热,为主要反应区。2 区为次要反应区,加入的炉料随熔体向炉壁方向流动,炉料加热融化,并同一起扩散的氧发生少量氧化反应。3 区为循环流区,炉料以及喷入气体中的少量气泡从 2 区向下流动,形成回流循环,气泡中残留的氧与精矿、煤充分发生反应。在经过 1 区时,与大量气泡相遇,再次发生强烈的氧化造渣反应。4 区为相对静止区,富集粗铅,有利于渣铅分离。

3)富氧顶吹炼铅工艺的特点

①环保:烟气易于治理,富氧顶吹炼铅烟气 SO_2 浓度一般为 5%~8%,便于制酸,硫的利用率为98%以上,设备密闭性能好,在微负压下操作,工作环境清洁。②生产效率高:采用 DCS 系统控制,自动化程度高,生产效率高。③运行成本低:富氧顶吹艾萨炼铅炉70%的热来源于硫化物氧化热,实现了半自热熔炼。④处理能力大:设计处理物料 500 t/d,目前已达到 600 t/d 以上。⑤原料适应性强:可处理各种铅物料,且对其水分、粒度等性质要求不严。富氧顶吹艾萨炼铅炉投产至今,先后处理过低品位氧化矿、硫酸铅渣、含铅23%左右的渣料、铅铜锍等多种杂料,物料经简单混合、加水制粒后即可直接入炉。总之,富氧顶吹炼

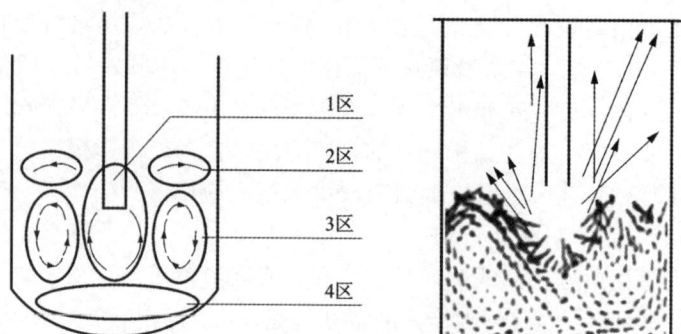

图 2-7 顶吹炉炉内熔渣运动模拟

铅技术具有生产效率高、能耗低、环保达标、资源综合利用效果好等特点，是国家重点推荐应用的炼铅新技术。

2.顶吹炉熔池熔炼系统运行及维护

1)顶吹炉

顶吹炉示意图见图 2-8。关键部位包括铅口、渣口、喷枪口、保温烧嘴口、下料口、炉顶与上升烟道接口(烟道口)。

(1)铅口　铅口位于炉底，用于排放熔炼产生的粗铅。其尺寸为 φ40 mm，外有石墨芯子，并设置铜水套予以冷却保护；石墨芯子保护水套内壁，根据情况及时更换；堵口塞用于铅排放完成后堵住铅口，避免液体外溢。

(2)渣口　渣口位于距离炉底 800 mm 处，其尺寸为 φ60 mm，设置铜水套予以冷却保护；比设计值 1200 mm 有所下降，目的是降低熔池高度，确保熔炼的安全性。

(3)喷枪口　喷枪口位于炉顶中央。炉顶属于锅炉的一部分，采用不锈钢防护套正压密封，既能保护锅炉管，又能防止烟气外逸。

(4)保温烧嘴口　保温烧嘴口位于炉顶，供保温烧嘴升降时使用。不使用烧嘴时，用盖板盖住。保温烧嘴在换喷枪及需要较长时间保温时使用。

(5)下料口　下料口位于炉顶。炉顶属于锅炉的一部分，采用不锈钢防护套正压密封，既能保护锅炉管，又能防止烟气外逸，所有物料均从下料口加入炉内。

(6)烟道口　烟道口位于炉子顶部一侧，属于锅炉的一个组成部分，保证烟气排放畅通，回收余热和收烟尘后，SO$_2$ 烟气制酸。

2)喷枪系统

喷枪是顶吹熔炼炉的重要附属装置。由于喷枪喷入炉内的燃料不同，喷枪的结构也有比较大的不同。

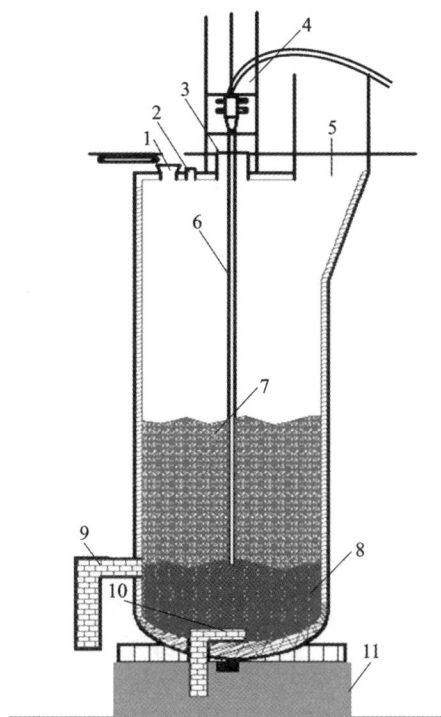

1—下料口；2—烧嘴口；3—喷枪口；4—喷枪升降轨道；5—烟气通道；6—喷枪；
7—富铅渣；8—粗铅；9—渣口；10—铅口；11—基脚。

图 2-8　顶吹炉示意图

(1)喷枪结构　内部是三层同心圆套管结构，最外层是喷枪管，中间层是端压管，最里层为油管，端压管外壁与喷枪内径有支撑连接(每隔 500 mm 有一个支架)。富氧空气和油或煤粉通过喷枪注射入炉，喷枪通过炉顶的喷枪孔深入炉子内部，喷枪端部浸入熔池液面以下。熔炼期间喷枪的升降可以通过手动和自动两种方式完成。有关生产厂家及冶炼单位根据自己的实际情况，采用不同的喷枪结构和尺寸，长度在 16 m 至 21 m 之间，直径在 200 mm 至 400 mm 之间，有用大口径和小口径两种不同的规格，各有利弊。生产实践证明，喷枪技术已比较成熟，但从喷枪的结构、材质、冷却保护介质、旋转气力等参数来看，还有进一步优化的可能。

(2)压力测定及控制　端压管有风从顶部通入，在喷枪顶端外接至 8 楼有一个测压装置，这个装置测的是喷枪内部的风反吹进端压管一直顺管子向上后的压力值，显示在 DCS 界面上，称为端压。在操作界面上另一个压力值称为背压，测压装置是从主风管上接出的，所测压力是喷枪中除端压管以外的压力。端压和背压是主控人员判断喷枪插入熔池内部深浅的重要参数，从这两个参数的变化来控制喷枪的上下(手动控制喷枪)。根据投入物料及喷枪的端压设置启动熔炼喷枪自动控制系统，通过比较实际测定的端压值与设定值来升降喷枪，从而达到控制的目的。

(3)主要控制参数 插入熔池深度 250~500 mm，燃油量 50~1200 L/h，富氧空气量 2.5~4.5 m³/s，喷枪端压 15~30 kPa，喷枪背压 90~130 kPa。

(4)燃油类型喷枪 艾萨炉燃油类型代表性喷枪见图 2-9。

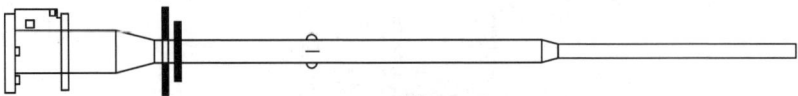

图 2-9 艾萨炉燃油类型代表性喷枪示意图

燃油喷枪使用三层同心套管结构，内管测喷枪端压，中管通柴油，外管通富氧空气，中、外管之间每隔一定的距离装一个旋流器，可提高喷枪尖端的燃烧效率，并增加喷出气体的扩散速度。氧气与空气在进入喷枪之前就进行混合，且在管道上加设防爆装置及回流阀门。

(5)燃煤类型喷枪 澳斯麦特炉燃煤类型代表性喷枪见图 2-10。

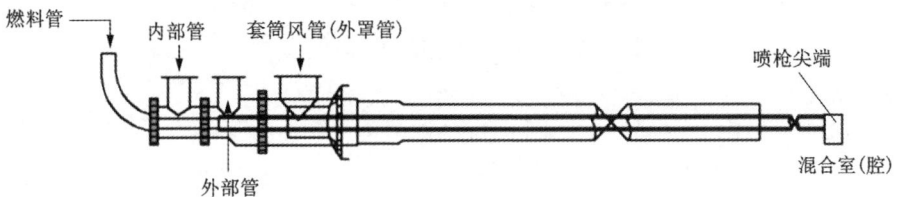

图 2-10 燃煤类型代表性喷枪示意图

澳斯麦特炉燃煤喷枪由四个同轴低碳不锈钢管组成，分别为燃料管、内部管、外部管和外罩管，其总长有 20.86 m。喷枪运行时其尖端要浸没入熔化的渣熔池中。燃料管用气体向喷枪尖端输送粉煤燃料，同时内部管送入富氧空气辅助尖端燃料燃烧。外部管用于输送空气冷却喷枪外部表面的渣层。燃料管和内部管处于外部管以内并终止于外部管末端之前。喷枪剩下的部分为喷枪尖端，喷枪尖端中空，为空气、燃料和氧气在喷入熔池之前的混合室。外罩管位于外部喷枪空气管之外，它将空气导入熔池上方区域辅助挥发分的二次燃烧。

3)其他附属装置

(1)保温烧嘴 保温烧嘴是两层同心管的结构,外层供风,内层供油(图2-11)。熔炼期间,其作为二次风的供应装置,只供风;保温期间,按照设置的风油比自动提供符合配比的风油量,及时供油燃烧,确保熔池温度,保护炉砖。由于环保压力,目前尽量减少炉子漏风,正常熔炼期间,保温烧嘴口已经加盖盖住,二次风由喷枪口、下料口的正压密封装置提供,调节密封风量作为二次风,提出保温烧嘴,盖住烧嘴口,确保炉内及收尘通道的微负压操作。

图 2-11 保温烧嘴示意图

(2)升温烧嘴 升温烧嘴在烘炉时使用。它有两层同心管结构,外层供风,内层供油(图2-12);有电子自动点火升温装置的控制系统及监测反馈等系统。调试时,此设备置于炉子三楼预设口试点火。升温时,此设备置于喷枪口。根据升温曲线要求,自动调节风和油,确保温度按照预先设计升温曲线要求升温。

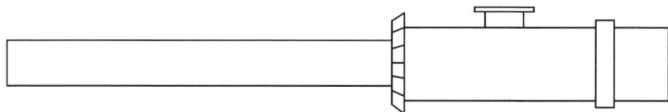

图 2-12 升温烧嘴示意图

4)配料及输送系统

配料及输送系统共有 7 个独立的料仓。卸料装置控制从料仓到带式运输机的给料量。除 6# 仓外,每一个都有独立的卸料装置,该装置具有自身称重功能以及完整的速度调节控制系统。顶吹炉 DCS 系统给每一个卸料装置的控制器提供一路信号来设定给料速度,同时卸料装置控制器将向 DCS 系统发送实际的给料速度信号(t/h),用以显示、组合、计算之用。艾萨炉顶吹炼铅工艺自动化程度比较高,要求物料成分稳定,下料均衡,计量准确,对定量皮带秤要求计量偏差一般不超过 1%。

富氧顶吹艾萨炉炼铅工艺最初设计的原料结构为硫化铅精矿、富氧顶吹炉烟尘、鼓风炉烟尘,按一定比例混合制粒后送入炉内进行熔炼。投产以来,经过长时间的探索和生产实践,改变富氧顶吹炉的原料结构并有针对性地对相关操作参数进行调节, 至今已成功处理硫化铅精矿、硫酸铅渣、氧化矿、铅烟尘等。澳方首席工艺师比尔·艾林顿给出的入炉原料成分最佳范围见表2-19。

表2-19 入炉原料成分质量分数的最佳范围 单位: %

元素	Pb	Fe	Zn	S
质量分数	50~70	2~12	3~8	14~24

3. 生产实践与操作

1) 工艺技术条件与指标

主要技术条件与指标见表2-20。

表2-20 主要技术条件与指标

序号	项目	数值范围	备注
1	精矿品位/%	50~70	
2	工业氧消耗/($m^3 \cdot t^{-1}$)	60~180	干精矿氧气(91%)吨耗
3	富氧浓度/%	21~32	
4	高铅渣 $w(SiO_2)/w(Fe)$	0.6~1.0	
5	高铅渣 $w(CaO)/w(SiO_2)$	0.2~0.6	
6	高铅渣温度/℃	1050~1200	
7	熔池深度/m	1.0~2.6	
8	喷枪背压/kPa	70~130	
9	喷枪端压/kPa	15~30	
10	工艺风压力/kPa	155~180	
11	氧气压力/kPa	195~235	
12	工艺风流量/($m^3 \cdot h^{-1}$)	9000~16000	
13	氧气流量/($m^3 \cdot h^{-1}$)	3000~4500	
14	喷枪粉煤给入量/($t \cdot h^{-1}$)	≤2.5	
15	硫进烟气率/%	93~98	烟气硫占总硫比例
16	一次铅产出率/%	30~40	
17	粗铅品位/%	≥96	
18	富铅渣含 Pb/%	40~55	
19	烟尘率/%	13~23	占精矿量

2）岗位操作规程

（1）开炉准备　①加热烧嘴，必须提前 5 天试点火，测试正常后在开始烘炉前运到 6 楼平台。皮带运输机、直线铸渣机、圆盘铸铅机、喷枪系统（包括提升机构、喷枪小车）、保温烧嘴系统、3K 风机、ID 风机、吊车、水冷闸板系统等关键设备在检修完成后，应单机试运行，确认正常运行后，方可进行后续程序。②余热锅炉提前 3 天上水试压，具体程序按照余热锅炉操作手册进行。③冷却循环水系统提前试运行，确认流量正常，系统无泄漏。④环保收尘系统（指三效除尘）试运行。⑤用黄泥堵塞好铅口和渣口，确保不漏熔体。⑥确保生产现场整理完毕。⑦确保升温热电偶安装完毕，状态正常。⑧开炉前 1# 仓装入富铅渣 30～35 t。⑨提前用 20 mm 筛网筛分一部分富铅渣，筛下物用于艾萨炉开炉建熔池，筛上物用于鼓风炉开炉。⑩柴油准备：开始烘炉前，须将柴油灌装到正常储备量，并保证随时有一车油备用。⑪氧气、吹氧管按正常生产数量准备。⑫木柴准备 5 t，直径 5～10 cm，长 1～1.5 m，其中 2 t 运至 5 楼堆放。⑬柴油、棉纱、废拖把若干，制作成火把。

（2）烘炉准备　顶吹炉新砌筑的耐火砖或者熄火停炉超过 3 天后，再次开炉生产前须组织烘炉，并做好烘炉准备工作：①提前 3 天以上，检查与烘炉所需的升温烧嘴连接的柴油管、工艺风管、仪表风管及其附件是否正常；调试并确认 DCS 控制系统正常。②烘炉前一天，分别组织把升温烧嘴安装调试到位，确认余热锅炉上水试压正常后运行、冷却循环水系统正常运行；检查所有系统的人孔门关闭并密封正常；堵好顶吹炉的排渣口和排铅口；检查并确认烘炉所需的柴油已经储备到位；检查并确认烘炉期间的烟气处理系统（岗位通风收尘系统）正常运行。

（3）烘炉操作　①开烟管阀门，全开顶吹炉炉顶的通风系统，顶吹炉烟气出口用烟气闸板封闭，按升温烧嘴热负荷操作要求启动升温烧嘴，按照烘炉升温曲线（图 2-13）组织升温。升温烧嘴点火后，初期升温速度控制在 50℃/h，余热锅炉按照操作规程要求控制压力上升速度<0.02 MPa/min。②烘炉过程中注意升温烧嘴供风、供油设备的正常运行，经常检查炉体各部位的膨胀情况，并做好升温过程的数据记录。③升温时可能遇到烧嘴突然熄火的异常情况，发现熄火后立即组织重新点火。当再次点火后应从较低的温度开始继续烘炉。④当炉温升到 800℃并恒温 12 h 后，准备用保温烧嘴切换升温烧嘴继续升温。切换前，首先停止升温烧嘴运行，同时从顶吹炉下料口投入 200 kg 木柴。之后，按保温烧嘴点火程序下放保温烧嘴进入顶吹炉内点火。⑤保温烧嘴点火后，待炉内温度开始稳定上升，将烟气闸板抽出约 1/3，把烟气引入烟气处理系统。抽出烟气闸板的过程需缓慢，避免大量热烟气突然进入余热锅炉造成受热面损伤和炉内温度下降过快，过程中注意调节通风除尘引风机的入口阀门开度。⑥炉内温度升至 900℃时，

全部抽出烟气闸板，放下余热锅炉裙罩到炉顶接口处并用石英砂密封，把全部的烘炉烟气排至余热锅炉和收尘系统处理。⑦当温度升到1000℃后，停止保温烧嘴运行并切换为喷枪系统运行。保温烧嘴停运后，把喷枪放至炉内点火位置，向喷枪内鼓入富氧工艺风和粉煤点火。⑧确认喷枪点火成功后，逐步加大喷枪煤量继续升温。在用喷枪升温期间，经常升降枪位以使炉内不同高度的炉砖升温幅度一致。⑨当炉内温度为1100~1200℃时，顶吹炉具备投料生产条件，继续用喷枪燃烧保持炉内温度直至投料。

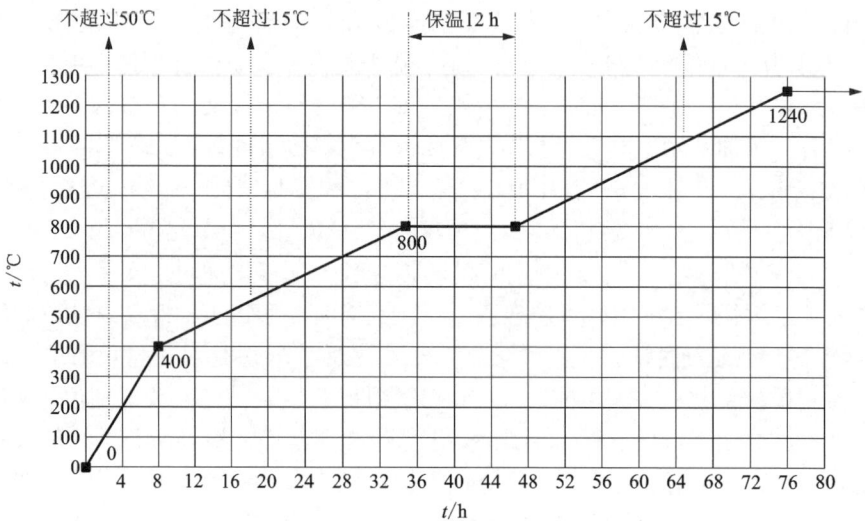

图 2-13　烘炉升温曲线

（4）正常运行操作　①顶吹炉 DCS 主控人员通知相关岗位准备造熔池生产和所需时间约5 h，之后通知备料系统将物料准备到对应的储料仓。②顶吹炉 DCS 主控人员启动备料系统，将固态高铅渣的入炉量设为 10 t/h，加料 20 min 后探测熔池和查看炉内熔化情况。如炉内高铅渣完全熔化，则以 15~20 t/h 的速度继续加入高铅渣，注意调整喷枪给煤量以保持熔池温度稳定。③每 30 min 探测一次熔池和查看炉内熔化情况。如炉内高铅渣没有全部熔化，则适当降低高铅渣进料量。④炉内投加的高铅渣总量为 35~40 t，停止高铅渣加入，喷枪保持升温模式并提升到点火位，探测熔池高度为 600~800 mm 时，准备投加硫化铅精矿等含铅物料。⑤顶吹炉 DCS 主控人员确认硫酸系统可正常接受烟气后，将喷枪切换为熔炼模式，以总料量 15~18 t/h 开始进料生产，并根据炉温和制酸系统情况，逐步增加投料量到 35~45 t/h，之后则转入正常熔炼。⑥顶吹炉 DCS 主控人员根据炉况、渣温和渣型等及时调整配料和投料量，同时根据端背压判断喷枪的烧损情况以决定是否更换喷枪,根据端背压、熔池温度等决定排放铅液和熔渣时间。还要严格控制入炉物料的粒度及水分以降低烟尘率,顶吹炉正常运行的关键工艺参数见表 2-20。⑦当顶吹炉熔炼的熔池深度达到控制上限或者单炉投料量达到控制上限时,提前确认铸渣机系统或还原炉可正常接收熔渣,组织排放岗位人员将高铅渣通过渣口排放至还原炉。⑧当探测到熔池内的铅液高度为 0.3 m 以上时,检查确认粗铅铸锭机正常,炉内高铅渣排放结束后,组织排放岗位人员从排铅口排放粗铅到铸锭机以产出一次粗铅。

(5)保温操作　在顶吹炉短时间处理设备故障或者更换喷枪等非正常生产时,需进行顶吹炉保温操作:①在顶吹炉停止熔炼并提升喷枪前,将保温烧嘴下放至操作位准备点火。②待保温烧嘴点火正常后,喷枪将自动提升至停泊位放置。③在保温烧嘴运行保温期间,DCS 主控人员须定时通过进料口或喷枪口对火焰和烧嘴情况进行监控和检查,以确认烧嘴是否运行良好、炉膛内部是否加热均匀。同时,结合炉内温度情况,及时调整烧嘴给油量和炉顶负压,以保持炉内温度稳定。

(6)停炉操作　①通知硫酸系统、制氧站、总调、艾萨炉余热锅炉、发电站及备料车间即将停炉以及停炉的持续时间等。②通知排放岗位人员尽可能降低熔池高度,并逐步降低给料量。③启动 DCS 上的"熔炼停止"按钮。④将保温烧嘴下放至操作位准备点火,启动 DCS 上的喷枪"自动提升"按钮,将喷枪提起。⑤当喷枪提升至点火位置时,立即启动保温烧嘴并进行火焰确认。

3)常见事故及处理

熔炼过程中,常出现下料口黏结、中间仓无法启动等故障。

(1)下料口黏结　入炉炉料会经常黏结在下料口,造成堵塞,影响正常进料。预防及处理措施:①控制好水分,避免物料水分过高黏结于下料口。②控制熔池高度,减少熔渣喷溅黏结下料口。

(2)中间仓无法启动　生产中经常出现主控无法在 DCS 界面上启动中间仓,影响正常进料的现象。预防及处理措施:通知仪表工定期打开 DCS 配电柜吹风及检查。

4.顶吹炉计量、检测与自动控制

1)计量

备料系统由料仓及其相关的装料装置、卸料装置、制粒机、原料传送装置组成。一共有 7 个独立的有卸料装置的料仓。DCS 系统给每一个卸料装置的控制器提供一路信号来提供设定的给料速度,同时卸料控制器将向 DCS 系统发送实际的给料速度(t/h)信号用以显示、组合、计算。卸料装置采用申克仪表、称重传感器、测速传感器和变频器相结合的方式定量给料,在物料输送机处安装称重传感器和测速传感器并由托利多仪表计算得出入炉物料量。艾萨炉柴油计量采用罗斯蒙特的科里奥利力质量流量计测量。氧气和空气的计量采用罗斯蒙特阿牛巴流量计测量。

2) 检测

艾萨炉检测系统可分为压力、温度、液位、喷枪位置检测，以及出口烟气 SO_2 浓度分析。

(1) 压力检测　压力检测主要有工艺风压、氧气压、炉出口负压、喷枪端压和背压检测。在喷枪供风、供氧和供油系统中均采用罗斯蒙特压力变送器来检测压力。喷枪端压检测是在喷枪内部结构中设计一个取压管，通过快速接头和外部压力变送器与取压管相连接来测量压力。喷枪背压是在喷枪供风管道末端，即工艺风管道和氧气管道汇合后的管道上进行取压测量。

(2) 温度检测　通过四支能够直接接触熔池的带护管 N 型热电偶来测量，并采用罗斯蒙特 FF 总线型温度变送器传送至 DCS 系统。在烘炉阶段采用一次性热电偶测量炉砖的升温情况，并通过 FF 总线型温度变送器传入 DCS。

(3) 液位检测　采用间接式分析检测方法，根据喷枪端压变化情况和喷枪枪位来计算熔池的高度，并通过探棒插入熔池的深度来校正测量熔池液位的误差，得出符合实际情况的液位数据。

(4) 喷枪位置检测　采用绝对位置编码器来测量提升电机的转动距离，并输出给 DCS，通过 DCS 对绝对位置进行计算得出喷枪的枪位。

(5) 出口烟气 SO_2 浓度分析　采用 ABB 在线监测分析仪实时对出口烟气取样分析 SO_2。

3) 自动控制

艾萨炉采用艾默生 Delta V 系统进行自动控制，由于配料系统距主控室较远，采用了远程控制器，将备料系统所有控制信号接至远程控制器机柜，然后通过光纤和以太网与主控室的控制柜进行通信。

(1) 备料系统自动控制　采用顺序控制方式结合连锁控制，所有设备均可按照预设好的配料方式进行顺序启动和停止，在系统连锁要求下，不满足连锁条件的设备是不能启动的，这样能够很好地控制所有设备的启动顺序，防止皮带压料。

(2) 喷枪及保温烧嘴系统控制　艾萨炉喷枪提供冶炼需要的富氧和燃油，并能搅动熔池，加快冶炼反应速度。喷枪控制由自动下枪和自动提枪构成，与其对应的有多个连锁条件，当连锁条件全部满足时能够自动下枪熔炼，当连锁条件不满足时会自动提枪到艾萨炉炉外。保温烧嘴是应用在喷枪不能正常适用的情况下，能够保障艾萨炉内的温度不下降和熔池表面不冻结。保温烧嘴和喷枪之间存在互锁，不能同时存在于艾萨炉内。

(3) 冶炼启动控制　艾萨炉 DCS 系统监控所有与之相关的设备并进行连锁控制，包括备料系统、喷枪系统、余热锅炉系统、收尘系统，一旦某个系统运行不正常就会产生连锁反应，停止熔炼直至修复报警故障。

5.技术经济指标控制与生产管理

1)主要技术经济指标

富氧顶吹铅冶炼的主要技术经济指标如下：

(1)生产能力 顶吹炉作业率是反映生产能力的重要指标，与操作、管理水平及设备故障率等有关。生产能力具体体现在精矿处理量上。驰宏锌锗曲靖分公司顶吹炉的处理能力为 373 t/d。

(2)生产效果 顶吹熔炼效果具体体现在脱硫率、烟气 SO_2 浓度和粗铅产率上。富铅渣含硫量是脱硫效果的具体体现，一般情况下富铅渣含硫量为 0.43%。为取得更好的生产效果，原料品位的选择很重要，选用何种品位的原料要根据整个冶炼系统及制酸系统的设备能力综合平衡考虑，所选用的原料不要出现大幅度波动现象，以实现系统平稳性、均衡性生产。

(3)金属回收率 金属回收率包括直收率和总回收率，与富铅渣品位、烟尘率密切相关。由于富铅渣含铅为 45%，烟尘率为 18%，属于循环利用，因此铅直收率为 40%，而富铅渣再进行还原熔炼，总回收率大于 98.5%。

(4)熔剂率 熔剂率系指熔炼过程配入的熔剂消耗量与所投精矿量之比。顶吹炉氧化熔炼工艺采用富铅渣型，$w(SiO_2)/w(Fe)=0.8$，熔剂率较低，为 6.19%。

(5)劳动生产率 顶吹炉熔炼工艺自动化程度高，一线员工人数少，劳动生产率高。自备料至产出粗铅，有员工 84 人，年产粗铅 43 kt，超过设计能力（37 kt/a），劳动生产率为 512 t/(a·W)。

2)能量平衡与节能

顶吹炉熔炼过程产生放热反应。主要热量是硫化铅精矿与氧气反应放出，其次是为提温和保温加入的煤的燃烧热。代表性的热量收支平衡表见表 2-21。

表 2-21 顶吹熔炼炉热平衡

热收入			热支出		
项目名称	热量/$(MJ·h^{-1})$	比例/%	项目名称	热量/$(MJ·h^{-1})$	比例/%
氧化反应热	58816	67.55	粗铅带走热	800	0.92
煤燃烧热	27610	31.71	渣带走热	26170	30.06
富氧空气显热	644	0.74	烟气带走热	42030	48.27
			烟尘带走热	2300	2.64
			炉壁散热损失	15770	18.11
合计	87070	100.00	合计	87070	100.00

顶吹熔炼工艺采用三层套管喷枪，富氧空气首先与炉渣中的 FeO 反应生成 Fe_3O_4，然后 Fe_3O_4 作为一种携氧载体再与精矿及燃煤发生化学反应。而柴油中的碳氢化合物直接与富氧空气中的氧气发生化学反应生成 CO_2 和水蒸气。顶吹炉熔炼采用高的富氧浓度，添加少量燃料达到熔炼的热平衡。同时烟气经过余热锅炉产生 4.4 MPa 的蒸汽，送饱和蒸汽发电机发电。

3）物质平衡与减排

顶吹炉冶炼工艺对物料的适应性强，可回收处理多种渣及物料，如铅锌精矿粉、铜浮渣等。原料消耗控制关键在于物料和金属的平衡管理，顶吹熔炼物资平衡见表 2-22。

4）原料控制与管理

富氧顶吹炉炼铅的原料来源广，不仅能处理硫化铅精矿、氧化铅矿，还可处理铅、锌系统产生的中间物料，回收铅，富集贵金属金银等，对原料粒度、水分等要求不严，不需干燥，为减少扬尘，还适当加湿至含水 10% 左右。返料主要有含铅较高的烟尘、铜浮渣，含铅 30% 的铅精矿粉等低品位渣物料。冶炼厂处理的各种物料是不断变化的，需要事先掌握矿料中的杂质含量，通过调整原料配比和工艺参数控制其入炉量，尽可能资源化利用；在保证电铅质量的前提下，尽可能富集回收贵金属金银。矿料质量控制要点：一是尽量控制好物料含硫量，二是尽可能处理各种含铅等有价金属的渣料，如分公司的固体废物，这样不仅充分发挥综合回收的优势，综合利用有价元素，而且减少堆存及外销，确保清洁生产。

5）辅助材料控制与管理

辅助材料主要包括熔剂和耐火材料。采用石英砂作为熔剂，石英砂成分（%）要求：$w(SiO_2)$ 87.61，$w(H_2O)$ 2.16；粒度小于 5 mm。顶吹炉炉衬采用国外优质镁铬砖砌筑，顶盖属于余热锅炉的一部分。在铅口、渣口处易损坏部位设置铜水套。耐火材料使用寿命的长短，与烘炉、物料配比、炉温控制、相关设备的平稳运行及生产操作等很多因素息息有关。

6）能量消耗控制与管理

能量的消耗主要是烟气、渣带走的热，占热量消耗的 3/4 以上。对一定成分的炉料而言，其反应热值可认为是一常数。要减少外来补热，一是要利用好精矿中氧化反应放出的热，二是减少热的支出。可以通过提高富氧浓度、控制喷枪工艺风、减少烟气量以降低烟气带走热的损失，排放时喷枪加入少量的柴油，确保炉温及熔炼的平稳顺畅，进而实现热能的管理。主要的热量收支平衡见表 2-21。

表 2-22　顶吹炉熔炼物质平衡实例

名称	质量/t	Pb w/%	Pb 质量/t	Zn w/%	Zn 质量/t	Ag ρ/(g·t⁻¹)	Ag 质量/kg	Cu w/%	Cu 质量/t	S w/%	S 质量/t
加入											
铅精矿	11514.191	56.09	6458.31	4.31	496.422	431	4961.458	0.21	24.092	18.98	2185.017
铜浮渣	150	36.36	129.54			675	101.25	8.60	12.9		
铅烟尘											
铸锭渣	42.44	38.32	37.482			28	1.184	0.0110	0.005		
合计			6625.332		496.422		5063.892		36.997		2185.017
产出											
粗铅	4199.236	96.82	4065.700	0.012	0.504	1051	4411.728	0.33	13.857		
富铅渣	5492.00	44.56	2447.235	8.99	493.731	98	538.216	0.11	0.901	0.11	6.041
铅烟尘	97.500	59.13	57.652	2.24	2.187	125	12.188			8.33	8.122
烟气	3983.51										2159.885
铅铜锍	128		54.745				101.760		22.239		10.969
合计			6625.332		496.422		5063.892		36.997		2185.017

7）金属回收率控制与管理

为充分发挥富氧顶吹炼铅工艺对原料适应性广的优势，一要优化炉料配比，以加入复杂多金属矿为调节方式，配以烟尘、渣等物料，控制硫的含量，充分发挥熔炼氧化反应热效率，提高矿料处理量，富集并综合回收贵金属金银。二要对通过阳极板进入后续铅电解工艺的有害元素铜及有利元素锑等进行控制，生产富铜铅铜锍，变害为利，实现有价金属的回收。三是对制酸过程中产生的污酸进行处理，将其产出的铅泥返回铅系统处理，实现废物的资源化利用。

8）产品质量控制与管理

（1）高铅渣质量控制　高铅渣作为顶吹炉熔炼的重要产物，间接反映了顶吹炉的生产工艺控制情况，也影响到下道生产工序的生产工艺控制。因此，首先，顶吹炉的入炉物料搭配须按工艺要求执行，提前对各种物料的成分和水分取样分析，对照渣型控制要求进行配料。其次，操作人员根据入炉混合料的成分，合理控制富氧工艺风量和燃料，确保顶吹炉熔炼过程正常。结合生产过程的探渣及高铅渣的成分分析结果，及时调整物料搭配，确保炉况稳定。高铅渣质量要求为：$w(\text{Pb})$ 40%~55%，$w(\text{SiO}_2)/w(\text{Fe})$ 0.60~1.00，$w(\text{CaO})/w(\text{SiO}_2)$ 0.30~0.60；液体高铅渣排放的正常温度为 1050~1100℃。

（2）粗铅质量控制　顶吹炉熔炼过程中，根据生产工艺控制要求会产出一定量的粗铅。为确保粗铅质量，在熔炼过程中须合理控制氧化和还原气氛、熔炼温度和渣型等，以便于炉内渣铅分离及粗铅产出。一般在顶吹炉高铅渣排放结束后，根据炉内熔池的探渣情况判断炉内铅层深度，当液铅层厚度为 0.3 m 以上时即可组织液铅排放。在排铅过程中，如排放到粗铅铸锭模子的液铅有铜锍或夹渣等，排放工要及时将杂质打捞干净，同时把铅液表面抹平整。成型的粗铅产品须表面光滑，不得有飞边、毛刺；不得夹杂炉渣，不得有孔洞等。粗铅锭质量要求见表 2-23。

表 2-23　粗铅锭质量要求　　　　　　　　单位：%

牌号	$w(\text{Pb})$，≥	$w(\text{Sb})$，≤	$w(\text{As})$，≤
Pb98.0C	98	0.8	0.6
Pb96.0C	96	0.9	0.7
Pb94.0C	94	1.0	0.9

（3）烟气与烟尘的成分控制　驰宏锌锗曲靖分公司顶吹炉的烟尘率控制在20%以内，减少烟尘循环，从而减少人、财、物的耗费，降低生产成本。为最大限度降低烟气量和烟尘量，以减少顶吹炉熔炼的热损失、降低返料的处理量及处理成本，须对顶吹炉熔炼的烟气和烟尘进行相应控制。一是控制顶吹炉入炉混合料

的 $w(S)$（以总硫计）≥16%，以确保熔炼后烟气含 SO_2 浓度达到制酸要求的 7%～9%。二是控制顶吹炉熔炼富氧工艺风的 $\varphi(O_2)$≥28%，以强化熔炼和降低烟气量。三是根据顶吹炉入炉物料的成分，搭配经济的熔剂配入量以控制适合的渣型成分和渣温（1050～1100℃），避免渣温过高而使铅金属大量挥发进入烟气。四是严格控制入炉混合料的水分（8%～10%）和粒度（粒径 5～20 mm 占 80%以上）、加料口的烟气压力（-50～-100 Pa），以减少因水分过干和粒度过小的入炉料被抽入收尘系统的量。烟气量及成分实测值见表 2-24。

表 2-24　驰宏锌锗曲靖分公司顶吹炉锅炉出口处烟气量及成分的体积分数　单位：%

烟气量/($m^3 \cdot h^{-1}$)	烟温/℃	SO_2	O_2	CO_2	H_2O	N_2
34920	380±20	8.64	4.73	5.74	16.71	63.91

9）生产成本控制与管理

富氧顶吹艾萨炉炼铅工艺的生产成本与日处理量、作业率密切相关，由直接材料、直接人工和制造费三部分组成。其中占权重较大的主要是原燃料、风、水、电、气、材料、设备折旧等。构成顶吹炉熔炼粗铅加工成本的辅助材料及能源单耗见表 2-25。

表 2-25　粗铅生产的辅助材料及能源单耗

指标名称	数值范围
新水单耗/($m^3 \cdot t^{-1}$)	7～8
除盐水单耗/($t \cdot t^{-1}$)	9～10
电单耗/($kW \cdot h \cdot t^{-1}$)	1500～1600
煤单耗/($kg \cdot t^{-1}$)	360～400
氧气单耗/($m^3 \cdot t^{-1}$)	1550～1650
空压风单耗/($m^3 \cdot t^{-1}$)	345～360
柴油单耗/($kg \cdot t^{-1}$)	65～80
中压蒸汽单位产出量/($t \cdot t^{-1}$)	6000～6200

在成本管理上，主要做好以下几方面的工作：

①日常做好系统设备装置的周期性检查维护和计划性检修，控制合理的检维修费用，减少非计划停炉时间；紧凑组织生产，做好顶吹炉的连续生产工作，减

少不必要的生产时间浪费。通过提高装置的运行效率,提高顶吹炉系统的作业率,进而增加含铅物料的处理量、粗铅及高铅渣的产出量。

②对风、水、电、气、原料和燃料等消耗建立厂级、车间或工序级、班组级的三级计量网络,每个班统计核查,对异常消耗进行排查、处置;对车间或工序级的物资材料使用建立台账记录。建立健全计划性管控和激励机制,杜绝消耗超标,以降低生产费用支出。

③实施企业内部员工自主维修、修旧利废工作,降低检修、维修和材料消耗等费用。

④通过员工技术技能培训、技术优化和改进,或者采用新工艺、新技术、新装备来降低系统消耗,提高劳动生产率。

2.3 还原熔炼

2.3.1 鼓风炉还原熔炼高铅渣

鼓风炉还原熔炼的目的是使富铅渣中各种铅的化合物(包括硅酸铅、铁酸铅等)在碳质还原剂的作用下还原成粗铅,并将贵金属富集于铅中,使造渣成分进入炉渣。它与传统铅鼓风炉不同的是进行二次配料,调整高铅渣熔点,并通过改变操作条件增加还原能力,降低下料速度,从而达到控制渣含铅的目的。

鼓风炉还原熔炼过程有三个步骤,一是碳质燃料的燃烧,二是铅化合物(如氧化铅、硅酸铅、铁酸铅等)被还原成金属铅,三是熔剂与脉石成分造渣。

$$2FeO+CaO+ZnO+SiO_2 \Longrightarrow 2FeO \cdot CaO \cdot ZnO \cdot SiO_2 \qquad (2-1)$$

加入铁屑,可将炉渣里的少量硫化铅中的铅置换出来。

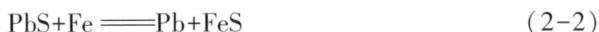

$$PbS+Fe \Longrightarrow Pb+FeS \qquad (2-2)$$

富铅渣中残留有极少量的硫,在熔炼过程中形成铜锍。由于炉渣、铜锍和粗铅存在比重差异,因此可在炉缸中将它们良好分离,从而得到粗铅。鼓风炉炼铅工艺流程如图2-14所示。

1. 生产实践与操作

1)工艺技术条件与指标

(1)鼓风炉还原炼铅的主要技术经济指标 相关指标见表2-26。

(2)原辅材料要求 ①富铅渣块。a.化学成分(%):$w(Pb)$ 42~55、$w(S) \leqslant$ 0.6、$w(FeO)$ 10~18、$w(SiO_2)$ 7~15、$w(CaO)$ 4~12、$w(ZnO) \leqslant 8$。b.物理规格:块度40~150 mm,不夹带杂物。②焦炭。参照GB/T 1996标准执行。③石灰石。a.化学成分(%):$w(CaO) \geqslant 50$、$w(MgO) \leqslant 3.0$、$w(SiO) \leqslant 4.0$。b.物理规格:粒

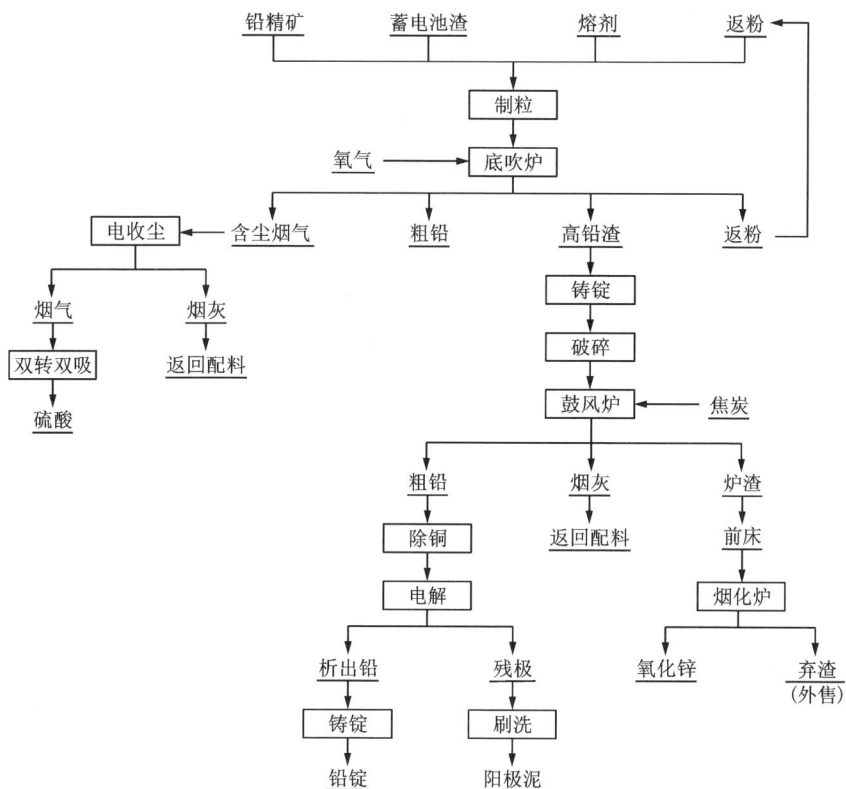

图 2-14　富氧底吹氧化熔炼-鼓风炉还原炼铅工艺原则流程

度 30~50 mm，无杂物。④铁矿。a. 化学成分（%）：$w(FeO)>60$、$w(SiO_2)\leqslant15$。b. 物理规格：粒度 30~50 mm，无石头、砖块等杂物。

（3）工艺操作条件　①鼓风炉进料顺序：焦炭→辅料→富铅渣块。②料柱高度：2.0~4.5 m。③焦率：14%~22%。④炉顶温度：正常生产小于 400℃，最高不超过 800℃。⑤鼓风风压：10~24 kPa。⑥铅坝高度：50~130 mm。⑦渣坝高度：550~800 mm。

2）岗位操作规程

（1）开炉前准备　对炉体进行一次全面质量检查。对水套及水管系统、汽包进行试压，确保不漏水。对收尘系统、罗茨风机送风系统、上料系统冲渣水循环系统、铸铅吊运系统及附属设备进行全面检查并试车。备足下列物料：木柴 15 t（直径 100 mm 左右，长 300~500 mm）；返渣 50 t；底铅 120 t（单块≤50 kg，无浮渣铜锍）；富铅渣结块备足 2 钢仓。

表 2-26　鼓风炉还原炼铅的主要技术经济指标

指标	数值
床能力/$(t \cdot m^{-2} \cdot d^{-1})$	40~65
出渣口渣含铅/%	≤3.5
电热前床渣含铅/%	≤2.2
粗铅品位/%	≥96
烟化炉弃渣/%	$w(Pb) < 0.5$　$w(ZnO) < 2$
吨铅焦炭消耗/$(kg \cdot t^{-1})$	≤385
吨铅耗电/$(kW \cdot h \cdot t^{-1})$	≤240
ZnO 烟化煤消耗/$(kg \cdot t^{-1})$	≤2500
粗铅电热前床电耗/$(kW \cdot h \cdot t^{-1})$	≤110
ZnO 烟化炉电耗/$(kW \cdot h \cdot t^{-1})$	≤1290
铅熔炼回收率/%	>94.30
银熔炼回收率/%	≥95
烟化炉锌回收率/%	≥90
烟化炉铅回收率/%	≥85

(2)烘炉　采用电阻丝加热并结合木柴烘炉缸。开炉进料顺序:木柴→焦炭→底铅→焦炭→富铅渣结块。新炉缸及虹吸井砌筑好后,烘干期为15天;旧炉缸烘干期为7天。烘烤炉缸时,严格按照升温曲线(图2-15)操作,尽可能做到温度均匀缓慢上升,防止因温度忽高忽低使耐火砖开裂;低温(500℃以下)烘烤阶段,炉身下部全部送水,风口区用石棉板覆盖,咽喉口封闭,使热集中在炉缸下部,进入高温(500℃以上)烘烤时,上水套全部送水;在烘烤的各个阶段,均应仔细检查炉缸的各部位受热和耐火砖的膨胀情况并及时做好记录,如发现异常,应迅速研究,采取措施。当炉缸温度升到700℃以上,保温24 h后,即转入正常开炉操作。

(3)开炉　炉缸温度升到700℃,即炉缸壁烘至发红时,彻底清除炉缸内余灰,并用黄泥石棉绳堵死底铅口,装好夹板,拧紧螺丝。把已准备好的木柴分三批加入:沿炉纵向投入第一批木柴,待与炉缸上部水平时多点点火,使各处燃烧一致;第二批木柴加至风口区;第三批木柴加至风口区上方1.5 m处。木柴均匀燃烧时打开直升烟道。当木柴均匀上火着旺后,开始装入底焦,同时加入底铅,当风口区有焦炭时,开始鼓入小风。关闭小风阀,打开大风阀鼓风。底焦加完

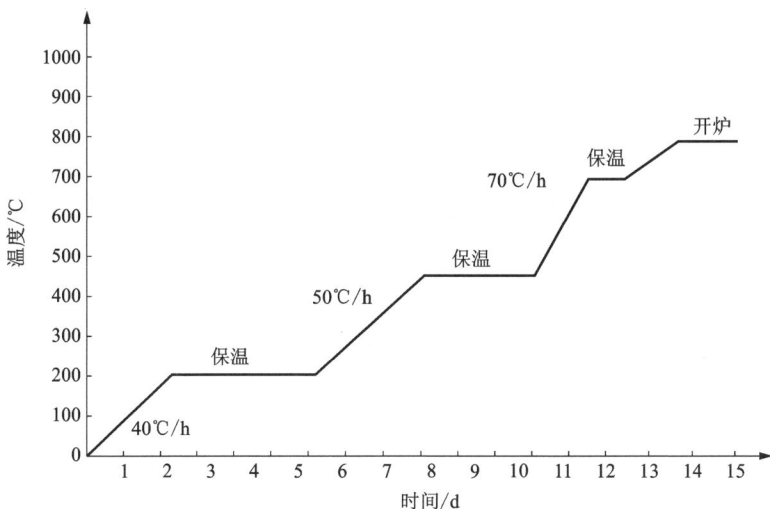

图 2-15　鼓风炉炉缸烘烤升温曲线

后，小风阀也打开(若不需用上排风口时则不必打开)。装入渣料，同时配入底铅，当渣料装完时，接着加富铅结块。当风口有渣时，开炉后放渣口放渣，并凿通炉缸清除木柴屑。当炉渣温度高、流动性好时，转开前渣口放渣，转入正常上料(焦炭→结块→石子)，并关闭直升烟道。开炉过程中，认真检查风、水、电、闸刀、开关、仪表运行情况，有问题及时报告班长或工段长处理。

(4)停炉　①有计划停炉：接到停炉通知，提高焦率，同时逐渐减少风量，拉下料位，加足底焦。待焦炭拉到风口区，开始从炉后放渣口放渣，同时铅坝抬起，渣放完后停风，并打开直升烟道。卸下上节水套，打下炉结，若长时间停炉还需要卸下下节水套，并扒出风口区焦炭。一般性打炉结不放底铅。若打炉缸炉结则要打开底铅眼，放出炉缸底铅，然后打掉炉缸炉结。②无计划停炉：发生突然停风、停电、停水以及水套烧穿等故障造成无准备停炉时，应迅速将风闸关死，打开下排风口大盖(上排小风口大盖不需打开)。若停炉几分钟，可不做特殊处理。若停炉 0.5 h 以上，应将钢钎插入咽喉和虹吸，同时尽快从炉后放渣口排放黏渣。

(5)槽式输送机岗位　①开机前检查：应检查电源、电气设施是否良好，减速机、耦合器等各部件润滑情况是否良好，并及时补充润滑油，检查地脚螺栓和各处螺栓是否牢靠，滚轮与轨道接触是否合理，拉绳开关是否正常，链条的张紧度是否合理。②开机操作：按启动按钮进行开机，严禁带负荷启动，运行时应注意保持料盘上的物料分布均匀，以免设备跑偏。经常观察头、尾轮及链条、辊轮、料盘等的运行状况，当运输机盘轴弯曲严重跑偏、脱轨，出现障碍物，减速机发生故障，链条、运输盘等连接处断裂，逆止器发生故障，或出现电气故障等特殊情况时，应紧急停机处理。负责富铅渣料仓渣量储备和铸渣机渣量多时的外排工作。③停机操作：待物料输送完毕链板上无料时，按停止按钮停机。

（6）胶带输送机岗位 ①开机前检查：应检查各托辊和辊筒是否有磨损、卡滞或缺少现象，检查胶带是否有脱胶、磨损、撕裂现象，带扣是否松动脱扣或老化，检查传动部位是否有人或障碍物，检查各润滑点是否合乎要求。②开机操作：查无问题时按启动按钮开机，正常开机应在皮带无料情况下进行，开机后要经常检查皮带运行状况，如有胶带跑偏、撕裂、振动严重等情况应立即停机。设备运行期间严禁用木棍、铁棒等撬皮带调整跑偏现象，严禁皮带超负荷运行。③停机操作：待物料输送完毕后按停止按钮停机。振动给料开机顺序：皮带运输机→振动给料机→振动筛；停机顺序相反。

（7）控制室进料岗位 ①开机前检查：检查振动给料机、电动小车、炉门卷扬机及各限位开关是否正常；是否打到自动位置。在中控室点击主控，选择的料仓到位后自动下料，顺序为焦炭→辅料→结块，再选择炉门自动卸料，焦炭与结块分开装车进炉严格计量，认真记录（也可按现场控制框就地操作）。加料前与料台工联系探测料面，根据料面情况，决定加料量和加料位置，以保持两侧料面高度一致。②进料操作：进料要及时，且应两边轮流交叉进料，勤查料位，控制炉内料位情况，保持料面上烟、上火均匀，控制炉结生成和防止跑空风，避免炉顶冒烟。若有悬料或跑空风必须抓紧处理。计量表发现不准时，应及时向设备科反映，通知仪表工维修。密切注意炉顶温度，过高或过低时应及时向带班长反映，分析处理。注意富铅渣块、焦炭、辅料仓内料位是满或空，并通知相应人员处理。③侧面加料要求大块物料分布于炉子中央，而小块物料分布于两端。正常情况下加料后物料料面呈锅底形（中央区较低）。要使鼓入的空气在炉内分布良好、炉气上升均匀，关键在于稳定料面，控制加入物料的速度，做到布料均匀，防止炉顶上火等。

（8）风口岗位 ①经常检查风口情况，保持风口（上、下排）畅通、送风良好，若有漏风、发红、发空、发黏、发黑等现象，应及时处理并报告班长采取相应措施，直至风口明亮。②班中每2 h捅打一次风口（上、下排），每次捅打到炉中心，以保持良好进风。打风口时，要先取下下排风口大盖。若用钢钎塞进风口一捅即亮，则表明风眼好。再取下上排风口大盖，捅打上排风口。③打完风口取出钢钎时要注意有渣或焦炭飞出伤人，要慢慢取出，并用手捂住风口一半，戴眼镜观察，如果明亮则装上风口大盖。任何情况下，不得带渣减风、停风或检查风口，避免上渣。④每次停风后开炉送风前，必须捅打一次风口，确保进风畅通。停风后关闭风闸阀，打开风口大帽，防止回火，开炉前打开风闸阀送风。⑤风口有上渣迹象时，及时通知班长处理，渣下去后再打风口，绝对不允许拖延造成死风口。⑥处理风口烧氧气时，必须先用钢钎打进超过水套部位后再烧。应小心谨慎，防止烧坏水套。

（9）炉前岗位　①经常观察炉况、炉渣情况，根据熔体流动情况及时调整渣坝高度，保证咽喉畅通，及时处理黏渣堵塞。②正常生产每班排放黏渣、铜锍至少 1 次，放铜锍黄渣前 30 min，通知虹吸抬高铅坝，提高炉缸内铅液面。调节小水箱水温，出渣溜槽须用焦末或稻草保温。③及时处理咽喉故障和"横隔膜"，防止烧氧气时烧坏水箱、水套。④突然停风，必须迅速打开铜锍口放渣，同时关闭大、小风闸，打开放空阀。⑤计划停风前，随着料面和风压的降低，逐步降低渣坝高度，彻底排除炉内熔渣，停风后打开放空阀。⑥合理控制风量、风压，保证鼓风能到达炉子中心，发现风口发黑、发硬不能进风或下生料时，必须及时处理，用大锤将钢钎打入炉子中心，保证风口通风良好。⑦与料台工、出铅口控制室等岗位及时协调，确保鼓风炉正常作业。保证渣坝高度高出炉台 650～800 mm，使渣-铅分离良好。

（10）虹吸岗位　经常疏通虹吸道，保证铅液畅通无阻。铸铅机接班开机前应检查减速机油是否充足，轨道及圆盘周围有无障碍物，确认一切正常方可开机。开动铸铅机应采取点动控制，并有人监护，禁止使铅液、铜锍流（溅）入铸铅机冷却槽中。应经常清理铸铅机和溜子上的积铅，维护圆盘铸铅机。铅模装铅前应刷一层黄泥，以延长铅模寿命。按工艺要求合理控制铅坝高度，保证粗铅品位，并保证外观整齐、杂质少。渣不流时，铅口要及时插入钢钎堵实，禁止压铅。停风应适当抬高铅坝，尽量排出黏渣，然后用钢钎插入虹吸道，开风待渣流出后，方可拔出钢钎放铅。

（11）汽包岗位　①开炉前检查汽包压力表，安全阀、水位计、放空阀等能否正常工作，水位保持在-50 mm 至 50 mm 之间，必要时补充水，检查水套能否上满水、进水是否正常。②开炉后要观察运行的汽包压力，不能大于 0.3 MPa，水位不能低于-50 mm，必要时予以补充，但不超过 50 mm，经常检查水路及汽包的密封情况，运行汽包压力保持在 0.2～0.3 MPa。每天打开汽包排污阀排污至少一次（由白天班完成），鼓风炉汽化水套，每班必须单个排污一次。③停炉时，按指令打开放空阀，直至压力表值为零，和有关岗位联系关闭相关阀门。汽包压力高于或低于设定值时，即时处理，并将炉况情况通知带班长。

（12）水泵岗位　①开机前检查水源是否充足，压力表、电压、电流表、指示灯等仪表是否正常，检查转动部位紧固、润滑、密封情况是否完好，手动盘车，倾听电动机泵内有无碰撞及杂音。②确认正常后，打开进口阀门和排汽阀门使液体充满整个泵腔，然后关闭排汽阀，按开机信号开机。③运行中注意观察电压、电流、压力和转动系统是否正常，检查机械密封是否完好、电机轴承温升是否超标。④严禁空负荷运行，当水源不足或阀门、电机等出现突发性故障时应紧急停机，同时启用备用水泵供水，立即反映给相关人员。停机后若环境温度低于 0℃，应将泵内水放尽，以免冻裂设备。⑤在运行中若泵体振动厉害、轴承温度过高、电器设备故障，必须停泵更换备用泵，并通知机修、电工修理。

（13）罗茨风机岗位　①确认设备正常后方可开机，按启动按钮，并注意转换情况。风机转入正常后，逐渐关闭放空阀，使风机缓慢带上负荷，直至规定风压。②鼓风机运行期间应时刻注意电流、电压变化，严禁超负荷运行。③定期用听棒倾听风机运行有无异常声响，若有撞击、摩擦、严重振动等应立即停机查明原因，清除故障后方可重新开机。④风机运行中各滚动轴承温升一般不超过60℃，润滑油温度不超过65℃，若温度剧烈上升，应立即停机查明原因，处理后重新开机。⑤先开放空阀，再按停机按钮停机，严禁带负荷停机；停机后先关冷却水，再关排汽阀，防止回火（如鼓风炉停风在30 min以内不必停机）。

（14）空气压缩机岗位　启动空气压缩机进入正常运转后逐渐打开减荷阀，使压缩机进入负荷运行，运行时注意各压力表、温度的读数，并随时调整，经常检查注油器工作是否正常，保持注油器和曲轴箱油位，经常检查各机件运行是否有异声、冲击等现象，检查压缩机是否漏水，每班要排放中间冷却器和分离罐内的积水、油污一次以上。

（15）螺杆压缩机岗位　①按"Start"（启动）按钮，机组启动，自动加载向外供气。随着贮气罐压力的上升，应缓缓开大送气阀门，但要保证机组排气压强为0.6~0.7 MPa。②每班检查一次冷却油位（加载时应在玻璃窗中间至玻璃窗底部之间）。③每班检查一次空滤器压差显示器，显示红色则应更换空滤器。④每小时检查一次主机排气温度，应小于98℃，若温度过高，则要及时清理冷却系统。⑤每班应试验一次机组加载、卸载运行情况：机组在加载运行时，按"UnLoad/Load"（卸载/加载）按钮，机组卸载运行；再按此按钮，机组加载运行。⑥检查冷凝水是否排放正常；经常巡检主电机及风扇电机电流是否在规定范围内；经常倾听机组运行声音是否正常。⑦经常巡视控制屏，注意是否有警告信息；不得随意按"Set"（设置）按钮；如需改变设定参数应有专人操作，操作时严禁对选项进行设定。⑧每班记录一次分离器压降。

（16）脉冲除尘器岗位　①开机前检查各电磁阀、减压阀是否漏气，滤袋、脉冲控制仪是否正常，各检查门、风机进口是否关闭。②接到开机信号后，启动引风机、脉冲阀，通知空压机送气、烟灰输送工输送烟灰。③收尘器运行时应经常检查电磁阀、滤袋、压力表、减压阀的工作情况，发现问题及时处理。④停机时要先停引风机，关闭风机进气管道阀门，清灰装置继续工作3~5个循环后，停止空压机送气，再停脉冲阀。

（17）行车岗位　①合上电源开关，鸣铃开车，开车应做到启动时由慢到快，停车时由快到慢。②大车行驶至目标上空时停车，开动小车抓斗对准应抓物料停车，操纵升降系统控制器和抓斗开合控制器，使抓斗达到最大开度时，落到物料上，然后操作控制器使抓斗合拢提起，开动大车到规定地点卸料。③设备运行期间应注意各控制元件的运行状况，发现问题应立即停机处理。严格按照工作要求做好各自的工作。

3）常见事故及处理

（1）控制室进料岗位故障及处理　①自动上料过程中到位信号失灵、自动上料无法进行时，把加料设备打到手动位置，改为现场控制柜就地操作，同时应通知相关人员处理。②当电脑出现故障时，改为控制室内控制盘上操作（现场设备也打到自动位置）。料台工要勤测料位，保持空料位 2~2.5 m，并掌握下料速度，适当调整。

（2）炉顶冒火　①产生原因：a.风焦比不当，焦炭过剩，大量 CO 在炉顶燃烧；b.焦炭挥发物多；c.焦点上移；d.炉结生成，引起悬料；e.料柱太低。②处理措施：a.改善焦炭质量；b.提高料柱；c.调节好风量风压；d.消除炉结和悬料。

（3）料面跑风　①产生原因：a.炉料粉状物多，透气性差，使风压升高，将粉料吹出形成空洞；b.炉结严重，造成炉子横截面积小，炉气集中通过。②处理措施：a.改进烧结配料及操作，提高结块强度；b.暂停风，清除炉结。

（4）风口发黑、发暗、发硬　①产生原因：a.风口上方长炉结；b.风焦比失调，焦炭少；c.焦炭分布不均，炉体中心无焦炭。②处理措施：a.集中压一次底焦，提高风口区温度；b.调整好风焦比；c.改进进料方法，使焦炭在炉内均匀分布。

（5）虹吸道堵塞　①产生原因：a.粗铅含铜高，浮渣多；b.炉缸长横隔膜；c.虹吸道出铅锍。②处理措施：a.用铁棍捅或氧气烧；b.调整好铅锍、炉渣溜槽高度，防止铅锍进入虹吸道；c.用氧气从出口或烟道口将"横隔膜"烧通，并加入部分渣料和萤石洗炉。

（6）咽喉口堵塞或流动不畅　①产生原因：a.渣成分变化，不符合渣型要求；b.铅锍、黄渣及黏渣未及时排出；c.风焦比失调，造成渣温降低而变黏；d.焦炭或高熔点杂物堵塞咽喉口。②处理措施：a.马上分析渣成分，鼓风炉临时改变配料，加入调整渣型的块状熔剂或萤石；b.排出铅锍、黄渣及黏渣；c.调整风焦比，提高炉温；d.用氧气扩大咽喉口，排出焦炭或难熔物。

2. 计量、检测与自动控制

1）计量与自动控制

鼓风炉还原熔炼所用的高铅渣、焦炭、石灰石、铁矿石等物料分别贮存在鼓风炉加料平台上方的 50 m³、50 m³、40 m³、20 m³ 的 4 个钢料仓内，每个料仓均有 2 个出料口，配备 2 台振动给料机。高铅渣、焦炭、石灰石和铁矿石分别给入 2 个 1 m³ 的计量漏斗中，由核子秤计量后分别由 2 台 1.5 m³ 的电动加料小车分批从鼓风炉两侧加入炉内。进料顺序为焦炭→返渣→烧结块。

在给料平台上设一鼓风炉上料控制室，给料过程采用计算机控制。设 DCS 控制系统，完成高铅渣、焦炭及熔剂输送系统、鼓风炉上料系统、循环水系统及冲渣系统中各电机开车和停车顺序的连锁控制，并完成运行监控、事故记录、信号传送、报表、打印等功能。

2) 检测

采用仪器检测和人工化学分析相结合的方式分析试样成分，指导鼓风炉还原熔炼生产过程。由当班工艺质量员取样及判定工艺状态，对还原炉渣样进行人工分析。取样频次及化验元素不得少于表 2-27 中的规定值。

表 2-27 鼓风炉还原熔炼生产过程中取样种类、频次及需检测的元素

序号	取样种类	取样频次	化验元素
1	高铅渣块	每班	Pb S
		每天	Pb ZnO Cu FeO SiO$_2$ CaO S As Sb
2	鼓风炉烟灰	每周	Pb ZnO S As Sb Cd
3	鼓风炉渣	每班	Pb
		每天	Pb ZnO FeO SiO$_2$ CaO
4	粗铅	每批	Pb Cu Sb Au Ag
5	焦炭	每批	C A V W

3. 技术经济指标控制与生产管理

鼓风炉还原熔炼富铅渣涉及的主要技术经济指标包括焦炭、氧气、电及辅料的消耗。每天的物料和气体的消耗都有原始记录，每月累计统计，根据统计数据形成日报表和月报表，从而反映出每吨粗铅的物质和能源消耗。通过对统计数据的管理，分析出成本控制的薄弱环节，以加强生产管理。

1) 能量平衡与节能

鼓风炉富铅渣还原的热源主要来自焦炭的燃烧，它占整个熔炼过程热收入的80%以上，炉渣与烟气带走的热量占整个热支出的50%。因此，利用烟气余热预热鼓风和采用富氧鼓风是鼓风炉熔炼减少焦炭消耗的有效途径。测定周期为 6 h 的 6 m^2 铅鼓风炉还原熔炼的热平衡情况见表 2-28。

表 2-28　鼓风炉还原熔炼的热平衡

序号	项目	热量/(GJ·h⁻¹)	比例/%	序号	项目	热量/(GJ·h⁻¹)	比例/%
	热收入				热支出		
1	燃料供入热	58.357	82.87	1	粗铅带走热	1.359	1.93
2	入炉料带入热	5.026	7.14	2	炉渣带走热	15.61	22.17
3	空气带入热	0.217	0.31	3	烟气带走热	8.815	12.52
4	氧化铅还原反应热	0.481	0.68	4	烟气不完全燃烧热	18.997	26.98
5	硫化铁燃烧热	0.351	0.51	5	汽化冷却热	3.161	4.49
6	造渣反应放热	5.971	8.49	6	炉体散热	0.907	1.29
				7	烟尘带走热	0.038	0.05
				8	氧化铅还原用 CO 等值热	2.145	3.05
				9	硅酸铅还原吸热	10.207	14.49
				10	硫酸钙分解吸热	7.109	10.09
				11	三氧化二铁还原吸热	0.615	0.87
				12	氧化亚铜还原吸热	0.125	0.18
				13	其他	1.333	1.89
	总计	70.421	100		总计	70.421	100

2）物质平衡与减排

铅鼓风炉熔炼过程的物质平衡情况见表 2-29。

表 2-29 说明，富铅渣鼓风炉还原过程能耗大，烟气量大，CO_2 和 SO_2 产生量较多，对环境有一定污染。

表 2-29　铅鼓风炉熔炼物质平衡

物料	质量/(kg·h⁻¹)	比例/%	物料	质量/(kg·h⁻¹)	比例/%
	加入			产出	
富铅渣	18100	43.91	粗铅	7645	18.54
焦炭	2450	5.95	炉渣	9244	22.43
空气	20668	50.14	烟尘	378	0.92
			烟气	23811	57.77
			损失	140	0.34
总计	41218	100	总计	41218	100

3）原料控制与管理

①富铅渣标准：a. 化学成分（%）：$w(Pb)$ 40~50、$w(S)\leqslant1.0$、$w(FeO)$ 10~18、$w(SiO_2)$ 7~15、$w(CaO)$ 4~12、$w(ZnO)\leqslant8$。b. 物理规格：块度 40~150 mm，不夹带杂物。应加强铸渣机生产现场管理，减少富铅渣铸块储运过程中碎末飞扬现象，以降低有价金属损失。

4）辅助材料控制与管理

辅助材料主要包括焦炭、石灰石、铁矿等材料，辅助材料进入车间后分区堆放，做好标识。在生产过程中根据富铅渣的还原情况控制辅料的加入量，及时分析还原渣含铅，在满足还原要求的情况下适当减少辅料用量，避免辅料的过量使用。在生产结束后，认真打扫现场，将散落的物料及时回用。每班生产结束后填写原始记录，做好辅料使用量的统计。辅助材料的具体要求如下：①焦炭。参照 GB/T 1996—2017 标准执行。②石灰石。a. 化学成分（%）：$w(CaO)\geqslant50$、$w(MgO)\leqslant3.0$、$w(SiO)\leqslant4.0$。b. 物理规格：粒度 30~50 mm，无杂物。③铁矿。a. 化学成分（%）：$w(FeO)>60$、$w(SiO_2)\leqslant15$。b. 物理规格：粒度 30~50 mm，无石头、砖块等杂物。

5）能量消耗控制与管理

鼓风炉炼铅是能耗较高的冶金工艺，主要消耗的能源为电、煤、焦炭等。具体的节能管理与措施：①建立节能考核制度。定期对各生产工序能耗情况进行考核，并把考核指标分解落实到各基层单位。②建立能耗统计体系。统计、建档、计算能耗结果，并对文件进行受控管理。③执行 GB 17167—2006 标准。根据该标准建立能源计量管理制度，配备相应的能源计量器具。④合理组织生产。减少中间环节，提高生产能力，延长生产周期。⑤合理控制焦炭用量。强化还原效果，降低还原渣含铅，杜绝焦炭浪费。根据鼓风炉炉况，适当调整焦炭和辅料加入量。

6）金属回收率控制与管理

金属回收率包括直收率和总回收率，与鼓风炉炉渣含铅和烟尘率有关。在鼓风炉生产过程中，需要减少烟尘率和降低还原渣中铅含量。主要措施如下：①加强物料管理。确保进出厂车辆上及现场地面无铅物料碎屑，杜绝抛洒现象；②控制好鼓风炉炉况。尽量高料柱作业，做好渣-铅分离工作，杜绝渣中含明铅，降低鼓风炉炉渣含铅量。③加强收尘设施管理，加大所有扬尘点的治理和扬尘的回收工作。

7）产品质量控制与管理

鼓风炉产粗铅执行 YS/T 71—2013 标准。粗铅 $w(Pb)\geqslant96\%$。粗铅锭为四方梯形锭，每锭重 1.5~3.0 t，粗铅锭表面平整，不得有大于 15 mm 厚度的炉渣及铜锍，不得有飞边、毛刺等。锭内不得有夹层、包心和其他杂物等。粗铅品位由质检处质检员按采样检测制度的规定质检。粗铅的外观质量由生产单位质检员验收，放置按产品标识管理规定执行。粗铅搬运按批装车，不得混乱搬运。

8）生产成本控制与管理

粗铅生产过程的加工成本包括焦炭、熔剂、耐火材料等辅料消耗，水、电和氧气消耗，以及工资福利、制造费用等。由表 2-30 可知，SKS 炼铅工艺的加工成本主要集中在焦炭和电的消耗上，而电耗又主要为制氧的电耗，其制造费用的降低，是降低加工成本的关键。

表 2-30　SKS 炼铅工艺的单位加工成本及构成

项目	名称	单耗	单价/元	单位成本/元	占比/%
1. 辅助材料费	焦炭/t	0.122	1025.64	125.13	16.85
	石英石/t	0.037	50	1.85	0.25
	石灰石/t	0.066	60	3.96	0.53
	铬镁砖/t	0.001	3589.74	3.59	0.48
	铬渣砖/t	0.001	2564.1	2.56	0.35
	枪口砖/套	0.001	4273.5	4.27	0.57
	氧枪/支	0.001	7692.31	7.69	1.04
	其他			33.88	4.56
	小计			182.93	24.63
2. 燃料费	柴油/t	0.001	4273.5	4.27	0.57
	原煤/t	0.021	300	6.3	0.85
	小计			10.57	1.42
3. 动力费	外购电/(kW·h)	652.87	0.43	280.73	37.8
	水(新水)/m³	3.24	3.54	11.47	1.54
	小计			292.20	39.34
4. 工资及附加				6.94	0.94
5. 制造费用	修理费			76.51	10.30
	折旧费			89.58	12.06
	其他			84.02	11.31
	小计			250.11	33.67
加工成本合计				742.75	100

生产成本控制应主要从以下几方面开展：①按照能耗管理的方法和控制措施，加强能耗的管理，降低能耗成本。②加强工人的责任心和岗位技能培训，使工人的操作更加精准化，降低操作不当引起的成本增加。③加强原料的控制，按照标识定置摆放，杜绝随意摆放造成的非生产消耗。

2.3.2 液态高铅渣底吹炉还原

水口山(SKS)炼铅工艺虽然较好地解决了烧结焙烧脱硫过程粉尘及低浓度 SO_2 污染问题，实现了稳定连续的规模化生产，提高了企业经济效益。但是鼓风炉还原工艺的反复升降温度，造成高铅渣潜热的巨大浪费，并使操作环境恶化。因此，充分利用高温潜热，实现液态高铅渣的直接还原，成了粗铅冶炼新技术的发展趋势。在 SKS 炼铅工艺中，鼓风炉还原所处理的高铅渣为冷却铸块渣，其还原的主要途径是氧化铅和硅酸铅被 CO 还原，并且硅酸铅是在有 CaO 和 FeO 等碱性氧化物参与下被 CO 还原的，为气液相反应。高温熔体中，气相 CO 在液相中的传质速率决定了还原效果，因此，鼓风炉还原高铅渣所得的炉渣一般含铅大于2.5%。由于液态高铅渣直接还原与高铅渣铸块鼓风炉还原在入炉状态和入炉方式上存在很大不同，造成液态富铅渣直接还原与固态高铅渣鼓风炉还原的显著区别。液态富铅渣有利于硅酸铅的还原，所以液态富铅渣的直接还原就很容易进行。富铅渣底吹还原炉示意图如图 2-16 所示，工艺流程如图 2-17 所示。

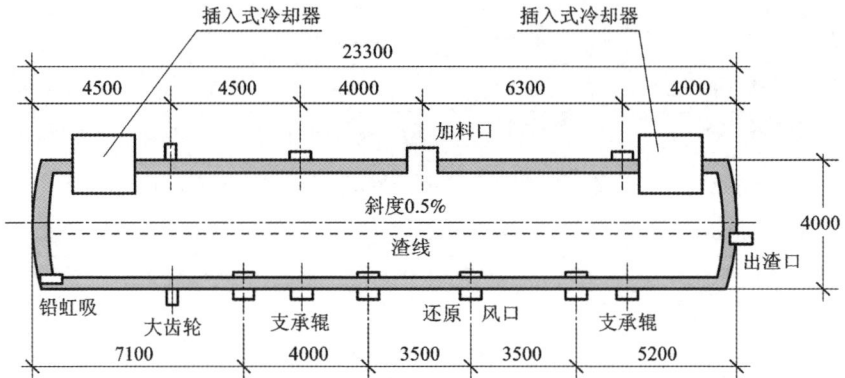

图 2-16 富铅渣底吹还原炉示意图

底吹炉氧化熔炼产出的液态高铅渣直接流入还原炉中。在还原炉底部通过喷枪将氧气和天然气通入炉内熔体中，氧气和天然气燃烧放出热量，通过气体的搅动完成热量的传递，保证还原过程的热需求。同时在还原炉上部通过加料口将炭粒加入炉内，较轻的炭粒漂浮在熔体上部，在气体的搅拌下与熔体充分接触，完

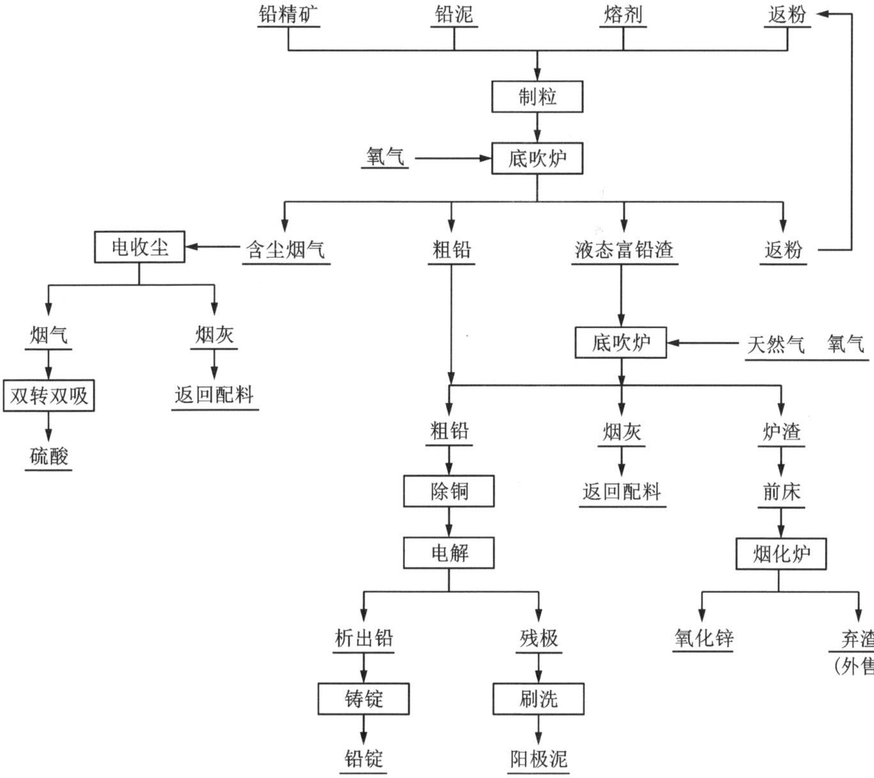
铅精矿
铅泥
熔剂
返粉
制粒
氧气
底吹炉
电收尘
含尘烟气
粗铅
液态富铅渣
返粉
烟气
烟灰
底吹炉
天然气　氧气
双转双吸
返回配料
硫酸
粗铅
烟灰
炉渣
除铜
返回配料
前床
电解
烟化炉
析出铅
残极
氧化锌
弃渣
(外售)
铸锭
刷洗
铅锭
阳极泥

图 2-17　富氧底吹-液态富铅渣直接还原炼铅原则工艺流程

成高铅渣主体成分的还原和脉石成分造渣。还原过程中产生粗铅液、熔融炉渣和烟气。粗铅液直接送电解车间精炼除铜；熔融炉渣也直接送烟化炉烟化回收锌，产出氧化锌、弃渣和烟气；烟气经余热锅炉降温、布袋除尘、尾气治理后排空。所得烟尘返回氧化熔炼；余热锅炉蒸汽用于发电。

由于液态富铅渣采用溜槽输送，可以进行密闭操作，环保效果得到保证，输送操作更加简便，尤其是可大幅降低粗铅冶炼过程中的能源消耗，减少 CO_2 和 SO_2 的排放量，大幅减轻对环境的污染。液态富铅渣底吹炉还原熔炼工艺研究成功，实现了铅冶炼的短流程和自动化清洁生产，提高了资源利用率，是符合国家相关政策的一种新型低碳生产技术，可以有效解决目前铅冶炼面临的资源、环境、能源等多重矛盾，是铅工业发展循环经济的必然之路；可广泛应用于国内铅冶炼新建和技改项目，尤其适用于氧气底吹(侧吹)氧化-鼓风炉还原炼铅工艺的技术升级和改造。

1. 生产实践与操作

1）工艺技术条件与指标

（1）液态富铅渣直接还原的技术经济指标及操作条件见表2-31。

表2-31　技术经济指标及操作条件

指标		数值
进渣时间/min		45左右
进煤时间/min		70~80
进石子时间/min		45±
进渣量/t		35±
进煤量/kg		1500~2000
进石子量/kg		800~1000
天然气支管流量/$(m^3 \cdot t^{-1})$		35~60
天然气支管压力/MPa		0.06~0.08
氧气支管流量/$(m^3 \cdot t^{-1})$		100~160
氧气支管压力/MPa		0.07~0.09
还原渣温度/℃		1050~1150
还原渣成分	$w(Pb)/\%$	1~2.5
	$w(ZnO)/\%$	15~22
	$w(FeO)/w(SiO_2)$	1.6±
	$w(CaO)/w(SiO_2)$	0.35~0.4
烟尘率/%		8~10

（2）高铅渣　①化学成分（%）：$w(Pb)$ 40~55，$w(S)<1$，$w(FeO)/w(SiO_2)$ 1.8~2.0，$w(CaO)/w(SiO_2)$ 0.35~0.45。②渣温：950~1150℃。③黏度：0.5~1.5 Pa·s。

（3）辅助材料　①焦末。a. 化学成分：$w(C)\geqslant70\%$。b. 物理规格：粒度0~6 mm，不得混入其他外来杂物。②石灰石。a. 化学成分（%）：$w(CaO)\geqslant50$、$w(MgO)\leqslant3.0$、$w(SiO_2)\leqslant4.0$。b. 物理规格：粒度5~30 mm，不得混入其他外来杂物。③石英石。a. 化学成分：$w(SiO_2)\geqslant90\%$。b. 物理规格：粒度0~6 mm，无外来杂物。

（4）产品　①粗铅（YS/T 71—2013标准）。a. 化学成分（%）：$w(Pb)\geqslant96$、$w(Sb)\leqslant0.9$、$w(Cu)\leqslant0.8$。b. 物理规格：粗铅锭为四方梯形锭，锭重1.5~2.0 t，粗铅锭表面平整，不得有大于15 mm厚度的炉渣及铜锍等杂物，不得有夹层、包心、飞边、毛刺等。

2)岗位操作规程

(1)开停炉应具备的条件　①炉体烘烤严格按曲线完成,各部位无异常反应。各设备调试结束,设备(含控制室)运转正常,开炉所需的物资、工具准备到位,具备开炉条件。炭粒、石子等准备到仓,化验成分满足工艺要求。②电子秤连续运行稳定、重新标定,准确率大于97%;开车前两天带料试车调试好。整个配料控制系统稳定良好,各班操作工会操作、会转换。③供氧气、氮气管网、天然气阀符合安全作业要求,管道吹扫干净、氧气管固定,防静电措施得当,各阀、法兰不漏气,各阀门灵敏可靠,金属软管防护良好,氧枪试装顺利。④进富铅渣固定溜槽、活动溜槽,以及铸铅机、行车、冲渣水路、冲渣泵、冲渣槽、抓渣行车性能良好,满足作业要求。⑤水、电有保障,氧气、氮气、天然气的压力、流量满足使用要求。有防止停水、电、气的事故预案和紧急处理措施。⑥对各栏杆、平台、护网、支架、吊具、焊件等检查,安全防护措施、安全警示标识、警示牌、消防设施均齐全,不存在缺陷。⑦工艺控制合理。随时具备进富铅渣条件,脉冲除尘运行正常。⑧各岗位通信畅通,动力厂、氧气厂、底吹炉等均有联系电话。⑨各岗位人员配备到位,电工、机修工等相关人员到位,指定岗位负责人具体负责本岗位开炉期间的安全、工艺、设备工作。⑩所有操作人员的培训、考试和考核已完成,掌握本岗位应知应会的基本知识,设备、工艺操作及安全培训合格,每个操作人员对本岗位安全规程、注意事项清楚。

(2)岗位总操作规程　岗位总操作规程包括总的要求、长时间停炉处理、底吹炉转入和转出操作等规程。

①严格按技术要求操作,保证炉子正常运行。控制炉内熔体液面高度为780~900 mm,铅坝高度不小于580 mm。根据高铅渣含铅情况,计算还原熔炼炉渣量,适当调整还原剂和辅料加入量。注意观察炉内气氛变化情况、炉渣和粗铅的流动情况,查看各氧枪参数和加强余热锅炉系统监控。经常检查炉壳、氧枪的温度变化情况。

②底吹还原炉长时间停炉处理。a.铅口停止排铅作业,提高炉内铅液面,让炉渣尽量从渣口排出。b.提高炉温,增大炉渣流动性。c.停止加料:当渣口排不出炉渣时(渣口应降至最低位),用氧气烧开铅口下面的安全口,将炉内粗铅及残存炉渣排出。氧枪支管压力逐步降低到 0.4 MPa。d.若炉内存渣,应架燃烧器,尽量将渣熔化并从安全口排渣,氧枪支管 $p_{O_2} \geqslant 0.2$ MPa。e.当氧枪离开液渣后或排完渣后,氧枪进行 N_2/O_2 切换,以 N_2 保护氧枪,转炉为 80°~90°。f.当炉内温度降至500℃后,停抽风机,调整炉顶烟道闸门,使烟气从直升烟道直接放空,氧枪停止供气。g.当炉内温度降至300℃以下时,停水冷系统。h.清扫现场,计量、取样化验各种物料试样,成品、半成品分别堆放、转运,不得混堆。

③底吹还原炉转入操作规程。a.炉前岗位人员要封住底铅口并检查,将铅坝

抬高 10~20 mm，保证无其他物件影响转炉转动。b.炉前工要及时封好渣口，取下各燃烧器，同时检查有无影响炉体转动的物体。c.加料岗位做好加料准备，将主副烟道闸板和活动门提起，避免影响转炉。d.主控室在现场具备转炉条件后氮氧切换并调整氧枪氧气量、天然气量。e.通知各相关岗位及氧气厂准备转炉，响警报。f.转炉。转炉时各岗位人员要迅速巡检金属软管，看有无牵挂，氧枪底座是否漏铅。g.当炉体转入正位后，通知上料岗位开始放富铅渣进炉，氧枪软水开通并调整流量。h.铅口岗位人员要清理铅口，尽量把渣扒出，露出铅层，逐步将铅坝下落至 430 mm。i.从下料口探测渣高度在 800 mm(动态)时可放渣。

④底吹还原炉转出操作规程。a.根据准备停炉时间决定提前一茬或两茬停止放铅，提高铅层高度。b.将渣放完为止。c.各岗位人员检查本岗位有无影响炉体转动的物体。d.通知各相关岗位及氧气厂准备转炉，响警报。e.转炉：各岗位人员迅速巡检炉体转动情况。f.转出后，降低氧枪气体流量、压力，停软水，进行 N_2/O_2 切换，氧枪氧气及天然气通道均通 0.2 MPa 氮气保护。g.根据停炉时间决定是否安装主燃器对炉内保温。h.清理虹吸口，并加木炭保温。i.清理加料口和烟气出口。

⑤底吹还原炉紧急转炉操作规程：a.响警报，通知相关岗位及氧气厂准备转炉。b.停止加料，停止放铅放渣并堵好渣口，各岗位迅速巡检，尽快清理影响炉体转动的物体，下料口人员提起主副烟道闸板，炉前人员提起活动门。c.确定无误后，开始转炉，各岗位迅速巡检炉体转动情况。d.转出后，进行 N_2/O_2 切换，氧枪氧气及天然气通道均通 0.1~0.15 MPa 氮气保护。若因氧气厂故障停炉，应尽可能维持氮气压力在 0.1 MPa 左右，以维持更长时间。e.根据停炉时间长短决定是否安装主燃器对炉内保温。f.清理虹吸口，并加木炭保温。g.清理加料口和烟气出口。

(3)上料岗位操作规程 ①开车前检查：检查工具是否齐全，检查加料斗及加料口有无黏结物。加料带位于加料位置，计量系统正常，水箱进出水正常而不漏。加料口要与加料斗对准，防止物料漏到炉外。②开车加料：确定正常时与主控室联系，可以加料。加料时，保证高铅渣稳定流入炉内，石子、炭粒均匀入炉，防止下料口堵料。当炉渣喷溅黏附在加料口内壁而阻碍下料时，立即用钢钎清理。严格按要求计量上料，若电子秤出现偏差应及时调整，确保上料准确率大于97%。③停止加料：停止加料后，要把加料斗和加料口清理干净，并整理好工具，做好原始记录。主控室预警转炉时，立即将主副烟道闸板提起，检查有无影响炉体转动的障碍物，做好转炉准备，密切配合主控室。

(4)渣口岗位操作规程 ①清扫渣溜槽并铺耐火砖保护，准备好工具、黄泥等。②探测渣面高度位于 850 mm 时放渣，用氧气管烧穿渣口，将炉渣放出。注意观察渣的流动情况。③控制好流量(用工具)，不可放得过大，以免流到地面或四处飞溅造成事故。④当炉渣液面降至 750 mm 后渣流较小时，用黄泥堵住渣口插入钢钎，使热渣不再外流为止。记录好放渣量和放渣时间。清扫溜槽和现场。⑤不放渣时，经常观察炉内变化情况，配合司炉、加料、控制室做好炉况管理工作，使炉内无炉结产生，无黏渣出现。⑥按要求定时在放渣口取样。⑦停炉操作：将渣口落到最低处，尽量将渣放净，当渣流不出时可封住渣口，清扫溜槽，并和铅口配合好，保证炉况。

（5）铅口岗位操作规程　采用间断放铅操作。将铅包电动平车开到指定位置，开炉第一次放粗铅要调整好溜槽与铅包的位置，使之不论铅流大小，都不会冲到铅模壁上。使从溜槽出来的铅进入铅包，杜绝铅液溢出。经常观察铅流量变化，及时做好记录。

（6）收尘岗位操作规程　①认真执行工艺操作规程，按规定时间及时打袋，合理控制引风，确保无冒烟冒灰现象发生。②负责对烟气进出口温度、负压的监测、记录。③对收尘滤袋进行认真巡检，发现烂袋、掉袋及时协调处理。④认真做好本岗位原始记录，出现的异常情况有处理结果记录。

（7）锅炉岗位操作规程　该规程含启动前检查、上水、启动、定压供气及紧急停炉操作等。

①启动前检查。余热锅炉在启动前对炉内、炉外和烟道各处进行认真检查，主要项目如下：确保各设备完好，烟道畅通，各处无人停留，无工具遗留。对承压部件检查，凡属有疑问或重新补焊之处，都要按 1~1.25 倍工作压力重做水压试验。检查汽水管道、阀门及人孔门，观察孔是否都处于启动前的关闭位置或开启位置。对主要安全附件如水位表、压力表、安全阀等进行检查，凡不符合要求，立即修复或更新，安全阀不参加水压试验。所有热工和电器仪表都要检查或确认其精确性、灵敏度。检查清灰器等回转机构机械是否处于完好状况，并分别空载运行 15~20 min。检查所有装置的密封性。

②上水。启动前检查合格后，方可向锅炉上水，具体要求如下：锅炉要上除过氧的软化水或化学盐水。锅炉上水不宜太快，对于已冷却的锅炉，上水温度不应超过 90℃，上水时间夏季不少于 2 h，冬季不少于 4 h。上水前后记录膨胀指示器的初始位置。当水位到达锅筒允许的最低水位时，上水结束。上水同时应检查给水管路、锅筒、集箱等处有否泄漏或渗漏，特别要注意观察锅筒水位一段时间，静观其水位是否维持不变。如果水位逐渐降低，应查明原因予以清除。如果水位逐渐升高，表明给水阀门关闭不严，漏水流量太大，应修理或更换。

③启动。当所有启动前的检查及上水工作结束后，就可以和司炉岗位人员联系送烟气启动余热锅炉，具体步骤如下：启动前机械通风 5 min，排出余热锅炉内可能残存的各种可燃气体或尘埃。余热锅炉的启动靠的是底吹炉还原性烟气燃烧带出的热量，二者之间密切相关。因此余热锅炉启动前必须与底吹炉岗位人员联

系。对于自然循环炉来说，启动的速度首先不是取决于烟气温度递增的速度，而是取决于厚度钢板做成的锅筒上下壁的温度差(不超过 50℃)，因此水温升速应严格按 1℃/min 并不大于 50℃ 温差进行。在启动过程中，必须注意锅筒、集箱等膨胀情况，定期核对膨胀指示器，并在不同表压下进行位移记录。启动后必须密切监视锅筒水位，当锅水膨胀、水位表水位逐渐增高时，应适当放水，维持水位在正常范围内。锅筒气压升到 0.05~0.1 MPa 时，应冲洗水位计，并与相邻的另一侧水位计进行核对，以保证正常工作。当气压上升到 0.1~0.15 MPa 时，应冲洗压力表，并与相邻的另一侧压力表指示值进行核对。当气压上升到 0.2~0.3 MPa 时，再检查各连接处有无渗漏现象。对松动过的人孔、手孔，法兰连接螺栓再拧紧一次，但应侧身操作，用力不宜过猛。当气压上升到 0.4~0.5 MPa 时，可进行一次缓慢水冷壁下集箱的定期排污，同时注入补给水，排污时注意锅炉水位不得低于规定的最低水位，这时排污还要检查排污阀是否动作灵活，有无漏水现象。当气压上升到工作压力的 66% 时，应进行暖管。防止送气时发生水击现象而损毁管道及附件。

④定压供气。a.各安全阀定压规定如下：汽包安全阀 4.6 MPa，过热器出口联箱安全阀 4.0 MPa。b.锅炉运行正常后，才允许向外供汽。供汽前，应通知生产车间调度，并与动力车间调度联系，随时注意调整减压阀和减温量，使供汽压力和温度符合要求。并网前经减温减压的蒸气压力应稍低于蒸汽母管的压力0.5 MPa。锅炉正常后，请仪表工将给水、汽温自动调节投入(负荷在 70% 以下时只能手动调节)，并把以上操作填入记录中。

⑤紧急停炉操作。遇下列情况应紧急停炉：a.严重缺水，虽然补水仍见不到水位。b.严重满水，水位上升到最高可见水位以上，经放水仍见不到水位。c.受热面爆管，影响运行人员安全和不能保持正常水位。d.给水系统全部失效。e.水位计安全阀全部失控。f.炉壁开裂脱落，构架承重梁被烧红，严重威胁锅炉安全运行。g.锅炉汽水品质低于标准，经努力调整暂时无法恢复正常运行。h.锅炉结焦严重难以维持正常运行。紧急停炉时，炉温变化较快，必须采取一定措施防止事故的扩大或引起新的事故。这些措施的要点为：迅速断绝进入余热锅炉的烟气，及时降负荷运行。除了严重满水和缺水事故外，要调整给水，维持正常水位并防止气压升高引起安全阀动作。紧急停炉的冷却过程和正常停炉相同，但时间约少一半。一般断烟后保持密封 4 h 即可进行自然通风，同时上水放水一次，以后每隔 1 h 上水放水一次，待锅炉水温度降到 70~80℃ 时即可放掉全部锅炉水，停炉作业宣告结束。

3)常见事故及处理

底吹炉还原熔炼可能出现的事故及其处理方法：①当炉温较低、渣流较黏不易放渣时，应适当增加氧气和天然气量。②当炉温较高、渣流过大不易控制时，应适当降低氧气和天然气量。③如果氧气、天然气供应中断，短时间无法恢复，应在单管压力高于 0.5 MPa 之前转炉，将氧枪转离熔池后，用氮气保护氧枪，根据停炉时间长短决定是否保温。④如果短时停炉，可适当延长吹炼时间，放渣后适当降低氧气、天然气量，适当加入炭粒，以避免转炉。⑤如果发现炉壳局部升温甚至发红，初期可洒水冷却，或使用压缩空气冷却(注意不得急剧降温，避免造成炉体裂缝)，使其恢复正常。如果大面积发红，冷却也不起作用，应转炉处理。⑥如果是在氧枪处往外漏铅，伴之周围炉壳发红，应转炉更换氧枪、套砖。⑦如果铜水箱(套)严重漏水(特别是往炉膛内漏)应转炉处理。⑧如果突然停电，应立即发转炉警报并做好转炉准备，备用发电机开始供电后立即转炉。

2. 计量、检测与自动控制

1)计量

底吹还原熔炼原料是液态富铅渣，由氧化炉通过溜槽一炉一炉地直接流入还原炉，每一炉液态富铅渣均已计量有数；石灰石、碎煤等加入底吹还原炉前由核子秤计量，天然气用流量表进行计量。

2)检测

对用于指导生产的成分分析采用仪器分析检测和人工化学分析相结合的方式。取样及状态判定由当班工艺质量员进行，以保证生产的顺利进行。同时，考虑到对金属回收率的影响，对还原炉渣取样进行人工分析，便于控制金属随渣大量流向下道工序，从而提高金属回收率。实际取样种类、频次及化验元素不得少于表 2-32 中的规定值，不得缺项。

表 2-32　底吹还原熔炼生产过程中取样种类、频次及需检测的元素

序号	取样种类	取样频次	化验元素
1	液态富铅渣	每班	Pb　S
		每天	Pb　ZnO　Cu　FeO　SiO$_2$　CaO　S　As　Sb
2	氧化炉烟灰	每周	Pb　ZnO　S　As　Sb　Cd
3	还原炉渣	每班	Pb
		每天	Pb　ZnO　FeO　SiO$_2$　CaO
4	粗铅	每批	Pb　Cu　Sb　Au　Ag
5	焦炭	每批	C　A　V　W
6	碎煤	每批	C　Q　A$_d$　S　V　粒度

3)自动控制

铅生产系统主流程上的生产设备及生产过程均采用自动控制，底吹还原熔炼系统也设置了一套 DCS 控制系统。采用 PLC 系统完成生产设备的自动控制，即

在相关车间设置 PLC 子站，将生产流程中需要进行连锁控制的电气设备及各生产岗位之间的联系信号送入各自的 PLC 系统进行集中控制，各 PLC 子站通过现场总线与 DCS 系统进行连接。智能型框架式断路器、智能型马达控制器、智能电网络仪表、变频器等原件采用通信方式将信息送入 PLC 系统；其他不参与连锁的电气设备则进入系统进行集中控制和运行状态监视。所以进行集中控制的设备现场均设机旁操作箱。在各系统子站上设置就地触摸屏操作终端，以方便现场的操作和维护。PLC 控制系统的操作站分别设在各车间的仪表控制室内。

3. 技术经济指标控制与生产管理

液态富铅渣底吹还原熔炼涉及的主要技术经济指标包括能源及辅料的消耗、金属回收率和产品质量等指标，为获得先进指标，须对物质和能量平衡、原辅材料、设备生产率、金属回收率和产品质量加强管理。

1) 能量平衡与节能

液态富铅渣底吹炉还原熔炼涉及的能量平衡主要是燃气燃烧产生的热量、液态富铅渣带入的热量、粗铅和炉渣带走的热量、还原反应吸热及散发损失的热量之间的平衡。以某企业为例，工业化生产装置所确定的产能是 80 kt/a。还原期炉子出口平均烟气量计算值约为 9700 m^3/h；放渣加料期，炉子出口平均烟气量约为 8500 m^3/h。因为液态渣的熔炼是还原熔炼，出还原炉的烟气属还原性气氛，含有大量的 CO 可燃气体。设计上考虑烟气出还原炉后，同时鼓入一定量的空气与高温烟气进一步反应，在还原炉余热锅炉的竖烟道内进行二次燃烧(复燃)。设计上充分考虑了这一点，设置了强制鼓风设施。复燃后的烟气量会大幅增加，经计算，烟气在流经余热锅炉、省煤器后将达到 20000 m^3/h 左右。

热平衡计算结果表明：卧式还原炉的理论设计应为外径 ϕ3000 mm、内腔约 ϕ2200 mm、长度约 21 m 的筒体，需安装 8 支喷枪。底吹还原炉还原熔炼还原期和放渣加料期的热平衡情况分别见表 2-33 和表 2-34。

表 2-33　还原期热平衡

热收入			热支出		
项目	热量/10^6 kJ	比例/%	项目	热量/10^6 kJ	比例/%
1. 燃气燃烧	18.19	95.49	1. 还原反应吸热	6.37	33.43
2. 漏入空气助燃	0.86	4.51	2. 水汽带出热	0.17	0.89
			3. 炉壳散热	5.28	27.72
			4. 烟气带出热	6.40	33.60
			5. 其他	0.83	4.36
合计	19.05	100	合计	19.05	100

表 2-34　放渣加料期热平衡

热收入			热支出		
项目	热量/GJ	比例/%	项目	热量/GJ	比例/%
1. 燃气燃烧热	13.0	45.71	1. 粗铅带出热	1.32	4.64
2. 漏入空气助燃热	1.21	4.25	2. 炉渣带出热	14.46	50.84
3. 富铅渣带入热	13.33	46.87	3. 水汽带出热	0.17	0.60
4. 其他	0.9	3.17	4. 炉壳散热	5.28	18.57
			5. 烟气带出热	6.40	22.50
			6. 其他	0.81	2.85
合计	28.44	100	合计	28.44	100

2) 物质平衡与减排

液态高铅渣底吹还原过程主要元素平衡见表 2-35。

表 2-35　液态高铅渣底吹还原过程主要元素平衡　　　　　　单位: t/h

物料量	加　入					产　出				
	高铅渣	石灰石	无烟煤	天然气	合计	粗铅	烟尘	炉渣	烟气/(m³·h⁻¹)	合计
	16	0.8	1.12	0.4	18.32	7.14	1.28	9.31	6269.87	—
Pb	7.728	—	—	—	7.728	6.955	0.447	0.326	—	7.728
Zn	1.292	—	—	—	1.292		0.206	1.086		1.292
Cu	0.109	—	—	—	0.109	0.061	0.003	0.045		0.109
Fe	2.329	—	0.004	—	2.333		0.013	2.321		2.334
S	0.08	—	0.008	—	0.088	0.014	0.028	0.037	0.008	0.087
SiO₂	1.829	0.035	0.021	—	1.885		0.026	1.859		1.885
CaO	0.087	1.392	—	—	1.479		0.013	1.466		1.479
Al₂O₃	—	0.034	0.001	—	0.035			0.035		0.035
C	—	—	0.877	0.294	1.171			0.093	1.078	1.171
MgO	—	0.024	0.001	—	0.025			0.025		0.025

3) 原料控制与管理

富铅渣标准如下:

①化学成分: $w(Pb)$ 40% ~ 55%, $w(S)$ < 1%, $w(FeO)/w(SiO_2)$ 1.8 ~ 2.0,

$w(CaO)/w(SiO_2)0.35\sim0.45$；②渣温：$950\sim1150℃$；③黏度：$0.5\sim1.5$ Pa·s。

4）辅助材料控制与管理

辅助材料主要包括炭粒、天然气、氧气、石子等。其要求标准如下：①炭粒。a. 化学成分（%）：$w(C)\geqslant75$、$w(S)\leqslant0.5$、$w(灰分)\leqslant18$、$w(挥发分)\leqslant8$；b. 物理规格：粒度 $10\sim30$ mm，不得混入其他外来杂物。②石灰石。a. 化学成分（%）：$w(CaO)\geqslant40$、$w(MgO)\leqslant3.0$、$w(SiO_2)\leqslant4.0$；b. 物理规格：粒度 $10\sim30$ mm，不得混入其他外来杂物。③石英石。a. 化学成分（%）：$w(SiO_2)\geqslant90$；b. 物理规格：粒度 $0\sim6$ mm，无外来杂物。④天然气成分：$\varphi(CH_4)$ $85\sim97$、$\varphi(CO_2+H_2S)$ $0.1\sim2$。⑤氧气：工业级，氧气纯度 99.65%。

辅助材料进入车间后分区堆放，做好标识。在生产过程中根据富渣铅的还原情况控制辅料的加入量，及时分析还原渣含铅量，在满足还原要求的情况下适当减少辅料用量，避免辅料的过量使用。在生产结束后，认真打扫现场，将散落的物料及时回用。记录每天的物料和气体的消耗，每月累计统计，根据统计数据形成日报表和月报表，从而反映出吨产品的物质消耗。

5）能量消耗控制与管理

①铅冶炼行业能耗较高，主要消耗的能源为电、煤、焦炭等。国内该行业的能源消耗情况、目标及准入条件见表 2-36。

表 2-36　国内铅冶炼行业能源消耗、目标及准入条件

项目	单位产品能耗/(kg ce·t^{-1})	排放二氧化碳/(kg·t^{-1})
2009 年平均水平	500	1310
2009 年先进水平	400	1048
降耗目标	$\leqslant230$	602.6
推广效果	按年产 3000 kt 铅计，可减排 2120 kt/a 二氧化碳	
行业准入条件	380	

②节能管理的具体措施：a. 建立节能考核制度，定期对各生产工序能耗情况进行考核，并把考核指标分解落实到各基层单位。b. 建立能耗统计体系，对能耗进行建档、统计、计算，并对文件进行受控管理。c. 根据 GB 17167—2006 的要求配备足够的能源消耗计量器具并建立能源消耗计量管理制度。d. 合理组织生产，减少中间环节，提高生产能力，延长生产周期。e. 尽量使富铅渣以液态形式直接流进底吹还原炉进行还原熔炼，充分利用高铅渣潜热，减少物料损失，降低能源消耗。f. 合理控制天然气用量，强化还原效果，降低还原渣含铅，杜绝天然气浪费。

6）金属回收率控制与管理

（1）金属回收率　要求铅回收率≥96.5%。还原炉渣含铅量和烟尘率直接影响还原过程中铅的回收率。因此，须降低烟尘率和炉渣含铅量，还须严格控制富铅渣的铅品位和加入量，保证炉内温度和还原剂量，同时添加一定的辅料，保证铅充分还原。

（2）主要控制措施　a.加强物料管理，确保进出厂车辆上及现场地面无粉状含铅物料，杜绝抛洒现象；b.控制好底吹还原炉的还原性气氛，降低还原渣含铅，杜绝渣中含明铅，使还原渣 $w(Pb)≤2.3\%$；c.加强收尘设施管理，加大扬尘的治理回收工作。

7）产品质量控制与管理

底吹炉还原熔炼所产粗铅执行 YS/T 71—2013 标准，其主要成分为：$w(Pb)≥96\%$，$w(Cu)≤1.0\%$。粗铅锭为四方梯形锭，每锭重 1.5~2.0 t，粗铅锭表面平整，不得有大于 15 mm 厚度的炉渣及铜锍，不得有飞边、毛刺等。锭内不得有夹层、包心和其他杂物等。为保证底吹炉还原粗铅的质量，渣面高度控制范围为780~900 mm，铅坝高度不小于 580 mm。根据氧化炉产富铅渣含铅情况，计算底吹还原炉内渣量，适当调整还原剂和辅料加入量。粗铅品位由质检处质检员按采样制度的规定执行。粗铅的外观质量由生产单位质检员验收，放置管理按产品标识管理规定执行。粗铅搬运按批装车，不得混乱搬运。

8）生产成本控制与管理

粗铅生产的成本包括原料成本，煤、水、电、氧气、天然气消耗，辅料消耗，以及人工成本等。表 2-37 为双底吹炼铅工艺的单位加工成本及构成情况。

表 2-37　双底吹炼铅工艺单位加工成本及构成

序号	项目	单耗	单价/元	金额/元	占比/%
1. 辅助材料费	吹氧管/根	2.80	2.82	7.90	1.15
	其他材料			65.00	9.45
	共计			72.9	10.60
2. 燃料费	还原煤/kg	96.00	0.51	48.96	7.12
	氧气/m³	361.60	0.57	206.11	29.98
	天然气/m³	33.00	2.22	73.26	10.65
	焦粒/kg	75.75	0.67	50.75	7.38
	氮气/m³	70.50	0.22	15.51	2.26
	共计			394.59	57.39

续表2-37

序号	项目	单耗	单价/元	金额/元	占比/%
3. 动力费	水/m³	1.52	11.03	16.77	2.44
	电/(kW·h)	82.70	0.61	50.45	7.34
	共计			67.22	9.78
4. 制造费用	折旧	56.09	8.16		
	其他	22.97	3.34		
	小计	79.06	11.50		
5. 工资及附加	工资			54.48	7.92
	福利费			2.18	0.31
	工会教育费			1.09	0.16
	保险费用			16.07	2.34
	共计			73.82	10.73
加工成本总计				687.59	100.00

由表2-37可知，还原煤、氧气、天然气与焦粒是双底吹炼铅的主要加工成本。因此，要控制炼铅成本，须做好如下工作：①按照能耗管理的方法和控制措施，加强能耗的管理，降低能耗成本。②加强工人的责任心和岗位技能培训，使工人的操作更加精准化，降低操作中的不当所引起的成本增加。③加强原料的控制，按照标识位置摆放，杜绝随意摆放造成的非生产消耗。④通过对统计数据的管理，分析出成本控制的薄弱环节，加强生产管理。

2.3.3 液态高铅渣侧吹炉还原

1. 基本情况和还原过程

1) 基本情况

2009年济源市万洋冶炼(集团)有限公司(以下简称万洋公司)、中联公司、中南大学、中国恩菲工程技术有限公司开始合作研发"三连炉(还原段为侧吹炉)"直接炼铅技术，经过论证、设计、施工和试生产，于2011年3月成功实现工业化生产，年产粗铅100 kt。六年多的生产实践证明，采用侧吹还原熔炼处理液态高铅渣工艺运行稳定、安全可靠，各项技术经济指标达到世界领先水平，取得了良好的经济与社会效益。

高铅渣侧吹还原工艺具有以下特点：①简化了还原剂的种类，仅用煤作为还原剂和发热剂，煤价格低廉、工艺简单、容易定量控制、易于运输。②设备运行率高，采用铜水套和铜风嘴，炉寿命长，目前运行已达六年以上。③搅拌强度大，剧烈强化传热传质过程，高铅渣还原速度快，还原 30 min 即可使渣含铅降至 2% 以下。④炉子无须沉降区，占地面积小，风口模块化组合，便于更换，可灵活起用和关闭，能够方便处理异常问题。⑤投资省，生产操作简单，指标易于控制，工人劳动强度小，生产操作环境好。

《国家重点节能技术推广目录(第三批)》(国家发展和改革委员会公告 2010 年第 33 号)将"氧气侧吹炉熔池熔炼技术"列入推广目录。2012—2017 年，"三连炉直接炼铅技术(侧吹还原)"先后通过中国有色金属工业协会科技成果鉴定，鉴定结论为"国际领先"，获得"中国有色金属工业科学技术一等奖"和"国家科技进步奖二等奖"。目前，该技术已在国内外十多家企业推广应用。

2)还原过程

氧化熔炼产出的液态高铅渣通过溜槽流到还原侧吹炉的前端入炉，立即与强烈搅拌的熔融炉渣混合。从熔池两侧鼓入的富氧空气使熔池搅拌强烈，从而保证了加入的液态高铅渣及固态的石灰石、粒煤快速混合均匀，气-液-固之间的物理化学反应达到和接近热力学平衡状态，还原熔炼过程得到最大的强化。熔池的强烈搅拌，促使新生成的铅滴相互碰撞而聚合、长大、下沉，落到风口以下的相对安静区与炉渣分层。高铅渣侧吹炉直接还原是周期性作业，进料、还原、放渣为一周期，操作制度上一个作业周期包括进料及进料热平衡(加高铅渣同时加石灰石并升温)、还原、放渣热平衡(保温)三个过程。采用间断进渣、间断放渣作业制度，炉子作业周期为 100~120 min，每天炉子可完成 12~14 个循环。氧化熔炼炉放渣期，高铅渣经溜槽流入侧吹炉，进渣时间为 40~50 min，此过程也可称为提温期；然后进入还原期，时间为 40 min，还原炉渣含铅降至 2% 以下后放渣。高铅渣入炉与熔池渣混合后温度虽有提高，但仍达不到还原温度(1200℃)，而且 Pb(Ⅱ)的还原反应和 $CaCO_3$ 的分解反应都是吸热反应；同时考虑还要为还原渣入烟化炉回收锌创造条件，因此必须对高铅渣的还原过程补充热量。整个作业周期都要用富氧空气燃烧无烟煤粉来维持各阶段必需的温度，只不过燃烧煤的数量及氧过剩系数 α(氧碳比)不尽相同，详见表 2-38。

表 2-38 富氧侧吹还原熔炼作业各阶段的工艺参数

阶段	进料	还原	放渣
时间/min	30~40	40~50	30~40
α(氧碳比)	0.6~0.7	0.4~0.5	0.85~0.9

2. 侧吹还原炉

氧气侧吹还原炉主要结构示意见图 2-18。炉床面积为 17.5 m²，设一次风口

(φ28 mm)18个，二次风口(φ80 mm)12个，炉顶设固体物料加入口(φ345 mm)2个，炉子端面第三层水套设高铅渣加入口。结构上与侧吹氧化熔炼炉大同小异，从下到上可分为炉缸区、熔池区、鼓泡区和再燃烧区等四个区域。

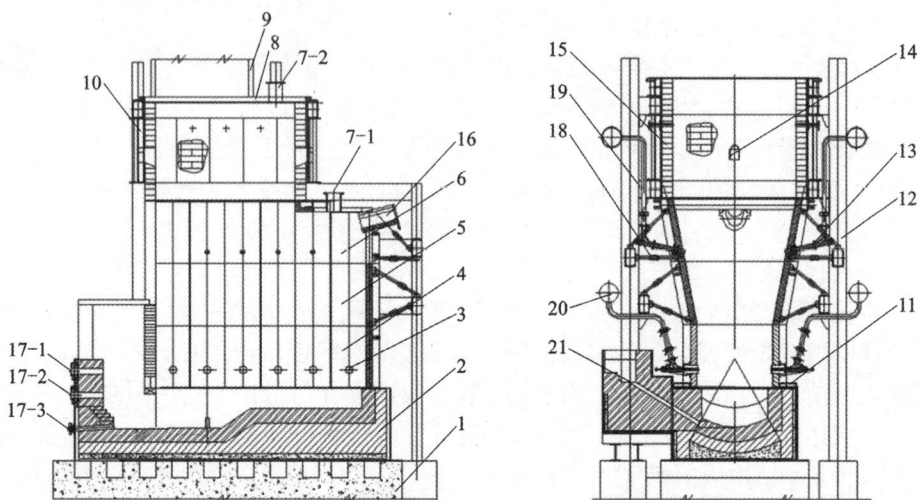

1—炉基；2—炉缸；3—一次风口；4—一层铜水套；5—二层铜水套；6—三层铜水套；7-1—加料口；
7-2—备用料口；8—炉顶水套；9—烟道接口水套；10—四层钢水套；11—炉台水套；12—炉支撑架；
13—二次风口；14—观察孔；15—围砖；16—高铅渣入口；17-1—放渣口；17-2—底渣铜锍口；
17-3—安全口；18—支撑杆；19—二次风管；20—一次风管；21—虹吸道。

图2-18　氧气侧吹炉结构示意图

1)炉缸区

该区主要完成熔渣与铅的分离过程，并分别将其排出炉外的区域。炉缸外壳是一矩形的钢质焊接容器(槽形)，炉缸钢外壳内底部浇注耐火防渗漏炉衬，炉底呈倒拱形。炉缸的墙壁砌有两排镁铬砖。在炉缸的一侧设有放渣口用于正常放渣；在放渣口的下方，还设有两个放液孔(安全口)；在炉缸底部设有底铅口，停炉时放出底铅；在它的上方为安全渣口，可放出炉内全部炉渣，也可在炉内有铜锍时放出铜锍，也可只将渣放至风口以下，目的是在需要更换风嘴时将熔体放至风口以下。在炉缸的另一侧设有放铅的虹吸装置，调整铅流口的高度可控制炉缸中铅液面的高度。

2)熔池区

该区是用来实现冶金过程的区域，向炉内熔体鼓入富氧空气，进行燃料燃烧加热熔体和还原氧化铅等，生成炉渣和粗铅。为了减少被气流机械带出炉料颗粒和熔体液滴，炉身做成向上扩展的形式(2、3层水套向外倾斜)。炉子的下排即第一层水套,或称风口水套,呈长方形厚板状,由铜铸成,内部有铜质蛇形管。水套固定在角钢制成的支撑框架上,这些框架本身又彼此牢固连接,形成炉墙。处于不同部位的普通水套尺寸和几何形状都不尽相同,在铜水套面向熔体的表面上刨有槽沟,以方便和增强铜水套上的挂渣,对铜水套起到保护作用和减少铜水套带走热损失的作用。正常工作情况下,冷却水带走水套面向炉内工作面的热,在水套工作面上形成一层冷凝渣壳(正常厚度为 20~40 mm),使水套工作面免受高温熔体的化学腐蚀和冲刷损伤。在第一层两侧铜水套上,每块均安装有铜质水冷风嘴(虹吸出铅处水套没有安装水冷风嘴),共 13 个,每个风口均有各自的调风装置并都备有各自的堵塞杆。生产正常情况下只需 4~5 个风口供风即可,当使用混合燃料和还原剂时,可从下风口插入燃气管;用单一煤做燃料和还原剂时则不需要插入燃气管。一次风口送风特性见表 2-39。

3)鼓泡区

从熔池区的静止渣面到二次风口的下面,我们称之为鼓泡区。在一次富氧空气的作用下,气体使熔池熔渣强烈翻滚、搅动、喷溅,在此区域高铅渣完成还原过程,同时熔渣在翻滚、喷溅的过程中,可被二次燃烧的高温气体加热,从而提高热的利用率。

4)再燃烧区

在炉子侧墙第三排水套上安装有向下倾斜的再燃烧风嘴(每边各 4 支),提供空气或富氧空气,燃烧炉气中的 CO,并将燃烧产生的热部分返回熔池。

表 2-39 一次风口送风特性

开启风口数 /个	总鼓风量 /(m³·h⁻¹)	风口风速 /(m·s⁻¹)	风口压力 /MPa	终渣鼓泡高度 /mm
5	2600	204	0.095	800~1100
4	2100	206	0.097	760~1000

注:鼓泡高度为一次风口中心线以上。

3. 生产实践与操作

1)工艺技术条件与指标

液态高铅渣侧吹炉还原熔炼操作制度为:进渣时间 30 min,还原时间 60 min,放渣时间 30 min。国内某厂液态高铅渣侧吹炉还原熔炼的工艺技术条件与指标见表 2-40。

表 2-40　液态高铅渣侧吹炉还原熔炼工艺技术条件与指标

主要技术指标	数值范围
单位炉膛面积高铅渣最大加入量/(t·m^{-2})	5
入炉高铅熔渣含铅/%	35~55
入炉高铅熔渣温度/℃	≥950
入炉冷炉料[$w(H_2O)$2%~8%]粒度/mm	5~15
无烟煤[$w(H_2O)$2%~8%]粒度/mm	5~20
煤率(按炉料计)/%	8~12
熔炼温度/℃	1200~1250
出铅温度/℃	900~1100
出渣温度/℃	1180~1250
出炉烟气量/(m^3·h^{-1})	23000 左右
出炉烟气温度/℃	500~900
炉渣温度/℃	1180~1250
粗铅温度/℃	900~1100
锅炉入口烟气温度/℃	500~1300
铜水套冷却水出口温度/℃	一层：≤60，二层以上：≤65
一次风压力/MPa	0.05~0.15
二次风压力/Pa	约 5000
冷却水进口压力/MPa	0.2~0.3
炉膛(烟道口)负压/Pa	-40~-100
一次风量/(m^3·h^{-1})	≤5600
一次风含氧浓度，$\varphi(O_2)$/%	56~70
二次风量(空气)/(m^3·h^{-1})	4000~8000
一次风口开启数量/个	8~11
渣液面高度/mm	600~800
铅液面高度/mm	500~700
$w(CaO)/w(SiO_2)$	0.4~0.70
终渣含铅，$w(Pb)$/%	<1.5

2）烘炉升温

按升温曲线（图 2-19）要求对炉缸烘烤升温到 1300℃ 左右，开始投入液态高铅渣，进入正常操作。

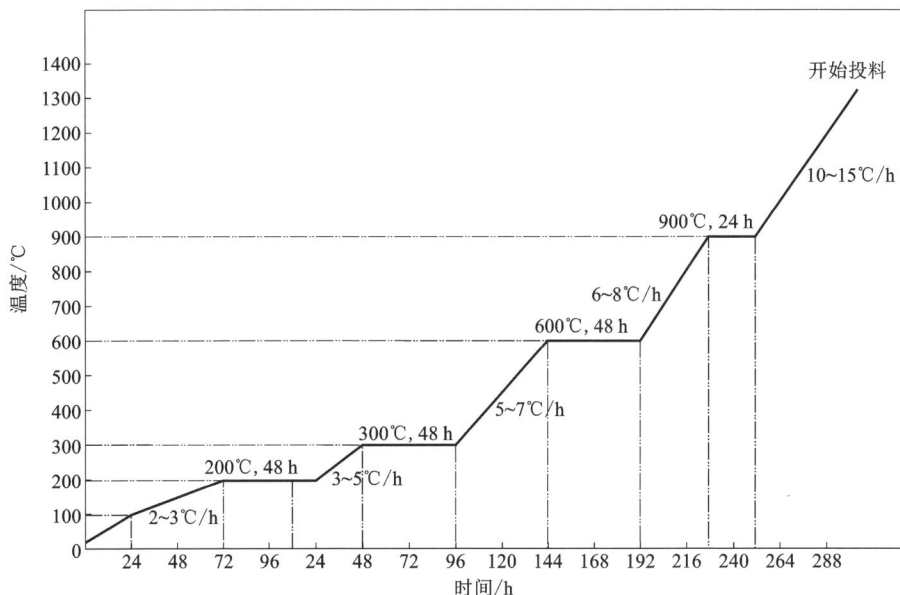

图 2-19　烘炉升温曲线

3）岗位操作规程

岗位操作规程包括主控、炉前、循环水管理等操作规程。有关开炉、停炉等操作基本上与侧吹炉氧化熔炼相同，不再重复。

（1）主控岗位操作规程　总控室主控岗位是保障氧气侧吹炉还原熔炼安全正常生产专业技术方面的直接监控者和协调者，具体职责主要有：①执行上级领导下达的相关指令。②各流程设备开动前必须确保各岗位设备正常，严禁私自调节或修改电脑及仪表的程序。③以侧吹炉生产为核心，密切联络、协调、指示各子系统（包括供配料、氧气站及供配气、循环冷却水、烟气余热锅炉及负压维持），确保侧吹炉还原熔炼的正常进行。④监控中发现异常应立即通知相关单位，严重影响生产、设备时，应采取应急措施。根据当前的高铅渣情况和侧吹炉还原熔炼状况，及时调整、变更熔炼供风的氧浓度与流量、还原剂的种类与数量、下部与上部风口开启个数和位置、循环冷却水量等。⑤根据前置炉产出渣的实际情况和侧吹炉炉况，决定改变侧吹炉的技术参数，包括改变熔剂的种类与数量、富氧空气的"氧平衡"制度、"热停炉"制度。⑥记录和保存侧吹炉还原熔炼生产的全部原始资料，不得篡改和删除。⑦室内保持整洁，禁放其他危险物品及杂物。

(2)炉前岗位操作规程 炉前工分风口、铅口、渣口三个主要岗位。这三个岗位的共同规程为：一是劳保用品(防火服、防护眼镜、口罩、手套等)穿戴齐全，设施检查正常后方可开始操作。二是炉前岗位所用各种操作工具必须干燥无水，炉体周围地面不得有积水。

①风口岗位操作规程。a.一次风口数及开启风口数：侧吹炉下部两侧各有数个风口，均有编号，但生产中并不全部开启。开多少风口，开或关哪个编号的风口，操作工必须按总控指令操作。b.打开风口的顺序：ⓐ将风口送风调节阀门完全打开；ⓑ检查气压表.确认鼓入混合气有足够的压力；ⓒ从风嘴中抽出堵塞杆。只在得到炉子负责人的指令后打开风口，操作步骤如下：钢钎打开通风眼；用通风杆清洁风口通道；装上窥视镜。关闭风口的顺序：取下窥视镜；将风口通道快速用堵塞杆堵上；扶住堵塞杆，用铁丝将堵塞杆固定；对于正在处理事故的短期停风，风口送风调节阀门不允许完全关闭，应关至50%~80%。

②渣口岗位操作规程。a.烧氧、堵口时，人员尽量处于安全位置，并有紧急撤离措施。b.打锤时要瞻前顾后，防止脱锤及溅物伤人。c.在处理聚渣、跑渣时，操作者要先处于安全位置，再及时采取措施，将渣堵严，防止跑渣。d.发生意外时要及时上报处理，并做好记录。

③铅口岗位安全操作规程。a.随时检查铅口铅坝的高度，以保持炉内铅面的稳定。b.不得在铅溜槽和渣溜槽上踩踏、跨越，不得在铅模上行走。不得向未凝固的铅液面洒水，吊铅块时，钩牢铅鼻。c.打锤时要瞻前顾后，防止脱锤及溅物伤人。d.紧急情况时要及时帮助风口工堵塞风口。

(3)循环水管理岗位操作规程 循环冷却水水温调节岗位在水套冷却水管出水的集液槽处。每个水冷元件(水套)的出水温度(水温表)都在此显示。本岗位职责：①熟记每个序号的水管对应的水冷元件，能迅速找到其位置及进水阀。②切记正常工况下进水阀是全开的，只有在该水冷元件不需要或损坏漏水时才能关闭进水阀。③出水温度控制在45~55℃，不得超过80℃。④调节出水阀控制水流量达到调节水温的目的。正常情况下各管出水温度应大致相同，出水阀严禁关闭。个别水管温度特高，靠上述方法不能奏效时(即使出水阀全开)，可采取将其他管出水阀关小以增加该管水流量的办法；若仍不奏效，则报告总控室，请求增开备用循环泵，同时查明原因。

4)应急事故及处理

出现紧急情况，即当氧气侧吹炉熔炼综合体系在工作中出现突发问题或设备故障时，快速将下部风嘴堵塞严密并将炉子转入"热停炉"制度。关于"热停炉"制度在侧吹炉氧化熔炼章节中有详细说明。

(1)进渣时喷炉 这说明前置炉炉渣过氧化，生成大量的Fe_3O_4和过氧化铅。

①主要危险：造成操作人员安全事故和设备的损坏。②处理措施：见表 2-41。
③预防措施：加强前置炉的管理，控制好氧料比，防止高铅渣的过氧化。

表 2-41　进渣时喷炉事故种类及处理措施

序号	喷炉情况	高铅渣过氧化程度	处理方法
1	渣入炉即喷	非常严重	打开紧急堵风口警报，堵住风口，不停加煤；待起泡平稳后，降低给氧浓度，先打开一个风口，如果稳定，再打开第二个风口，如果不行，再重复操作
2	渣入炉中期喷	较严重	按以上操作进行
3	渣入炉后期喷	较轻	加大给煤量，减少给氧量，必要时，堵住一个风口，减少向炉内的供风

（2）突然停风　①主要危险：将工作的全部下排风嘴灌渣；烧损风嘴、连接三通和管道，熔渣从风口流出。②停风征兆：a. 氧气站连锁，警铃响起；b. 混合气压力、流量猛降至"0"，"紧急堵风口"信号铃响起；c. 备用储气自动打开增气保压，报警铃声响起。③处理措施：a. 总控室发出"紧急堵风口"信号，并停止下料；b. 确认严密堵塞下排风口后打开混合气放空阀；c. 停止上排风口供风；d. 向炉内熔体表面均匀加煤 100~200 kg 保温，降低炉内负压和循环水流量，以减小热损失；e. 将炉子转入"热停炉"状态；f. 对炉子虹吸出渣井进行保温；g. 联系氧气站及有关部门，查明原因；h. 具备送氧条件，应确认循环水系统、上料系统、除尘系统、引风机负压都处于正常状态。

（3）突然断料　①主要危险：继续鼓入富氧空气会造成熔炼渣过氧化严重，从而导致"喷炉"事故发生。②断料征兆：a. 总控室电脑配料系统显示下料计量停止或无法启动；b. 皮带秤计量波动或停止、皮带机故障，炉料无法准确平稳送入熔炼炉；c. 给料计量波动误差较大；d. 下料仓棚料或炉顶下料口堵料。③处理措施：a. 总控室发出"紧急堵风口"信号；b. 确认严密堵塞下排风口后打开混合气放空阀；c. 停止上排风口供风；d. 向炉内熔体表面均匀加煤 200~300 kg 保温，降低炉内负压和循环水流量，以减小热损失；e. 将炉子转入"热停炉"状态；f. 虹吸出渣并进行保温；g. 采取积极有效的措施减少故障时间。

（4）突然断水　①主要危险：水冷元件缺水产生高压蒸汽甚至损毁水冷元件。②断水征兆：总进水管道流量、压力突然减小或消失，水压超限报警；水冷元件出水口断流甚至汽化。③处理措施：a. 总控室发现事故后，应立即向炉子负责人及车间有关人员汇报情况；b. 水泵出现故障，水压下降，则按换泵程序，紧急启用备用泵；c.不能恢复供水压力时应立即堵塞下排风口，打开放空阀并将炉子转入"热停炉"制度；d.停电故障应紧急启动事故柴油机供水，供水量为正常供水量的50%；e.看水工将各水冷元件控制在安全范围内，保证不能因缺水而产生高压蒸汽；加强检查水冷系统，控制好冷却水压和流量，保持水冷系统畅通。

(5)突然停电 ①主要危害：a.全部下排工作的风嘴灌渣甚至烧坏；b.烧毁风嘴连接三通和管道，熔渣从风口流出；c.水冷元件断水产生高压蒸汽。②停电征兆：a.应急灯打开，警铃响起；b.混合气压力、风量猛降至"0"，警报响起；c.总进水管压力消失，无流量。③处理措施：a.在备压消失前操作工应迅速堵塞全部下排风口，打开手动放空阀；b.紧急启动事故柴油机供水，供水量为正常供水量的30%；c.看水工根据现场温度表数据，合理控制各水冷元件的流量压力；d.手工向炉内熔体均匀加煤100~200 kg保温；e.刮风打雷等非正常天气下应做好预防停电准备，有必要的话提前进入"热停炉"状态；f.恢复生产以前清理干净皮带上的炉料；g.确认有无风嘴灌渣，并组织人员处理。

(6)产生泡沫渣 ①主要危害：熔炼渣的体积快速增大，熔渣有可能瞬间从炉内下料口喷出炉外，工艺过程严重破坏，生产无法继续稳定进行。②喷炉征兆：下料口有白色高温气体有力地向外呼吸性地排出，炉内负压异常。上升烟道口的负压升高，烟气不能引出，似有烟道不畅通的征兆。③处理措施：a.总控室发出"紧急堵风口"信号，并停止下料；b.打开混合气放空阀，关闭上排风口供风；c.炉子转入"热停炉"制度，查找事故原因，校准炉料计量、氧气浓度及供气量；d.炉顶下料口手工加煤100~200 kg；e.待炉子平稳之后先开一个风口送风，10 min后再开第二个风口，等运行正常后陆续打开全部风口并转入"热平衡"升温制度；f.当熔炼温度达到工艺要求后转入正常给料生产制度；g.适当提高熔炼温度并降低炉渣的碱度；h.调整工艺制度，降低氧料供应比，并根据炉子温度和技术指标修正参数。

(7)余热锅炉爆管、炉内进水 ①主要危险：炉内产生大量水蒸气，若不能及时顺利排出，可能立即形成高压蒸汽发生爆炸。②进水征兆：a.炉内、烟道有水蒸气溢出；b.熔炼温度、负压和漏水设备均出现异常。③处理措施：a.总控室发出"紧急堵风口"信号，并停止下料；b.紧急堵塞下排风口后打开混合气放空阀；c.停止上排风口供风；d.将炉内水蒸气排出炉外；e.弄清漏水位置，进行必要的处理，处理前非工作人员离开现场；f.炉子平静1 h以上，确认漏入的冷却水完全蒸发后再靠近处理；g.若不能有效处理存在的问题，则放渣停炉，完全结束熔炼过程。

(8)虹吸铅口不出铅 ①主要危险：造成铅无法下沉进入炉缸，而在炉内上涨过铜水套到达风口位置，造成铜水套和风口烧损，也会造成炉缸冻结。②铅断流原因：炉子熔炼温度偏低，水冷元件出水温度偏低，炉缸温度下降，长期不出铅，铅中杂质金属析出，形成重渣相隔层；铅虹吸道堵塞。③处理措施：a. 控制好炉缸存铅量。b. 校准炉料计量尤其是煤的供给量、氧气浓度及供给量。c. 若长时间停炉出铅过低，要将炉子转入升温"热平衡"制度：向炉内加入粗铅，以更换炉内低温粗铅。d. 必要时，从进渣口或虹吸口插入烧氧管打通炉内隔层和虹吸道。④预防措施：正常操作时，要保证每两炉铅的总产出量与总投入量相符，如果前一炉产出量小，则下一炉必须产够；或前一炉产出量大，则要控制下一炉的产量，不能多产，以保证炉内粗铅的生产平衡和液面的稳定。如果发现产出不平衡，有可能是炉内形成隔层或铅虹吸道堵塞。长时间停炉后重新开炉进渣前，要用探杆从进渣口插入炉内探检有无隔层生成，如有，则用烧氧管打通隔膜层后方可进渣。

(9) 水套温度过高 ①主要危险：水冷元件产生高压蒸汽导致进水困难甚至损毁水冷元件。②原因和征兆：a. 开炉初期由于炉壁挂渣少，水套温度过高；b. 可能出现两水套之间的缝隙有熔渣漏出；c. 开炉初期两水套之间的缝隙可能会出现蓝色火焰；d. 总进水和总出水温度高并且进出水温差大；e. 水冷元件温度上升快，烟气温度、出渣温度高，烟尘率增大。③处理措施：a. 调整熔炼的工艺制度降低冶炼强度；b. 增加冷却水压力，加强冷却，必要时可局部表面喷水冷却；c. 若水套因进水故障而温度过高，应排除堵塞物，并专人看管，保证该元件的流量压力；d. 加强检查和监测各水冷元件的水温及水压，发现异常，应及时处理；e. 超过规定不能有效处理时，应堵塞风口将炉子转入"热停炉"制度，排除故障保证安全生产。

4. 计量、检测与自动控制

1) 计量

氧气、空气、混合循环水、烟气等的体积计量和煤、熔剂、返尘、粗铅等的质量计量均按侧吹炉氧化熔炼的计量方法计量；根据液态高铅渣从氧化熔炼炉中放出前后的液面高位差估算高铅渣的放出量，侧吹还原熔炼炉中的最大高铅渣加入量为 87.5 t/次。

2) 检测

流量、温度、压力的检测及化学分析方法等均与侧吹炉氧化熔炼相同。

3) 自动控制

采用 PLC 或 DCS 系统对侧吹炉还原熔炼过程完成分散控制、集中操作管理、综合控制。自动控制的内容在侧吹炉氧化熔炼相关章节中已有描述，在此不再重复。

液态高铅渣还原过程受前置炉产出的高铅渣量、渣中含氧量以及还原过程周期性作业制度的影响，控制较为复杂。须与前置炉密切配合，首先须根据前置炉产出的渣量、渣成分，预设总给风量和富氧浓度、给煤和熔剂加入量，再根据炉子的实际情况及返回的数据优化工艺参数，保证炉子正常、稳定运行。

5. 技术经济指标控制与生产管理

1) 技术经济指标

主要技术经济指标包括生产能力、金属回收率、煤率和熔剂率等。

(1) 生产能力　与前置炉氧化熔炼产能配合，还原熔炼周期为 2 h/炉。这取决于前置炉的产量，高铅渣处理量为 50~60 t/(d·m²)。

(2) 金属回收率　这取决于还原熔炼炉渣中的金属含量，高铅渣中 $w(ZnO)<$ 12%时，炉渣 $w(Pb)<2\%$。

(3) 煤率　煤率与高铅渣之质量比，为 8%~10%。高铅渣含铅高，则煤率低；含铅低，成分复杂，则煤率高。

(4) 熔剂率　侧吹炉还原熔炼要求 $w(CaO)/w(SiO_2)\geq0.6$，须加入 3%~5% 高铅渣量的石灰石熔剂。

2) 能量平衡与节能

侧吹炉还原熔炼的能耗主要为动力、氧气和燃煤消耗。其热平衡情况见表 2-42。

表 2-42　液态高铅渣侧吹炉还原熔炼热平衡实例

热收入			热支出		
名称	热量/(MJ·h⁻¹)	比例/%	名　称	热量/(MJ·h⁻¹)	比例/%
高铅渣带入热	53041.27	59.33	反应吸热	27672.19	30.95
炭燃烧氧化热	36024.60	40.30	粗铅带走热	2164.24	2.42
再燃烧返熔池热	203.63	0.23	炉渣带走热	31252.08	34.96
鼓风带入热	125.02	0.14	水汽化热	527.91	0.59
			粉尘带走热	3117.51	3.49
			尾气带走热	11641.29	13.02
			冷却水带走热	12216.05	13.67
			炉缸热损失	803.25	0.90
总　计	89394.52	100.00	总　计	89394.52	100.00

从表 2-42 可以看出，热支出中反应吸热是个定数，主要的热损失是炉渣、尾气和冷却水带走的热量；适当地增加氧气浓度，控制合适的炉温和循环水的用量，是节能的重要手段，同时使用优质煤，降低熔剂的使用量，可降低炉渣的产出量，达到节能的效果。

3) 物质平衡与减排

物料元素平衡是最基本的冶金计算项目，液态高铅渣侧吹炉还原熔炼过程中物料元素平衡实例见表 2-43。

表 2-43　高铅渣侧吹炉还原熔炼过程中物料元素平衡实例

单位：kg

项目	物料	日质量	周期质量	Pb	Zn	Ag	Cu	Fe	SiO$_2$	CaO	S
加入	高铅熔渣	499480	41623.57	17481.90	2559.85	20.6037	312.18	4811.69	3134.26	1764.84	245.58
	返回烟尘	30090	2507.80	1037.09	120.62	0.15459	23.50	14.50	49.79	32.36	9.35
	石灰石	12180	1014.76					0.80	21.50	499.09	
	煤	46180	3848.33					6.55	340.84	15.29	12.14
	混合气	89630	3734.55								
	总　计	677560	52729.01	18518.99	2680.47	20.75829	335.68	4833.54	3546.39	2311.58	267.07
产出	粗铅	210360	17529.96	16741.17		20.26006	234.97				80.12
	终渣	239770	19982.92	296.30	2278.40	0.29062	67.13	4809.57	3485.20	2265.38	106.83
	返回烟尘	30090	2229.69	1037.06	120.62	0.14531	23.50	14.50	49.79	32.36	18.70
	开路烟尘	13390	1394.41	444.46	281.45	0.06227	10.07	9.67	21.34	13.87	8.01
	进入烟气物质	183950	7664.53								53.41
	总　计	677560	48801.51	18518.99	2680.47	20.75826	335.67	4833.74	3556.33	2311.61	267.07

注：元素质量为周期质量。

4）原料控制与管理

侧吹炉还原熔炼的原料液态高铅渣主要来源于前置炉的氧化熔炼，因此要求前置炉的生产要综合考虑后置侧吹炉的生产，满足还原熔炼的要求。高铅渣的物相主要为铁酸盐和硅酸盐，铁酸盐以铁酸锌为主，而硅酸盐相中铅的含量高。对高铅渣的质量要求与氧化熔炼的产品要求相同（表2-18），$w(Pb) \geqslant 45\%$。其他原料主要是侧吹炉收尘系统返回的烟尘，$w(Pb) \geqslant 67\%$，要求烟尘不落地，用埋刮板输送到加料平台，经加湿制粒加入侧吹炉，将现场清理的含铅垃圾送入配料仓配料。

5）辅助材料控制与管理

辅助材料主要包括氧气、石灰石熔剂、煤和耐火材料。辅助材料的控制和管理方法同侧吹炉氧化熔炼。一般情况下，为了降低前置炉生产的烟尘率，氧化熔炼控制的 $w(CaO)/w(SiO_2)$ 较低，但液态高铅渣的侧吹炉还原熔炼要求 $w(CaO)/w(SiO_2) \geqslant 0.6$，所以必须加入适量的石灰石熔剂，以满足造渣需要，要求石灰石粒度控制在 5~15 mm，粒度>10 mm 的量不大于 20%。

6）能量消耗控制与管理

在侧吹炉还原熔炼生产过程中，炉顶温度高达 1200℃，可产蒸汽 10~12 t/h，考虑余热的回收利用，在侧吹炉厂房顶部设置有余热锅炉，通过直升烟道与侧吹炉炉顶相连，回收的饱和蒸汽可用于余热发电或其他用途。直升烟道属于余热锅炉一部分，锅炉全部采用膜式水冷壁弹性结构，加上振打装置，可有效降低烟尘结渣率。高铅渣侧吹还原熔炼炉烟气量及成分实例见表2-44。

表2-44　高铅渣侧吹炉还原熔炼烟气量及成分

成分	二次燃烧后		进入余热锅炉		
	m³/h	$\varphi(i)$/%	kg	m³/h	$\varphi(i)$/%
SO_2	46.74	0.38	133.53	46.74	0.35
N_2	7921.16	64.65	11110.07	8889.18	65.95
CO_2	3511.61	28.66	6895.11	3511.61	26.05
$CO+CH_4$	0.00	0.00	0.00	0.00	0.00
H_2O	260.00	2.12	208.95	260.00	1.93
O_2	513.90	4.19	1102.89	771.22	5.72
合计	12253.41	100.00	19450.55	13478.75	100.0

　　7）金属回收率控制与管理

　　金属回收率取决于还原熔炼炉渣中的金属含量，正常情况下炉渣含铅（质量分数）小于 1.5%，为提高锌的回收率，绝大部分锌须保留在炉渣中，如果入炉高铅渣锌含量较高，可适当降低铅的直收率，提高渣含铅的标准（<2%）。侧吹炉还原熔炼的强还原条件对原料有广泛的适应性，利用铅对多种金属的捕集优势，可更加利于锌、锑、金、银的综合回收；因此前置炉氧化熔炼过程可考虑配入含多种可回收有价金属的复杂原料，加强配料管理，合理利用资源，提高综合回收率。

　　8）产品质量控制与管理

　　产品质量控制应从以下几个方面综合考核：①粗铅有最高的直收率，贵金属尽量进入粗铅；②在处理高锌富铅渣时，要控制还原深度、炉温和烟尘中的含锌量，保证 80% 以上的锌保留在还原渣中。③尽可能降低烟尘率，减少烟尘返回量。

　　9）生产成本控制与管理

　　生产成本构成比例高的部分是动力、燃料、氧气消耗以及员工工资和福利。为降低生产成本，除精心操作管理外，还应从以下几方面加强控制与管理：①加强操作管理，提高作业时率，使作业时率在 95% 以上。②提高单炉处理量：加强前置炉氧化熔炼过程管理，提高高铅渣产量，发挥侧吹还原炉的最大能力。③提高作业炉次：在前置炉可以高产时，加快侧吹炉的进渣和放渣速度，使每炉作业时间由 120 min 缩短到 110 min，每天可多炼一炉，可使固定成本下降 7%~8%。④利用前置炉检修的时间，处理冷料或工厂含铅垃圾杂料，充分利用时间及氧气资源。

　　广西某公司侧吹氧化炉-侧吹还原炉 2018 年 12 月生产粗铅 10.99 kt，其生产成本概算见表 2-45。

表 2-45　广西某公司侧吹炉熔炼的单位加工成本概算

项目	成本项目	单价/元	单耗	单位成本/元	占比/%	备注
1. 辅助材料费	河沙/kg	0.05	76.94	3.85	0.46	
	石灰石/kg	0.17	33.62	5.72	0.68	
	硫铁矿/kg	0.33	30.76	10.15	1.20	
	吹氧管/kg	4.26	1.07	4.56	0.54	
	其他			0.32	0.03	
	合计			24.60	2.91	

续表2-45

项目	成本项目	单价/元	单耗	单位成本/元	占比/%	备注
2. 动力能源费	无烟粒煤/kg	0.87	266.80	232.12	27.49	
	电耗/(kW·h)	0.54	222.43	120.11	14.22	
	氧气/m³	0.49	605.38	296.64	35.13	
	焦炭/kg	1.62	1.89	3.06	0.36	
	合计			651.93	77.20	
3. 工资及附加	工资			68.44	8.11	
	其他			9.82	1.16	占后勤工资58%
	合计			78.26	9.27	
4. 制造费用	折旧费			60.69	7.19	占熔炼厂制造费用的70%
	机物料			8.80	1.04	
	劳动保护			2.10	0.25	
	备品配件			6.80	0.80	
	差旅费			0.00	0.00	
	业务招待			0.00	0.00	
	办公费			0.00	0.00	
	化验费			1.64	0.19	
	运输费			9.70	1.15	
	其他			0.00	0.00	
	合计			89.73	10.62	
共计				844.52	100.00	

由表2-45可以看出,包括氧气在内的能源动力费是侧吹炉熔炼粗铅的主要生产成本,占比高达77.20%。其中,氧气占比最大,其次是无烟粒煤,再次才是电耗;管理费及人工费占比不大。吹氧管主要用于放渣时烧渣口,无烟粒煤在侧吹氧化炉中主要用于炉内补热,可通过提高混合矿含硫量来减少此项支出,但考虑到二次物料的投用会大量耗热,因此无烟粒煤的使用量会随二次物料投用比例的增加而加大,但应加以限制。折旧、大修的费用,应通过日常的设备管理工艺的稳定性、延长炉窑寿命、提高作业时率、发挥最大产能来减少开支,降低生产成本。

参考文献

[1] 赵天从. 重金属冶金学[M]. 北京：冶金工业出版社，1981.

[2] 彭容秋. 重金属冶金学[M]. 长沙：中南工业大学出版社，1991.

[3] 陈国发. 重金属冶金学[M]. 北京：冶金工业出版社，1992.

[4] 彭容秋. 铅锌冶金学[M]. 北京：科学出版社，2003.

[5] 蒋继穆，张驾，陈帮俊，等. 重有色金属冶炼设计手册：铅锌铋卷[M]. 北京：冶金工业出版社，1995.

[6] 彭容秋. 有色金属提取冶金手册：锌镉铅铋卷[M]. 北京：冶金工业出版社，1992.

[7] 张乐如. 现代铅冶金[M]. 长沙：中南工业大学出版社，2005.

[8] 唐谟堂. 火法冶金设备[M]. 长沙：中南大学出版社，2003.

[9] 张训鹏，彭容秋. 熔池熔炼的发展[J]. 有色冶炼，1995(4)：20-25.

[10] 李卫锋，杨安国，陈会成，等. 液态高铅渣直接还原试验研究[J]. 有色金属(冶炼部分)，2011(4)：10-13.

[11] 唐帛铭. 有色金属提取冶金手册：能源与节能[M]. 北京：冶金工业出版社，1992.

[12] 刘元扬，刘德溥. 自动检测和过程控制[M]. 2版. 北京：冶金工业出版社，1987.

[13] 张丽军. 浅论冶金企业原料成本控制与管理[J]. 中国金属通报，2013(47)：33-34.

第 3 章　喷射熔炼

3.1　概述

喷射冶金的原始概念是一种向钢包或其他盛有金属液的容器中喷吹粉剂，以去除金属液中杂质的冶金工艺。但由于理论研究及炼钢技术的发展，人们赋予了喷射冶金新的含义：凡是向冶金容器内喷吹反应性气体、混合反应性气体、中性气体以及气固混合物，从而获得预定冶金效果的工艺，都称为喷射冶金。其冶金原理是将参加反应的粉剂悬浮于反应的气体中，通过气体载运将粉剂送入金属熔体，粉剂与熔体激烈搅拌混合，千百倍地扩大反应物的接触面积，加强冶金物理化学反应动力学条件，并有利于反应产物的排除，达到预定的冶金效果。

3.1.1　喷射钢铁冶金的发展及应用

喷射冶金在炼钢生产上已经有了 150 多年的历史，它于 19 世纪 60 年代末期开始工业化，应用于中间钢包炉外精炼，开启了炼钢工业的革命，也改变了传统的以"块状"和"批料"加入冶金物料的方法。该工艺根据数量、品种、次序及工艺要求，以压缩气体为载体，通过喷枪将粉剂(粉料的粒度<1 mm)连续不断均匀地喷入熔体内，同时强烈搅拌熔体。其特点是压缩气体不断地把气体或气固混合物喷入金属熔体，使过去无法有效加入和难以送到反应区的冶金物料均可送到反应区，并强烈搅拌、均匀混合金属熔体，增加了反应物的相接触面，加速了熔体在炉内的运动，使冶金反应过程速度加快、反应完全，创造了良好的热力学、动力学条件。

中间钢包炉外精炼采用喷射冶金技术，可以把易氧化元素(或微量合金元素)通过熔渣(不与大气接触)直接送入钢液深部进行合金化，达到精确控制合金元素成分的目的。对于蒸气压高的钙、镁等，一般是难以加入钢液中的，而喷射冶金也能有效地控制其成分。这对提高钢的清洁度，控制夹杂物的数量、化学成分(特别是能精确控制微量合金元素的含量)和形态是十分有利的。因此，它具有运载、真空脱气和搅拌等效应，有利于快速脱硫、脱气、脱磷，有利于反应产物的排除，从而可高效精炼钢液。喷射冶金投资少、见效快，电炉、转炉、平炉炼钢均可适用，具有不可忽视的经济效益和广阔的发展前景。

喷射冶金用于炼钢过程，可以追溯到 20 世纪 60 年代法国钢铁研究院（IRSID）将高硫、磷铁矿应用于通过电炉开展的喷吹熔炼试验研究。虽然该工艺后因法国改用进口的优质原料而搁置，但是这种喷吹强化冶金的装置，在苏联、联邦德国以及北欧得到广泛应用。在日本有专门的喷吹装置往电炉熔池中喷加辅助材料与合金粉料，是快速炼钢、节省原料的有效措施。2012 年业内专家进行了喷射冶金在熔融还原炼铁方面的探索，用动态自由喷枪取代固定喷枪，用于转炉渣改质，在液态渣层中完成喷射冶金。喷枪在一定范围内摆动，可扩大气流的喷射面积，使吹炼变得平稳，燃烧和传热更快，有助于延长炉体寿命、减少煤耗，设备更简单、操作更灵活、维修更方便。

3.1.2　喷射有色金属冶金的发展及应用

早在 20 世纪中叶，有色金属冶金行业也对喷射冶金进行了大量的探索，开展了与喷射冶金异曲同工的铜闪速熔炼技术和基夫赛特炼铅技术的研究。与喷射钢铁冶金不同，喷射有色金属冶金不是将反应气体和粉体喷入金属熔体内，而是将反应物喷入有一定高度的反应室，使其在炉料下降过程中快速反应、加热熔化，并进入熔池后继续完成熔炼过程。

1. 奥托昆普闪速炼铅的发展

在研发闪速熔炼技术方面，贡献最大的莫过于芬兰奥托昆普公司冶金研究中心。他们通过实验室和试验工厂的规模闪速熔炼的研究，修正闪速炉的设计参数，发展新技术，不断在闪速炉应用方面开拓新的领域，在用闪速炉熔炼处理复杂硫化物矿石和非硫化矿物方面取得了可喜的成果：1949 年在芬兰 Hajavalta 建成第一座铜闪速炉熔炼厂；1954 年第一次向日本古河矿业公司转让闪速熔炼许可证；1959 年在芬兰 Hajavalta 建成第一座镍闪速熔炼炉；1962 年在芬兰 Kokkola 建成第一台处理黄铁矿生产元素硫的闪速炉；1969 年向博兹瓦纳转让闪速熔炼许可证，用于镍熔炼，同时回收元素硫；1971 年富氧技术用于芬兰 Hajavalta 铜熔炼闪速炉和镍熔炼闪速炉；1978 年在波兰 Glogow 建成用于直接生产粗铜的闪速炉；1982 年成功研究铅熔炼闪速炉；1984 年成功研究铜闪速吹炼技术；1995 年在美国 Kcnnccott Utah 冶炼厂建成了第一座铜闪速吹炼炉。

奥托昆普公司在 20 世纪 60 年代考虑将闪速熔炼技术用于熔炼铅精矿，并进行了一些试验研究，然而哈里雅伐尔塔镍冶炼厂没有生产出足够的铅精矿来证明建设铅冶炼厂是合算的。因此这一方法就被搁置。直到 20 世纪 70 年代后期，由于对环境保护的重视，奥托昆普公司又重新注意此方法。铅闪速熔炼法环境污染问题较易解决，并消耗很少的能源。1980 年 6 月经过短期中间规模试验后，1981 年按 5 t/h 铅精矿的规模进行了最终试验。这次试验规模较大，可为大型冶炼厂的设计提供可靠的基础数据和依据。

奥托昆普铅闪速熔炼厂拥有干燥、闪速熔炼、烟气处理和炉渣贫化等设备。烟气处理系统包括余热锅炉、电收尘器和排风机。一台电炉用于闪速炉渣的贫化。电炉烟气在文丘里洗涤塔净化后用作燃料。

北京矿冶研究总院王成彦等研究并发展了奥托昆普铅闪速熔炼技术，2010年将铅富氧闪速熔炼新技术应用于灵宝市华宝产业有限责任公司，100 kt/a 粗铅规模的示范工厂建成投产。

2. 基夫赛特法炼铅的发展

早在20世纪60年代，苏联有色金属矿冶研究院开始了基夫赛特炼铅工艺的研究开发工作，先后进行了日处理炉料量为5 t 的中间工厂实验和炉料日处理量为20~25 t 的半工业实验。20世纪80年代和90年代，先后建成哈萨克斯坦的乌斯季-卡缅诺戈尔斯克铅厂、意大利的维斯麦港铅厂和加拿大的特雷尔铅厂，采用该工艺进行生产，原料日处理能力分别为450 t、600 t 和1340 t，分别于1986年1月、1987年2月和1996年12月投产。我国江西铜业公司九江冶炼厂和株冶集团引进基夫赛特炼铅技术建设铅冶炼工厂，分别于2012年3月和2013年1月投产。

基夫赛特法的核心设备为基夫赛特炉，由带火焰喷嘴的反应塔、填有焦炭过滤层的熔池、余热锅炉以及铅锌氧化物的还原挥发电热区组成。

基夫赛特法的冶金反应过程主要包括氧化、还原和烟化，其最大特点是在同一反应器中，充分利用闪速熔炼的强化熔炼手段实现高氧势条件下 PbS 的脱硫和氧化，同时利用了炭质还原剂对氧化铅和硅酸铅等铅化合物在低氧势下的强还原性实现炉渣贫化和 Pb 还原，有效化解了高、低氧势在同一反应器中难以共存的矛盾，真正达到了一步炼铅的目的。

基夫赛特法的工艺过程主要包括配料、焦炭干燥、炉料干燥机球磨、基夫赛特熔炼、余热利用及收尘等。

基夫赛特法的优点有：①原料适应性强，可处理 $w(Pb)$ 15%~70%、$w(S)$ 13.5%~28%的物料，并能处理含铅锌渣料；②主要金属回收率高，综合回收效果较好；③烟尘率低，为5%~7%，烟尘可直接返回炉内；④渣含铅低，$w(Pb)<2.0\%$；⑤炉子寿命长，大约为3年；⑥后续维修费用低，生产成本低；⑦能耗低，综合能耗约为350 kg ce/t 粗铅。缺点是原料制备比较复杂，须干燥至 $w(H_2O)<1\%$。

3.2 基夫赛特法

3.2.1 基夫赛特炉运行及维护

基夫赛特法原则工艺流程见图3-1。基夫赛特法炼铅工艺包括下列过程及相关技术要求：①含铅物料、熔剂以及固体碳燃料（粒煤）的配料、混合；②混合物

料的干燥，至水分不超过 1%；③干燥后物料的控制磨矿，至粒度 100% 小于
1 mm；④混合干矿在工艺氧气氛中快速燃烧和闪速熔炼，生成氧化物熔体和二氧
化硫气体；⑤火焰中的氧化物熔体在多孔的炭块物(焦滤层)中的选择性还原，大
部分的铅进入粗铅，锌进入炉渣；⑥冶炼产物的沉淀，需要时，在电炉中添加焦
炭从渣中回收部分锌；⑦焦滤层中氧化物熔体还原和冶炼烟气混合物中一氧化碳
二次燃烧，然后产生的二氧化硫烟气在废热锅炉内冷却；⑧冷却后的二氧化硫烟
气经电收尘除尘，然后送至硫酸系统制酸；⑨锅炉及电收尘内收集的烟尘连续返
回冶炼工序；⑩电炉烟气中一氧化碳和锌尘二次燃烧，随后烟气和烟尘在废热锅
炉内冷却；⑪冷却后的电炉烟气在湿式除尘器内净化，收集氧化锌尘；⑫冶炼产
品：粗铅、铜锍(选择造铜锍冶炼时)和炉渣。

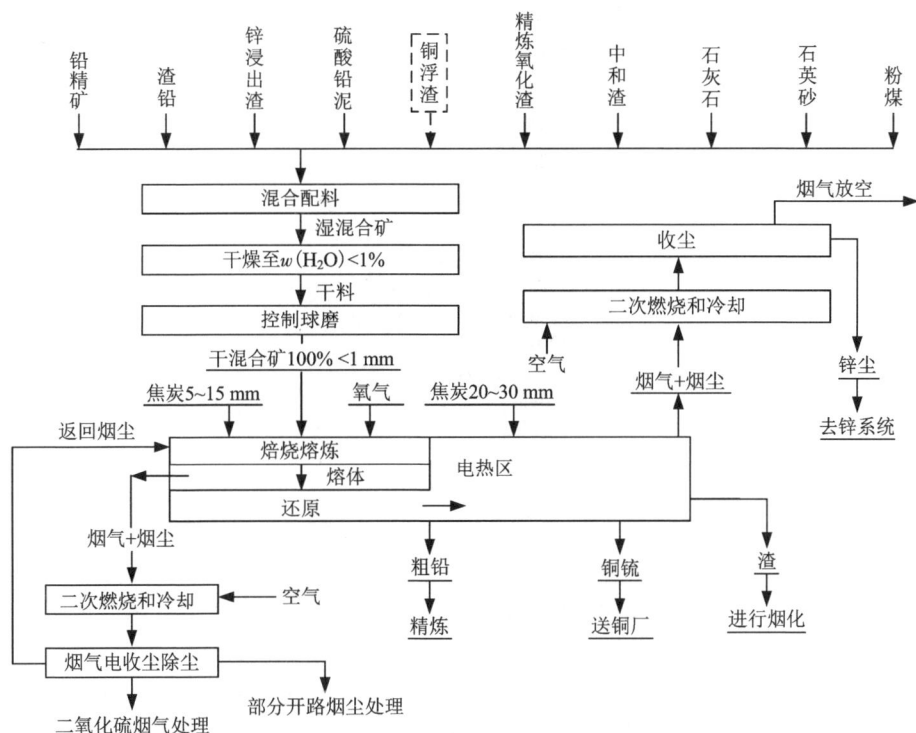

图 3-1　基夫赛特法炼铅原则工艺流程

粗铅排出后，采用连续脱铜炉及脱铜锅初步精炼，立模浇铸后进行电解精
炼。当含铅原料造铜锍冶炼时，脱铜锅铜浮渣可直接在基夫赛特炉内重新冶炼。
在含铅原料不造铜锍冶炼时，粗铅脱铜产生的铜浮渣不加入基夫赛特炉原料中，
而是用单独的炉子再冶炼产生铜锍。含锌 12%~14% 的渣排放到烟化炉中吹炼，

铅和锌进入次氧化锌烟尘送锌系统生产锌。

在生产工艺浸出过程中,锌烟尘中的锌被提取进入溶液,溶液净化后去电积工序;铅保留在铅渣中,铅渣作为基夫赛特炉原料之一返回处理。基夫赛特炉造铜锍时,铜锍通过单独的排出口排出,然后和铜浮渣还原熔炼产生的铜锍一起送到铜厂吹炼工序。铜-铅铜锍吹炼烟灰或者铜-铅铜锍浸出铅渣也可以作为基夫赛特炉含铅原料返回处理,有助于提高铅的回收率。

1. 基夫赛特炉

基夫赛特炉3D效果图如图3-2所示,基夫赛特炉内部结构示意图如图3-3所示。

图 3-2　基夫赛特炉 3D 效果图

基夫赛特炉是一个包括反应塔、上升烟道和电炉的矩形组合体,它们被由水冷元件制成的隔墙在气相中分开。氧料混合物在燃烧过程中形成竖直火焰,焦炭通过精矿喷嘴加入炉内,在火焰下的熔池表面形成多孔的还原剂过滤床(焦滤层)。

在正方形反应塔顶上安装有 4 个能力为 12~16 t/h 的直接喷射型精矿喷嘴。安装 4 个喷嘴有助于火焰熔体液滴均匀分散在所有的焦滤层表面。靠近液体熔池表面设计烧嘴孔,可以用于熔体取样,并且测量焦滤层的厚度及温度。反应塔和电炉之间的隔墙要浸没在渣熔池内。反应塔和上升烟道也被水冷隔墙分开,位于距离熔池液面上方 900 mm(图 3-3)。

为了使 CO 在冶炼工艺烟气中燃烧以及安全处理含有高含量粉煤的投料,在上升烟道侧墙距炉底中心线 2800 mm 处安装 4 个风口用来供给空气。

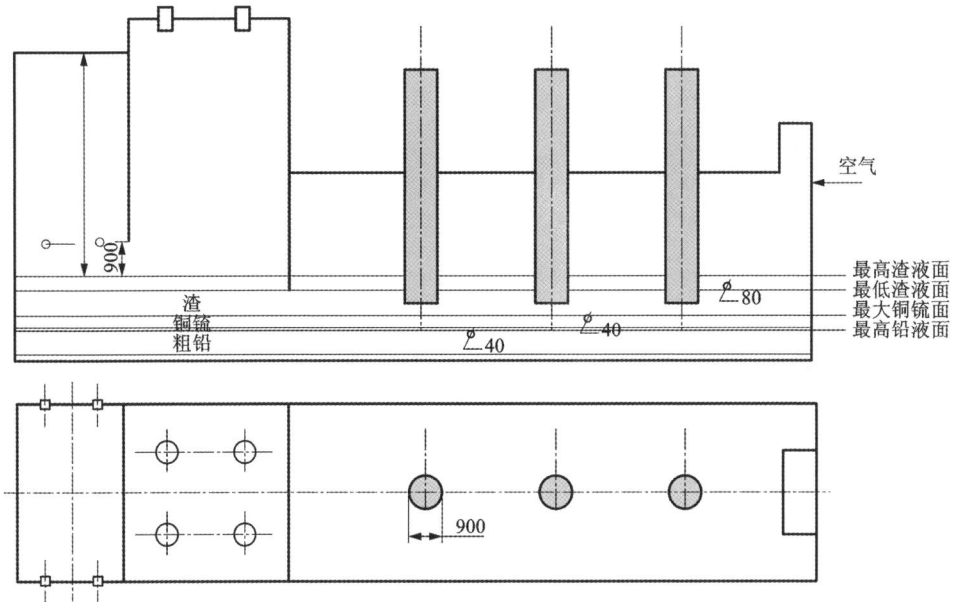

图 3-3 基夫赛特炉内部结构示意图

基夫赛特炉各种熔体排放口的设计较为复杂,在电热区熔池部分设有 4 个放铅口,1 个排底铅口,2 个渣口(通向烟化炉),2 个铜锍口,以及 4 个高低不同的旁通及检修用渣口。

2. 配料及输送系统

用于配料的原料通过两种方式进入备料精矿库内:①用管式皮带输送机从码头输送(主要为进口铅精矿);②用汽车输送(国内采购的铅精矿、熔剂、燃料煤、焦炭等)。各种原料分库堆放。

初始水分较高的焦炭先储存在原料仓的一个单独焦炭库内,在供给冶炼之前焦炭通过设置在精矿库厂房内的一个蒸汽带式干燥机干燥,水分低于 5% 后进到分级筛上筛选出 5~15 mm 的焦炭。这部分被干燥的焦炭用皮带输送机送到基夫赛特炉炉顶的三个焦炭仓内,其中两个仓用于从基夫赛特炉反应塔喷嘴的给料刮板加焦炭,另一个用于给电炉加焦炭。

用于配料的原材料通过精矿库行车抓入沿着混合皮带布置的一系列配料仓内。含铅物料、熔剂、燃料煤等通过各自配料仓下的计量皮带输送到混合料皮带上,混合料皮带上方设有一台电磁除铁器,用于除去原料中混入的金属夹杂物。混合料皮带将配好的混合矿输送到一台直线振动筛上脱除大块杂物。振动筛后的混合矿由振动筛下方的皮带送入一台回转式蒸汽干燥机混匀和干燥,干燥后的混合矿混合均匀,并且 $w(H_2O) < 1\%$。干燥合格的原料通过刮板输送到球磨机中,磨细到粒度 $0.1 \sim 0.2$ mm,并进一步混匀。球磨合格的混合矿通过一台刮板输送机送至回旋筛进行筛分,筛下物进入中间仓内。中间仓下设置有 2 台气流仓式输送泵,可将物料直接输送到基夫赛特炉炉顶的干矿仓内,或临时输送到一座 1200 t 的大储仓内,当配料、干燥、球磨系统检修时,大储仓内的干矿由储仓下方的 1 台仓式泵输送到炉顶干矿仓,使基夫赛特炉能维持生产。炉顶干矿仓内的混合矿和焦炭仓中的焦炭分别由计量秤计量后经过刮板输送机、混料回转阀及混料螺旋,最后进入精矿喷嘴与工艺氧混合,喷入反应塔内进行闪速熔炼。

3. 喷嘴

基夫赛特炉除在反应塔顶设置有 4 支单台能力为 12~16 t/h 的直接喷射型精矿喷嘴外,在塔顶中央还设有 1 支单台能力为 16×10^6 kcal/h 的天然气辅助烧嘴,并在熔池气相区一周还设有 14 支单台能力为 1.3×10^6 kcal/h 的移动烧嘴,用于烘炉阶段炉子的升温以及停炉时的保温。为增大炉料与气流的接触概率,加拿大特雷尔冶炼厂在原喷嘴结构的基础上,在炉料管内部增加分布风管,增大了炉料喷射的扩散角。改进前后的基夫赛特炉喷嘴如图 3-4 所示。

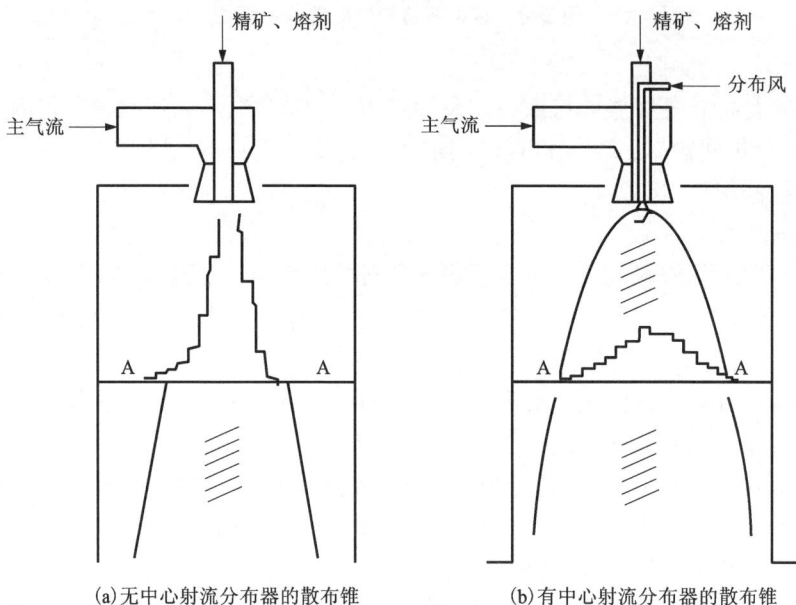

(a)无中心射流分布器的散布锥　　　　　(b)有中心射流分布器的散布锥

图 3-4　喷嘴改进前后炉料扩散角示意图

现在的精矿喷嘴结构较为复杂,如图 3-5 所示,其主要由中央工业氧出入口、侧面工业氧出入口、精矿颗粒出入口和外套筒组成,材质均为 316L 不锈钢。

中央氧枪的作用为导流，分散炉料、焦炭，以及为喷嘴下炉料中心区提供氧气。外套筒的作用为将氧气从切线方向引入并导入炉内与炉料充分混合。

3.2.2　生产实践与操作

1. 工艺技术条件与指标

①炉料粒度<0.2 mm（100%），熔剂粒度<1 mm，燃煤粒度<0.2 mm，焦炭粒度为 5～15 mm；混合矿 $w(H_2O)$ <1%，焦炭 $w(H_2O)$ <5%。②基夫赛特炉投料能力为 1164～1241 t/d。③工艺氧 $\varphi(O_2)$ ≥98%，压强为 0.2～0.3 MPa，作业率为 95%，氧料比为 160～220 m³/t。④渣

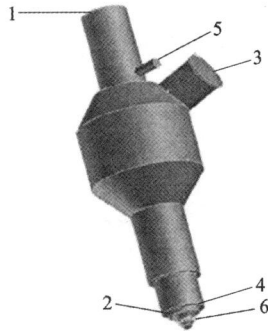

1、2—精矿进、出口；
3、4—侧面工业氧进、出口；
5、6—中央工业氧进、出口。

图 3-5　精矿喷嘴结构示意图

型：$w(Fe)/w(SiO_2)$ 1.0～1.4，$w(CaO)/w(SiO_2)$ 0.6～0.7。⑤炉内微负压控制（-30～-50 Pa），反应火焰温度为 1350～1380℃，焦滤层温度为 1100～1200℃。⑥反应塔竖炉烟灰发生率为 5%～10%。

2. 岗位操作规程

1）基夫赛特炉启动前准备

①测试给料系统运行正常与否，校准焦炭加入和其他工艺物料系统设备。②检查仪表和控制设备工作正常与否。③废热锅炉和基夫赛特炉冷却水系统运行正常并检查这些系统以及阀门、管件的密封情况。④基夫赛特炉冷却元件进、出水挂好标识牌。⑤检查电极的提升、下降功能，以及电炉排烟系统。⑥炉子耐火砖砌砖内部检查。⑦检查电收尘，包括极板、极线、绝缘子室和烟尘排出系统。⑧检查基夫赛特炉排风机、炉底风机以及通风系统。⑨检查和确认烟气系统密封。⑩确认安全栏、接地及其他安全措施情况。⑪在炉子点火升温之前，所有发现的问题必须处理好。

2）点火升温

①基夫赛特炉的点火升温要按照耐火材料供应商提供的升温曲线进行，最终达到 850℃即可投料。②炉子升温期间的烟气通过竖炉排出并经过电收尘放空。③升温过程中，要加强基夫赛特炉电炉顶和炉底膨胀检测。

3）初始熔池的形成

基夫赛特炉升温结束之后，进行以下操作：①打开炉底空气冷却。②调整好反应塔顶辅助烧嘴热负荷。③通过反应塔和电热区的焦炭仓往炉内加入适量焦炭。④往炉内加入一定量的液态底铅，加入速度约为 50 t/h。⑤底铅加入炉中后，将电炉电极插到铅表面的焦炭层内，电极开始送电。

4) 投料

①降低辅助烧嘴热负荷。②将焦炭(块度小于 20 mm)加进反应塔,维持焦炭层厚度 100 mm 左右。③当反应塔熔池表面的焦炭层加热至高于 1100℃ 时,可以启动反应塔精矿喷嘴投料。④喷嘴启动时反应塔负压不能小于 -50 Pa,温度不能低于 800℃。

5) 停炉

①需要短时停炉时,首先停止所有给料和焦炭加入,然后停止给氧。②在长时间停炉时,通过反应塔顶的天然气烧嘴来维持反应塔温度。③在大修停炉时,停止给料后熔体从炉中全部排出。

3. 常见事故及处理

基夫赛特炉生产过程中可能发生的故障以及防止、排除故障的措施如表 3-1 所示。

表 3-1　基夫赛特炉生产过程中可能出现的故障

故障现象	故障原因	防止和排除措施
熔池内有蒸汽逸出、出现异响	水套烧损、水渗进熔池	①停止投料以及焦炭装入;②打开紧急排放口排放熔体至低于熔池水套位置;③自然冷却炉子到 100℃;④更换烧坏的水套;⑤炉子升温、恢复投料
水套之间或水套和炉子耐火砖之间熔体泄漏	出现裂缝	①停止投料;②电炉停电;③泄漏点用压缩风吹,冷却;④在熔体泄漏停止之后,清理泄漏点,在该点焊上钢板,并用耐火砖覆盖堵上;⑤电炉送电、恢复投料
隔墙堵塞、反应塔熔体面升高	在反应塔和电炉之间,浸没进熔体的隔墙下方熔体不流动	①停止投料,点辅助烧嘴加热炉子反应塔;②从电炉排放熔体降低电炉液面;③在反应塔和电炉之间熔体开始流动、两边液面平衡后投料,辅助烧嘴熄火
电收尘出口处烟尘潮湿	废热锅炉漏水	①停止投料冶炼;②从炉子排放熔体至低于隔墙下沿;③在上升烟道和废热锅炉之间安装插板;④反应塔点辅助烧嘴保温;⑤维修废热锅炉;⑥取出插板、恢复投料并停掉辅助烧嘴
电炉一根电极电流突然波动	电炉电极折断	①电炉停电,防止电弧烧坏熔池水套;②从电炉内取出电极块;③重装或者更换断裂的电极,电炉恢复送电

3.2.3　计量、检测与自动控制

1. 计量

1）配料系统计量

各种含铅物料、熔剂、燃煤以及返料计量采用 PID 调节方式进行，即通过检测计量皮带转速及称重信号接入二次仪表，由 PID 调节控制输出给变频器进行调速。此外，从二次仪表输出的称重信号接入 DCS，与设定值进行比较后输出 AO 信号给计量皮带变频器。

2）入炉物料计量

混合料采用变频调速的环状天平进行称重计量；烟灰不计量；焦炭采用电子皮带秤计量。

3）气体计量

氧气和电炉电极密封氮气采用阿牛巴流量计测定。

4）计量器具维护

计量设备的日常维护很重要，如定期校准皮带和环状天平，对流量测量的压差变送器进行零点调整以防漂移。另外，配料及给料要稳定，PID 值设定要合理，否则不利于控制调节。

2. 检测

基夫赛特炉生产过程的检测包括温度检测、压力检测、液位/料位检测、关键部位铜水套冷却水流量检测以及成分分析等。

1）温度检测

生产过程中，反应塔火焰温度可采用快速热电偶测温枪或红外测温仪来检测，竖炉及电炉出口烟气温度、电炉炉顶及侧墙耐火砖温度、炉底砖温度采用带法兰固定式热电偶测温，供风温度采用热电阻等进行检测；使用一次性快速测温热电偶对炉渣、铜锍、粗铅等熔体的温度进行测量。对炉子冷却元件的进、出口水温以及部分关键铜水套的本体温度也采用热电阻进行检测。

2）压力检测

氧气及氮气压力、反应塔及电炉负压、精矿喷嘴负压、锅炉烟气压力、冷却水压力均采用压力变送器进行测量。

3）液位/料位检测

采用钢钎从移动烧嘴孔处探测炉内熔体液面高度，通过电极检测电炉内渣层厚度。干矿仓及焦炭仓料位采用雷达物位计测量。

4）成分分析

对于各种含铅物料、燃煤、熔剂、焦炭、混合料、炉渣、铜锍、粗铅、烟尘以及电收尘后烟气中的氧气、一氧化碳、氮氧化物、二氧化硫、氢气、二氧化碳等都

进行化学分析或仪器分析。

3. 自动控制

基夫赛特炉生产过程采用 DCS 系统进行自动控制。

1)物料输送的连锁控制

物料输送系统对皮带或刮板等设备的启停顺序有严格要求。输送物料时,设备的启动顺序为从靠近炉前往后启动,中间设置延时。实现逆生产流程连锁顺序启动、顺生产流程连锁顺序停机。在生产过程中,只要其中有一个环节出现故障停机,则后续设备自动停止,避免压料,保障设备安全。

2)优化控制

生产中要根据炉渣铁硅比、钙硅比自动修正熔剂配比;根据混合料发热值以及反应塔火焰温度自动调整燃料煤配比;根据物料氧化还原程度自动调整氧料比;根据焦滤层厚度、反应塔下熔体流动程度及渣含铅等自动调整焦炭加入量;根据粗铅、炉渣温度自动调节电炉挡位、功率等,优化工艺参数,保证工况稳定。

3)连锁停车

为保证生产安全,基夫赛特炉熔炼系统还与下游烟气制酸系统(包括排风机,锅炉液位,烟气温度,出口烟气中一氧化碳、氢气含量等相关对象和参数)设置了控制局部以及全厂紧急停车的大连锁。

3.2.4 技术经济指标控制与生产管理

1. 概述

根据国内基夫赛特炉的生产实践,主要技术经济指标是生产能力和效果,具体情况如下。

1)生产能力

基夫赛特炉作业率系指投料时间占日历时间的百分比。它是反映基夫赛特炉生产能力的一项重要指标。它与工艺控制、操作水平、管理水平以及全厂设备故障率等因素有关。作业率可达95%,混合矿日处理量可达1100 t以上。

2)生产效果

入炉干矿含铅一般控制在30%左右,随铅精矿品位以及平衡处理锌浸出渣量情况波动;脱硫率为95%~98%,根据熔炼过程是否造铜锍而定;粗铅品位为97.5%~99%;渣含铅为2%~6%。

2. 能量平衡与节能

基夫赛特炉不造铜锍冶炼过程热平衡实例见表3-2。

表 3-2　基夫赛特炉投料量为 48.453 t/h 时不造铜锍冶炼过程热平衡

收支	项目	热量/(MJ·h⁻¹)	比例/%	温度/℃
热收入	投料显热	1179.08	0.64	25
	焦炭显热	31.65	0.02	25
	鼓风和吸风显热	704.40	0.38	25
	给料成分反应热	45051.66	24.45	—
	粉煤燃烧热	88085.66	47.80	—
	焦滤层气体二次燃烧热	13385.56	7.26	—
	电炉烟气二次燃烧热	11762.28	6.38	—
	电炉功率热	24063.43	13.06	—
	合计	184263.72	100.00	—
热支出	金属还原热	18180.80	9.87	
	粗铅热	1543.77	0.84	800
	炉渣热	34577.13	18.77	1300
	烟尘热	614.46	0.33	950
	上升烟道出口冶炼烟尘热	12156.06	6.60	1300
	上升烟道出口冶炼烟气热	51881.54	28.16	1300
	电炉烟气热	10422.67	5.66	950
	炉墙热损失	3576.20	1.94	—
	冷却水热损失	51311.10	27.85	—
	合计	184263.73	100.00	—

由表 3-2 可以看出，热收入项中以粉煤燃烧热为主，其次是反应热；热支出项中以上升烟道出口冶炼烟气热和冷却水热损失为主，其次是炉渣热。

3. 物质平衡与减排

不造铜锍熔炼时基夫赛特炉年产精炼铅 100 kt，给料能力为 48.47 t/h，设计的物质平衡和含铅原料冶炼产品各组分质量平衡如表 3-3、表 3-4 所示。

表3-3　基夫赛特法不造铜锍炼铅主体元素质量平衡

单位：kg/h

项目	物料	合计	Pb	Zn	Cu	Au	Ag	S	Fe	CaO	SiO$_2$
加入	铅精矿A	23971.70	12800.87	1438.3	191.77	0.13568	28.7660	4765.57	2138.27	93.49	839.01
	来自锌系统锌渣	9996.20	341.87	2109.2	135.95		3.6540	659.75	2568.02	27.99	288.89
	来自锌系统铅渣	2380.00	1045.53	216.82	1.43		0.1010	275.37	110.19	55.93	97.10
	来自铜厂硫酸铅泥	315.70	122.11	4.42	10.61			26.52	34.51	0.16	12.50
	铅精炼渣氧化渣	150.80	128.18		0.01		0.003	0.00			
	废水中和渣	252.50	6.50	30.09	2.47			22.28	7.60	73.00	
	石灰石	4582.60							53.62	2491.10	43.08
	石英砂	3021.00							111.47	1.06	2598.66
	煤	3797.00						38.35	60.37	96.82	562.71
	反应塔焦炭	1440.00						11.52	23.62	11.38	138.24
	电炉焦炭	240.00						1.94	3.94	1.90	23.04
	合计	50147.50	14445.06	3798.83	342.24	0.13568	32.524	5801.30	5111.61	2852.83	4603.24
产出	粗铅	13556.30	13016.77		248.53	0.13317	31.9817	3.48			
	炉渣	21176.40	846.48	3002.10	90.76	0.00158	0.2371	81.22	5097.81	2846.25	4592.65
	熔炼烟尘	450.00	171.00	38.31	1.37	0.00045	0.2259	36.39	8.69	4.85	7.83
	电炉烟尘	1580.10	410.82	758.42	1.57	0.00048	0.0793	38.87	5.11	1.71	2.76
	烟气							5641.31			
	合计	36762.80	14445.07	3798.83	342.23	0.13568	32.524	5801.27	5111.61	2852.81	4603.24

表 3-4　基夫赛特法不造铜锍熔炼铅副元素质量平衡

单位：kg/h

项目	物料	In	As	Sb	Bi	Hg	Sn	Cd	C	F	Cl
加入	铅精矿 A	1.851	119.86	119.86		31.16	11.99	16.78	19.90	4.79	23.97
	来自锌系统锌渣		24.99					12.00		2.00	1.00
	来自锌系统铅渣		11.66					5.47			
	来自铜厂硫酸铅泥				12.09						
	铅精炼氧化渣		0.06	0.93			0.90				
	废水中和渣		0.49					1.45		23.07	
	石灰石								533.87		
	石英砂										
	煤								2403.49		
	反应塔焦炭								1080.00		
	电炉焦炭								180.00		
	合计	1.851	157.06	120.79	12.09	31.16	12.89	35.70	4217.26	29.86	24.97
产出	粗铅	0.6295	125.37	109.7	11.63		7.97	0.00			
	炉渣	0.3148	9.86	7.78	0.11		1.98	2.50		12.61	7.91
	熔炼烟尘	0.5907	9.02	0.10	0.04	1.25	0.09	21.78		11.76	12.5
	电炉烟尘	0.316	9.36	3.18	0.32		2.86	11.42		4.74	3.17
	烟气		3.46			29.92			4217.26	0.75	1.12
	合计	1.851	157.06	120.79	12.09	31.16	12.89	35.70	4217.26	29.86	24.97

4. 原料控制与管理

基夫赛特炉冶炼原料包括铅精矿 A、铅精矿 B、锌残渣、铅残渣、硫酸铅泥及铜浮渣等含铅物料。不造锍炼铅时，炉子设计给料能力为 48.5 t/h，造锍炼铅时为 51.4 t/h。炉子最小给料能力为 24 t/h。在余热锅炉对流部和电收尘器中收集的铅烟尘循环使用，与炉料一起投入冶炼，铅烟尘占给料量的 5%~10%。

精矿质量控制要点，一是实现自热熔炼，有效利用铁和硫，尽量少带入影响后续工序和对设备造成腐蚀的氟、氯、酸等；二是尽可能多带入有价元素，充分发挥有价元素综合回收的优势。还必须控制好入炉原料中的砷、锑、铋含量。铅原料的化学组成如表 3-5 所示。表 3-6 列出了不造铜锍炼铅和造铜锍炼铅时的铅原料构成。

表 3-5 设计采用的铅原料化学成分的质量分数　　　　单位：%

成分	铅精矿 A	铅精矿 B	锌残渣	铅残渣	硫酸铅泥	铜浮渣	精炼氧化渣
Pb	53.4	48.0	3.42	43.93	38.68	65.0	85.0
Zn	6.0	6.0	21.10	9.11	1.40	—	—
Cu	0.8	1.5	1.36	0.06	3.36	12.0	0.005
Fe	8.92	10.5	25.69	4.63	10.93	—	—
CaO	0.39	0.39	0.28	2.35	0.05	—	—
SiO_2	3.5	3.5	2.89	4.08	3.96	—	—
Al_2O_3	0.32	0.32	—	—	—	—	—
S	19.88	19.88	6.6	11.57	8.40	4.15	—
C	0.08	0.08	—	—	—	—	—
H_2	—	—	0.64	0.11	—	—	—
H_2O	—	—	—	—	—	—	—
As	0.50	0.50	0.25	0.49	—	2.55	0.04
Sb	0.50	0.50	—	—	—	3.18	0.62
Bi	—	—	—	—	3.83	0.14	—
Sn	0.05	0.05	—	—	—	0.51	0.60
In[①]	—	—	185.2	—	—	—	—
Cd	0.07	0.07	0.12	0.23	—	—	—
Au[①]	5.66	5.66	—	—	—	—	—
Ag[①]	1200.0	1200.0	365.5	42.4	—	—	20.0
F	0.02	0.02	0.02	—	—	—	—
Cl	0.10	0.10	0.01	—	—	—	—
Hg[①]	1.3	1.3	—	—	—	—	—

注：①单位为 g/t。

表 3-6 两种熔炼方式的铅原料构成

不造锍炼铅		造锍炼铅	
名称	比例/%	名称	比例/%
铅精矿 A	64.67	铅精矿 B	63.02
来自锌系统锌残渣	26.97	来自锌系统锌残渣	25.05
来自锌系统铅残渣	6.42	来自锌系统铅残渣	5.97
来自铜厂硫酸铅泥	0.85	来自铜厂硫酸铅泥	0.79
铅精炼氧化渣	0.41	铅精炼铜浮渣	4.16
废水中和渣	0.68	铅精炼氧化渣	0.38
		废水中和渣	0.63
原料合计	100.00	原料合计	100.00

5. 辅助材料控制与管理

辅助材料主要是熔剂(石灰石、石英砂)、碳质燃料和还原剂(燃料煤和焦炭)。熔剂的化学成分要求如表 3-7 所示。碳质燃料和还原剂的特性要求见表 3-8、表 3-9。循环烟尘化学成分如表 3-10 所示。原料及辅助材料的粒度要求如表 3-11 所示。

表 3-7 熔剂化学成分质量分数的要求　　　　　　单位:%

物料	Fe	CaO	SiO_2	Al_2O_3	C_{tot}	其他
石灰石	1.17	≥54.36	0.94	—	11.65	31.88
石英	3.69	0.04	≥86.02	4.40	—	5.85

表 3-8 煤的工艺特性及组成质量分数的要求　　　　　　单位:%

燃烧热 /(kJ·kg^{-1})	生产燃料成分			可燃混合物组成				
	含水量(W)	灰分(A)	挥发分(V)	C	H	O	N	S
≥23199	7.50	27.65	38.00	87.50	4.80	4.80	1.50	1.40
灰分组成	Fe_2O_3	SiO_2	CaO	Al_2O_3	MgO	其他		
	8.21	53.60	9.23	21.42	2.26	5.28		

表3-9 碳质辅材的工艺特性及组成质量分数的要求 单位：%

名称	燃烧热 /(kJ·kg^{-1})	C	H$_2$O	Fe	SiO$_2$	CaO	S	Al$_2$O$_3$	MgO	H	O	N	其他
煤	≥25120.8	63.30	—	1.59	14.82	2.55	1.01	5.92	0.62	3.47	3.47	1.09	2.16
焦炭	≥26210	75.0	<1.0	1.64	9.60	0.79	0.80	—	—	0.70	0.60	0.12	10.75

表3-10 循环烟尘化学成分的质量分数 单位：%

Pb	Zn	Cu	Fe	CaO	SiO$_2$	S
38.00	8.50	0.30	1.93	1.08	1.74	8.09

表3-11 原料及辅助材料的粒度要求

原辅材料	原料	熔剂 （石灰石和石英砂）	配料用煤	焦炭 （反应塔还原）	焦炭 （电炉还原）
粒度/mm	<0.2	<1	<0.2	5~15（≥90%）	20~30（≥90%）

在冶炼段入口，由含铅原料、熔剂及碳质燃料(煤)仔细配制的炉料$w($H$_2$O$)$ ≤1%。根据是否造锍冶炼，炉料的配制比例见表3-12，化学成分如表3-13 所示。

表3-12 炉料的配制比例 单位：%

炼铅方式	含铅原料	粉煤	石灰石	石英砂	循环烟尘	合计
不造锍	76.39	7.00	9.45	6.23	0.93	100.00
造锍	77.00	6.66	9.20	6.25	0.80	约100

表3-13 炉料化学成分的质量分数 单位：%

炼铅方式	Pb	Cu	Zn	Fe	S	SiO$_2$	CaO
不造锍	29.80	0.71	7.84	10.49	11.94	9.16	5.86
造锍	28.77	1.41	7.53	10.88	11.84	8.98	5.68

以上两表的数据说明，造锍炼铅方式炉料中的含铜量约为不造铜锍炼铅方式的两倍，原因是铅原料中配入了4.61%的铅精炼铜浮渣。

6. 能量消耗控制与管理

对一定成分的炉料而言，其反应热可认为是一常数。要减少外来补热，一是要利用好精矿中的硫，二是减少热的支出，可通过减少漏风、烟气量以降低烟气带走热的损失来实现。基夫赛特炉由于搭配处理了大量锌系统浸出渣，故在原料中配入了 5%~9% 燃料粒煤，正常生产时，辅助及移动天然气烧嘴不需投入；竖炉及电炉烟气经过余热锅炉产生的蒸汽为 4 MPa，送饱和蒸汽发电机发电，部分低压蒸汽抽出用于蒸汽干燥机的原料干燥。以基夫赛特炉典型生产参数为例：投料 54 t/h，炉料含铅品位为 22%，产铅为 11 t/h，锌渣配比为 37%，能源消耗大致为：锌渣干燥用天然气为 260 m³/h，电炉功率为 4000 kW，球磨机功率为 900 kW，锅炉循环泵功率为 132 kW，炉子冷却水循环泵为 650 kW，炉底风机为 264 kW，总排风机为 75 kW，吨料用氧为 185 m³，炉料配煤为 6%，焦炭用量为 1.6 t/h，炉料及焦炭干燥用汽为 10 t/h，但基夫赛特炉产汽为 26 t/h，综合计算基夫赛特炉冶炼铅段净能量消耗为 504 kg ce/t（未包括烟气制酸及刮板皮带输送用能）。

7. 金属回收率控制与管理

一台年产精炼铅 100 kt 的基夫赛特炉，不造锍炼铅方式和造锍炼铅方式的给料能力分别为 48.47 t/h 和 51.41 t/h。炼铅方式不同，金属回收率亦不同，设计采用的金属（或硫）在冶炼产物中的回收（分配）率如表 3-14 所示。

表 3-14　设计采用的金属（或硫）在冶炼产物中的回收（分配）率　　　单位：%

冶炼产物	冶炼方式	Pb	Cu	Zn	Au	Ag	As	Sb	Bi	S
粗铅	1 不造锍	90.11	72.62	—	98.15	98.33	79.82	90.85	96.18	—
	2 造锍	88.00	27.95	—	95.39	93.39	60.12	88.32	93.02	
铜锍	1 不造锍	—								
	2 造锍	3.10	62.75	5.70	2.85	4.68	23.47	4.78		5.22
炉渣	1 不造锍	5.86	26.52	79.03	1.17	0.73	—	—	—	
	2 造锍	4.88	8.89	73.18	1.10	1.02				
烟尘	1 不造锍	2.84		19.96						
	2 造锍	2.85		20.11						
烟气	1 不造锍	—								97.24
	2 造锍	—								92.14

8. 产品质量控制与管理

在确保基夫赛特工艺粗铅产品质量稳定可控的前提下，通过调整原料配比和工艺参数控制，尽可能提高阳极板中的有价金属的含量，实现伴生元素的资源化利用。为了确保基夫赛特炉工艺稳定可控，在不造锍冶炼方式下，一般要求炉料中的铜铅比小于 0.035，粗铅温度通过加强电炉电极功率和挡位控制，一般需控制在 850℃ 至 950℃ 之间。

控制好入炉原料中的砷、锑、铋含量对于控制电铅质量影响很大。为了保证铅电解的正常生产和产出合格的 1# 铅锭，一般要求粗铅中的锑控制在 0.6% 至 1.2% 之间。同时为了提高综合回收效益，希望尽量提高粗铅中金银等稀贵金属含量。

9. 生产成本控制与管理

基夫赛特炉炼铅工艺的生产成本与日处理量、作业率、渣含铅控制、搭配处理的锌渣量以及入炉物料中锌、铜、铋、锑、金、银、铟等有价元素含量有关。基夫赛特炉炼铅工艺的生产成本大致包括氧气、煤、焦、电、天然气的消耗，材料备件、维修以及人工成本等。生产 1 t 粗铅一般需消耗：工业氧气 908 m³、无烟煤 0.29 t、焦粒 0.145 t、天然气 2.36 m³、电 547 kW·h、材料备件及维修 200 元、人工成本 90 元，另可副产中压蒸汽 2.36 t，可抵消小部分成本。

3.3 闪速熔炼

3.3.1 概述

铅富氧闪速熔炼技术是北京矿冶研究总院在充分借鉴铜闪速熔炼和基夫赛特炼铅成熟经验的基础上，和灵宝市华宝产业有限责任公司合作开发的铅冶炼新技术。2007 年开始筹建，2010 年年产 100 kt 粗铅规模的示范工程建成投产，在入炉料含铅低至 26% 的情况下，取得了铅总回收率 98.5%、硫利用率大于 98%、伴生金银回收率 99.5%、铜回收率 85%、锌回收率大于 90% 的优异指标，是目前唯一取消了烟化炉的铅冶炼技术。由于其具有物料适用范围广，铅及伴生有价元素回收率高、环境保护好、生产效率高、能耗低等显著优点，"铅富氧闪速熔炼新技术"获得了 2011 年度中国有色金属工业科学技术发明一等奖。

1. 铅富氧闪速熔炼机理

铅熔池熔炼的主要特征是富氧强化熔炼，硫化铅和氧化铅的交互反应是生产金属铅的途径之一：

$$PbS+2PbO \rightleftharpoons 3Pb+SO_2 \tag{3-1}$$

在一个强烈搅动的熔体内，要同步实现高氧势下的脱硫和低氧势下的铅还原这两个矛盾的反应，在热力学上极为困难。因此，为保证脱硫率，熔池炼铅法均采用了高氧势操作，产出的一次渣含铅一般在 40% 以上；由于 PbS 的蒸气压高（1100℃的蒸气压为 13329 Pa），高温交互反应慢，来不及氧化的 PbS 极易挥发，导致大量的铅进入烟尘。而为了确保产出一次粗铅以保护炉衬和交互反应的正常进行，熔池炼铅通常要求入炉料含铅在 45% 以上。因此，现代熔池炼铅均采用"三段炉"生产：氧化熔炼炉脱硫、还原炉还原高铅渣、烟化炉挥发锌。

铅富氧闪速熔炼法则突破了上述限制，把两个互为矛盾的反应分为两步进行。

①使用工业纯氧实现物料在反应塔的快速氧化脱硫，脱硫率大于 98%：

$$2PbS+3O_2 \Longrightarrow 2PbO+2SO_2 \tag{3-2}$$

②利用炽热焦滤层实现脱硫熔融物料在熔池内的快速高效还原，铅还原率大于 90%：

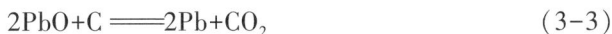

$$2PbO+C \Longrightarrow 2Pb+CO_2 \tag{3-3}$$

在一个炉体内实现了反应塔的高氧势快速脱硫和熔池的低氧势快速还原两个过程，金属铅产生的主要途径是氧化铅的高温碳还原。由于改变了铅的还原途径，大大增强了工艺对物料的适应性，入炉料含铅可以降至 25% 甚至更低，闪速炉渣含铅最低可降至 3%。自流至贫化电炉的一次液态渣经电炉二次还原，弃渣含铅、锌可降至 1% 以下，并直接产出含锌大于 55% 的氧化锌灰，淘汰了高耗能的烟化炉。

2. 与铜闪速熔炼及基夫赛特法的区别

铅富氧闪速熔炼炉虽然借鉴了奥托昆普铜闪速熔炼炉，但却与其存在本质区别：①铅的闪速熔炼是强氧化气氛下的完全脱硫熔炼，而铜闪速熔炼只是在弱氧化气氛下部分脱硫的造锍熔炼。②铅闪速熔炼炉的熔池面保持有 100~200 mm 厚的炽热焦炭层，熔融物先经焦炭层过滤，PbO 与 C 反应后才进入沉淀池。③铅闪速熔炼炉的上升烟道为直立式，垂直向上与锅炉辐射连接，与铜闪速熔炼炉斜升烟道连接辐射冷却室不同。

铅富氧闪速熔炼法与基夫赛特法也不相同：①主体设备配置不同，铅富氧闪速熔炼法的主体设备由闪速熔炼炉和还原贫化电炉这两台分开的设备构成，而且并不是将基夫赛特炉的氧化段和还原段进行简单的分割。②熔体流动方向不同。基夫赛特法的熔体流动方向为反应塔区→电炉区，其直升烟道下部的熔池为无效工作区；铅富氧闪速熔炼法的熔体流动方向为反应塔区→烟道区→贫化电炉，熔池内没有无效工作区，熔渣在熔池中的停留时间长，一次粗铅产率高。③铅闪速炉的反应塔为圆形，有利于墙体热胀的消纳，且反应塔只设一个中央扩散型料枪，供料系统配置简单，料在塔内的分布比较均匀。④基夫赛特法的蓝炭和炉料一起混合加入，要求蓝炭含水小于 1%。铅富氧闪速熔炼法的蓝炭单独加入，要求蓝炭含水小于 5% 即可。⑤铅富氧闪速熔炼法采用了薄渣层操作技术，消除了黏渣层的形成，反应塔熔炼温度(约1350℃)、熔渣温度(约1150℃)和底铅温度均较低，对耐火材料的侵蚀小。从铅虹吸口排出铅的温度小于700℃，几乎没有铅雾产生，粗铅含铜低。⑥锌还原挥发率高。通过采用喷吹压缩空气和使用粒煤做还原剂，使电炉渣$w(Pb)<1\%$，$w(Zn)<2\%$，锌挥发率大于90%，取消烟化炉。⑦铜回收率高。物料中的铜大部分以硫化物的形态在贫化电炉中富集，产出含铜约20%的铜锍。外排电炉渣含铜小于0.1%，铜回收率大于85%。由于铜锍层的存在，即便炉渣含锌降至2%以下，也不用担心铁的过还原(铁和铜锍相的硫化铅会产生置换反应)。⑧铅闪速炉的熔池设有二次补风装置，保证了烟气中PbS蒸汽和CO的完全氧化，避免了PbS和CO在余热锅炉对流区的二次燃烧并改变烟尘性质，消除了烟灰堵塞余热锅炉烟道的隐患。

3. 铅富氧闪速熔炼的技术特点

1)原料适应性强

入炉料含铅可以在20%至70%之间波动。不仅适用于铅精矿的处理，还可以处理铅酸蓄电池、湿法炼锌渣、湿法炼铜渣、含铅20%左右的二次铅物料、含铅30%左右的氧化铅矿、含铅20%~30%的电子玻璃、难处理金矿、含金黄铁矿等，做到铅、锌、铜及贵金属回收互补，使铅、锌、铜联合企业更具优势。

2)富氧浓度高，熔炼强度大

直接喷吹工业纯氧，氧利用率高达100%，烟气体积小，烟气二氧化硫浓度高。

3)不产生泡沫渣

由于熔池中有焦滤层，且熔渣呈类静态流动，即便处理含锌超过10%的物料，也不会有"泡沫渣"产出，生产安全可靠。

4)投资低

"大三明治"结构的反应塔使铜水套的使用量大幅降低，同时由于贫化电炉炉温较低，炉墙不使用铜水套，并取消了烟化炉，铅富氧闪速熔炼法的能耗及耐火材料消耗量小，投资低。

3.3.2　闪速炉熔炼系统的运行及维护

1. 主体设备系统

铅富氧闪速熔炼法的主体设备由闪速熔炼炉和还原贫化电炉构成，见图3-6。

设备配置更类似于铜的闪速熔炼，铅的熔炼以及炉渣的贫化和锌的还原挥发分别在两台装置中完成。粒径小于1mm、含水小于1%的粉状炉料通过下料管从咽喉口处加入，氧气在咽喉口呈高速射流，将含铅物料引入并经喇叭口分散成雾状送入反应塔。含$w(H_2O)<5\%$、粒径5~25mm的焦粉(蓝炭)从均布在塔顶的两个加料管单独加入，5%~10%的蓝炭在反应塔内参与燃烧反应补充反应热。氧

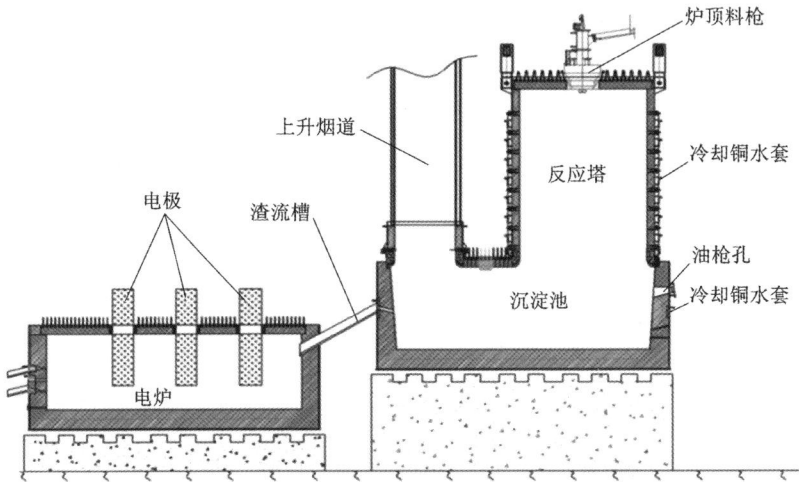

图 3-6　铅富氧闪速熔炼新技术的设备配置简图

化脱硫反应后的 1350~1400℃ 的熔融物料先经过炽热的焦炭层,超过 90% 的 PbO 与焦炭层的 C 及产生的 CO 发生还原反应生成金属铅,铅与渣在沉淀池分离后从放铅口虹吸放出;少部分铅呈 PbO 和硫酸铅的形态进入炉渣,经溜槽流至贫化电炉进行深度还原。反应塔烟气进入沉淀池,经二次补风燃烧后,再以 5~7 m/s 的速度流向上升烟道。上升烟道垂直向上,直接与余热锅炉辐射冷却段相连。

还原贫化电炉控制约 1250℃ 的还原温度,还原剂为 5~30 mm 的粒煤,由电炉进料口加入。为保证炉渣中铅、锌的还原效果,喷吹适量压缩空气搅动熔体,保证渣 $w(Pb)<1\%$, $w(Zn)<2\%$。挥发进入电炉烟气的锌蒸气和少量铅蒸气经二次吸风燃烧、冷却降温后,进入布袋收尘系统回收锌、铅。电炉还原过程中形成的铜锍从铜锍口放出。电炉粗铅从放铅口虹吸放出。

1)闪速炉

闪速炉由三部分组成:带氧焰喷嘴的反应塔,设有热焦滤层的沉淀池,带膜氏壁的上升烟道。反应塔为圆筒形,采用吊挂结构,塔顶设有四个油枪口。上升烟道架设在沉淀池四周的立柱上,下部设有二次风口。反应塔在前,上升烟道在尾部。反应塔采用一层铜水套+7 层铬镁砖耐火材料的“大三明治”结构,耐火材料外部设有钢水套。塔顶和沉淀池顶部设有备用氧油枪,供停料保温用。沉淀池设有两个渣口、两个粗铅口、一个安全口、六个油枪口。从放铅口放出的粗铅至圆盘浇铸机中被浇铸成粗铅锭。炉渣从排渣口通过溜槽排到贫化电炉中。

为确保闪速炉能长期正常运行,针对不同区域设置了合理的冷却系统。在反应塔区,根据原料喷枪气流分布理论,以及计算机模拟和仿真结果,针对气流和熔体冲刷激烈的区域,沿反应塔高度的不等距设置了冷却元件,对最容易被冲刷的部位加大冷却件的设置密度和冷却强度,使这些区域的耐火材料获得最合理的保护。在熔池部位和渣线区域,耐火砖受到严重的侵蚀,渣线沿炉墙的高度方向需要设置单块的冷却元件,在保护耐火砖的同时,确保冷却元件不发生渗漏。为了确保该部位衬砖不被浮起和减缓被侵蚀的速度,该部位的耐火砖采用了砖嵌铜水套的结构。在沉淀池气相区,由于含尘烟气的激烈冲刷,对气相区炉墙设置水平铜水套以维护炉墙的正常运行。反应塔及直升烟道连接部位承受着含熔体的高温烟气冲刷,设计采用了锯齿形铜水套结构。整个炉体冷却水供应系统由供水总管、支管、部位供水管路组成。部位供水管向该部位水冷元件供水。各冷却元件根据冷却强度大小,采用单元件供水或几个元件串联供水的方式。为了及时掌握各冷却元件的工作状况,冷却元件的所有排水点均设置水温检测的显示和报警系统。

　　2)精矿喷枪

　　中央喷射型喷枪是铅富氧闪速熔炼的核心关键设备,包括中心氧管、内环主氧风环和外环副氧风环;喷头处设计有分配风环(压缩空气),喷枪采用水冷结构。喷枪示意图见图3-7,喷嘴结构见图3-8。

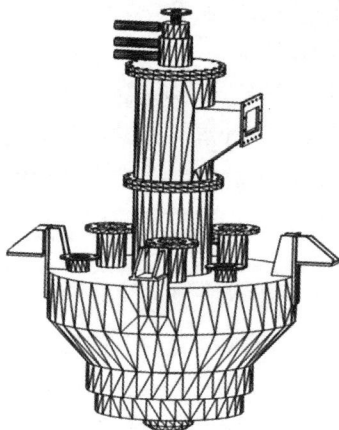

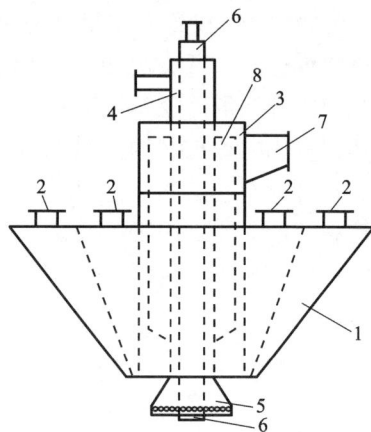

1—水冷式气腔;2—内、外环氧气进气管;
3—精矿溜管;4—水冷式雾化进气管;
5—水冷式雾化分散锥;6—中心氧进气管;
7—进料口;8—导料板。

图3-7　中央扩散型喷枪示意图　　　图3-8　中央扩散型喷枪喷嘴

3)还原电炉

采用两端为半圆形、中部为矩形的炉型。熔体深 2000 mm，粗铅层厚度 700 mm，炉内净空高度 1105 mm。炉子由 3 根 ϕ800 mm 的自焙电极供热，电极按直线排列，极间距 2400 mm，变压器额定容量为 3200 kV·A。电极消耗一般为 150~200 mm/d，一段 1.2 m 高的电极壳，5~7 d 接长一次。还原电炉烟气中含有大量的锌蒸气、铅蒸气和一氧化碳，经燃烧室吸风燃烧、表冷器降温后送布袋收尘器回收氧化锌和氧化铅。

4)余热锅炉及电收尘

闪速炉产出的烟气温度约 1350℃，并含有约 200 g/m³ 的烟尘，经余热锅炉降温至 350℃ 左右后再送电收尘器净化，含尘小于 0.3 g/m³ 的烟气送制酸工序。余热锅炉烟尘经破碎、筛分后，和电收尘器烟尘一起用斗提机返回炉顶料仓。

2. 辅助设备系统

1)配料及输送系统

含水量小于 10% 的各种铅精矿和铅原料，用抓斗起重机抓配成混合精矿后送配料厂房精矿仓，含金黄铁矿、石灰石、粉煤(或细粒碎焦)等物料同样用抓斗起重机送至配料厂房各个料仓中，各料仓下面配置胶带给料机和电子秤。按工艺要求，各物料称量后汇入配料胶带输送机，混合炉料再经干式电磁除铁器处理后送蒸汽管回转干燥工序。

铅富氧闪速熔炼所处理的物料复杂，需要根据精矿的种类、数量、成分、库存及供应情况等统筹考虑，配料原则如下：①有效硫质量分数控制在 15% 以上，以实现自热熔炼；当炉料中含有 5% 以上的硫酸盐时，需再配加 2% 左右的粉煤或细粒碎焦。②根据熔炼渣 $w(FeO)/w(SiO_2)$ 要求及精矿中铁、硅含量合理控制黄铁矿加入量，通常控制炉料 $w(FeO)/w(SiO_2)$ 在 1.2 左右。③根据熔炼渣 $w(CaO)/w(SiO_2)$ 要求，控制石灰石加入量，通常控制炉料 $w(CaO)/w(SiO_2)$ 在 0.6 左右。

2)干燥和球磨系统

配好的炉料经皮带送到干燥工段楼顶，经电动犁卸料器将混合料卸到楼顶中间仓，再由给料机将炉料送入回转式蒸汽干燥机中干燥，使炉料 $w(H_2O)<1\%$。干燥后的炉料经球磨机细磨后转运入流化料仓，再流入两套独立的高压输送罐，由无水压缩空气流态化，由压缩空气密相风动输送到闪速炉炉顶料仓。

3)加料系统

闪速炉炉顶设有精矿仓、焦炭仓和烟尘仓。各料仓均设有布袋除尘器，除尘后的废气用引风机送入直升烟道，作为二次燃烧风使用。余热锅炉烟尘和电收尘烟尘经埋刮板输送机、斗提机送炉顶烟尘仓；5~25 mm 的蓝炭用斗提机送入焦炭仓。各料仓设有计量装置，炉料和烟尘按配比经各自的下料管送到风动溜槽，通过风动溜槽将炉料送入精矿喷枪。蓝炭按配比单独经计量皮带、下料管直接加入反应塔内。

3.3.3　生产实践与操作

1.工艺技术条件与指标

铅富氧闪速熔炼的工艺技术条件与指标见表 3-15。

表 3-15　铅富氧闪速熔炼的主要技术经济指标

指标	数值	指标	数值
处理炉料量/$(t \cdot d^{-1})$	约 720	金回收率/%	>99.5
原料 $w(Pb)$/%	25~35	银回收率/%	>99.5
氧化区熔池渣温/℃	1100~1200	总硫利用率/%	>98
电炉区熔池渣温/℃	约 1250	单位产品铅新水用量/$(t \cdot t^{-1})$	<6
外排铅温/℃	600~650	单位产品铅综合能耗/$(kg\ ce \cdot t^{-1})$	213（含锌挥发能耗）
铅直收率/%	90~92	单位产品（铅）颗粒物产生量/$(kg \cdot t^{-1})$	0.06
脱硫率/%	98	氧气消耗（100%O_2）/$(m^3 \cdot t^{-1})$	160~220
渣含铅/%	0.5~2	焦炭消耗/$(kg \cdot t^{-1})$	30~40
渣含锌/%	0.5~2	粉煤消耗/$(kg \cdot t^{-1})$	40~60
熔炼烟尘率/%	6~10	总电耗/$(kW \cdot h \cdot t^{-1})$	180~230
铅总回收率/%	98.5	电极消耗/$(kg \cdot t^{-1})$	0.6~1
锌回收率/%	>90	压缩空气消耗/$(m^3 \cdot t^{-1})$	~135
铜回收率/%	85（铅铜锍）		

2. 岗位操作规程

1)干燥机操作

干燥机操作包括开机前检查、开机步骤及停机等操作。

(1)开机前检查　①检查各电机、电路;②检查蒸汽管道是否有裂痕;③检查进出料口是否畅通;④检查托轮、挡轮及齿轮润滑油情况;⑤检查所有阀门、管道是否完好。

(2)操作注意事项　①严禁超过设计压力操作;②干燥机处理能力不得超过设计规定处理量;③加热蒸汽管内蒸气压力,禁止超标;④禁止停车时先关加热蒸汽、开车时先加加热蒸汽。

(3)开机步骤　先合上车间开关柜开关以及各控制柜内的空气开关,检查控制柜驱动风机是否正常运行,一切正常则启动盘车电机、主电机、引风机、星形给料阀、螺旋输送机、脉冲控制仪及鼓风机,按工艺要求设定主电机运行频率。确认收尘器出入口阀门为打开,运转排风机,缓慢旋转蒸汽入口阀一到两圈,确保没有水击现象,缓慢将蒸汽送入干燥机加热管,使加热管能够有充分时间膨胀。然后打开进料口的不凝汽排放阀,关闭蒸汽入口旋转接头后冷凝水排放管阀门,关闭该阀以后在 30 min 左右进入加热管的蒸汽将加热管中原来的空气置换,使空气从安装在进料口的不凝汽出口排出,然后打开出料端出料旋转阀,准备排料。通知上游设备开始投料,通过蒸汽调节阀控制蒸气压力。干燥机出口温度控制在 120℃,排烟负压控制在-100 Pa,给料量以 20 t/h 速度增加,在工艺参数稳定时给出新的给料量。

(4)停机　①停止进料,停止干燥机上游的送料设备。②1 h 后关闭干燥机加热管蒸汽阀门,停止加热,控制进入干燥机的蒸汽流量降低为原来的1/3。③干燥机内的物料完全排出后,关闭蒸汽阀门,关闭出料阀电源。④停止加热大约 3 h 后关闭干燥蒸汽入口阀,停止供汽。⑤干燥机完全自然冷却收缩到位需 16 h 以后,此时关闭主电机,停车。⑥出料完成,分别停止主电机及盘车电机、螺旋输送机、星形给料阀、鼓风机、引风机及脉冲控制器。

2)气力输送操作

气力输送操作包括开机前准备、注意事项和故障处理等。

(1)开机前准备　检查控制柜开关是否断开,各供电电缆、信号线、控制线、接线端是否接好。检查各阀门是否漏气,仪表压力是否达到工艺指标,各阀门是否打开,确认无误后等待指令。

(2)注意事项　接到指令后方可开机,首先打开进料阀手动插板,再打开排汽阀,正常情况下由控制室自动控制,控制室信号故障时改为手动控制。手动控制为首先把切换开关转到手动,打开排汽阀,再打开进料阀,启动外部设备,开始进料，当进料达到预定数值时，进料设备关闭，关闭排汽阀，一般无压开泵，打开出料阀，开启一次气阀、二次气阀，开始输送物料。当仓泵内物料送出后，泵内压力下降，一次气阀关闭，二次气阀仍在吹管内残存物料，延迟数秒后，关闭二次气阀、出料阀，如此循环进行。

(3)故障处理 在输送过程中易出现堵料故障，系统装有报警器、排堵阀，排堵用抽吸法，报警自动依次关闭仓泵一次气阀、二次气阀、出料阀。手动开启二次气阀，查看输料管压力或进气压力是否到排堵设定压力，一般为 0.4~0.6 MPa，若达到，则将二次气阀关闭，打开排堵阀，利用压差将管道中的料气混合物引到流化料斗；关闭排堵阀，打开二次气阀，再打开排堵阀，重复几次，排通管道。排通后将出料阀打开，开启仓泵一次气阀、二次气阀，将物料送完，停止运行。

3)闪速炉烘炉开炉作业

闪速炉烘炉开炉作业包括烘炉、投料等操作。

(1)低温烘炉 ①电阻丝烘炉后，拆除炉内遗留杂物，对炉体渣口、铅虹吸口、铜锍口、安全口进行封堵。②在铜锍口、渣口及熔池顶部观测口处放入临时烘炉测温用热电偶。③在闪速炉炉膛内铺上 10 cm 厚的水碎渣，再在水碎渣上面铺层 50 cm 厚木炭。④在闪速炉炉膛内铺上木材，高度至观测口下 100 mm。⑤打开余热锅炉前事故烟道，开启循环水系统，点火升温，并按升温曲线要求往炉内补充适量木材。⑥余热锅炉系统严格按照操作规程作业。

(2)高温烘炉 ①先关闭余热锅炉事故烟道。再按升温曲线的要求，依次开启沉淀池及反应塔的油枪，须控制沉淀池内处于微负压。②安排专门人员调节炉体拉杆螺母，确保闪速炉炉体膨胀均匀。③在温度达 1250℃ 时，对炉内点检，查看底部水碎渣的熔化情况，确认水碎渣完全熔化后，控制炉内负压，分批加入底铅、焦炭和碳酸钠，再按升温曲线升温至 1250℃，达投料条件后即开始转入投料阶段。

(3)投料 ①再次检查确认上下游设备正常，具备闪速炉投料条件。②运转闪速炉精矿输送系统，多余精矿返回精矿库。③通知制氧车间，闪速炉准备投料。④运转焦炭装入系统，投入焦炭。⑤按投料工艺参数设定调整油量、氧量、空气量、精矿量、焦炭量，并调整炉内压力。切换精矿装入系统至风动斜槽，开始试投料 0.5 h。⑥试投料 0.5 h 后停止投料，观察炉内情况，若无异常，转入正式投料。⑦适时进行炉内检查，根据炉内检查和取样情况调整工艺参数。

4)电炉烘炉开炉作业

电炉烘炉开炉作业包括烘炉、投料等操作。

(1)低温烘炉 ①电阻丝烘炉后，拆除炉内的遗留杂物，对炉体渣口、铅虹吸口、铜锍口、安全口进行封堵。②在进渣口、渣口及电炉顶部观测口处放入临时烘炉测温用热电偶。③在电炉炉膛内铺上 5~7 t 木柴。④打开多管表面冷却器一组烟管顶上排空管法兰,将加料口、人孔等处密封,然后点火升温,并按升温曲线要求往炉内补充适量木材。⑤注意观察电极的情况并及时加入电极糊,确保三根电极在此期间焙烧好。⑥烘炉 48 h 后,熄火保温 2 d,转入电极烘炉。

(2)电极烘炉 ①关闭表面冷却器烟管顶上的排空管法兰,开启电炉收尘风机,控制炉顶为微负压。②在电炉炉膛内铺上 80 cm 厚的水碎渣。③在水碎渣上、三根电极间铺上 3~5 t 废钢材。④在电极四周铺上粒度为 40~80 mm 的 30 cm 厚的焦炭层。⑤调整夹持器和电极位置,通过人孔观察并指挥操作工上下放电极。当电极下端与预先铺入的焦炭接触时,即停止下放电极,三相电极的下端应控制在同一个水平面上,同时对电极下端距炉底的距离进行测量、记录。⑥将三相电极升降控制全部调至现场手动位;送电引弧,为防止极间明弧过强导致变压器跳闸,变压器送电前应调至 1 挡;电功率控制按升温曲线执行。检查变压器情况、高压开关柜情况、散热风机运行情况、变压器声音等。⑦温度达到 1100℃时进行炉内点检,若炉内水碎渣全部熔化,可切换为自动程序控制。同时及时补充干渣升高液面。在化渣过程中应经常探渣,检查炉内底渣情况,根据熔化情况及电流的变化及时调整电极下放程度和电流。⑧温度达到 1200℃时(根据临时烘炉测温用热电偶的温度综合判断),恒温进行炉内检查,达投料条件即可投入正常生产。⑨升温过程中安排专人调节炉体拉杆螺母,保持要求尺寸。

(3)投料 ①电炉烘炉完成后,熔池温度已达到 1200℃,按每班处理 5~10 t 加入干渣计算用电量,确定电炉使用功率。再逐步加大干渣投入量,当炉内渣面达到放渣规定线时开始放渣,并循环运作,达到洗炉以及熔化炉内的残渣、残铅的目的。②按照闪速炉出渣计划安排,确定电炉进渣时间,保证电炉的熔池面在正常状态下达到接纳闪速炉热料的要求。③严格控制熔池液面,严禁违章操作,确保电炉的正常生产。

5)炉前操作

①炉前排渣采用溢流式连续排渣作业方式。②当渣面达到出渣位置时,打开渣口使渣流出。③出渣前确认冲渣阀打开冲水,渣口水套通水。④检查溢流槽是否完好干净。⑤经常检查渣口及渣溜槽流渣情况,及时疏通堵塞物及渣面上的结壳,防止溜槽黏结而使渣从溜槽两侧溢出。⑥铅口操作人员确保铅流畅通,及时更换模具。⑦铅面保持干净整洁,无杂质;铅钩深浅适度。吊铅操作人员使用电葫芦时严禁歪拉斜吊,避免钢绳卡壳。⑧炉前操作严禁冷或湿的工具等物件接触高温,防止炸伤人员。⑨放铅人员要提前对模具进行预热,切忌模具里有水。

3.常见事故及处理

1)炉料结壳

(1)产生原因 ①原料成分不稳定,水分、粒度没有达到工艺要求。②中央喷嘴工作不正常,反应塔内未完成相应的物理化学反应。③炉温低,炉内生料过多,炉内结壳,用塌壳造成翻料,使炉况进一步恶化。④炉内漏进水。

(2)预防和处理措施　①严格按工艺技术卡片规定控制工艺参数。②因漏水造成翻料时要及时处理漏水部位。③翻料后炉内局部结壳时应把结壳化掉再继续投料。④如果翻生料严重,应及时开启补温油枪系统,从铜锍口外排熔体。在顺利外排的情况下,中央喷嘴正常投料工作,达到洗炉目的,从而转入正常生产。⑤对中央喷嘴进行检查、清理,对控制仪表进行检查、校对。

2)跑铅

(1)产生原因　①铅层温度过高、压力过大、堵不住虹吸口造成跑铅。②虹吸口衬套氧化严重,内孔过大,端面不平,堵不住铅口跑铅。③准备工作未做好,探渣工作不符合要求。

(2)预防和处理措施　①粗铅温度高、压力大时,放铅前一定要把准备工作做好,适当升高铅口。②在生产过程中应经常探渣,每班不少于4次。检查炉内情况,渣面要按操作规程控制,负荷要稳定;炉体放出粗铅温度低时,可将渣面适当控制低些。③发现堵不住铅口时,应通知炉长及时采取措施,并联系吊车进行配合,以防烧坏厂房内设备,同时组织人员强行堵口。

3)铅铜锍温度过高或过低

(1)产生原因　①炉渣温度过高,引起铅铜锍温度过高。②低负荷生产时间过长引起铜锍温度过低。③长时间高渣面生产引起铜锍温度过低。

(2)预防和处理措施　①炉子正常生产时,要正常进料。②渣面要按操作规程控制,负荷要稳定,炉体放出铜锍温度低时,可将渣面适当控制低些。③发现铜锍温度过高或过低时,要及时采取相应措施。

4)渣温过高或过低

(1)产生原因　渣温过高原因:炉子进料量少、负荷高,使炉子空烧将渣温升高。渣温过低,主要是炉温低、进料量过大、炉子翻料等原因造成的。

(2)预防和处理措施　①渣温过高时应适当增大进料量,必要时可适当降低负荷。②渣温过低时,应控制进料量,提高负荷。

5)电炉渣水碎放炮

(1)产生原因　①电炉排渣量增大,渣温高,造成放炮。②电炉渣层太薄,铅面太高,使排渣带铅铜锍太多,造成放炮。③水碎水嘴处排渣结瘤太大,一旦脱落后,遇水爆炸。④水碎水喷口的设计不适当,易造成结瘤而爆炸,可根据经验修改喷水头的设计。⑤渣溜槽中渣流不畅通,流渣方向改变,使渣流与水碎水喷口位置错开,导致水碎不良和结瘤发生爆炸。

(2)预防和处理措施　①可调整水量与渣量之比,避免放炮。控制好闪速炉熔体温度和电炉功率使渣温不要太高。排渣作业时渣面一到渣口应及时清理,做排渣准备,禁止"憋渣"操作。正常排渣时,冲渣水阀门开度过小、冲渣水量不足也会造成放炮。②应严格控制渣层厚度≥400 mm,必要时进行闪速炉或电炉的排铜锍作业,降低液面高度,减少闪速炉向电炉的排铜锍量。③监视排渣情况,一旦有结瘤,不待其长大就清除掉。④水碎水喷口的设计不当,易造成结瘤而爆炸,可根据经验修改喷水头的设计。⑤加强排渣监视,使排渣顺畅。

4. 点检

1)炉体

对炉体的相关部位和构件进行定期的检查和清点。①拉杆和顶杆:检查拉杆和顶杆是否压死、断裂、变形。②立柱和围板:检查立柱和围板是否紧靠,是否有损坏之处。③炉顶:检查炉顶是否有塌陷情况,加料管、烟道周围是否密封严实,炉顶是否清理干净。④炉墙冷却设施:检查炉墙冷却水套及水管、胶管、波纹管、管接头是否漏水,冷却水温是否控制在范围之内。⑤熔体放出设施:检查熔体放出设施是否符合有关要求。

2)配料、加料系统

检查配料、加料系统计量设施是否准确可靠,误差是否在控制范围之内。

3)排烟系统

对排烟系统的相关部位和构件进行定期的检查和清点。①烟道:检查烟道是否坚固,有无烧损及漏烟,烟道水套冷却水是否畅通,水套有无漏水现象,冷却水温是否在控制范围之内。②烟道蝶阀:检查烟道蝶阀是否灵活,有无损坏现象。③收尘器:检查收尘器工作是否正常,有无泄漏及损坏现象。④炉前后排烟设施:检查排烟风机及炉前炉后排烟设备是否工作正常,排烟管道有无泄漏。⑤刮板排烟灰装置:检查刮板排烟灰装置是否工作正常,排烟管道有无积灰堵塞现象,排烟管道有无泄漏。

4)仪表系统

对仪表系统的相关部位和构件进行定期检查和清点。①炉体测温装置:检查炉体各部位测温热电偶是否完好,仪表温度显示是否灵敏可靠。②炉体冷却水测温装置:检查炉墙各部位冷却水测温是否完好,仪表温度显示是否灵敏可靠。③炉体测温装置:检查炉体测温装置是否完好,工作是否正常,炉体温度是否准确可靠。④炉膛负压测量装置:检查炉膛负压测量装置是否完好,工作是否正常,仪表压力显示是否灵敏可靠。

5. 安全注意事项

1)氧气输送系统安全注意事项

在正常生产过程中如果出现炉顶持续高正压或供氧系统自身出现故障等严重

影响到炉中心氧输送系统的安全问题时，主控人员应立即打开氮气切断阀（可在 DCS 系统操作，如失效可在现场阀体手动操作）并通知制氧站停止氧气的输送，确认氧气停止输送后继续吹扫 1 min 后关闭氮气切断阀，待故障排除后按照操作规程重新投入氧气。

2）电炉安全注意事项

①电炉电极在生产过程中若出现硬断或软断流糊等影响到生产安全的突发事件时，应立即停止电炉变压器工作，直到问题解决再按照有关操作规程重新投入生产。②电炉发生漏炉事故，须立即停电降温。③电炉炉前发生跑铅事故，须立刻停电。④电炉炉后发生跑渣事故，须立刻停电。⑤维修电极和处理电极附属设施时，须停电处理，处理完毕后再送电。⑥操作人员应密切关注电炉烟气的一氧化碳浓度监测，超过 5% 后应立即打开复燃室及表面冷却器各配风口，并及时上报。

3.3.4　计量、检测与自动控制

1. 计量

1）配料系统计量

原料库设有计量皮带秤，原料从皮带秤至输送皮带再经过主皮带送至干燥系统；铅原料、黄铁矿、石灰石等熔剂计量用 PID 调节方式进行，皮带秤的称重信号、速度信号接入现场二次仪表，由 PID 调节控制输出给皮带秤变频器进行变频调速；从二次仪表输出的 4~20 mA 称重信号接入 DCS，与设定值进行比较后输出 AO 信号给皮带秤变频器；各皮带秤有现场手动控制及 DCS 远程控制两种控制方式；铅原料、黄铁矿、石灰石等熔剂的配比均在 DCS 系统上远程设置。

2）入炉料计量

原料经配料系统干燥、磨细后，由气力输送至闪速炉炉顶，炉顶设有两个料仓，料仓设有单独的称重传感器；入炉混合料采用螺旋失重秤计量，计量精度不低于 1%；从现场二次仪表输出的 4~20 mA 称重信号接入 DCS，与设定值进行比较后输出 AO 信号给失重秤给料螺旋变频器；各螺旋失重秤有现场手动控制及 DCS 远程控制两种控制方式，秤的启停及入炉料量设置均在 DCS 上完成。

3）焦炭计量

加入闪速炉炉顶焦炭时采用电子皮带秤计量，皮带秤的称重信号、速度信号接入现场二次仪表，由 PID 调节控制输出给皮带秤变频器进行变频调速；从二次仪表输出的 4~20 mA 称重信号接入 DCS，与设定值进行比较后输出 AO 信号给皮带秤变频器；皮带秤有现场手动控制及 DCS 远程控制两种控制方式，秤的启停及

焦炭流量设置均在 DCS 上完成。

4）返回烟尘计量

烟尘采用螺旋秤计量，通过称重桥架检测重量以及数字式测速传感器测速进行。螺旋秤的称重信号、速度信号接入现场二次仪表，由 PID 调节控制输出给螺旋秤变频器进行变频调速；从二次仪表输出的 4~20 mA 称重信号接入 DCS，与设定值进行比较后输出 AO 信号给螺旋输送机变频器；螺旋秤有现场手动控制及 DCS 远程控制两种控制方式，秤的启停及入炉烟尘流量设置均在 DCS 上完成。

5）流量的计量

氧气、空气和余热锅炉的蒸汽流量以及冷却水的液体流量均采用新型的差压式流量计 V 形锥流量计测定，该流量计具有良好的准确度（≤0.5%）和重复性（≤0.1%）、具有较宽的量程比（10∶1 至 15∶1），同时能够耐高温、高压以及振动；该流量计配备的差压变送器具有现场显示以及 HART 协议功能，同时输出 4~20 mA 信号至 DCS 系统。

计量设备的日常维护很重要，如定期清扫皮带和秤架、校准皮带，对流量测量的差压变送器进行零点调整以防飘零。另外，给料要稳定，PID 值设定要合理，否则不容易控制给料量。

2. 检测

闪速炉炼铅过程的工艺技术参数检测包括压力检测、温度检测、液位和料位检测、流量检测以及成分分析。

1）压力检测

主要采用横河川仪生产的 EJA 系列压力变送器，该变送器采用了世界上先进的单晶硅谐振式传感器技术以及微型计算机技术，具有完整的自诊断功能和通信功能；除了能保证高精度外，还可以可靠地长期连续使用；一些主要的控制点包括空气总管压力、氧气总管及支管压力、氮气总管及支管压力、炉膛负压等均使用该变送器；由于炉膛内烟气含尘，测量炉膛负压时须双点取样，两个测量点定期交换使用，定期吹扫清理，防止堵塞。

2）温度检测

通过测量炉膛温度间接测量熔池温度。检测到的炉膛温度是炉内气体的温度，通过放渣、铜锍时用一次性快速测温热电偶或红外测温仪测量炉渣和铜锍的温度来校正测量气体温度的偏差，并建立相应的温度矫正模块，将炉膛温度的示数校正到熔体温度。炉膛温度测温点选取的位置很关键，选在靠近炉尾侧，这可以避免热电偶被喷溅物黏结而导致测量温度失真，还能延长热电偶的使用寿命。炉膛温度热电偶使用的电缆最好用耐高温的补偿电缆，避免电缆被炉壳高温烤坏。或采用无线温度变送器及无线网关，将数据通过无线传输的方式传送到

DCS 中。

3）液位和料位检测

目前还没有什么设备可以直接在线测量闪速炉熔池液位，主要采用人工神经网络结合机理分析的建模方法来进行炉渣液位和铜锍液位的软测量。根据闪速炉进料量，出炉渣、粗铅、铅铜锍量，以及烟气流量及成分，结合实际反应情况，对炉内的反应进行机理分析，然后通过计算出来的各组分的量进行液位推算，并采用图形化显示出来。根据插入熔体内的钢钎上黏结的熔融物的分层尺寸校正软测量液位误差。通过不断地对液位测量模型进行校正，就可以得出符合实际情况的液位数据。料仓料位采用具有水滴形天线的雷达物位计测量，解决了物位测量中量程大、物位不平整及天线易附着扬尘等难题。

4）成分分析

铅原料、熔剂、混合炉料、粗铅、铅铜锍、炉渣及烟气等投入和产出物都要进行化学成分分析。其主要检测手段有手工化验和仪器分析。外来矿料一般采用手工化验分析。矿料中杂质成分则采用原子吸收分光光度计分析，而铜锍和炉渣成分主要采用 X 荧光光谱仪分析。富氧浓度测量采用氧浓度分析仪进行，烟气成分则采用质谱仪检测。其难点在于气体采样，其关键是探头不被黏结。

3. 自动控制

铅富氧闪速熔炼过程自动控制系统采用比利时公司推出的第四代 DCS 系统，即 HOLLIAS-MACSV 系统。该系统是通过以太网和基于现场总线技术的控制网络连接的综合信息系统。

该系统硬件由工程师站、操作员站、现场控制站（包括控制器、电源模块、I/O 模块）、通信站、系统服务器、监控网络、系统网络、控制网络等组成。其中监控网络实现工程师站、操作员站、通信站与系统服务器的互联，系统网络实现现场控制站与系统服务器的互联，控制网络实现现场控制站与过程 I/O 单元的通信。该系统软件包括离线组态软件、操作员站软件、服务器软件、现场控制器运行软件、OPC 工具包、Internet 浏览软件。

生产过程自动监控管理系统以 HOLLIAS-MACSV 系统为核心，对预干燥、配料、干燥、球磨、气力输送、还原贫化电炉、精矿喷嘴、电收尘、余热锅炉、冷却循环水系统、压缩空气系统等生产过程的主要工艺参数进行检测与控制；对各工艺过程的生产设备运行状况进行监控和优化管理；并可以将生产工艺过程的各种信息通过网络传送到全厂生产过程信息管理系统，为生产决策提供真实可靠的信息数据。HOLLIAS-MACSV 系统结构见图 3-9。

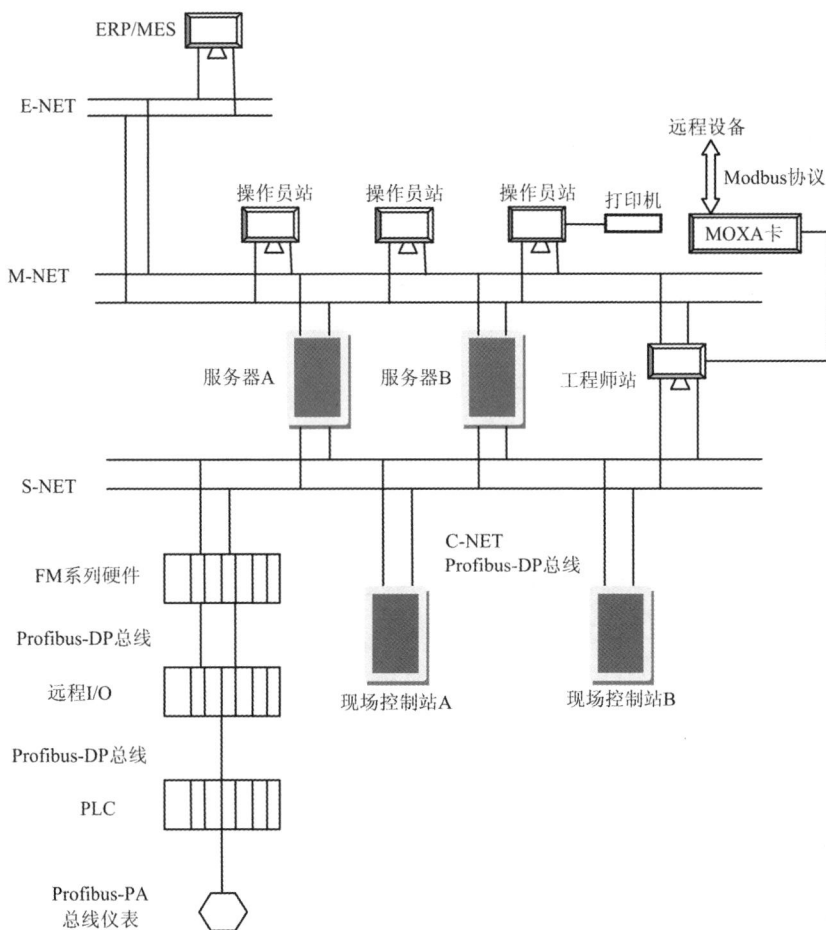

ERP/MES

E-NET

远程设备

Modbus协议

操作员站　操作员站　操作员站　打印机

MOXA卡

M-NET

服务器A　服务器B　工程师站

S-NET

C-NET
Profibus-DP总线

FM系列硬件

Profibus-DP总线

远程I/O

现场控制站A　现场控制站B

Profibus-DP总线

PLC

Profibus-PA
总线仪表

图 3-9　HOLLIAS-MACSV 系统结构图

　　生产过程自动监控系统由 BGRIMM 熔炼炉 DCS 控制主站、原料车间远程 I/O 站、气力输送 PLC、电收尘 PLC、电炉电极控制 PLC 以及现场控制仪表等子系统组成。DCS 主站以通信方式完成对各 PLC 以及现场控制仪表的监视和控制。各子系统与 DCS 主站通信联络见图 3-10。

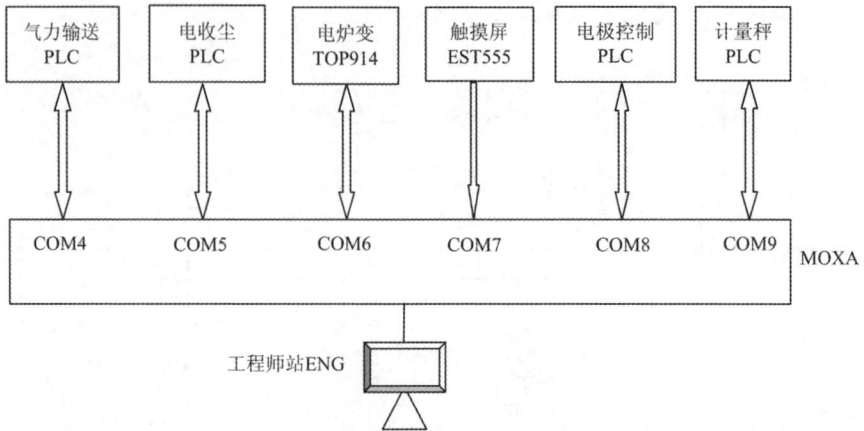

图 3-10 通信联络图

3.3.5 技术经济指标控制与生产管理

灵宝华宝产业公司年产 100 kt 粗铅的铅富氧闪速熔炼工程于 2011 年 5 月 10 日正式投料生产，在入炉料含铅 25%～30% 的情况下，取得了铅一次还原率大于 85%、铅总回收率 98.5%、金银回收率大于 99.5%、铜回收率大于 85%、锌回收率大于 90%、脱硫率大于 98% 的指标；取消烟化炉，真正实现了铅、锌的同时回收；包括还原贫化电炉挥发锌的能耗在内，粗铅综合能耗约为 213 kg ce/t；弃渣中 $w(Pb)<2\%$、$w(Zn)<2\%$（最低小于 1%）、$w(Ag)<6$ g/t、$w(Au)<0.1$ g/t、$w(Cu)<0.1\%$；产出的次氧化锌不含氟、氯，可以不经多膛炉脱氟氯而直接送锌冶炼厂回收锌，真正做到了铅、锌互补，使铅、锌、铜联合企业更具优势。工业生产中取得的多项先进的技术经济指标表明，铅富氧闪速熔炼新技术已经达到世界领先水平。

1. 能量平衡与节能

铅富氧闪速熔炼热平衡实例见表 3-16。

表 3-16　铅富氧闪速熔炼热平衡

热收入			热支出		
项目	热量/(kJ·h⁻¹)	比例/%	项目	热量/(kJ·h⁻¹)	比例/%
化学反应热	61826895	65.07	粗铅显热	1099264	1.16
蓝炭燃烧	29376000	30.92	炉渣显热	29211208	30.75
炉料显热	1171800	1.23	烟尘显热	90000	0.09
空气显热	281677	0.30	水蒸发热	2411908	2.54
造渣反应热	1711261	1.80	烟气带走热	27667483	29.12
油补热	642238	0.68	水冷却及散热	15295707	16.10
			吸热反应	19234301	20.24
合计	95009871	100.00	合计	95009871	100.00

炉料水分经干燥将全部以 110℃ 的水蒸气排出系统；不需对精矿进行预干燥的铅熔池熔炼，炉料中的水在熔池熔炼过程中蒸发升温，熔炼炉排出的高温水蒸气虽经余热锅炉降温，但仍以 350℃ 左右的温度排出系统。因此对炉料进行预干燥是一种更为节能的技术。在设备投资方面，蒸汽管回转筒干燥机已经实现了国产化制造，同类国产产品的价格不及国外产品的三分之一。

"三段炉"炼铅法的烟化炉挥发锌过程，氧化锌产品的能耗接近 1500 kg ce/t，折合粗铅能耗约 180 kg ce/t。铅富氧闪速熔炼虽然在电炉贫化过程的电耗略高，但实现了锌的回收，因此其综合能耗也较低。

2. 物质平衡与减排

铅闪速熔炼炉生产过程物质平衡实例见表 3-17，还原电炉生产过程物质平衡实例见表 3-18。

3. 原料控制与管理

铅富氧闪速熔炼原料来源范围广，包括铅精矿、废铅酸蓄电池、湿法炼锌渣、湿法炼铜渣、含铅 20% 左右的二次铅物料、含铅 30% 左右的氧化铅矿、含铅 20%~30% 的电子玻璃、难处理金矿、含金黄铁矿等。铅精矿质量要求按中国有色金属行业标准《铅精矿》YS/T 319—2013 执行，化学成分应符合表 3-19 的规定。其他要求：①铅精矿中的金、银为有价元素，应报出分析结果。②其他类型铅精矿的杂质要求由供需双方商定。③铅精矿 $w(H_2O) \leq 12\%$（冬季不大于 8%）。④铅精矿粒度小于 150 μm。⑤铅精矿中不应混入外来夹杂物，同批铅精矿应混匀，主品位差不大于 5%。

表 3-17　铅闪速炉生产过程物料平衡

单位：t/d

名称	质量	Pb 占比/%	Pb 质量	Zn 占比/%	Zn 质量	Cu 占比/%	Cu 质量	Fe 占比/%	Fe 质量	S 占比/%	S 质量	SiO₂ 占比/%	SiO₂ 质量	CaO 占比/%	CaO 质量
加入
铅精矿	400.00	55	220.00	6	24.00	0.6	2.40	8	32.00	17	68.00	6	24.00	3	12.00
铅物料	233.33	20.67	48.23	3.8	8.87	0.33	0.77	12.09	28.21	17.25	40.25	14.29	33.34	4.84	11.29
烟尘	53.33	50.29	26.82	4.93	2.63	0	0.00	1.26	0.67	6.88	3.67	5.79	3.09	2.89	1.54
黄铁矿	20.00	0	0.00	0	0.00	0	0.00	31.90	6.38	35.50	7.10	21.2	4.24	3.6	0.72
石灰石	13.33	0	0.00	0	0.00	0	0.00	2.03	0.27	0	0.00	2.03	0.27	51	6.80
合计	719.99	40.98	295.05	4.93	35.50	0.44	3.17	9.38	67.53	16.53	119.02	9.02	64.94	4.49	32.35
产出
粗铅	232.65	98.00	227.99	0	0.00	0.1	0.23	0	0.00	0.26	0.60	0	0.00	0	0.00
炉渣	328.64	12.23	40.19	9.99	32.83	0.89	2.92	20.34	66.85	2.01	6.61	18.82	61.84	9.37	30.80
烟尘	53.33	50.29	26.82	4.93	2.63	0	0.00	1.26	0.67	6.88	3.67	5.79	3.09	2.89	1.54
烟气											108.07				
损失			0.04		0.04		0.01		0.02		0.08		0.01		0.01
合计			295.04		35.50		3.17		67.53		119.02		64.94		32.35

单位：t/d

表 3-18　铅闪速熔炼炉渣还原电炉生产过程物质平衡

名称	质量	Pb		Zn		Cu		Fe		S		SiO$_2$		CaO	
		占比/%	质量	占比/%	质量	占比/%	质量	占比/%	质量	占比/%	质量	占比/%	质量	占比/%	质量
加入															
炉渣	328.64	12.23	40.19	9.99	32.83	0.89	2.92	20.34	66.85	2.01	6.61	18.82	61.84	9.37	30.80
合计	328.64	12.23	40.19	9.99	32.83	0.89	2.92	20.34	66.85	2.01	6.61	18.82	61.84	9.37	30.80
产出															
粗铅	24.06	96.84	23.3	0	0	0.21	0.05	0	0.00	0.21	0.05	0	0.00	0	0.00
电炉渣	178.94	1.17	2.1	1.47	2.63	0.24	0.43	31.92	57.12	2.80	5.01	34.55	61.83	17.21	30.80
铅铜锍	29.89	16.06	4.8	0	0.00	8.13	2.43	32.45	9.70	2.88	0.86	0	0.00	0	0.00
氧化锌	49.87	19.85	9.9	60.54	30.19	0.02	0.01	0.02	0.01	1.24	0.62	0	0.00	0	0.00
损失			0.04		0.01		0.01		0.01		0.06		0.01		0.01
合计			40.19		32.83		2.92		66.85		6.61		61.84		30.80

表 3-19 铅精矿化学成分 单位：%

品级	$w(Pb)$，$\geqslant$	杂质质量分数，$\leqslant$				
		Cu	Zn	As	MgO	Al_2O_3
一等品	70.0	1.2	4.0	0.2	1.0	2.0
二等品	65.0	1.5	5.0	0.3	1.5	2.5
三等品	55.0	2.0	6.0	0.4	1.5	3.0
四等品	45.0	2.5	7.0	0.6	2.0	4.0

4. 辅助材料控制与管理

辅助材料主要包括熔剂、燃料、碳质还原剂和耐火材料。主要用石灰石和黄铁矿做熔剂，炉料中硅含量偏低时添加石英石调节渣型。对熔剂的化学成分要求见表 3-20。

表 3-20 熔剂的化学成分质量分数的要求 单位：%

名称	SiO_2	CaO	Fe	S	MgO	Zn	其他
石灰石	2.00	51.00	2.00	—	3.00	—	42.00
黄铁矿	21.20	3.60	31.92	35.52	—	—	7.76
石英石	86.02	0.04	3.69	—	—	—	约 5.85

燃料主要包括轻柴油、天然气、块煤和碎焦等，主要用于闪速炉、电炉的开炉和保温，正常生产时，为自热熔炼，几乎不消耗燃料。燃煤质量要求见表 3-21，灰分成分见表 3-22。

表 3-21 煤的发热值及成分的质量分数 单位：%

C	H	S	O	N	$A_{(灰分)}$	$W_{(挥发分)}$	发热值/$(kJ \cdot kg^{-1})$
65.28	4.85	1.07	1.09	5.04	17.67	5.00	26970

注：碎煤粒度小于 3 mm。

表 3-22 煤的灰分成分的质量分数 单位：%

SiO_2	Fe	CaO	其他
43	13	12	32

为防止冬季轻柴油结冰，轻柴油选用-10号。碳质还原剂主要包括焦炭和煤等，一般采用焦炭(蓝炭)，其规格要求见表3-23。

表 3-23　焦炭(蓝炭)组分质量分数的要求　　　　　　　　单位：%

粒度/mm	固定碳	挥发分	水分	灰分	硫	氢
<3	82	4	12	9	0.4	2
3~15	86	4.1	6.29	9.25	0.44	2.26
15~25	84	4.83	11	8.93	0.4	2
>25	80	4.85	10	0.5	0.4	2

注：发热量>31401 kJ。

闪速炉及还原电炉炉衬采用优质镁铬砖砌筑，镁铬砖的质量规格要求按行业标准执行。

5. 能量消耗控制与管理

铅富氧闪速熔炼炉直接采用工业纯氧和入炉铅混合料反应，充分利用了物料自身反应热。由于采用工业纯氧，在实现自热熔炼的同时，产生的烟气量较少，从而减少高温烟气带走的热量。正常生产情况下，能耗指标实例如下：①铅系统电能消耗 375 kW·h/t 铅；②制氧系统电能消耗氧 0.59 kW·h/m³；③制酸系统电能消耗：109 kW·h/t；④水耗 6.02 m³/t 铅；⑤年产 4.0 MPa、251℃蒸汽93456 t。总之，综合能耗为 213 kg ce/t 铅，优于国家标准《铅冶炼企业单位产品能源消耗限额》(GB 21250—2007)规定的先进值 330 kg ce/t 铅。新建铅冶炼企业单位产品综合能耗指标要求见表3-24。

表 3-24　新建铅冶炼企业单位产品综合能耗限额准入值和先进值　单位：kg ce/t

工艺名称	准入值	先进值
粗铅工艺	≤400	≤330
铅电解精炼工序	≤140	≤120
铅冶炼工艺	≤540	≤470

6. 金属回收率控制与管理

为充分发挥铅富氧闪速熔炼工艺可冶炼回收多种金属的优势。一要优化炉料配比，以加入复杂多金属矿为调节方式，控制 S 元素的含量，在实现自热熔炼的同时，充分发挥熔炼效率，提高矿料处理量以及多金属的综合回收率。二要通过对还原剂的消耗量控制,确保一次铅还原率大于80%。三要通过对闪速炉渣在电炉中的还原时间及还原深度的控制,确保电炉水碎渣中铅、锌质量分数小于2%。

7. 产品质量控制与管理

由于处理原料的不断变化,必须对原料杂质含量事先控制。通过调整原料配比、控制工艺参数,在确保产品质量的同时,使有价元素尽可能资源化利用,在实现自热熔炼及满足工艺要求的前提下,尽量提高原料中 Zn、Cu、Ag、Au 等有价金属的含量。如搭配处理难处理金矿,充分发挥该工艺对有价元素的综合回收优势。

8. 生产成本控制与管理

铅富氧闪速熔炼工艺的生产成本与入炉混合料组成、日处理量及作业率密切相关。

1)入炉混合料组成

以灵宝华宝产业公司为例,在入炉混合料 $w(Pb)$ 40% 左右、$w(S)$ 18% 左右的情况下实现自热熔炼,粗铅的生产成本较其他冶炼工艺降低 20%~30%。

2)日处理炉料量

仍以灵宝华宝产业公司为例,日处理炉料量设计值为 30 t/h,但根据现场生产情况,在原料紧张时最小投料量为 15 t/h,满负荷生产时最大投料量达 50 t/h。显然,日处理炉料量大,生产成本就低,反之,生产成本就升高。

3)作业率

提高作业率是降低生产成本的措施之一。由于闪速工艺要求连续生产,炉体结构合理,生产过程稳定,炉子寿命长,事故停车率小。因此铅富氧闪速熔炼工艺的作业率为 90% 以上。生产 1 t 粗铅的成本及成本构成见表 3-25。

表 3-25　生产 1 t 粗铅的税后加工成本及其构成

序号	项目	单耗	单价/元	单位成本/(元·t⁻¹)
1	辅助材料			45.58
1.1	轻柴油/kg	2.2334	7.52	16.80
1.2	钢球/kg	0.4919	6.84	3.36
1.3	石灰石/kg	103.0000	0.022	2.27
1.4	衬板/kg	0.3279	6.84	2.24
1.5	耐火材料/kg	0.8744	4.27	3.73
1.6	皮带/kg	0.0055	8.55	0.05
1.7	机油/kg	0.0219	9.40	0.21

续表3-25

序号	项目	单耗	单价/元	单位成本/(元·t⁻¹)
1.8	黄油/kg	0.0055	10.26	0.06
1.9	电极糊/kg	8.7441	1.71	14.95
1.10	碳酸钠/kg	0.2186	1.71	0.37
1.11	氧管/kg	0.2733	4.27	1.17
1.12	氨水/kg	0.5465	0.68	0.37
2	燃料、动力费			1021.51
2.1	煤/kg	183.0000	0.62	113.46
2.2	蓝炭/kg	128.0000	1.20	153.60
2.3	铅系统电/(kW·h)	669.6429	0.55	368.30
2.4	铅系统水/m³	7.2139	1.68	12.12
2.5	制氧水/m³	3.9677	1.68	6.67
2.6	制氧电/(kW·h)	666.1155	0.55	366.36
3	工资及福利			150.00
4	制造费用			350.00
4.1	折旧费			200.00
4.2	修理费			150.00
合计				1567.09

表3-25说明,生产1 t粗铅的税后加工成本为1567.09元,其中燃料、动力费占比最大,为65.19%,其次是制造费用。

参考文献

[1] 赵天从. 重金属冶金学[M]. 北京: 冶金工业出版社, 1981.
[2] 彭容秋. 重金属冶金学[M]. 长沙: 中南工业大学出版社, 1991.
[3] 陈国发. 重金属冶金学[M]. 北京: 冶金工业出版社, 1992.
[4] 蒋继穆, 张驾, 陈帮俊, 等. 重有色金属冶炼设计手册: 铅锌铋卷[M]. 北京: 冶金工业出版社, 1995.
[5] 彭容秋. 有色金属提取冶金手册: 锌镉铅铋卷[M]. 北京: 冶金工业出版社, 1992.
[6] 张乐如. 现代铅冶金[M]. 长沙: 中南工业大学出版社, 2005.
[7] 唐谟堂. 火法冶金设备[M]. 长沙: 中南大学出版社, 2003.

[8] 唐帛铭.有色金属提取冶金手册：能源与节能[M].北京：冶金工业出版社，1992.

[9] 刘元扬，刘德溥.自动检测和过程控制[M].2版.北京：冶金工业出版社，1987.

[10] 张丽军.浅论冶金企业原料成本控制与管理[J].中国金属通报，2013(47)：33-34.

[11] 王成彦，邰伟，尹飞.国内外铅冶炼技术现状及发展趋势[J].有色金属(冶炼部分)，2012(4)：1-5.

[12] 王成彦，邰伟，尹飞，等.铅富氧闪速熔炼新技术[J].有色金属(冶炼部分)，2012(4)：6-10.

[13] 尹飞，王成彦，王忠，等.铅富氧闪速熔炼技术基础研究[J].有色金属(冶炼部分)，2012(4)：11-14.

[14] 王成彦，邰伟，尹飞，等.铅富氧闪速熔炼的整体运行效果及评价[J].有色金属(冶炼部分)，2012(4)：49.

[15] 柳杨，郑晓斌，王成彦，等.DCS系统在铅富氧闪速熔炼中的应用[J].有色金属(冶炼部分)，2012(4)：37.

[16] 邰伟，王成彦，尹飞，等.铅富氧闪速熔炼炉炉体冷却装置的设计[J].有色金属(冶炼部分)，2012(4)：27.

第 4 章 再生铅冶炼

4.1 概述

4.1.1 发展再生铅产业的意义

再生铅种类繁多,其中数量最多的是废铅酸蓄电池极板及胶泥,占再生铅总量的 85% 以上,其次是含铅烟尘,再次是硫酸铅废料、氯化铅类废料,最后是铅合金废料。

世界上铅总产量中有 80% 以上用于铅酸蓄电池生产,铅酸蓄电池广泛应用于交通运输、通信、电力、铁路等行业,其中汽车启动电池、电动自行车用动力电池和后备电源电池约占 90%。21 世纪初以来,我国汽车工业蓬勃发展,产量由 2006 年的 727.98 万辆增加到 2015 年的 2450.35 万辆,铅消耗总量由 2003 年的 118 万 t 增加到 2015 年的 470 万 t,生产铅酸蓄电池铅消耗所占的比例 2014 年即达到 81.40%,2017 年为 86%。由于铅酸蓄电池使用寿命一般为 1~5 年,因此,目前我国废铅酸蓄电池已大量产生,其再生铅量超过 300 万 t/a。所以回收废铅酸蓄电池生产再生铅是大势所趋。欧、美、日等发达国家和地区废铅酸蓄电池的回收率已经超过 90%,而我国有组织的废铅酸蓄电池回收率较低。如果不进行全面有效回收和科学处理,势必浪费大量再生铅资源,而且会对生态和环境造成威胁。铅酸蓄电池的主要组成物质为铅合金及铅化合物,对其回收利用,不仅可以大量节约铅资源及加工成本,还可以减少环境污染。因此,采取切实可行的再生铅循环利用模式有着十分重要的意义。

2012 年工业和信息化部、环境保护部出台了第 38 号文件《再生铅行业准入条件》,2016 年工业和信息化部又出台了第 60 号文件《再生铅行业规范条件》,对推进再生铅行业规范、健康发展,提高资源综合利用率和节能环保水平,促进产业优化升级具有重要意义。我国对大力发展再生铅产业的政策导向十分明确,随着监管逐步加强、市场逐步规范,再生铅在精炼铅中的比重将不断提高。近年来,随着废铅酸蓄电池破碎分选自动生产线充分发展与完善,再生铅冶炼原料来源得到了保证,再生铅冶炼技术随之取得较大进展。

4.1.2　我国再生铅产业发展历程

我国再生铅产业起步于 20 世纪 50 年代,多年来年产量一直在几千吨左右徘徊,直至 90 年代,冶炼方法普遍采用加铁屑的沉淀熔炼法,生产设备主要是炉顶加料的间断熔炼反射炉,也有小型鼓风炉,有的甚至是冲天炉、坩埚炉等。整体存在产能规模较小、生产技术落后、分散经营和环境污染较严重等问题。

20 世纪 80 年代以来,国内企业都在积极探索更为理想的破碎与分选自动化生产线,同时引进与改进再生铅冶炼工艺。湖北金洋公司 1994 年从美国引进了 M. A. 破碎、分选系统和熔炼短窑,建成了废铅酸蓄电池破碎分选-铅膏浆料湿法转化脱硫-碳酸铅短窑富氧熔炼生产线。江苏春兴集团公司 2002 年 8 月从美国引进两套 M. A. 废铅酸蓄电池破碎分选系统,采用竖炉熔炼铅。河南豫光金铅公司 2007 年引进意大利 Engitec 公司开发的 CX 破碎分选系统,采用氧气底吹工艺进行再生铅生产。河南豫北金铅公司则引进美国 LMT 公司废铅酸蓄电池破碎分离预处理设备。天津东邦公司引进日本东邦的破碎分选系统。近年来,国内出现了几家制造废铅酸蓄电池破碎分选系统的成套设备和再生铅冶炼设备的厂家,如湖南江冶机电科技有限公司、株洲鼎端装备有限公司等。

再生铅行业技术发展趋势是向设备大型化、技术集成化、过程连续化发展,单台设备处理能力进一步提升;资源利用由单一品种回收技术到各种资源的综合利用技术发展,如回收金属锑、塑料,酸的再生等。

4.1.3　再生铅冶炼方法

再生铅的种类不同,冶炼方法也不一样。废铅酸蓄电池等一般要经过拆分预处理后再进行冶炼。再生铅的冶炼方法包括火法、火法-湿法联合法、湿法-电解法等。由于火法炼铅工艺能有效除去其他杂质金属元素,在铅精炼的环节获得纯度很高的精铅,因此目前火法工艺仍然是再生铅冶炼的主要方法。火法熔炼再生铅主要采用鼓风炉、反射炉、短回转窑和电炉熔炼。通过技术经济指标比较,人们发现采用短回转窑处理铅膏有更多的优越性,因此,欧洲发达国家多采用短回转窑工艺回收再生铅,不过短回转窑熔炼的再生铅原料须经过湿法脱硫预处理。我国则根据二次铅废料的组成,采用反射炉、鼓风炉、SB 炉、短窑和电炉进行火法熔炼,生产再生铅或铅合金,也有将二次铅资源和原生铅矿搭配,作为冶炼原料一起处理。当含铅废料中含有铅的化合物时,则可采用湿法工艺处理,生产电铅或铅化工产品。本章重点介绍废铅酸蓄电池拆分及铅膏泥(铅膏)湿法脱硫-短回转窑还原熔炼、富氧底吹熔池熔炼和富氧侧吹熔池熔炼、铅烟尘还原造锍熔炼的工艺方法。

4.2　废铅酸蓄电池分选

4.2.1　简介

1. 破碎分选的必要性

废铅酸蓄电池构成复杂，由板栅、铅膏、有机物框架和电解液（硫酸）组成，必须经过破碎分选方可循环利用。放出硫酸后破碎分选，可分出板栅、铅膏和有机物料三种不同成分的产物。表 4-1 为板栅、铅膏的典型物相组成。

表 4-1　废铅酸蓄电池中板栅、铅膏铅物相中铅的质量分数　　单位：%

名称	铅总量	金属铅	PbO 中铅	PbO$_2$ 中铅	PbSO$_4$ 中铅	Sb	密度 /(g·cm^{-3})
板栅	92~95	92~95	微量	—	微量	3~6	9.4
铅膏	67~76	—	10~15	15~20	25~30	约 0.5	3.3

2. 现代破碎分选技术

废铅酸蓄电池最原始的分选工艺是人工拆分，即用斧头破碎后手工分选。20世纪80—90年代，人们在"湿筛法"的基础上发展了使用专用锯床、机械闸刀的自动化程度较高的破碎分选系统。破碎分选系统在运行过程中将蓄电池的塑料或硬橡胶壳体、铅极板及极柱、铅合金汇流排、PVC 格板/PE/微孔硬橡胶/玻璃纤维等与稀硫酸、铅膏（硫酸铅、氧化铅）分离，极板、极柱无须熔炼，直接进入精炼成为精铅或铅合金；铅膏必须进一步冶炼为精铅。

最具代表性的是意大利 Engitec 公司开发的 CX 自动化蓄电池破碎分选系统，该系统工艺流程图见图 4-1。

该系统运行过程是先将未排酸的整体蓄电池倾倒到防水、耐酸的贮仓中，以便冲击预破碎和排酸，然后用前端式装载机将其装入料斗，再用震动加料器将排酸后蓄电池加到带有磁分离器的带式运输机上，特制的锤式破碎机将其破碎，破碎后的物料经过湿筛，铅膏与金属铅及其他组分分离。铅膏浆体流进贮槽，再送去脱硫，其他组分则运到水力学分离器系统。振动筛是 CX 系统的关键设备之一，选定的筛孔大小要适当，这样才能产生含锑量很低的铅膏。筛的操作台是封闭式的，用返回水喷淋筛子，从塑料、金属、膏泥等混合物中洗出铅膏。

3. 破碎分选原理

破碎分选原理是先用破碎机将废铅酸蓄电池破碎至 80 mm 以下的碎片，再以

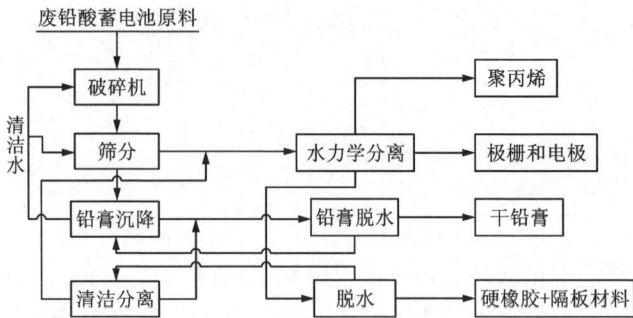

图4-1 CX装置蓄电池破碎分选流程

水为介质,利用各成分的比重不同,采用重力分选,把板栅、隔板、聚丙烯、铅膏彻底分开。重力分选所用的介质有水、重介质和空气。分离的难易程度取决于与所分离物质的密度差,即

$$E = (\delta_2 - \rho)/(\delta_1 - \rho) \tag{4-1}$$

式中:E 为物料重选的可选性判断准则。δ_1、δ_2 和 ρ 分别为轻物料、重物料和介质的密度。通常按比值 E 可将物料重选的可选性划分为五个等级。一般认为,当 $E>2.5$ 时,属极易选;$2.5 \geqslant E > 1.75$ 时,易选;$1.75 \geqslant E > 1.5$ 时,可选;$1.5 \geqslant E > 1.25$ 时,难选;$E \leqslant 1.25$ 时,极难选。

4. 我国废铅酸蓄电池破碎分选进展

20世纪90年代中叶以前,我国拆分废铅酸蓄电池的方法主要是手工拆分法,即手工拆解废铅酸蓄电池盒,取出铅片和铅灰。在拆解过程中,废铅酸蓄电池残液外流,渗入土壤,铅灰弥漫于空气中、沉降于地面上。手工拆分作业耗能高、污染重、回收率低。1994年至21世纪初,湖北金洋公司、江苏春兴集团公司、河南豫光金铅公司、河南豫北金铅公司、天津东邦公司先后从美国、意大利和日本引进 M. A. 破碎分选系统、CX破碎分选系统和东邦破碎分选系统。这些系统均实现了自动分选,但 M. A. 破碎分选系统和东邦破碎分选系统尚存在工人劳动强度大、现场环境差等缺点。

4.2.2 生产实践与操作

本小节重点介绍 CX破碎分选系统处理废铅酸蓄电池的生产实践与操作情况。按图4-1所示的工艺流程进行全自动操作,处理对象为两类废铅酸蓄电池:①PP外壳电池,包括起动型汽车废电瓶、牵引型汽车废电瓶、摩托车废电瓶、桑塔纳废电瓶、矿灯及民用灯电瓶等;②ABS外壳电池,包括免维护废电瓶、电动自行车废电瓶等。

1. 岗位操作规程

CX 破碎分选系统设有原料、给料输送、破碎、水力分离及铅膏过滤等岗位。

1) 原料岗位

本岗位的任务是完成废铅酸蓄电池破碎分选的前期准备工作, 为下一道工序准备好物理性质、化学成分符合生产要求, 且有适当湿度和粒度的物料。

工艺操作规程为: ①电解液被设定为 15% ~ 20% 的硫酸溶液。②电池对角线尺寸不大于 800 mm, 对于超过该尺寸的电池须预先破碎。③必须去掉木托盘、钢条和木箱。④在投入运行前军用和固定的电池应取掉钢壳或其他加强紧固的壳体。⑤破碎机能够处理最多含有 15% 工业电池的混合电池堆, 如果工业电池的含量达 100%, 工厂的运行能力会降至 70%。⑥不允许处理干电池和镍镉电池。⑦回收的铅酸蓄电池经筛选后, 符合 CX 破碎分选系统工艺要求的直接进入系统处理; 对不符合要求的先采用人工处理然后进系统进行成分分离。

2) 给料输送岗位

①开机前应检查输送设备, 检查传动部位周围是否有障碍物及各润滑点润滑情况, 检查启动柜各显示控制仪器仪表是否齐全、准确, 且输送设备无原料, 确认无事故隐患方可开机。②检查无误后, 通知中控工开机。③开机后, 不断巡检设备运行情况, 如设备有异常, 应立即停机处理, 信号联系好后方可开机。④设备运行中, 禁止加油、维修和清扫作业。

3) 破碎和水力分离岗位

①用锤磨破碎机对电池进行物理破碎, 破碎产物进入振动筛滤机筛滤。②破碎产物通过振动筛滤机时铅膏被高压水冲洗至刮除器, 遇絮凝剂后快速沉淀, 由刮除器将其运入 V202 罐体, 其他破碎物进入一次水力分离器。③密度约为 11 g/cm³ 的金属铅 (压碎后的板栅和电极) 由于密度大在一次水力分离器中迅速下沉, 然后通过提取螺旋传送移除。④$\rho \leqslant 1.05$ g/cm³ 的轻质塑料进入一次水力分离器后漂浮在水面, 利用桨叶将其推至螺旋传送器, 从水力分离器顶部提取。⑤$\rho \geqslant 1.05$ g/cm³ 的重质塑料倾向于下沉, 被压缩空气带动的水流冲至小振动筛脱水, 然后进入二次水力分离器。⑥较小的碎板栅 (长、宽、高均小于 3 mm) 被穿过水力分离器的循环水流带走, 在小振动筛内分离进入铅泥收集和浓缩池。

4) 铅膏过滤岗位

①冲洗后的铅膏在 V280a 中收集浓缩, 浓缩后的铅膏密度控制在 1.6 ~ 2.5 g/cm³, 同时得到含有很小尺寸固体颗粒的澄清溶液。浓缩后的铅膏被链式刮除机 H280a 从其底部刮除, 小于 4 mm 的碎铅颗粒经小振动筛过滤后被链式刮除机 H280b 从其底部刮除卸至铅膏储罐 V202, 这种铅膏 $\rho < 1.8$ g/cm³。然后通过压滤机 FL310 非连续压滤。来自 FL310 的滤液被 V310 收集, 用来补充系统循环用水, 多余的流入电解液槽 TK120。

②压滤铅膏操作条件：a. 压缩空气压力为 0.5~0.7 MPa。b. 滤液循环泵处于工作状态，$p \geq 0.4$ MPa，液位不小于 35%。c. 铅膏储存罐内，储罐高 25% 小于铅膏液位小于储罐高 65%，铅泥管道畅通。

③操作步骤及要求：a. 开机前，检查各部件的完好情况，无误后压紧滤板。b. 保压指示灯、进料信号亮起，满足进料条件时，中控工接到"进料信号"后即启动进料程序，进料泵、进料阀自动运行，料浆通过止推板上的进料孔自动进入各滤室，在规定压力下实现加压过滤，形成滤饼；若暂停进料，则按"暂停"按钮。c. 接到中控通知进料反洗完毕后，按下操作面板上的"启动"按钮，压滤机开始自动操作。d. 压滤机自动完成一系列操作之后，"等待卸料"信号亮起，此时压滤工按下操作面板上的"程序启动"按钮，开始卸料操作。e. 自动程序下，在滤板松开后压滤工进行卸饼作业，卸饼过程中如需停止拉板，按下"暂停"按钮，再按"暂停"按钮则拉板继续工作。f. 拉板卸饼中，残留在滤布上的滤渣必须清理干净，滤布位置重新整理平整，再开始下一循环。g. 当滤布的截留能力衰退时，则需要对滤布进行更换。当压滤机长时间停机不用时，打开冲洗泵清洗管道。h. 停机。接到停机通知后，按下停止按钮，切断电源。做好记录。

2. 常见事故及处理

废铅酸蓄电池破碎分选系统的运行中，常出现回流管堵塞、喷头堵塞、压滤机进料困难、分离产品杂质含量超标等故障。

1) 回流管堵塞

①原因：a. 下料量过大，水力分离器处理量增大；b. 水力分离器 S210 和 S211 气流量过大；c. 班中巡检力度不足或长时间不巡检。②预防：勤观察，早发现，及时处理积料。③处理：定时观察并清理回流管积料。

2) 喷头堵塞

①原因：a. 破碎机锤头更换不久比较锋利，箆条较密，碎片较小，在 VS220 中落入 V280b 塑料颗粒过多；b. V280a 与 V280b 间滤网拔出或清理过程中拔出；c. V280a 与 V280b 中凝聚剂不合适，沉淀效果差，溢流到 V203 中铅泥过多；d. 开机过程中 V203 液位偏低，铅泥及塑料颗粒多。②后果：a. 铅泥在系统中流动不能收集；b. 聚丙烯发红，含铅量大；c. 重塑料中含铅量增大。③处理方法：停止下料，清理 FL203 过滤器，打开大振动筛清理喷头及管道，且堵头出水口朝下，喷头出水口朝后。

3) 压滤机进料困难或不进料

①原因：V202 中物料密度大或密度过小，P202 积料影响泵的工效，反冲洗时间短，进料过程中提频过快，进料过多，进料管堵塞，滤布透水性变差，铅泥中玻璃纤维含量大，堵塞滤布。②处理方法：清洗或更换滤布，按进料程序操作。

4)压滤机撑杆折断

①原因：a.滤饼黏度大，黏结性强；b.曲张机构弹簧弹力过低；c.曲张机构备件质量不高；e.滤布吊杆不平衡；f.滤布选型不对。②处理方法：更换撑杆，确定原因后采取相应措施。

5)重塑料中聚丙烯含量超标

①原因：a.一次水力分离器下料量偏大，造成二次水力分离器负荷偏大；b.二次水力分离器液位偏低；c.二次水力分离器气流量偏小。②处理方法：调整下料量，调节一两次水力分离器的水、气流量。

6)聚丙烯中杂质含量超标

①原因：a.一次水力分离器负荷过大，聚丙烯过多，有重塑料浮在聚丙烯上被带出；b.二次水力分离器中水位高，气流量大，且存在大量的聚丙烯，造成重塑料浮在聚丙烯上被带入 MS210a 中，然后被带出。②处理方法：降低下料量，调整水、气流量，避免聚丙烯在一次水力分离器中聚集，以减小聚丙烯在二次水力分离器中的含量；调整翻板角度，更换破碎机箅条，减少大块聚丙烯产生。

7)铅栅中重塑料含量超标

①原因：水力分离器 S210 和 S211 中气、水流量偏低，处理量偏大。②处理方法：增大 S211 气、水流量，清除 S211 内管壁上的积料，增大 S210 气流量，清理喷头，使重塑料、聚丙烯在清洗的同时得到更好的分离。

8)单位时间处理量过大

①后果：a.破碎机卡死；b.大振动筛超负荷运行，铅泥洗涤效果差；c.聚丙烯含铅高；d.小振动筛筛网堵塞，重塑料中含铅和聚丙烯高；e.水力分离器负荷大，分离不彻底且容易造成溢流或堵塞；f.回流管中积料增多；g.铅泥刮除器中铅泥沉淀效果差；h.铅泥刮除器和铅栅清洗螺旋出现溢流；i.喷头堵塞加快。②处理方法：调整和严格控制单位时间内的处理量。

9)铅栅清洗螺旋溢水

①原因：下料量超过 S211 处理能力，P221 上升水流受阻，气流量过低。②避免办法：调整下料量，调节气流量，处理气路堵塞，加强巡检，适时观察铅栅清洗溢流口水位，处理水力分离设备积料，尤其内径中的聚丙烯、重塑料。

10)水沟和车间外沉淀池中铅泥增量加快

①原因：a.溢流水中铅泥含量大；b.铅泥刮除器水位高而溢流；c.铅膏泵及其管道未清理；d.压滤机漏料未清理；e.泵类密封漏料未清理；f.水力分离设备因堵塞而溢流；g.铅栅因清洗而溢流；h.其他设备跑、冒、滴、漏(如铅泥刮除器、振动筛滤机等)；i.未清理槽罐中残留铅泥。②避免方法：a.巡检设备保证符合工艺要求；b.调整凝聚剂添加量；c.调整下料量保证均匀下料；d.整改跑、冒、滴、漏；e.检修过程中避免二次污染。

4.2.3 计量、检测与自动控制

1. 计量

计量不仅是进出厂物质的简单计量，伴随企业生产管理全过程强化，通过计量的量化跟踪和考核，还可以发现工艺缺陷、技术潜力和管理漏洞，及时加以改进提高后可促进技术进步。

计量管理主要涉及三方面：一是合理配置必要的计量器具；二是加强对计量器具的管理，按时检定和校准以保证其准确性；三是将计量器具的数据作为企业消耗管理的基础数据，以保证企业消耗数据的准确性，做到"心中有数"。

废铅酸蓄电池破碎分选系统的主要计量点有：电瓶处理量的计量，循环清洗水的流量、槽罐液位计量，铅栅、铅膏、塑料生产量的计量，再生铅生产量的计量，生产所消耗絮凝剂、一次水、电能的计量。计量器具与方法与本卷相关章节所述基本相同。

2. 检测

CX 系统有压力、液位、密度、重量、温度、电流、气体和液体(含浆料)流量及频率等多项检测。检测器具与方法与本卷相关章节所述基本相同。

1)温度检测

温度检测包括破碎机(A、B)、大小空压机、干燥器等处温度的检测。

2)液位检测

液位检测包括 101 罐、120 罐、310 罐、203 罐、202 罐、大船(280)、风机(501)等处液位的检测。

3)重量检测

重量检测包括震动给料机和 202 罐等重量变化的检测。

4)电流检测

电流检测包括破碎机和 202 泵的电动机电流。

5)流量检测

流量检测包括 203 泵、220 泵、221 泵、310 泵等输送流体的流量检测。

6)压力检测

压力检测包括 203 管道压力和风机循环水管道压力的检测。

3. 自动控制

CX 系统采用 PLC 进行自动控制，所有设备都有现场/远程控制方式，既可进行现场控制，也可进行远程控制。链式运行序列停机的规则是因紧急状况停止的下游设备将会停止所有的上游设备。

1)电瓶输送的连锁控制

电瓶由振动给料机振落，经过电磁除铁器除去磁性金属，由运转的皮带机运

至破碎机破碎。电磁除铁器停止,则皮带机、振动给料机连锁停止。

2)优化控制

系统将根据实际状况,调节最佳 MH280 频率,压滤机进料自动控制,振动给料机下料自动控制。

4.2.4　技术经济指标控制与生产管理

1. 原料控制与管理

废铅酸蓄电池破碎分选的原料按表 4-2 所列要求进行管理和控制。

表 4-2　废铅酸蓄电池组分的平均质量分数　　　　　　　　单位:%

组分	PP 外壳电池	ABS 外壳电池
电解液(20%~22% H_2SO_4)	23~27	20
铅膏(氧化铅和硫酸铅)	35~37	43~45
板栅和电极	28~31	29~30
聚丙烯	3~6	—
ABS	—	6
AGM 隔板	—	1.1
重塑料,PVC/PE 等	2~4	—

2. 辅助材料控制与管理

辅助材料主要有聚丙烯酰胺,用于制备循环水净化的助凝剂。采用多点投放 PAM,分别投加至铅泥沉淀机的 A 仓和 B 仓中。PAM 添加质量分数为 0.1%~0.15%,持续添加,消耗量为 800~1500 L/h。

3. 能量消耗控制与管理

1)管理制度

为了提高能源利用水平、节能降耗,应严格执行能源管理制度:①对各类特殊变压器、高压风机启动柜进行定期校验、检修、试验及运行,对车间二级水表以后的管道及相关设备进行维护、维修、保温、改造。②不得架设用电线路、用水管路、用汽(气)管路,如需要在厂区内施工,须经动力设备部门批准,不得变更各类燃料供应的品种和质量。③做好废油回收再利用工作,回收量要求变压器油为 80%,冷冻机油为 60%,压缩机油为 50%,机械油为 40%。

2)管理方法

①多层次、多渠道向员工宣传节约资源、能源的知识、方法。普及节能科学

知识,增强员工的节能意识。②白天坚决不开灯,阴天除外。③下班时随手把灯、电脑关掉。④洗刷要及时关闭水龙头,注意节约用水。⑤坚决杜绝长流水、长明灯等浪费能源现象。⑥各种管线、阀门不得出现跑、冒、滴、漏等现象。⑦避免设备空运转,应使设备的功率因数为90%以上。⑧现场照明应优先选用节能型照明灯具。⑨合理布置照明灯具,使灯光照射在施工场界以内的范围。⑩应优先选用节电型机械设备。⑪合理使用机械设备,提高电能利用率。⑫在进行工艺和设备选型时,须考虑资源节省和污染预防,优先采用节能技术成熟、能源资源消耗低的工艺技术和设备。⑬耗能较大的工艺及设备在可行时逐步被替代。⑭制定机动车辆以及机加工设备的节能技术措施,降低油耗,以节省自然资源。

4. 产品质量控制与管理

废铅酸蓄电池破碎分选产品按表4-3所列规格参数要求进行管理和控制。

表4-3　废铅酸蓄电池破碎分选产品规格参数　　　　　单位:%

种类	$w(H_2O)$	w(其他杂质)	w(有机物)	$w(Pb)$	平均尺寸/mm
PP	<5	<2(PP电池)	—	≤0.15	100
ABS/EPOXY树脂	<5	<7(ABS电池)	—	≤0.15	100
塑料(PE、PVC、橡胶)	30~40	—	—	≤3	—
板栅和电极	<5	—	<1.5	$w(PbSO_4)<0.2$	—
铅膏	≤10	—	<0.3	≥70	0.1~4

5. 生产成本控制与管理

废铅酸蓄电池破碎-分选的铅金属量单位生产加工成本构成见表4-4。

表4-4　废铅酸蓄电池破碎-分选的铅金属量单位生产成本

成本项目	单耗	价格/元	单位成本/元	占比/%
1. 定额材料:絮凝剂/kg	0.15	31.67	4.75	3.06
2. 其他材料			13.27	8.55
3. 燃料:天然气/m³	8.9	2.23	19.85	12.80
4. 动力费			16.45	10.60
其中:水/m³	0.24	10.03	2.41	1.55
电/(kW·h)	23.40	0.60	14.04	9.05
5. 制造费用			10.22	6.59

续表4-4

成本项目	单耗	价格/元	单位成本/元	占比/%
6. 污水处理费			9.39	6.05
变动加工费用小计			73.93	47.66
7. 折旧			59.52	38.37
8. 工资			15.87	10.23
9. 福利费			0.63	0.41
10. 工会经费			0.32	0.21
11. 保险费用			4.85	3.13
相对固定费用小计			81.19	52.34
产品加工成本合计(1~11 项)			155.12	100.00

表4-4说明,在废铅酸蓄电池拆解工序铅金属总加工成本中,固定成本占52.34%,变动成本占47.66%。固定成本中主项为折旧;变动成本结构中,其他材料占8.55%,絮凝剂占3.06%,水占1.55%,电占9.05%,燃料占12.80%,制造费用占6.59%,污水处理费占6.05%,变动成本中能源消耗为主项,占23.40%。

4.3　脱硫铅膏短回转窑熔炼

4.3.1　简介

西欧发达国家处理废铅酸蓄电池铅膏主要采用短回转窑熔炼:先将废铅酸蓄电池破碎分选,铅栅极板低温熔化直接生产铅合金,铅膏经过脱硫后在短窑中熔炼生产再生粗铅,然后精炼生产精铅或铅合金。如德国 BSB 再生铅厂、法国 GDE公司、英国 ENVIROWALES 公司和意大利新萨明公司马悉奈斯厂、帕特诺厂及Eco-Ba 厂等,全都采用这种工艺路线生产再生铅。

相比铅膏反射炉熔炼,短回转窑熔炼主要强化了炉内传热传质过程。反射炉熔炼是个静止的熔池熔炼过程,主要靠辐射传热进行熔炼,传热效率低,能源消耗大;而短窑熔炼是个动态的熔池熔炼过程,主要靠对流传热、传导传热进行熔炼,是直接接触物体或流体间的热量传递过程,传热效率高,能源消耗小。

短回转窑铅膏熔炼一般包括配料单元、短回转窑熔炼单元、辅助燃料供给单元、冷却单元及袋式除尘单元等工艺单元。该技术原料适应性广,连续熔炼,炉料组分接触充分,传热传质好,炉子生产效率高。但短回转窑熔炼存在炉渣、烟气(重金属、二噁英、烟尘)和噪声等污染问题。

1. 短回转窑熔炼再生铅类型

短回转窑熔炼再生铅有以下两种类型：未经脱硫的铅膏固硫或造锍熔炼，脱硫铅膏的还原熔炼。这两者都属于还原冶炼过程，都存在 SO_2 烟气净化处理问题。

铅膏直接熔炼称为铁屑纯碱熔炼法，熔炼过程中须加入一定量的炭、铁屑和 Na_2CO_3，目的是将铅化合物还原为金属铅，并将硫以 $Na_2S \cdot FeS$ 形态固定在渣中，以提高金属回收率和减少烟气中的 SO_2 含量。

焦炭或无烟煤等还原剂存在时，连续进行的布多尔反应形成炉内的还原气氛，不断产生的 CO 还原铅膏中的 PbO、PbO_2 和 $PbSO_4$。在 700℃前，绝大部分 PbO 和 PbO_2 被还原成金属铅。CO 可将 $PbSO_4$ 还原成 PbS，在 Na_2CO_3 存在情况下亦可还原成 Pb。

铁屑是一种还原剂，可与 PbO 和 PbS 发生反应，后一种反应称为沉淀反应，适量加入 Fe 有利于造渣。Na_2CO_3 参与还原、固硫和造渣反应。Na_2CO_3 作为助熔剂，少部分用于造渣，和锑氧化物生成锑酸钠渣，大部分参与 $PbSO_4$ 还原反应进入锍中。

未脱硫膏料采用氧气燃烧-火焰顺流短回转窑固硫熔炼时，辅料配比大致为：铁屑约 4%，焦炭约 4%，苏打约 8%。由于铅膏中化合物的含量与蓄电池的使用寿命等有关，在生产中会有所变化。配入以上还原剂、熔剂后，短窑温度升到 1100~1200℃时进行还原反应。产出炉渣的成分为：$w(SiO_2)$ 4%~8%，$w(FeO)$ 25%~45%，$w(Na_2O)$ 13%~27%，$w(S)$ 0~15%，$w(CaO)$ 1%~2.5%，$w(C)$ 2%~6%，$w(Pb+Sb)$ 3%~5%；渣在下次熔炼中，仍可适量加入，以提高熔渣的流动性。

为减少火法熔炼铅膏时的环境污染，我国引进国外的废铅酸蓄电池铅膏的熔炼设备，并增加了铅膏的预脱硫工序，其原则工艺流程如图 4-2 所示。

在脱硫过程中铅膏含有的 $PbSO_4$ 绝大部分转化成了 $PbCO_3$，因此，脱硫铅膏还原熔炼更简单。在 340℃下 $PbCO_3$ 分解成 PbO，在 700℃时，绝大部分被 C、CO 等还原成金属铅。物料各组分发生一系列物理化学变化，如金属及其化合物的熔化、挥发、分解和还原，高价氧化物的离解；燃料的燃烧；氧化物与硫化物、炉渣之间的交互反应等。短回转窑还原熔炼产出金属铅，所产高温烟气用于加热助燃空气，提高炉温，节约燃料。

2. 短回转窑熔炼再生铅过程

短回转窑炉体的一端配置加热烧嘴，另一端配置烟气出口，也有烧嘴与排气口设置在同一端的，烧嘴呈一定倾角，强化火焰在整个窑内循环，以提高热利用率。烟气出口设置二次燃烧室，可使短窑烟气中的有机物和 CO 完全燃烧。熔炼

废铅酸蓄电池

密闭不锈钢破碎机破碎

不锈钢水力螺旋分级

Pb-Sb合金　　　PbO-PbSO₄膏料　　　外壳
　　　　　　　　　　　　　　　　　　　（PVC-ABS塑料）

熔铅锅　　　不锈钢转化槽　←　苏打

Pb-Sb合金　　　压滤机压滤

还原煤

PbO-PbCO₂滤渣　　　　含Na₂SO₄滤液

密闭短窑热风熔炼　　　　Ca(OH)₂中和转化

弃渣　　　　　　粗铅　　　　　压滤机过滤
$w(Pb)<2\%$　　　$w(Pb)>97\%$
烟尘 ←　烟气冷却、收尘　　　NaOH溶液　　　石膏渣
　　　　　　　　　　　　　　　　　　　　　　（送转化）

湍球塔碱液吸收

尾气　　　　　压滤机过滤

Na₂SO₄滤液

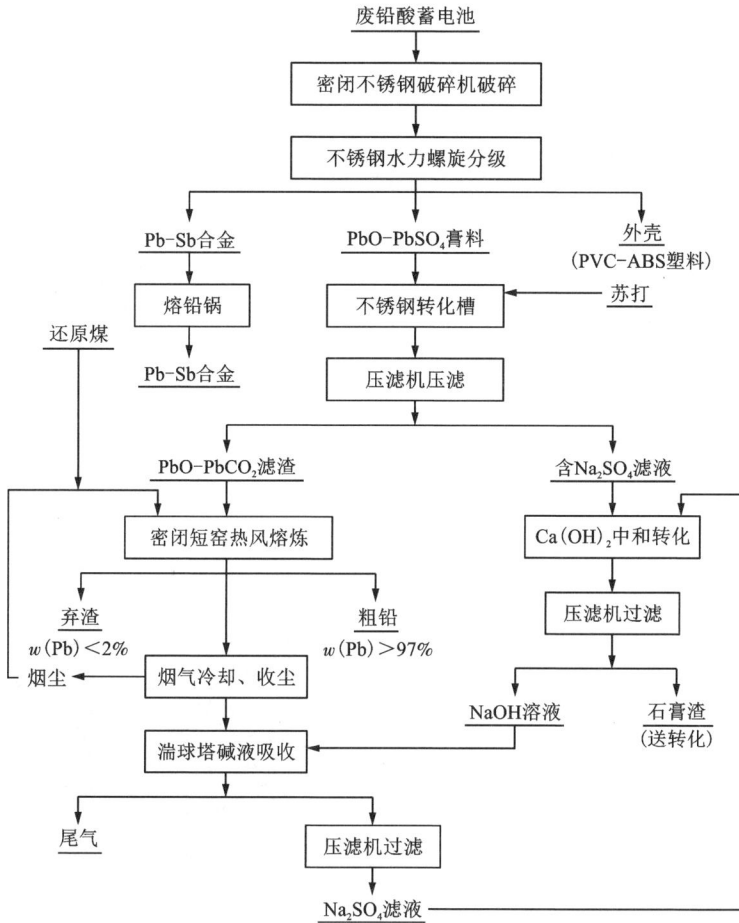

图 4-2　铅膏脱硫及短回转窑还原熔炼原则工艺流程

时窑体以 0.5~8 r/min 的速度沿轴向不停旋转，促使炉料不停地沿炉衬运动而被搅动，由于炉身缩短，将燃烧器和废气排出口设计在炉子的同一端时能使燃烧火焰在炉内来回穿行两次，最大限度地把热传给炉料。这样还可装料时不用关闭燃烧器，使熔炼过程连续进行。

短回转窑熔炼铅膏以柴油或天然气为燃料，以碳酸钠、无烟煤块和铸铁屑为辅助原料，原料以铅膏为主，也包括从除尘室中得到的烟道灰和精炼工序产生的熔渣。利用叉车的旋转斗完成炉料添加，根据炉料中的铅含量和每炉炉料的热量需要，对具体燃烧温度进行自动控制，操作温度为 1200~1300℃，烟气喷淋水冷至 590℃后，再通过高空架空烟道冷至 120℃以下，最后进入袋式收尘器净化。

3. 短回转窑的类型和特点

短回转窑的外形结构基本一致，主要区别在于燃料烧嘴型号与烧嘴和出烟口的位置不同。燃料烧嘴有空气烧嘴与纯氧(富氧)烧嘴之别；烧嘴和出烟口的位置有火焰顺流与火焰逆流之分。因此短回转窑的结构形式主要有空气燃烧-火焰顺流炉、氧气燃烧-火焰顺流炉、空气燃烧-火焰逆流炉、氧气燃烧-火焰逆流炉等四种。前两种顺流炉为火焰以顺流方向穿过炉子；后两种逆流炉为火焰以炉尾反向吹送再经炉子穿出。

1) 氧气燃烧-火焰逆流短回转窑

这种短回转窑的前端为锥体，锥体倾斜30°，火焰沿中心轴向吹入，可增加火焰在炉内的停留时间，提高热效率10%。喷嘴火焰自动调控，满足最严格的安全标准要求。炉子安装在吸气、吸尘的通风罩下，通风罩收集的冷气同炉内热烟气混合，持续不断地监控、调节混合气体温度，并被吸入自动除尘过滤装置，烟尘全部循环返回炉内熔炼。20世纪80年代以来，法国BJ工业公司开发了从0.5~5 m³有效容积的系列产品，工业应用良好。法国BJ工业公司最终定型的斜短回转窑炉型结构和实体见图4-3，性能见表4-5。

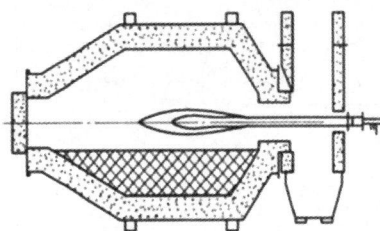

斜回转短窑炉型结构　　　　　　　　斜回转短窑实体

图4-3　法国 BJ 工业公司斜短回转窑炉型结构和实体

表4-5　斜短回转窑的性能

有效容积/m³	装料量/t	年生产能力/(t·a⁻¹)	特别炉料的平均装入量/%
0.8	3.5	3000	糊状物(未脱硫)55
1.5	6.0	5000	金属36
1.8	7.5	6000	精制油污5
3.0	12.0	10000	粉尘4
5.0	30.0	18000	

2) 空气燃烧-火焰逆流短回转窑

该短回转窑的外壳系铆接钢板，内衬 250 mm 厚高铝砖，外壳与砖之间捣筑 50 mm 厚塑性黏土，便于砖衬热胀冷缩。短窑由功率 9 kW、转速 1000 ~ 1500 r/min 的三相电动机带动，并可保证即使是需要两边持续旋转时也能提供足够的动力。这种短回转窑的结构如图 4-4 所示。

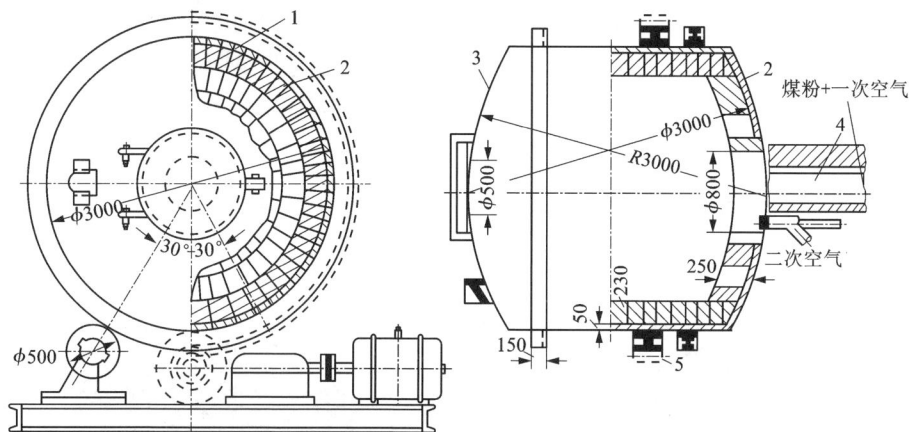

1—黏土填料；2—高铝砖；3—钢板外壳；4—烟道；5—齿圈。

图 4-4　空气燃烧-火焰逆流短回转窑结构

短回转窑周期性作业。炉料分批装入，也可一个周期装一次料。装料后迅速升温到 1100℃。熔炼温度为：粉煤火焰 1600℃，窑衬内壁 1100℃，燃烧气体 1200℃。烟气通过燃烧口上部的排气孔排出。熔炼接近终点时，铅、黄渣、炉渣等熔炼产品在窑内熔池中很好地分层，并分别放出。

技术经济指标：周期作业时间 4 h；对于 2.4 m×2.4 m 的短回转窑，每周期产铅 4~5 t，日产铅 25 t；燃料消耗为炉料的 12%~15%；铅总回收率为 95%；窑衬使用年限 1~2 年，电能消耗 1400 kW·h/d；烟气中 50% 的硫可回收制酸。

3) 氧气燃烧-火焰顺流短回转窑

这种短回转窑配备有一个吹氧燃烧器，该燃烧器由 PLC 控制器控制，通过火焰探测器、压力控制器、气体和氧气流量控制器，确保燃烧的比例自始至终按照设定的值进行，以保证操作安全。另外，通过专门软件对短窑中熔炼金属和炉渣的出料时间进行指示，减少操作人员的干预并可持续生产。典型氧气燃烧-火焰顺流短回转窑结构配置如图 4-5 所示。

高温熔炼铅膏时向炉窑内吹氧，可避免二噁英的产生。采用分布式电脑全自动控制系统，对熔炼过程烟气的排放实现在线监测。所有的上料、出铅操作都在

图 4-5　氧气燃烧-火焰顺流短回转窑结构配置图

吸尘罩下进行,并尽可能减少操作人员的干预,保证了设备操作的安全和人员的健康。氧气燃烧-火焰顺流短回转窑工作状态如图 4-6 所示。

图 4-6　氧气燃烧-火焰顺流短回转窑工作状态图

4. 铅膏预脱硫

为减少火法熔炼铅膏时的环境污染,我国采用短回转窑熔炼废铅酸蓄电池铅膏时,增加了铅膏的预脱硫工序,脱硫过程以纯碱(Na_2CO_3)为转化剂,将废铅酸蓄电池膏泥中的硫酸铅转化为碳酸铅,而硫则以硫酸钠的形式进入溶液,再经过滤得到 $PbCO_3$ 物料和 Na_2SO_4 溶液,后者用石灰乳苛化再生脱硫剂或浓缩结晶产出硫酸钠副产品。

铅膏脱硫后 $w(S)$ 降到 0.3%,脱硫率大于 95%。脱硫铅膏还原熔炼时,可降低助熔剂的消耗量,并降低熔炼温度,节约能源;降低渣含铅量,提高冶炼回收率;大幅度减少二氧化硫的排放。

5. 脱硫铅膏短回转窑熔炼的技术优势

借鉴国外先进的废铅酸蓄电池处理技术,结合我国实际,选择关键技术,自主研发脱硫工艺和采用改进型密闭短回转窑热风还原脱硫铅膏回收再生铅,其技

术水平达到国际先进水平。该工艺已在湖北金洋公司、浙江天能公司、沁阳市华鑫铅业有限公司等企业应用,总体上有以下优势:

①环境友好,实现无害化生产。铅物料预脱硫处理后进行密闭短回转窑热风熔炼工艺,高效节能,环保友好。

②原料准备简单。物料不需烧结和制粒,粉尘和气体排放量小。

③技术指标好,熔炼温度低,物料烧损少;生产中产渣量少,铅的回收率高。

④工艺流程短,投资少,建设周期短。

⑤能耗低。应用密闭短回转窑和热风熔炼技术后,形成了低耗、高效、清洁的再生铅生产工艺,节能减排效果明显。与原反射炉工艺相比,该工艺减少燃料消耗20%,氮氧化物和碳氧化物的排放量下降5%,熔炼效率提高15%,减少烟气和烟尘量30%以上,余热利用率提高了10%~15%,达到63%。

4.3.2　设备运行与维护

1. 转化脱硫设备

转化脱硫设备情况见表4-6。把两个脱硫槽作为一个转化单元,如果每年生产300 d,而且三班倒满负荷生产,该脱硫生产单元可处理铅膏18000 t/a。

表 4-6　转化脱硫设备一览表

编号	设备名称	型号参数	数量	用途
1	不锈钢脱硫装置	8 m³	4	铅膏脱硫
2	浆料泵及管道		4	浆料输送
3	板框压滤机	XM8/1250UB	6	脱硫铅膏液固分离
4	操作平台	自制	2	操作平台
5	铅膏加料输送机及支架	自制	4	铅膏进料用
6	脱硫搅拌机	30 kW 调速	4	搅拌
7	脱硫剂输送机及支架	自制	2	加料
8	水电配套及控制	自制	1	水电配套及控制
9	5 t 行车	LD-5/12	2	

2. 短回转窑

密闭短回转窑用25 mm 厚的锅炉钢板加工成 φ3000 mm×4000 mm 规格的筒体,内衬铬镁砖。窑体两端部中心轴线上分别开设有 φ800 mm 的进料口和出烟口,窑体上安装两个 φ3400 mm×150 mm 铸钢 ZG50 滚圈,与窑体支座上的4件托轮相配合，用于支撑炉体。窑体上有一 $\phi 3600\ mm \times 250\ mm$、模数 $Z = 22$ 的大齿圈，与蜗轮减速机和圆柱减速机组成的两级减速机组相连接，用于驱动窑体 360° 连续旋转和制动窑体的转动。安装时将密闭短回转窑水平放置，安装好转运装置，使其能灵活转动。密闭短回转窑结构简图如图 4-7 所示。密闭短回转窑包括烧嘴、烧嘴砖车、短回转窑、复燃室、换热器等设备，设备连接示意图如图 4-8 所示。烧嘴呈一定角度，便于强化火焰在整个窑内循环，提高热利用率。短回转窑烟气出口设置二次燃烧室，是为了使烟气中的有机物和 CO 完全燃烧。

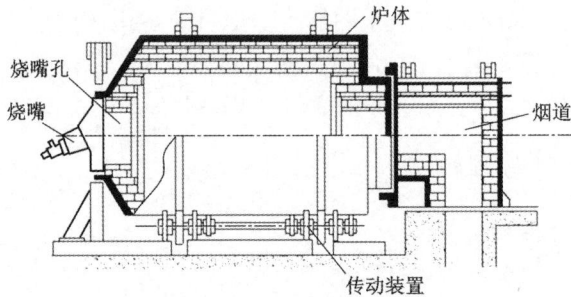

图 4-7　密闭短回转窑结构简图

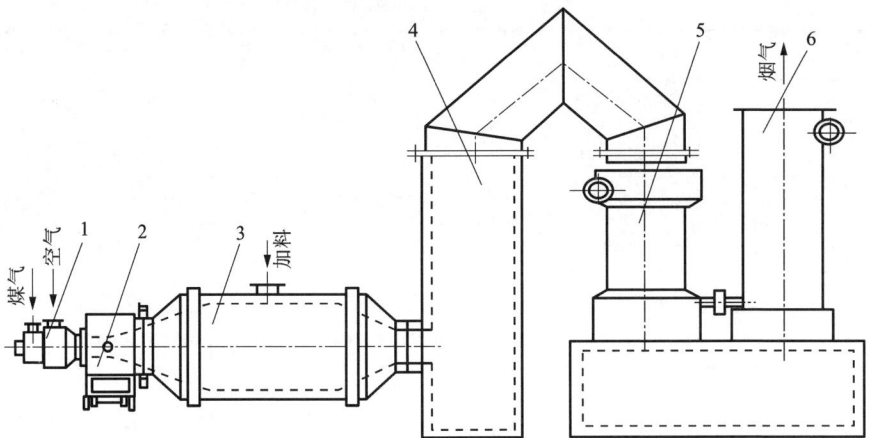

1—燃烧器；2—烧嘴砖车；3—短回转窑；4—复燃室；5—喷流换热器；6—螺旋换热器。

图 4-8　短回转窑设备连接示意图

短回转窑采用无烟煤或焦炭颗粒做还原剂，Na_2CO_3 做熔剂，属间歇熔炼。脱硫铅膏与配入的纯碱、煤等熔剂一起加入密闭短回转窑内，燃油或燃气通过烧嘴燃烧提供熔炼反应所需的热量，炉料在炉内随着炉体的转动充分搅拌，有利于传热、传质，使炉料各组分很好地接触，有利于提高炉子的生产效率。脱硫铅膏的主要有效成分为 PbO、PbO_2、$PbCO_3$，其分解温度为 500℃ 左右，渣熔点为 900～1000℃，脱硫铅膏冶炼温度可降低 200℃，一般为 1000～1150℃。渣率一般为 10%～20%，渣含铅一般为 2%～5%。其工艺技术特点是机械化程度高，作业灵活；短回转窑密闭性好，铅蒸气在工作环境中的溢出量少，生产过程清洁；同时降低了熔炼烟气中 SO_2 排放量。

热风密闭短回转窑在加工和生产过程中采用了五项改进：①加料口和出烟口分设在短窑两端部中心处，窑体可 360° 连续转动，熔炼物料可随窑体的转动得到充分的搅动混合，反应速度加快；②燃料和助燃空气采用双管转动组合式旋涡燃烧器，可使燃料与空气充分混合，产生高速燃料空气流，燃料燃烧充分；③给料方式：顶孔料斗吊车加料、端部移动料斗加料，最后经水套螺旋给料机加料，窑内物料布料均匀，缩短反应时间，同时可实现给料机械化，降低劳动强度，避免加料过程中物料粉尘飞扬，改善工作环境；④窑头采用水套风管密闭烟罩封闭，烟气回收率高达 99.8%；⑤采用沉淀槽或余热保温前床，熔融物料在沉淀槽或余热保温前床中利用烟气余热进行保温沉淀分离，铅和炉渣分离彻底，渣含铅低于 2%，铅直收率大于 94%，回收率大于 98%。利用燃油或燃气等多种燃料，可减少一半以上烟尘量，烟尘含铅可提高到 65%～70%。同时短回转窑的密闭性和工作环境好。

4.3.3　生产实践与操作

本节重点、系统介绍脱硫铅膏的短回转窑还原熔炼的有关内容，铅膏脱硫预处理过程的有关内容也尽可能介绍，但不具系统性。

1. 工艺技术条件

1）转化脱硫技术条件

①铅膏球磨细度不少于 60 目（0.42 mm）；②Na_2CO_3 转化液起始质量分数约 20%；③转化反应时间为 2 h；④反应温度为 55℃；⑤转化过程终点 pH≥12；⑥脱硫液 $\rho(Na_2SO_4)$≤250 g/L。

2）脱硫铅膏密闭短回转窑还原熔炼技术条件

①入炉料配比：m(转化物料)：m(炭颗粒)：m(碳酸钠)＝100：5：7；②脱硫铅膏冶炼温度为 1000～1150℃；③物料熔化期约 6 h；④还原沉淀期间约 2 h。

2. 岗位操作规程

1）脱硫

该工序主要包括球磨、转化脱硫和硫酸钠结晶三个操作岗位。

（1）铅膏球磨　铅膏球磨过程中添加稀脱硫剂溶液，另外须补充少量新鲜水。湿磨不仅可以起到润滑作用，还可以防止铅尘污染。磨至大于 60 目后，铅膏被送入调浆池，再由输送泵送至脱硫反应釜进行脱硫。

（2）转化脱硫　以碳酸钠为脱硫剂，在转化槽中发生以下反应：

$$PbSO_4 + CO_3^{2-} \Longrightarrow PbCO_3 + SO_4^{2-} \qquad (4-2)$$

将硫酸铅转化为碳酸铅。作业步骤是先将调浆后的铅膏加入脱硫反应釜，再计量一定量的脱硫剂，并把脱硫剂配制成约 20% Na_2CO_3 溶液加入脱硫反应釜内，机械搅拌，反应时间为 2~3 h，反应温度为 55℃ 左右。充分反应完毕后，脱硫后的物料进入脱硫料浆储槽，用压滤泵送至压滤机过滤，得到脱硫铅膏和脱硫液。对固体料进行二次脱硫，以提高脱硫效率。对二次脱硫后的物料再次进行压滤，固体料进入水洗槽以洗去滤渣中的 Na_2SO_4 和 Na_2CO_3 等，然后泵至压滤机过滤。滤饼经水洗后，卸下存入专用容器中，称量脱硫铅膏的总重后送后道工序等待冶炼。脱硫后固体料主要成分为 $PbCO_3$、PbO_2、PbO 和金属铅。脱硫液进入储槽，根据储槽的横截面积测量出脱硫液的深度后，计算脱硫液的体积，再用比重计测量脱硫液的密度，这样，就可计算出脱硫液的总质量。脱硫液和洗水中 Na_2SO_4 质量浓度小于 250 g/L 时返至球磨机回用，否则送至硫酸钠结晶工序。

（3）硫酸钠结晶　经压滤机处理的脱硫液和洗水在生产过程中循环使用，待其浓度为 250 g/L 以上后，纯净的滤液被泵送至蒸发釜浓缩结晶，经压滤得到硫酸钠滤饼和结晶母液。硫酸钠滤饼在热气流中被干燥，得到硫酸钠副产品。结晶母液进入母液储槽后循环再结晶。冷凝水也用于脱硫工序。

2）短回转窑还原熔炼

短回转窑还原熔炼主要有配料、还原熔炼和烟气治理等岗位，操作步骤如下。

①按 $m(脱硫铅膏):m(炭粒):m(Na_2CO_3) = 100:(4~6):(6~8)$ 配比，称量主料和辅料。

②配料：把上述称量好的物料按分层堆放法混合均匀。

③配好的物料由皮带运输机输送，旋转给料机按一次、两次分别加料，并计量每次加料的重量，在给料机中间及末端处测定粉尘的浓度及烟尘的成分。

④向熔炼炉内分别送入氧气和天然气，并开始计量其初始值，熔炼开始时间即为初始熔炼时间。

⑤在布袋除尘器入口、出口及烟囱排放口测定烟气的流速、流量、粉尘浓度及烟尘成分，每炉至少测量熔炼开始、熔炼稳定、静炉后 20 min 三个时段的数据。

⑥观察熔炼情况，待熔炼完毕后，标记熔炼时间，并停止送入氧气和天然气，计量它们的最后数据，静炉 30~50 min，金属与炉渣分层完全后，准备扒渣。

⑦扒渣：用扒渣机扒渣，使炉渣进入渣包，分别在初始、中间、终了阶段取炉渣样，化验其成分，待炉渣彻底冷却后称重计量。

⑧出铅：扒渣完毕后，开出铅口放出粗铅，粗铅流入铅包。在出铅过程中，

分别在初始时间、中间时间、终了时间取样，铸成样品锭送化验分析，待铅包中的铅铸成铅锭并冷却完全后称重。

⑨在熔炼过程中，测量熔炼车间烟气的粉尘浓度及成分。计算铅物料平衡。

3) 煤气热工操作

由于短回转窑处理的物料多为耗热物料，燃料提供热源和热量，它是熔炼顺利进行的关键。煤气热工操作是短回转窑熔炼工艺的基础，主要包括燃烧调控、最大煤气量、最小煤气压强和烟气治理等操作。通过各种仪器仪表的合理操作，实现煤气与空气的计量和比例调节、最高炉温自动调节、炉尾负压自动调节等目标。考虑到人工操作在很多场合不可避免，因此制定以下煤气热工操作规程。

(1) 煤气氧气比例调节　理论比例调节是烧嘴点火稳定后，氧气量与煤气量成正比例增减。其目的是保证煤气在炉膛内完全燃烧时过剩氧气量最少。当煤气、氧气没计量或计量不准，烧嘴又不能进行比例调节时，燃烧调节按下述步骤进行：①在煤气调节阀与烧嘴之间安装煤气管压力表，检测烧嘴前煤气压力，以同样方式安装氧气管压力表检测烧嘴前氧气压力。二次仪表安装在仪表室或离火焰较远的地方。②烘炉试烧时以中等煤气量调节氧煤比例，使烧嘴砖点火孔处火焰透明白亮，声响均匀有劲。从窑尾抽取烟气样本，记录烧嘴前煤气压力。气体分析仪分析烟气 $\varphi(CO)<0.2\%$，$\varphi(O_2)<2\%$，则表明煤气基本完全燃烧。③按 $K_n=(p_o \cdot p_g^{-1})^{0.5}$ 计算系数 K_n，增大一挡煤气量，用式 $p_o=K_n^2 p_g$ 计算出相应的烧嘴前氧气压强，再检查燃烧状况。式中：p_o 和 p_g 分别为调节后完全燃烧状况下烧嘴前氧气压强和煤气压强，Pa；K_n 为压力比开方系数。若燃烧良好则采烟气样本进一步检验是否完全燃烧。若完全燃烧，则这组 p_o、p_g 就成为第二组标准压强。④测定三组以上的标准压强，以内差法计算出不同烧嘴前煤气压强下的 K_n 值和 p_o，制订 p_g-p_o 曲线或 p_g-p_o 表格，将此编入操作规程以指导生产操作。

调试后用 K_n、p_o 计算式得出的值指导手工比例调节，其误差能被生产接受。当然，调试取样点越多，p_g-p_o 曲线或表格就越准确。

(2) 最大煤气操作量　新炉升温时，非热工操作人员常认为温度上不去就应增大煤气量，这样做往往使烟道温度急剧升高，而炉膛温度反而有所下降。其实每台炉子均有一个最大煤气操作量，炉膛越小，调试中摸索出最大煤气操作量指标，对指导生产就越显重要。

最大煤气操作量就是指煤气在短回转窑内完全燃烧条件下烧嘴能达到的最大燃烧能力。当燃料种类、炉型、炉膛尺寸、烧嘴型式及其布置方式确定后，最大煤气操作量也相应确定。当煤气量超过此指标，无论煤气与氧气的比例调节得如何合理，在炉膛中燃料就不能完全燃烧，同时在烟道系统中也会延迟燃烧。因此生产操作中为节约燃料或尽快调高炉温，千万不要使燃料量超过此指标。

最大煤气操作量的测定可按前述手工比例调节的办法，记录下最高燃烧炉温时完全燃烧的烧嘴前煤气压强 $p_{g(\max)}$ 即可，$p_{g(\max)}$ 能间接地反映此操作指标。

（3）最小煤气压强　为安全生产，防止烧嘴意外回火，操作时须控制烧嘴前煤气压强不得小于最小煤气压强 $p_{g(\min)}$。$p_{g(\min)}$ 是烧嘴在充分保证不会回火的前提下以最小煤气量稳定燃烧时所对应的烧嘴前煤气压强。最小煤气压强可以根据火焰传播速度、烧嘴断面尺寸和阻力特性来理论估算，但可靠的办法还是在调试中根据实际情况来确定。

（4）最小煤气压强炉压调节　短回转窑的炉压调节在燃烧操作中也很重要。当窑尾抽力(负压)过大时，火焰拉直短路，高温区后移，浪费燃料；当抽力太小甚至无抽力时，炉体各处冒火冒烟、燃烧恶化、环境恶化、烧嘴振动增大。正确的炉压调节要求保证窑尾微负压操作，即在窑尾密封环处偶尔有少量烟气冒出即可。

（5）换热器清灰　短回转窑烟气中夹杂有大量细微烟尘，容易黏附在换热器内壁上。为了确保换热效率、节省燃料，必须人工定期清理。

3. 常见故障及处理

短回转窑还原熔炼常见故障产生原因及处理方法见表4-7。

表4-7　短回转窑还原熔炼常见故障产生原因及处理方法

故障类型	产生原因	处理方法
炉体振动	炉受热不匀，弯曲变形大，使托轮脱空	正确调整托轮
	大小齿轮啮合间隙过大或过小	调整大小齿轮的啮合间隙
	齿圈与驱动滚圈连接螺栓松动或断裂	紧固或更换螺栓
	传动小齿轮磨损严重，产生台阶	更换小齿轮
	基础地脚螺栓松动	紧固地脚螺栓
炉体开裂	壳温高或红炉烧损炉体，强度、刚度削弱	炉体焊补，加固烧焊
	某一支撑托轮顶部受力过大	正确调整托轮，减轻负荷
	炉体钢板材质缺陷或接口焊缝质量差	用金属探伤器检查内部缺陷

续表4-7

故障类型	产生原因	处理方法
炉体弯曲变形	突然停炉后，炉温高，长时间没转炉	在炉弯处做一记号，等炉转到上面时停炉数分钟，使其复原，待炉子大修时校核强度
	炉墩基础下沉，托轮位置移动	根据测量数据，调整好托轮位置
托轮轴承过热、有噪声及振动	炉中心线不直，轴承受力过大	校正中心线，调整托轮受力情况
	托轮不正或歪斜，轴承推力过大	调整托轮位置
	轴内用油不当，润滑油变质或油内混杂	及时换油，清洗轴承
	托轮受径向力大，轴与轴承摩擦力增加	调整托轮受力情况
托轮与滚圈接触面起毛、脱壳或压溃剥伤	托轮径向力过大	调整托轮，减轻负荷
	滚圈与托轮间滑动摩擦增大	调整托轮，保证托轮位置正确
小齿轮装置轴承摆动、振动	炉体弯曲，大小齿轮传动时受到冲击	调直炉体
	大小齿轮的轮齿制造误差	修齿或更换
	大小齿轮啮合间隙不当	调整啮合间隙
	小齿轮轴与联轴器中心线不同心	校正中心线
	轴承紧固螺栓或地脚螺栓松动	及时紧固
	基础底板刚度不够	加固底板
	轴承损坏	更换轴承
主减速器齿轮表面产生点蚀、裂纹、剥落等损伤	炉体振动，有冲击，超负荷	见前述，对症处理
	油不清洁，齿间落入杂物或黏度不够	清洗、清除杂物，换新油
	齿轮表面材质疲劳，强度不够	必要时更换减速器齿轮
	齿轮啮合不良，受力不均匀	及时调整，保证啮合好、受力匀
主减速器壳体表面温度高	油少、不清洁	补加油或清洗换新油，临时降温
	受炉体辐射影响	加隔热措施
电动机振动	地脚螺栓松动	紧固地脚螺栓
	电动机与联轴器中心线不同心	校正中心线
	轴承损坏，转子与定子摩擦	更换轴承，检查、调整间隙

续表4-7

故障类型	产生原因	处理方法
电动机外壳发热	接线松脱或断掉	重新接线，要牢靠
	受炉体热辐射影响	加隔热措施
	转子或定子线圈损坏	拆装检修
电动机电流升高	炉内结渣	处理结渣
	托轮推力方向不一致	调整托轮，保持正确推力方向
	托轮轴承润滑不良	改善润滑，加强管理
	炉体弯曲	见前述，对症处理
	电动机本身出现故障	详细检查，更换有缺陷零件
联轴器振动声响异常	咕咚咕咚响声：齿面磨损，键磨损	分析了解、更换零件、拧紧螺栓
	大的异常响声：齿断裂，严重损坏	分析了解、更换零件、拧紧螺栓
	偏心严重，齿面磨损、压溃、螺栓松动	分析了解、更换零件、拧紧螺栓
联轴器漏油	密封件老化、破坏、变形	更换零件
电磁离合器不完全脱开	离合器与半联轴器中心线不同心	校正中心线
	气隙过小	按说明书调整其气隙
电磁离合器不吸合或吸合力不够	气隙过大	按说明书调整其气隙
	电刷松脱	固定好电刷
	接线松脱或断掉	重新接线，要牢靠
	电刷磨损严重	更换电刷
	摩擦片磨损严重	更换摩擦片
制动器不完全脱开	制动器与制动轮中心线不同心	校正中心线
	接线松脱或断掉	重新接线，要牢靠
制动器制动时间长、制动力不够	制动瓦磨损严重	更换制动瓦
	各连接处销轴磨损严重，连接螺栓松动	更换销轴，拧紧螺栓
炉门不能再开启	压缩空气故障	用备用压缩机操作炉门，尽快恢复供气

续表4-7

故障类型	产生原因	处理方法
冷却水故障	冷却水滴漏或发生故障危及冷却过程	定位故障所在位置，排查故障
	冷却水从受损的冷却结构中漏出或漏到炉内	若冷却结构损坏，须调进口阀，冷却水量减到可接受值，若有损坏风险须立即维修
	冷却水回路的漏斗进口处出现蒸汽排泄	若冷却水系统热态恢复运行，应慢开进口阀以免系统超负荷产生蒸汽。无蒸汽泄漏时，调节冷却水量到满足出口温度要求
直流调速装置(控制直流电机)故障	各种原因	根据面板显示地址查找说明书，排除故障，在面板按"P"键复位
交流电机故障	热继电器过流(KH1)	检查过流原因，排查故障
直流电机故障	电枢回路、励磁回路过流，电流继电器动作(ZKC1、ZKC2)	检查过流原因，排查故障
炉体失控	各种原因引起	按下急停按钮可立即停止炉体倾动，排除故障原因，拉起急停按钮，可继续操作炉体。其他情况不得随意使用急停按钮
角度显示	发现炉转动操作与角度连锁情况不符	及时报告检修员处理

表 4-8 描述了纯氧燃烧系统在启动和运行时可能遇到的故障及其处理办法。

表 4-8　纯氧燃烧系统设备故障及其处理方法

问题	可能的原因	解决办法
阀架内无气体	阀架上游的阀关闭	打开上游阀门，依锁定/标识规程画警戒线
	无氧气供应	询问气体供应部门
供气压力过低或过高	上游阀门未完全打开	打开阀门
	气体正在被其他设备使用	停止其他设备的气体使用或增加供应量，和管道配合使用量
	管道泄漏	关闭气源，修复管道
	系统调压阀压力设置高	要求气体供应部门调低压力

续表4-8

问题	可能的原因	解决办法
进口安全切断阀或出口切断阀不能打开	系统启动安全连锁条件不满足	检查系统安全连锁，打开控制系统电源，确认没有错误报警
	气压低	提高仪表气压到 0.5 MPa，清洗过滤器
	电磁阀不工作	检查电磁阀进口是否堵塞，若有杂质则清洗或更换线圈
	没有电信号供给电磁阀	检查线是否松动；检查保险丝
	阀门位置开关未到位	适当调整位置开关位置
	PLC程序中做了强制输出。（注意：在测试和维护检查时修改了PLC程序，做了强制输入，工作后没取消）	取消强制信号
	阀门的机械或电气故障	查看供应商手册
高流量运行时不稳定	管路中的过滤器脏	检查过滤器压损，若最大流量下压损大于1 bar，则表示过滤器脏了，须清洗。请按气体安全流程清洗过滤器
	别的地方在大量用气	确认供气系统是否有问题、总用气是否超量，限制其他用气，要求供气部门增加压力。确认管路是否压损太大，不满足流量需要
	阀架气源压力波动	向供气部门请求帮助，确认控制阀流量已调节，审查用气量
	线松动	维修或替换电线
没有流量或流量显示	保险丝断掉或回路断开	替换熔断的保险丝或检查回路
	阀架系统关闭	检查系统安全连锁或错误
	手动阀门被关闭	找到被关阀，先了解阀门被关原因，再开阀
	保险丝断掉	替换保险丝
	电线断开	检查整根线(绝缘层中有可能断线)
	变送器损坏	根据需要替换

4.3.4 计量、检测与自动控制

1. 计量

短回转窑熔炼所需的熔剂、无烟煤以汽车运输方式运送到配料仓，脱硫铅膏与系统返回的渣灰经胶带输送机运至各配料仓，分别计量堆存，根据配料计算结果，熔剂、无烟煤、脱硫铅膏等由配料仓下设置的圆盘给料机、定量给料机精确配料计量后，下到配料皮带上，通过胶带运输机送往短回转窑的炉前料仓。通过计量数据合理科学配料，保证生产正常进行。这些数据的取得，都是通过加料系统安装的电子计量装置，该装置由称重压头元件、称重传感器、户外显示屏组成。称重压头元件通过称重传感器测出物料的重量，上传给 DCS 控制系统，中控工按照生产指令进行各物料加入量调整加料作业，入炉料量累积值在 DCS 上有显示。产出的炉渣与粗铅通过行车称重计量。鼓(抽)风、天然气、氧气通过安装在管路上的质量流量计计量，计量值显示在计算机 DCS 画面上，可取得每炉所需的风、天然气、氧气量的数据。生产线全面安装智能电子行车吊磅、智能电子地磅、智能电表，并与公司电子信息自动检测管理系统连接。采用两级水电计量系统，关键大型高耗能设备采用就近配置的计量电表、水表，车间配备流量计、电度表对水、电、气进行准确计量。

同时做好计量管理工作，完善企业计量管理机制，建立健全公司、科室和车间三级计量管理网络。明确专人负责计量器具的配置、安装、检测、维修、报废等管理工作和监控工作；车间主任分管所属车间的工艺设备、计量运转管理工作；建立计量管理体系，实现自动化电子信息采集管理系统，责成具有相应资质的专门人员负责计量器具(表 4-9)的管理和计量工具的配备、使用、检定、维修及报废工作，建立产品能耗统计台账和定额指标考核体系，按生产周期(班、日、周)及时统计各种产品的单位产品能源消耗，对各类统计数据及报表实行电脑网络化管理。

表 4-9　生产计量器具一览表

名称	数量	计量单位	备注
电子地磅/台	2	kg	数据智能采集
行车吊磅/台	20	kg	数据智能采集
电表/个	30	kW	数据智能采集
水表/个	30	m³	数据智能采集
电脑/台	4		智能采集、统计、分析上报

2. 检测

短回转窑熔炼脱硫铅膏是周期性批量生产工艺，检测是一个重要环节，包括温度、压力、流量的测定以及原辅材料、熔炼产物化学成分的分析。设置专门化验室，配备分光光度计、干燥箱、真空泵、温控器、高温电炉、电光分析天平等仪器设备，负责原辅材料、产品、产物和工业"三废"的理化指标的分析化验。在锅炉出口、袋式除尘器出口及排气筒口等控制点，设置在线监测系统，使企业和环保部门随时掌握铅尘排放大气情况。

1) 物理检测

温度、压力、流量、液位和物位的测定属物理检测，结合自动控制和计量，由相应的在线测量仪表完成。

不需要经常监视的工艺参数检测使用就地仪表。就地指示温度仪表采用万向型双金属温度计，刻度盘直径为 ϕ150 mm；集中检测采用铠装热电偶（分度号为 K、S）和铠装热电阻（分度号为 Pt100）；保护套管材质根据工艺介质的特性选取，采用 316L 不锈钢的保护管。就地压力指示仪表根据不同工况选用弹簧管压力表、膜盒压力表；易发生堵塞及强腐蚀性场合选用隔膜压力表，隔膜材料根据工艺介质情况选用；集中压力检测采用隔膜压力变送器。强腐蚀性或含有固体颗粒的导电介质流量测量采用电磁流量计；有机介质等不导电介质流量测量采用超声波流量计；大管径的烟气流量测量采用热式气体质量流量计；蒸汽或压缩空气流量测量采用平衡式节流装置配差压变送器。一般水池的液位测量采用超声波式液位计；汽包及除氧器液位测量采用导波雷达液位计；粉状物料的矿仓料位采用称重仪表或雷达物位计。烟气管路中 SO_2 浓度分析采用红外式或紫外式气体分析仪；水质分析采用 pH 计、电导率计等分析仪；93%、98%酸浓度测量采用智能型酸浓度计。

2) 化学分析

采用人工分析或仪器分析方法对脱硫铅膏、铅烟尘等原料，纯碱、还原煤等辅助材料，粗铅产品，以及炉渣、烟尘、炉气、废水等熔炼产物的成分进行分析检验，主要元素铅、硫、锑等含量要有检测报告及时反馈到生产单位，以指导生产操作。

3. 自动控制

短回转窑熔炼再生铅工艺采用 DCS 控制系统进行自动控制。DCS 是一个集PID 控制器、逻辑、连锁、顺控和位置控制于一体的控制系统，具有很强的控制与监测作用。根据生产过程的要求及当今自动化水平的发展，短回转窑熔炼过程采用就地检测、分散控制、集中管理的控制方案，仪表和自控设计遵循先进可靠的原则，确保设备能顺利地开停车和安全操作；控制水平以操作室盘装仪表集中控制为主。除就地仪表外，其他仪表均为电动型。控制系统的组成采用同类装置或借鉴相关行业的成熟经验,对重要的工艺参数进行自动控制。但主要的控制操作由常规仪表完成。

熔炼再生铅的短回转窑是一种可 360°旋转的转炉,采用了美国、意大利同行的先进技术,炉体采用 360°不同速度回转,熔炼传质传热好,实现了无死角熔炼。短回转窑自动化程度高、技术先进,在仪表室内就能完成大部分工作。仪表室内设有两个操作台,一个是安装在短回转窑上料一侧门上的纯氧燃烧器操作平台,按照指令开启、关闭短回转窑装配有纯氧燃烧器的上料门,通过一个火焰探测器、压力控制器以及一个天然气和氧气流量 PLC 控制器,控制燃烧器的点火燃烧,确保燃烧比例自始至终按照设定值进行,以确保操作安全,此控制台连接到 DCS。另一个是计算机 DCS 操作台,中控操作人员在 DCS 上操作可完成加料小车自动向炉内加料并返回到装载位等待装料操作;通过液压电机驱动,对短回转窑炉体进行调速旋转操作,采用双驱动装置实现无间隙传动、软启动和 PLC 控制技术,实现大扭矩平衡出力运行,保护电气和传动设备,并保证即使是需要转炉两边持续旋转时也能提供足够动力;调控炉内吹氧工艺,避免二噁英产生,对熔炼过程烟气的排放实现在线监测,减少操作人员人为干预;通过使用专门软件,显示转炉中熔炼金属和炉渣的出料时间;所有上料、出铅操作都在吸尘罩下进行,调整系统风量风压,保证设备操作安全和人员健康;能进行各系统参数的设定、更改操作。对加料、纯氧燃烧、排烟、冷却水等系统实时监控,为操作人员提供必要、实时的工艺信息,如温度、流量、压力、报警、测量值和趋势曲线。操作人员也通过操作 DCS 控制 PID 控制器对各参数进行设定,对电机、自动阀自动控制等。操作人员对 DCS 操作信息都有保存。操作人员可在控制室内的操作站上通过各种画面显示所有过程参数及工艺流程图,通过打印机打印多种数据和报表,过程接口和控制站采集过程信息向生产装置输出控制信号完成自动控制,管理人员通过终端设备及时了解生产过程信息,进行故障情况的分析与处理。

4.3.5　技术经济指标控制与生产管理

国家在鼓励发展循环经济、支持铅再生资源回收利用的同时,大幅度抬高铅再生企业的准入门槛,要求再生铅冶炼须采用国际上先进的节能工艺和设备,如短回转窑或等同设备,实现机械化操作。冶炼能耗应小于 130 kg ce/t 铅,电耗小于 100 kW·h/t 铅,铅总回收率大于 95%,冶炼弃渣中铅质量分数小于 2%,废水循环利用率大于 90%。"三废"排放须符合国家和地方环保标准的规定。

湖北某再生铅企业采用短回转窑熔炼脱硫铅膏技术,生产线规模为 35 kt/a,与混合熔炼比较,冶炼温度大幅降低,由 1300℃降低到 400℃(铅栅)和 1000℃(脱硫铅膏),节能 3525 t ce/a;废渣量下降 80%,减排废渣约 3680 t/a;渣含铅小于 2%;烟气量由 3605 万 m^3/a 降到 2050 万 m^3/a,减少 1/3;SO_2 排放量质量浓度由 830 mg/m³ 降至 102 mg/m³，降低 85% 以上；烟尘质量浓度由 110 mg/m³ 降至小于 16 mg/m³，降低约 85%；废气中主要污染物排放量如下：SO_2 2.72 t/a、铅尘 0.325 t/a、烟尘 0.63 t/a，污染物排放量在原有基础上的削减量分别为：SO_2 72.44 t/a、铅尘 1.325 t/a、烟尘 7.92 t/a。总之，实现了废铅资源利用的最大化，达到节能、减污、增效的循环经济发展目标。

1. 能量平衡与节能

表 4-10 为国内某公司的 16.2 t 燃气式短回转窑熔炼铅膏过程的热平衡情况。

表 4-10　燃气式短回转窑熔炼铅膏过程热平衡

序号	热收入			热支出		
	项目	数值/(kJ·h⁻¹)	占比/%	项目	数值/(kJ·h⁻¹)	占比/%
1	天然气发热	1518721.40	99.60	碳酸铅分解耗热	239557.82	15.71
2	造渣放热	6169.83	0.40	氧化铅还原耗热	3836.97	0.25
3				碳酸钙分解耗热	63027.21	4.13
4				粗铅、炉渣带走热	223997.77	14.69
5				烟尘带走热	0.00	0.00
6				水分蒸发热	106872.64	7.01
7				烟气带走热	807341.37	52.94
8				短回转窑热损失	80257.43	5.26
	共计	1524891.23	100.00	共计	1524891.21	100.00

根据表 4-10 中热平衡计算结果和炉窑热工参数，密闭短回转窑的热强度为 120~150 MJ/(m³·h)，单位炉容积燃料消耗 7.3~8.9 kg ce/(m³·h)。在约 6 h 的炉料熔化期内，热强度为 150 MJ/(m³·h)，控制燃料消耗为 8.9 kg ce/(m³·h)，氧气系数 $a=1.15$，碳处于完全燃烧期，炉温快速升高，并保持在 1150℃ 高温区内。还原沉淀期间约 2 h，热强度为 120 MJ/(m³·h)，控制燃料消耗 7.3 kg ce/(m³·h)，氧气系数 $a=1.0$，碳处于不完全燃烧期，炉温下降，维持在 950℃ 至 1000℃ 之间，炉内形成还原气氛，熔渣中铅充分沉淀，有效实现渣-铅分离。

短回转窑熔炼铅膏的主要节能技术措施有：

①通过设备技术升级改造，完善工艺流程，解决铅膏直接冶炼存在的温度高及作业时间长的问题；并且充分富集回收锑等有色金属，产出含锑低的软铅及含锑高的粗铅合金，避免粗铅精炼时又重新升温，从而降低能耗。②脱硫铅膏、极板冶炼温度低。极板铅熔炼温度为 400℃，脱硫铅膏改为两段冶炼，其温度分别

为 700℃ 和 1000℃，三种降温冶炼分别节能 75%、50% 和 30%。③再生铅熔体采用液态输送精铅及铅合金，降低能耗。④高效利用燃料和余热，减少热量损失。烟气带走的热量最多，一方面采用富氧，减少烟气量；另一方面利用烟气余热预热富氧空气，将余热蒸汽用于废料烘干，实现冶炼系统余热综合回收。

与技术改造前比较，共节约标准煤 3525 t/a，节能 58.75%，效果非常明显。

2. 物质平衡与减排

某公司采用"富氧短回转窑还原熔炼"技术处理脱硫铅膏，以容量为 16.2 t 氧气燃烧–火焰顺流短回转窑为熔炼设备，每 8 h 熔炼一炉，处理脱硫铅膏 16.2 t，熔炼过程中主元素物质平衡情况见表 4-11。

表 4-11　脱硫铅膏短回转窑还原熔炼过程的主元素质量平衡　　　　　单位：t/h

项目	名称	质量	Pb	Sb	S
加入	脱硫铅膏	2.03	1.561	0.011	0.006
	烟灰	0.199	0.150	0.0005	0.0145
	浮渣	0.393	0.2882	0.0057	—
	还原煤	0.102	—	—	0.0007
	碳酸钠	0.142	—	—	—
	合计	2.866	1.9992	0.0172	0.0212
产出	粗铅	1.870	1.848	0.015	—
	烟灰	0.193	0.1455	0.0005	0.014
	炉渣	0.064	0.00115	0.0017	0.007
	烟气				0.0002
	无名损失		0.004		
	合计		1.99865	0.0172	0.0212

由表 4-11 计算得出铅直收率为 92.46%，铅在废气中占 0.00048%。从以上分析可知：①脱硫铅膏火法冶炼可减少进炉物料量，提高炉料铅品位，从而减少烟气、弃渣、烟尘量和二氧化硫排放量，有利于环境保护，减少生产过程中的人为环境污染问题。②短回转窑熔炼与反射炉熔炼相比，排放污染物水平降低。某公司实施短回转窑熔炼技改项目后污染物产生量变化见表 4-12。

表 4-12　实施短回转窑熔炼技改项目后污染物产生量及减排量　　单位：t/a

序号	名称	产生量	减排量
1	烟气/($\times 10^4$ $m^3 \cdot a^{-1}$)	3605	2050
2	铅尘	0.325	1.325
3	烟尘	0.63	7.92
4	SO_2	2.72	72.44
5	废渣	920	3680

全流程铅物质流情况如图 4-9 所示。

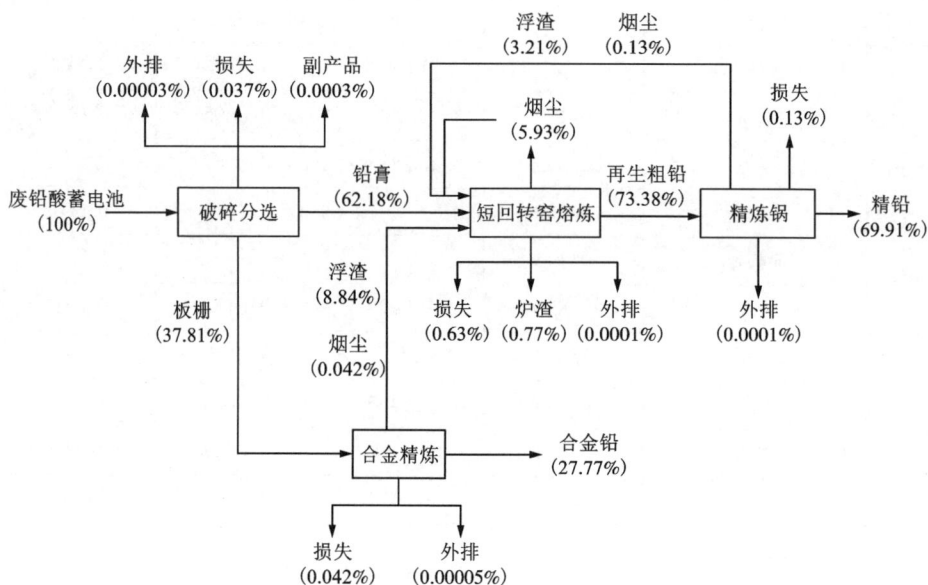

图 4-9　"废电池拆分-脱硫铅膏-富氧短回转窑熔炼"全流程铅物质流情况

　　16.2 t 容量短回转窑每熔炼一炉，需要助燃氧气 2.0076 m^3/m^3，产出烟气 3.034 m^3/m^3。当炉温 1200℃时，由 2.345 MJ/m^3 天然气的发热值及其不完全燃烧损失 5%计算出熔炼所需的天然气量为 0.0648 t/h，因此，天然气流量为 90.100 m^3/h，即 126.4385 m^3/t 铅。氧气和烟气流量分别为 180.885 m^3/h 及 273.363 m^3/h。

　　3.原料控制与管理

　　随着国家《再生铅行业规范条件》的施行，小型再生铅企业将逐步被淘汰或整合，废铅酸蓄电池资源将向大型再生铅厂集中。大多再生铅企业也在多年回收废铅酸蓄电池的基础上，建立了较为完整的废铅酸蓄电池原材料回收网络体系。有国家政策及再生铅企业的共同努力，废铅酸蓄电池原材料供应是有保障的。

废铅酸蓄电池具有腐蚀性，运输设备及原料库均需经过防腐处理；入库废铅酸蓄电池因规格多，大小不一，一般不是规则堆存，而是无序散放。多数废电池中仍有少量余电，易引发短路放电造成局部高温高热，引燃有机电瓶外壳造成火灾，因此和天然气等易燃易爆物品一样，必须采取有效的防火防爆措施。

除了对铅膏主原料加强管理和调控外，对烟尘和浮渣等综合回收和返回的铅原料也要加强管理，制订相应的回收和返回利用的措施和制度，尽量减少无名损失。

4. 辅助材料控制与管理

碳酸钠、烧碱等生产所需的辅助材料均采用工业纯标标准，可从国内相关市场或化工企业购置，形成可靠的供货渠道。与天然气供应商签订天然气配套建设及供用气合同，为天然气供应提供保障。

燃料及还原剂的成分及要求：①天然气执行 GB 17820—2012 标准中的三类标准。②炭粒执行 GB/T 5751—2009 标准中的肥煤标准，粒度小于 3 mm。

5. 能源消耗与管理

在能源消耗控制与节能管理中，主要开展以下工作：

（1）在工艺优化与创新方面采取如下措施　①进行物料分类冶炼；②增设金属中间产品的液态输送，大幅降低热能损耗；③改进炉窑加料系统，以保证炉窑稳定运行，工况正常，减少无功消耗，提高热能利用率；④改进燃烧装置，精确控制合理的助燃气体比例，提高燃料的燃烧效率；⑤提高产品回收率，降低单位产品能耗。

（2）在改造炉窑结构方面采取如下措施　①改进窑炉结构，提高传热效率；②减少炉窑火焰和高温气体的外逸，从而减少热能损失；③加强炉体保温，减少炉体散热；④选用优质耐火材料，延长炉窑使用寿命，减少停炉维修次数。

此外，还可采用富氧燃烧技术，用氧气取代空气助燃；采用通气式专用烧嘴，使尾气量大幅减少，降低惰性炉气排放的热量。

6. 金属回收率控制与管理

"废电池拆分–铅膏脱硫–短回转窑还原"冶炼再生铅过程中铅和硫的回收情况见表 4-13、表 4-14。

表 4-13　再生铅生产中铅的回收率

工序	铅回收率/%	备注
破碎拆解	99.90	包括废电池中含铅废硫酸中和回收铅
膏泥脱硫	99.90	
粗炼	96.80	包括烟尘中铅的回收
精炼	99.20	碱性精炼渣返还原熔炼
烟气除尘	99.99	布袋除尘、双塔双吸冲击除尘
总回收率	95.82	

表 4-14　再生铅生产中的硫回收率和总利用率　　　　　　单位：%

序号	工序	硫回收率	备注
1	废硫酸水处理	99.00	废硫酸水中和浓缩结晶出硫酸钠产品
2	膏泥脱硫	98.00	铅膏泥脱硫液浓缩结晶出硫酸钠产品
3	烟气脱硫	99.00	吸收捕集脱硫产出硫酸钠产品
4	总硫利用率	96.05	

加强管理，减少无名损失和渣含铅可提高铅的总回收率，减少烟尘率可提高铅的冶炼直收率。

7. 产品质量控制与管理

1) 产品质量标准

粗铅执行 YS/T 71—2013 标准：$w(Pb) \geqslant 96\%$，物理规格要求粗铅锭为梯形锭，重 $1.5 \sim 2.0$ t，粗铅锭表面平整，不得有大于 10 mm 厚的炉渣及铜锍，不得有飞边、毛刺等。锭内不得有夹层、包心和其他杂物等。弃渣 $w(Pb) \leqslant 2\%$，水碎渣粒度不大于 30 mm。

2) 产品质量控制

主产品粗铅质量是短回转窑熔炼的关键质量控制点。由于短回转窑熔炼炉料中配入了纯碱，虽然改善了熔渣分离性能，有很好的固硫效果，但炉渣产出量增加，而炉渣与粗铅同时从一个放出口放出，澄清分离时间短，富硫层炉渣覆盖在粗铅表面，导致粗铅质量控制困难。因此，粗铅凝固前及时将其表面的浮渣清除是粗铅质量控制的关键环节。

8. 生产成本控制与管理

短回转窑还原熔炼脱硫铅膏的加工成本主要来自能源和动力消耗，具体情况见表 4-15。

表 4-15　短回转窑还原熔炼再生铅的能源、动力与辅材单耗

序　号	名　称	消耗量
1	天然气	112 m^3/t
2	Na_2CO_3	5~6 kg/t
3	水	1.5 m^3/t
4	电	50 kW·h/t

生产成本的管理主要从以下几个方面进行：①对生产耗用的原辅材料、燃料、动力等实行定额管理。准确统计每批产品的原材料消耗，进行合理分摊。②制订合理的工时定额，并把经过准确统计的产品生产所耗工时上报给财务部。③对月末结存的材料等物资盘点，办理结转或退回手续。④加强仓库登记管理，对生产领用的所需原材料、备品备件以及水电气消耗进行全面、准确的登记、验收、检验和计量。⑤财务部按月进行严格的成本核算及考核管理工作。⑥建立健全原始记录管理制度，采用统一的原始记录格式的填制方法。⑦严格签署、审查、传递、汇集、保管程序，保证数字完整、清晰、真实可靠。

4.4　底吹法熔炼废铅酸蓄电池铅膏

4.4.1　简介

1.铅膏与铅精矿混合冶炼

废铅酸蓄电池破碎分选产出的铅膏是电池制造时涂膏、化成及使用过程中形成的 $PbSO_4$、PbO_2 和 PbO 的混合物，其组成取决于电池循环次数和寿命，这就造成了板栅、铅膏成分的差异。板栅、铅膏的典型物相组成见表 4-1。一般情况下，废铅酸蓄电池产的铅膏含硫约 7%，其中硫酸铅约占总铅量的 2/3，金属铅约占 1/3，还有一定量的 PbO_2 和 PbO。铅膏含铅高、杂质少，是优质的再生铅原料，但组成复杂，冶炼铅膏生产再生铅的技术难度大。

与硫化铅精矿炼铅不同，铅膏炼铅过程中增加了 $PbSO_4$ 的热分解反应和硫酸根的还原反应，这两个反应都是吸热反应。而硫化铅精矿炼铅时硫化物被氧化放出大量热量，所以硫化铅精矿可搭配部分铅膏进行富氧熔池熔炼，通过控制混合矿中负价态硫的含量可保持炉内热平衡，无须加或很少另加燃料达到自热熔炼的目的，使铅膏中的铅和硫都得以回收利用。根据富氧底吹熔炼的热平衡计算，最大铅膏处理量可占总处理物料的 30%~40%，是目前经济有效地综合利用再生铅资源的途径之一。河南豫光金铅集团有限公司、水口山铅业集团公司和祥云飞龙

公司都是采用底吹炉搭配处理铅废料。但搭配处理铅膏也存在问题，即铅膏成分本来比较单纯，单独冶炼的粗铅只需经过简单的火法精炼就可获得高质量的精铅，而铅膏搭配铅精矿冶炼所产粗铅成分复杂，须经过电解精炼方可获得电池级精铅。因此，河南豫光金铅集团有限公司又成功开发了铅膏富氧底吹熔池熔炼新工艺，本节将详细介绍。

2. 富氧底吹熔池熔炼铅膏工艺过程

富氧底吹熔池熔炼铅膏的原则工艺流程如图 4-10 所示。

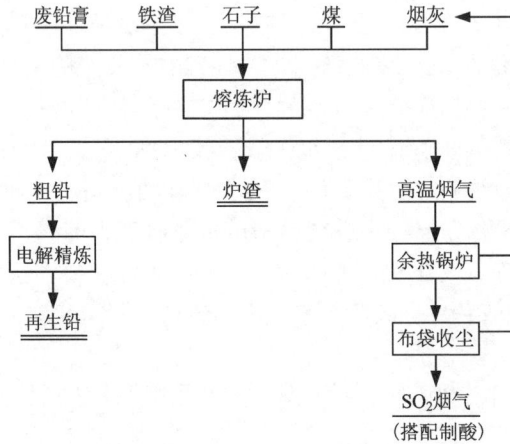

图 4-10　富氧底吹熔池熔炼铅膏的原则工艺流程

其基本过程是，将废铅膏与铁渣、石子、煤、返回的烟灰按配料计算需要的量，混合制粒后经计量连续从加料口加入底吹炉中；下部保持有液态熔渣及粗铅形成的熔池，从安装在该炉底部喷枪口的气体喷枪中连续喷入氧气和天然气，氧气、天然气与入炉物料发生反应生成和熔池主体相同的熔体、烟气和烟尘；烟气和烟尘从排烟口排出，经降温收尘后，烟气送硫酸系统制酸，烟尘返回配料；粗铅从虹吸出铅口连续放出，在熔体液面为 0.6~1.5 m 时，浮在熔池上部的炉渣通过溜槽从排渣口排出。在炉子出现故障或需更换喷枪时，可通过驱动电机驱动整个炉子转动，使喷枪出口离开熔体液面进行操作。

其过程机理是，控制喷枪氧气与天然气或煤气的比例，保持炉内熔体下部为弱氧化气氛，铅膏中硫酸铅在高温下大部分分解，产出二氧化硫烟气与氧化铅，另有少部分与熔体上部加入的煤发生还原反应先生成硫化物，然后又在下部的氧化气氛中发生交互反应生成二氧化硫和金属铅或氧化铅。氧化铅与熔体上部加入的煤发生还原反应，产出金属铅下沉进入粗铅层，二氧化硫烟气经降温收尘后送硫酸系统制酸，烟尘返回本炉配料，炉料中的铁、硅、钙氧化物发生造渣反应，生成的炉渣浮于熔池上部通过溜槽排出。

4.4.2 生产实践与操作

1. 工艺技术条件与指标

富氧底吹熔池熔炼铅膏的主要工艺技术条件和经济指标见表4-16。

表4-16 熔炼铅膏的主要工艺技术条件和经济指标

处理能力 /(t·h⁻¹)	弃渣含铅 /%	炉渣温度 /℃	氧气量 /(m³·h⁻¹)	天然气量 /(m³·h⁻¹)	煤率 /%
≥10	≤2	1100~1200	900~1100	350~400	9~10

烟尘率/%	风量/(m³·h⁻¹)	$\varphi(SO_2)$/%	渣率/%	$w(FeO)/w(SiO_2)$	$w(CaO)/w(SiO_2)$
12~15	1500~1700	1.5~4	7~10	1.0~1.5	0.3~0.5

2. 岗位操作规程

1) 原料准备和供应

料台原料准备和供应设有行车、料台配料、烟灰造球和定量给料等岗位。

(1) 行车岗位 ①交接班时，认真检查各部位处于完好、可靠状态下方可空载试车。②空载试车时先鸣铃，然后检查主副钩、大小车制动器、限位器是否灵活可靠，否则请有关人员及时调试。③空载试车完好后，方可带负荷作业，操作手柄时，应先从"0"位转到第一挡，然后逐挡增加速度。换向时，必须先转到"0"位，禁止打反车。④抓斗运行时要响铃，不得横过人头，不得碰撞栏杆、墙壁，严禁撞车、顶车，严格执行"十不吊"原则。⑤行车运行过程中，遇到停电、钢丝绳断股、制动不灵活、限位器不灵敏、机械电气等突发事故，可紧急停机处理。⑥接料台通知后，应备足物料，严禁误抓，并配合料台工及时清理格筛上杂物。⑦停车时，抓斗不得悬空，并认真清扫各处积灰，做好润滑保养工作。

(2) 料台配料岗位 ①接班后检查各设备运行是否正常，然后查看所使用各物料与各仓是否相符合，确保物料使用无误。②班中应经常查看钢仓各物料是否充足，如发现物料使用不足，应及时通知行车岗位上料，保证物料正常使用。③上料时应及时清除格筛上的大块物料及杂物，使进仓物料符合工艺要求。④进仓物料不得超过钢仓容积的1/3。棚料时使用电动振打处理，无效时用钎子捅料，如不能及时解决应通知班长处理。⑤接班查看地仓物料是否充足，如发现地仓物料不足，应及时通知工段联系来料，并负责来料的接收工作。⑥下班前打扫现场卫生。

(3) 烟灰造球岗位 ①接班后检查设备运行是否正常，润滑是否到位，装置是否有异响。②关注水泥储罐、烟灰仓料位。水泥储罐料位低于1/4时，报告工段联系送水泥；根据烟灰料位及时调整造球处理量。③开车时按逆流程开车、顺流程停车。④每班定期停机清理混料机内积料。⑤观察烟灰造球效果并及时调整水泥量为8%左右、水量为10%左右，确保成球率在80%以上。⑥开停机时确保设备内烟灰走空。⑦设备启动顺序：3#皮带→对辊造球机→混料机→提升机→烟灰、水泥计量螺旋。停机按相反顺序。⑧下班清理现场卫生，做好原始记录。

(4)定量给料岗位 ①接班后检查各设备运行是否正常，按配料单检查各计量带负荷是否在允许范围内，如发现超标应调节插板，使其稳定在要求范围内。②不下料时，及时测零，保持下料准确。③密切观察给料机和振打系统运行情况，做到物料均匀流动，防止突然断料、增料。④班中经常巡检定量给料机下部溜槽是否有棚料或边角积料，发现后及时用钢钎清理。⑤严格按《皮带运输机通用操作法》操作各皮带运输机。⑥下班前打扫现场卫生，做好原始记录。

2)炉前操作 炉前操作设有铅口、渣口和中心控制室等岗位。

(1)铅口岗位 ①铸铅机接班开机前应检查减速机油是否充足，轨道及圆盘周围有无障碍物，确认一切正常后方可开机。②开动铸铅机应采取点动控制，并有人监护，禁止使铅液、铜锍流(溅)入铸铅机冷却槽中。③经常清理铸铅机、铅包和溜槽上的积铅，维护好圆盘铸铅机。④放铅前铅模和溜槽第一次使用时应刷一层黄泥，以延长铅模寿命。⑤按工艺要求合理控制铅坝高度(950 mm)，保证粗铅品位合格、杂质少，铅锭外观整齐。⑥经常观察铅流量的变化情况，观察虹吸口波动情况，及时做好记录。

(2)渣口岗位 ①放渣前检查溜槽是否清理干净。②在规定的周期完成后放渣，将渣线放到1.5 m左右，同时注意观察渣的流动情况。正常生产过程中，严格按放渣间隔要求的时间放渣，或按控制室通知放渣，并保证每次渣放净。③主控室预警停炉，紧急停炉，根据反应阶段决定炉渣是否进行水碎，除了还原阶段从上渣口放出的渣可以水碎外，其余炉渣全部进入事故渣池。④放完渣，先用黄泥堵住渣口，然后打入炮钎。⑤不放渣时，经常观察炉内变化情况，配合司炉、加料、控制室做好炉况管理工作，使炉内无炉结产生，无黏渣出现。⑥按要求定时在放渣口取样，检测渣温并做好记录，超出控制范围时应立即上报处理。⑦停炉操作：将上渣口开到最低处，尽量将渣放出，当渣流不出时，改溜槽方向，打开下渣口，当渣流不出时，用黄泥堵好上下渣口，插入炮钎，放渣完成。⑧定期巡检粉煤喷吹系统，启停粉煤仓风机；巡检天然气增压机水温、油温、排气温度、排气压力等。做好设备润滑工作，打扫现场卫生。

(3)中心控制室岗位 ①接班后询问上一班生产状况及指标控制情况。②详细查看显示屏上各系统各工艺参数情况是否按正常技术标准执行，否则通知相关岗位人员或代班长处理。③协调各岗位，统一指挥，严格按照工艺条件执行。

④开车程序：接到调度开车指令后，在电脑上点击"准备开车"，铃声响 60 s。在这期间把现场设备转换开关打到"自动"，并检查有无设备运行的障碍物。然后点击"开车"，铃声响 10 s 后，点击"启动配料系统"，启动时，总控室应密切注意启动情况，发现问题必须及时通知相关人员处理。启动后，应监控各设备运行情况。

3. 常见事故及处理

（1）出铅口故障　①放铅时，发现铅表面浮渣增多。应及时联系主控室和生产科，调整渣型及气量。②铅虹吸口被堵。若铅虹吸口表面被堵，可使用炮钎清理表面积渣，注意不得伤到虹吸道耐火材料；若铅虹吸口上下全被堵，需使用麻花钢钎捅开，插入角度与平台呈 25°，深度距铅井法兰盘不超过 2.5 m。③铅不流时，铅口要及时插入钢钎堵实，禁止压铅。发现铅不流迹象时，报告班长及时处理。

（2）锅炉故障　锅炉故障包括锅炉缺水、锅炉满水、水位不明、水位计损坏、假水位、二次燃烧等。

①锅炉缺水：当汽压、水压正常，而水位低于正常水位时，冲洗和验证水位计，给水改自动为手动控制，并缓慢增加给水量加强上水，同时检查有无严重泄漏，并减小排汽量和降低锅炉负荷。如经上述处理后，水位继续下降，且从水位计消失时，应立即通知炉长停止加料，停止燃料和氧气供给。紧急放渣后，停止锅炉机组运行。如由于运行人员疏忽以致锅筒水位计看不见水位，且未能及时发现，应立即采取叫水法检验水位。叫水法操作方法是，冲洗水位计后，开启放水阀门，关闭汽侧阀门，然后关闭放水阀门，注意观察水位是否在水位计中出现。经叫水法检验，水位在水位计中出现，应谨慎地加强上水，并恢复水位。经叫水法检验，水位未能在水位计中出现，应立即停止锅炉上水，立即停止锅炉机组运行，并应及时停止强制循环泵运行，以防损坏强制循环泵。停炉后将事故情况向调度汇报，并做好事故记录。待锅炉自然冷却，炉管和给水温差≤50℃方可上水及恢复水位。严重缺水事故处理失当，会损坏强制循环泵。如在锅炉严重缺水烧红的情况下大量进水，会导致锅炉爆炸和承压部件损坏。

②锅炉满水：当锅炉汽压、给水压力正常，而水位高于正常水位时，应冲洗和验证水位计，改自动为手动调节，并关小或关闭给水调节阀以减小给水量。经上述处理后，水位仍上升超过水位计最高水位时，开启蒸汽管道上的疏水阀门和锅炉事故放水阀门，并注意水位的出现。为防止损坏汽水管道和用汽设备，应立即停止锅炉运行。在停炉过程中水位重新出现，经调度同意后方可维持运行。

③水位不明：现场水位计看不到水位，且低度水位计又失灵或难以判断时，应立即停炉，并停止上水，对现场水位计按程序查明水位。缓慢开启放水阀门，水位计中水位下降表示轻微满水。若看不见水位，则关闭汽侧阀门，使水侧阀门得到冲洗。关闭放水阀门，水位计水位上升，表示轻微缺水。如仍看不见水位，

关闭水侧阀门,再开放水阀门。水位计中水位下降,表示严重满水;无水位出现,表示严重缺水。查明水位后,按有关事故处理方法处理。

④水位计损坏:水位计投入前应有预热阶段,运行中的水位计应定时冲洗和校对。如水位计玻璃破裂或水位计泄漏时,应及时解决,并通知维修人员。锅筒水位计全部损坏,但锅炉给水自动调节可靠,水位报警良好,且表盘水位计在不久前曾与锅筒水位校对过,可维持 2 h 运行,并应力求锅炉负荷稳定。赶快抢修一台锅筒就地水位计投入运行。若锅筒水位计全部损坏,且表盘水位计不可靠,应报告调度停炉。

⑤假水位:锅炉运行中,由于增减负荷过快,会形成假水位。假水位如不正确判断和处理,则可能导致水位事故。并汽过快、排汽过猛和突然增加负荷时,会形成锅炉压力骤减,饱和温度降低,锅水产生大量气泡,使锅筒水位先升高后下降。反之突然关闭排汽阀和突减负荷,会使锅筒水位先降低后上升。同时会使锅炉压力增高,如处理不及时,还会形成安全阀动作。骤然增减负荷引起的水位升高和下降是暂时的、虚假的,操作中应避免负荷变化过猛,以防假水位而导致误判断和误操作。另外,水位计汽侧阀门泄漏会使水位显示偏高;水侧阀门泄漏,放水阀门和管道堵塞,也会显示水位失真。故运行人员除需定期冲洗水位计外,还应会用水位计正确判断水位,以防误操作。

⑥二次燃烧:熔炼炉燃烧不完全,烟气中含有大量可燃气体和炭黑,进入锅炉换热排管内遇风形成二次燃烧时,烟气温度剧增,烟气负压向正压方向变化和波动,严重时漏风处有黑烟喷出,熔炼炉内压力随之升高,此时要求熔炼炉加强燃烧调节,减弱燃烧强度。同时加大排汽以防止超压。但排汽不宜过大,时间不宜太长,以防止软水供应不足。如底吹炉不能及时调整,应立即停止锅炉运行。

4.4.3 计量、检测与自动控制

1. 计量

1)固态物计量

固态物计量包括配料用的铅膏、石灰石、烧渣、板栅、碎煤及直接加入熔炼炉的炉料和辅料等分别用定量给料机计量。

2)流体计量

氧气、氮气、天然气、烟气、循环水及软化水等流体采用威力巴流量计连续测定流量和累计体积的方法进行计量,支管氧气和空气流量则采用 V 锥流量计测定。

2. 检测

控制系统设置必要的检测及控制回路,对生产工艺流程的电气设备进行自动控制,对生产过程中的主要工艺参数进行检测,以便于生产操作及管理;对重要工艺参数设置必要的自动调节系统，以实现自动控制；将能引起设备或人身事故的工艺参数限定在安全的范围内，或设置越限报警，确保生产安全。主要检测项目如下。

1）压力检测

压力检测包括氧气、氮气、天然气、烟气、汽包、除氧器压力、软化水总管道压力和炉口负压等均采用智能差压变送器测量，用手操器可在线诊断变送器的状态，便于变送器故障的处理。

2）温度检测

温度检测包括炉膛温度和烟气温度，通过测量炉膛温度来间接测量熔池温度。检测到的炉膛温度是炉内气体的温度，通过放高铅渣、放粗铅时用一次性快速测温热电偶或红外测温仪测量高铅渣和粗铅的温度来校正测量气体温度的偏差，并建立相应的温度矫正模块，将炉膛温度的示数校正到熔体温度。

3）液位及物位检测

液位及物位检测包括料仓物位、底吹炉内熔体液位以及汽包、除氧器的水位检测。料仓料位采用具有水滴形天线的雷达物位计测量。主要采用人工神经网络结合机理分析的建模方法进行炉渣和粗铅液位的软测量。根据底吹炉进料量、出渣出铅量以及烟气流量、成分，结合实际反应情况，对炉内的反应进行机理分析，然后通过计算出来的各组分的量进行液位推算，并用图形显示出来。根据插入熔体内钢钎上黏结的熔融物的分层尺寸校正软测量液位误差。

4）成分分析

采用仪器分析和人工化学分析方法分析铅膏、烟尘、炉料、炉渣和粗铅的主要成分，以及测定烟气、氧气、氮气、氩气的成分和浓度。

3. 自动控制

DCS 计算机控制系统在冶炼行业已得到广泛而成功的应用，大大提高了冶炼自动化水平。DCS 系统可使运行人员及时、准确、全面地监视和控制生产的运行工况，连续及时地采集和处理不同工况下的各种运行参数和设备运行状态。操作员能通过 DCS 系统的操作站、人机界面，参照图像监视系统实现对再生铅冶炼设备及生产状况的在线监控，掌握工艺过程在正常和异常工况下的各种有用信息。通过 CRT 或人机界面，可以很方便地读取所需数据，查看工艺流程画面，观察重要控制点的趋势，等等。如电机设备的启动、停止的监控和顺序控制，风机、水泵的变频调节，分支管道的流体流量、压力、炉口负压、水位的手动/自动 PID 调节控制、氮气保护的自动切换等。

在再生铅冶炼过程中引入 DCS 自动化控制系统进行过程控制，可使资源充分利用，生产稳定可靠而高效，能耗大幅降低，产品质量提高，确保生产安全和经济运行，从而使企业竞争和赢利的综合能力大幅提升。

4.4.4 技术经济指标控制与生产管理

铅膏底吹熔炼技术经济指标主要有渣率、渣含铅、烟尘率、氧料比、氧气与天然气的比例等；能耗指标包括水、电、天然气、氧气、煤等的消耗。每天的消耗都在原始记录表中进行记录，每月累计统计，根据统计数据形成日报表和月报表，从而反映出单位产品的物质、能源消耗。通过对统计数据的管理，分析出成本控制的薄弱环节，从而指导生产管理。

1. 能量平衡与节能

铅膏底吹熔池熔炼的热量收入主要为天然气和煤的燃烧反应。热量支出主要为还原反应吸热，其他热支出有高温烟气、粗铅和炉渣带走的热量，以及炉体和热设备的散热。高温烟气经余热锅炉回收其所带走的大部分热量。铅膏底吹熔池熔炼过程的热平衡情况见表4-17。

表4-17 铅膏底吹熔池熔炼的热平衡收支情况

热收入			热支出		
序号	名称	数量 /(MJ·h^{-1})	序号	名称	数量 /(MJ·h^{-1})
1	天然气、煤燃烧热	75919.21	1	化学反应吸热	27642.97
2	造渣放热	4000	2	炉渣带走热	10100
3	炉料显热	717.6	3	烟气带走热	27000
			4	烟尘带走热	2408
			5	冷却水带走热	7020
			6	炉壁散热	
			7	粗铅带走热	2626
			8	无名损失约7%	6223.04
合计	热量总收入	80636.81	合计	热量总支出	83020.01

底吹熔池熔炼铅膏的节能主要是工艺节能。在满足工艺及炉窑顺行的条件下，减少熔剂配入量，调整渣型，降低熔渣熔点和熔炼温度，降低燃料消耗，可实现工艺节能。

2. 物质平衡与减排

底吹炉熔池熔炼再生铅投入的原料为铅膏和烟灰，辅助材料为煤(焦粒)、石灰石、铁矿石(铁渣或铁屑)。产物为炉渣、烟尘、粗铅。熔剂率为3%~6%，烟尘产率为 8%~15%，渣率为 7%~13%。底吹熔池熔炼铅膏过程的主元素质量平衡情况见表 4-18。

表 4-18 底吹熔池熔炼铅膏过程的主元素质量平衡情况 单位：t/h

项目	物料名称	质量	Pb	Sb	FeO	S	SiO$_2$	CaO
加入	铅膏	36	23.33	0.18	0.36	2.43	0.576	0.10
	石灰石	1.4					0.14	0.7
	铁矿石	2.5			1.25		0.5	0.075
	烟灰	5.4	3.3	0.054		0.39		
	粒煤	5.85			0.093	0.03	0.284	0.029
	合计	51.15	26.63	0.234	1.703	2.85	1.500	0.904
产出	粗铅	23.5	23.23	0.17				
	烟灰	5.4	3.3	0.054		0.39		
	炉渣	5.8	0.1	0.01	1.703	0.02	1.500	0.904
	烟气					2.44		
	合计		26.63	0.234	1.703	2.85	1.500	0.904

3. 原辅材料的控制与管理

1）原料

要求铅膏的 $w(Pb) \geqslant 70\%$，其物相组成符合表 4-19 所列要求。

表 4-19 铅膏中铅物相的质量分数要求 单位：%

PbSO$_4$	PbO$_2$	PbO	Pb	Pb$_{其他}$
50~60	15~35	5~10	2~5	2~4

对铅膏统一调度，按需分配到各条生产线，保证各生产线的生产效率，同时统计进入各个生产系统的入库原料量。生产过程中，保证原料入仓管理、做好原料传输过程中的密闭和收尘，尽量控制各种原料和产品的抛洒、浪费现象。每月对原料进行盘库，并进行平衡核算，对上月生产情况进行统计分析，不断改进管理。

2）辅助材料

辅助材料包括燃料、石灰石和烧渣。

（1）燃料　炭粒执行 GB/T 5751—2009 标准中的肥煤标准，粒度小于 3 mm。天然气执行 GB 17820—2012 标准中的三类标准。

（2）石灰石　化学成分：$w(CaO) \geqslant 50\%$，$w(MgO) \leqslant 3.0\%$，$w(SiO_2) \leqslant 4.0\%$；物理规格：粒度 5~30 mm，不得混入其他外来杂物。

（3）烧渣　化学成分：$w(Fe_2O_3)40\% \sim 50\%$；$w(SiO_2)15\% \sim 20\%$；$w(Al_2O_3)$ 10%；$w(Ca)5\%$；$w(S)1\% \sim 3\%$。

4. 能量消耗控制与管理

建立能耗统计体系、能耗计算及统计结果的文件档案，并对文件进行受控管理。每月对生产过程中各项能源消耗进行统计，对能耗指标采取目标定额管理，建立节奖超罚的考核制度。定期对各生产工序能耗情况进行考核，并把考核指标分解落实到各相关班组。

对于煤的使用和管理，每月向供应部门报使用计划，根据计划进行购进和使用，每月月底对燃料进行盘存，并进行统计分析，对使用情况进行控制，每月对煤的质量和使用情况进行评价分级，并反馈到供应部门，做好燃料的改善工作。

对日常的生产控制建立巡检制度，严格执行各项操作制度，根据指标对燃料进行调整，严禁无缘无故增大燃料的使用量，造成能源的浪费。鼓励采用节能设备，对设备进行节能改造。鼓励引进外部力量降低能源消耗。

5. 产品质量控制与管理

粗铅执行 YS/T 71—2013 质量标准。物理规格：粗铅锭为四方梯形锭，锭重 1.5~2.0 t/块，粗铅锭表面平整，不得有大于 10 mm 厚度的炉渣及铜锍，不得有飞边、毛刺等。锭内不得有夹层、包心和其他杂物等。生产过程中，统计好产出粗铅的批次、产量，填写原始记录。每月对产出品进行盘库和平衡核算，对上月生产情况进行统计分析，不断改进管理。

6. 生产成本控制与管理

底吹熔池熔炼铅膏的单位生产成本见表 4-20，主要包括能源消耗成本、人工成本、材料成本、管理成本和设备折旧等几个方面，而且与双底吹熔池熔炼矿铅的生产成本进行了比较。

表 4-20　某厂底吹熔池熔炼铅膏及矿铅的单位生产成本

项目	底吹熔池熔炼铅膏		双底吹熔池熔炼矿铅	
	单耗	成本/(元·t^{-1})	单耗	成本/(元·t^{-1})
焦粒/kg	255	148	155	90
氧气/m³	223	127	262	150
天然气/m³	13	29	25	55.75

续表4-20

项目	底吹熔池熔炼铅膏		双底吹熔池熔炼矿铅	
	单耗	成本/(元·t⁻¹)	单耗	成本/(元·t⁻¹)
氮气/m³	80	17.6	117	25.74
水/m³	0.9	9	1.44	14.4
电/(kW·h)	41	24.6	70	42
材料		70		40
工资		31		49.5
折旧		42.3		67.68
其他		17.5		28
总加工成本		516		563.07

表 4-20 说明，底吹熔池熔炼铅膏的单位生产成本要比双底吹熔池熔炼矿铅的单位生产成本低 73 元/t。

生产成本的管理主要从以下几个方面进行：①对生产耗用的原材料、辅助材料、燃料、动力、工具、备件及主要低值易耗品等实行定额管理。准确统计每批产品的原材料耗用量，并进行合理分摊。②对每种产品均制订合理的生产工时定额，作为工资分配、个人考核、班组工时利用情况的依据，并把准确统计的产品生产所耗工时上报给财务部。③设立专门的领料员，对每种产品的原材料进行准确记录和分摊。④无定额原材料应编制领用料计划，实行限额发料，不准以领代耗。⑤对月末结存的材料等物资实施盘点，如需继续使用的应办理结转手续，转入下月继续使用，不需要继续使用的应及时退回供应仓库。⑥加强仓库登记、验收、检验、计量和物资盘点管理。⑦建立健全原始记录管理制度，采用统一的原始记录格式的填制方法。严格签署、审查、传递、汇集、保管程序，保证数字完整、清晰、真实可靠。⑧财务部门应按月进行严格的成本核算及考核管理工作，严格控制产品消耗工时、产品原辅材料消耗定额，如有超标或浪费现象应给予相应处罚。

4.5 侧吹法熔炼废铅酸蓄电池铅膏

4.5.1 简介

侧吹法熔炼废铅酸蓄电池铅膏技术是中国恩菲工程技术有限公司在开发城市矿山、促进再生资源循环利用进行的技术开发与拓展，国内第一条用于处理未脱硫铅膏的侧吹炉生产线于 2012 年在湖北金洋投产。侧吹法熔炼废铅酸蓄电池铅膏技术采用富氧空气熔炼，其主要是强化了熔炼过程，有利于制酸。采用双炉工艺，先在侧吹氧化炉中完成炉料中大部分氧化铅还原和硫酸铅脱硫，再在侧吹还原炉中完成高铅渣还原，两炉通过溜槽连接，实现了两个过程连续进行，且流程短。

"氧化炉"是习惯叫法，但名不副实，因为炉料主反应是还原反应和热分解反应，只有燃烧反应才是氧化反应。所以称"氧化熔炼"是错误的，"铅膏脱硫熔炼"比较贴切。为尊重习惯，"氧化炉"叫法仍保留。

侧吹法熔炼废铅酸蓄电池铅膏分两个阶段完成，可采用一台炉子(处理废铅酸蓄电池小于 150 kt/a) 间断生产作业，或两台炉子(处理废铅酸蓄电池大于 150 kt/a)连续生产作业。

第一阶段：铅膏脱硫熔炼，完成炉料脱硫及大部分氧化铅还原。废铅酸蓄电池拆解过程所产生的铅膏以及外购的铅泥、铅渣等含铅物料组成的炉料于富氧侧吹炉中进行熔炼，得到一次粗铅和高铅渣以及可制酸的二氧化硫烟气。

第二阶段：高铅渣还原熔炼。液态高铅渣流入侧吹还原炉熔炼烟尘制粒后，从还原炉顶部加料口加入炉内进行还原熔炼，得到二次粗铅和炉渣。

熔炼前首先进行配料，铅膏中通常会带入少量隔板纸，隔板纸含有一定量的硅，为了将其造渣，需要按比例配入铁矿石和石灰石，铁矿石和石灰石按特定渣型配入。配料时地仓中各物料用抓斗抓入料仓，通过计量皮带按比例控制进料量，各种物料按预定配比定量连续均匀给料到混合上料皮带，经皮带输送至侧吹氧化炉或者侧吹还原炉，混合仓上方设集气罩，输送带全部密封集气，配料过程产生的废气经布袋除尘后通过排气筒排放。

铅膏脱硫熔炼过程的主反应是燃烧反应、硫酸铅和大部分氧化铅的还原反应以及硫酸盐的热分解反应：

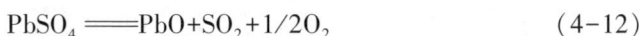

$$C+O_2 = CO_2 \tag{4-3}$$

$$2C+O_2 = 2CO \tag{4-4}$$

$$PbSO_4+C = Pb+SO_2+CO_2 \tag{4-5}$$

$$PbSO_4+2CO = Pb+SO_2+2CO_2 \tag{4-6}$$

$$PbSO_4 = PbO+SO_3 \tag{4-7}$$

$$PbO_2+C = Pb+CO_2 \tag{4-8}$$

$$PbO_2+2CO = Pb+2CO_2 \tag{4-9}$$

$$PbO+C = Pb+CO \tag{4-10}$$

$$PbO+CO = Pb+CO_2 \tag{4-11}$$

$$PbSO_4 = PbO+SO_2+1/2O_2 \tag{4-12}$$

$$CaSO_4 = CaO+SO_3 \tag{4-13}$$

$$2SO_3+C =\!=\!= 2SO_2+CO_2 \tag{4-14}$$

$$SO_3+CO =\!=\!= SO_2+CO_2 \tag{4-15}$$

还原熔炼过程的主反应是高铅渣中氧化铅的还原反应[式(4-9)及式(4-10)]和造渣反应：

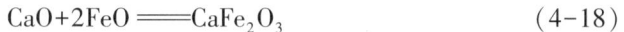

$$SiO_2+FeO =\!=\!= FeSiO_3 \tag{4-16}$$

$$CaO+SiO_2 =\!=\!= CaSiO_3 \tag{4-17}$$

$$CaO+2FeO =\!=\!= CaFe_2O_3 \tag{4-18}$$

配料时按比例加入的石灰石和铁矿石，可以大幅降低渣的熔点，将熔炼温度降低至 1150~1200℃。熔炼过程中由鼓入的富氧与还原剂燃烧放热，氧气与压缩空气按一定比例混合后鼓入熔池内，氧气和压缩空气均用自动调节装置调节。熔炼过程所产生的粗铅由放铅口放出，直接流入粗铅精炼锅内保温，为后续火法精炼做准备，也可以直接在圆盘铸锭机中铸成粗铅锭，转入后续操作。熔炼过程中 PbO 与硅、铁、钙氧化物结合成四元渣。

由氧化侧吹炉排放的含 SO_2 高温烟气，进入 SNCR 脱硝装置去除大量 NO_x 后再进入余热锅炉。炉气通过余热锅炉除尘降温至 380℃ 以下，经静电除尘器除尘后其含尘量降至不大于 0.5 g/m^3。温度（300±20）℃ 后，余热锅炉收尘及电收尘烟尘经造粒机造粒后进行还原炉熔炼，烟气则进入制酸系统制酸。

高铅渣由氧化炉放渣口放出，通过溜槽流入侧吹还原炉中。氧化和还原熔炼过程所产生的烟灰加水增湿到含水 8%~10%，经圆筒制粒机制成粒料后自动落到上料皮带上，与其他还原炉物料一起，从侧吹还原炉顶端入炉熔炼。高铅渣中的 PbO 被还原成粗铅，从虹吸口每 2~3 h 放出一次。炉渣从渣口排出，经高速水流快速水碎冷却成颗粒状，水碎渣外售做水泥生产原料。

由还原侧吹炉来的含少量 SO_2 的高温烟气进入余热锅炉除尘降温，再经表面冷却器将烟气温度降低到 150℃ 左右，进入布袋除尘器除尘，然后喷淋净化、离子液吸收 SO_2 后由烟囱达标排放。

再生铅侧吹炉熔炼工艺流程见图 4-11。

相较于鼓风炉熔炼等传统工艺，侧吹法熔炼废铅酸蓄电池铅膏具有以下优点：

①侧吹炉属竖炉，占地面积小；

②根据生产需要，可用一台炉或两台炉串联，实现铅膏的间断或连续冶炼，可控制还原深度，实现渣 $w(Pb)<1\%$，炉渣可达一般固废标准；

③固定在侧墙上的水冷风口，结构简单、造价低廉，开风和停风快捷方便，工作时无须更换风口，风口使用寿命长达数年；

④炉料从炉顶连续加入，从两侧鼓入熔融渣层的富氧空气或工业纯氧保证了熔体的强烈鼓泡搅拌，此时液、固、气反应极快，在饱和度不大的条件下，新相生

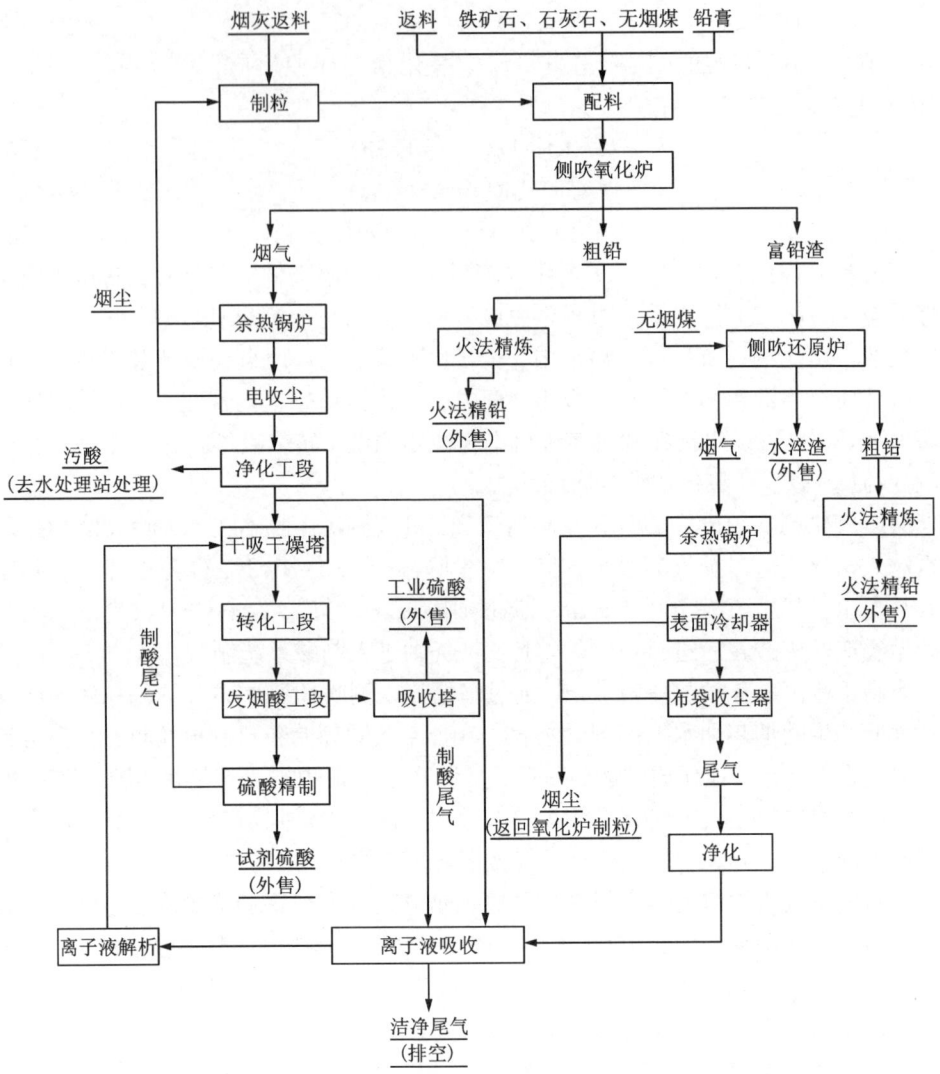

图 4-11　再生铅侧吹炉熔炼原则工艺流程

成并加速生长, 靠团聚、碰撞作用使炉渣中金属长大至 0.50~5.00 mm 的液滴, 并迅速下沉与炉渣分层。因此与其他冶金炉相比, 无须设置大面积的沉淀区域, 炉床能力高, 适宜于改造工程。

⑤侧吹炉炉身由铜水套围成矩形, 靠铜水套工作面上形成的冷凝渣层来抵御热渣冲刷与腐蚀, 其寿命在 5 年以上; 尽管铜水套比耐火砖衬里的热损大, 但冶炼单位能耗仍可维持在较低水平; 高床能力和富氧鼓风使得烟气量少, 烟气带走

的热损失量也随之降低。

⑥由于采用富氧技术，铅膏脱硫熔炼可产生稳定的二氧化硫烟气，有利于综合回收利用。

4.5.2　生产实践与操作

1. 工艺技术条件与指标

侧吹法熔炼废铅酸蓄电池铅膏生产过程与其他冶炼工艺类似，工艺控制重点是炉料配比的调整。

1）原料与工艺条件

冶炼原料主要以铅膏为主，也可搭配处理铅泥、铅渣、含铅废玻璃等二次铅物料。膏泥主要成分的质量分数(%)为：硫酸铅 45~75，二氧化铅 10~30，氧化铅 10~20 以及金属铅 1~5。侧吹法熔炼铅膏的工艺技术条件如表 4-21 所示。

表 4-21　富氧侧吹熔炼再生铅的工艺技术条件

项目	数值	备注	项目	数值	备注
处理量/(t·h^{-1})	30~50	炉型 12 m^2	高铅渣 $w(\text{Pb})$/%	25~35	
氧料比/(m^3·t^{-1})	100~180	按铅膏计	高铅渣 $w(\text{S})$/%	≤1.00	
熔池温度/℃	1150~1200	用渣温判别	$w(\text{Fe})/w(\text{SiO}_2)$	1.1~1.3	
一次风氧气浓度/%	55~70		$w(\text{CaO})/w(\text{SiO}_2)$	0.4~0.6	
一次风口压力/MPa	0.07~0.13		一次铅率/%	≥70	按铅量计
弃渣含铅/%	<1.5		烟气 SO$_2$ 浓度/%	3~5	
二次风口压力/kPa	2.0~7.0		烟尘率/%	≤18	占铅物料量
循环水总管压力/MPa	≥0.15		熔炼周期/h	2~4	
循环水套出水温度/℃	35~55				

2）原辅料搭配

熔炼前首先进行配料，铅膏中通常会带入少量隔板纸，隔板纸中含有一定量的硅，为了将其造渣，需要按比例配入铁矿石和石灰石，铁矿石和石灰石按特定渣型配入。配料时地仓中各物料用抓斗抓入料仓，通过计量皮带按比例控制进料量，各种物料按照预定配比定量连续均匀给料到混合上料皮带，经皮带输送至侧吹氧化炉或者侧吹还原炉。国内某些厂废铅酸蓄电池铅膏化学成分如表 4-22 所示。

表4-22　国内某些厂废铅酸蓄电池铅膏化学成分的质量分数　　　单位：%

铅厂	总铅	PbSO₄	PbO₂	PbO	Pb
安徽某厂	75.58	53.2	29.5	11.32	3.2
江苏某厂	60.46	61.5	13	6.2	1.5

原料中一般还会配入一定量的铅泥、铅渣等，国内某些厂铅泥、铅渣成分如表4-23所示。

表4-23　铅泥、铅渣的主要成分的质量分数　　　单位：%

名称	Pb	Cu	S	Sb	Sn
铅泥	48.00	0.013	1.27	0.028	0.172
铅渣	76.00	0.021	4.16	0.041	0.019

再生铅侧吹熔池熔炼用煤做燃料和还原剂，石灰石和铁矿石做熔剂。在选择燃、辅料时，尽量选用高品位的石灰石、铁矿石，以及含碳高、发热量足、灰分少的无烟煤，这样可以降低辅料率，提高原料投用比例。国内某厂使用燃、辅料的主要成分分别见表4-24~表4-26。

表4-24　干基无烟煤成分的质量分数　　　单位：%

C	H	S	灰分(A)	挥发分(W)	发热值/(kJ·kg⁻¹)
73.5	5.7	0.8	17	3	≥26134

表4-25　无烟煤灰分成分的质量分数　　　单位：%

Fe	SiO₂	CaO	其他	合计
1.76	44.7	2.4	51.14	100

表4-26　石灰石、铁矿石主要成分的质量分数　　　单位：%

名称	Fe	SiO₂	CaO	MgO	其他
石灰石	1	5	≥50	36.7	8.3
铁矿石	≥50	3.15	0.22	0	35.35

配料计算直接影响着生产和指标。配料应遵循以下原则：①铅膏、铅泥、铅渣合理搭配，造渣成分合适，尽可能接近渣型要求，少配入熔剂；②渣型既满足侧吹氧化炉熔炼要求，又尽可能接近后续侧吹还原炉熔炼要求；③熔剂主杂质越少越好。

3）制粒

铅膏原料与燃辅料按比例混合后，不用制粒直接经皮带输送机输送到侧吹炉，而铅膏脱硫熔炼和还原熔炼产生的烟灰则必须经过制粒才能与其他炉料一起返回侧吹炉还原炉处理，制粒过程在圆筒制粒机上完成，将烟灰水分增湿到含水 8%~10%，含水烟尘在圆筒中翻转团聚为料球，制好粒后的料球自动落到上料皮带上。

4）侧吹炉工艺调整

工艺调整指标主要有处理量、氧碳比、熔池温度、作业方式、高铅渣成分等。

（1）处理量　处理量即每小时入炉量，反映了炉窑的生产规模。处理量的测定，是为了准确控制加入的炉料量，以便得出相应的氧气量来控制炉内氧势，进而控制一次铅率和高铅渣品位。如果给料计量不准或波动大，也将影响炉况稳定和技术指标。

（2）氧碳比　氧碳比是侧吹炉生产的一项非常重要的控制参数。氧碳比对氧化炉和还原炉内的反应有着很大的影响，氧碳比高则炉内氧势高，会使大量的 PbO 不能还原而进入高铅渣，无疑会导致一次铅率降低，同时又会使更多的 FeO 氧化成高熔点、对生产有害的 Fe_3O_4；氧碳比低会造成燃烧不完全，炉内热收入不够、渣流动性差，导致渣黏度大，渣-铅分离不好而使渣含铅上升，且粗铅质量差，因而选择最佳的氧碳比是控制侧吹炉熔炼的关键。理论上氧碳比应该通过计算来确定，但由于生产过程中原料的成分波动及氧气计量的不准确，通过理论计算出来的氧碳比并不能完全指导生产，所以应该根据放渣时高铅渣的流动性来确定氧碳比，渣过稀时减小氧碳比，过黏时增加氧碳比。一般来说，氧化炉内氧势较还原炉高，可以通过调整煤率等方式来调整氧料比，在炉料反应差、高铅渣含硫较高而含铅较低、熔池温度低、虹吸道温度低时，可以采用提高氧碳比的措施来解决以上问题。

特别说明的是为保证侧吹还原炉内温度，控制 3 个阶段的氧碳比尤为重要，3 个阶段的熔炼时间和氧气过剩系数不尽相同，具体如表 4-27 所示。侧吹还原熔炼可根据实际炉况适当延长或缩短进渣、放渣时间。

表 4-27　富氧侧吹还原熔炼作业周期及氧气过剩系数

阶段	时间/min	氧气过剩系数
进渣	40~50	0.6~0.7
还原	30~40	0.4~0.5
放渣	20~30	0.85~0.0

(3)熔池温度　熔池温度的选定与高铅渣的渣型、氧碳比等因素有关,它既要满足侧吹炉熔炼各种反应的温度要求,同时又必须保证高铅渣过热充分。在正常生产过程中,熔池温度为1150~1200℃,有时甚至达到了1250℃,远大于液体铅形成的平衡温度。从热力学的角度来看,这样的温度能满足液体铅的生成条件;从动力学的角度来看,炉内主要反应属于液固反应,影响其反应速度的两个因素是温度和物质的扩散速度,在炉内高温和强搅拌状态下,反应能迅速地进行,液体铅能迅速形成。此外,侧吹炉内的高温状态能有效降低高铅渣的黏度,增大渣的流动性,有利于渣-铅沉降分离,有效地减少金属铅在高铅渣中的夹杂,从而有利于提高一次铅率。过低的熔池温度会导致一次铅率的降低,但过高的熔池温度也会导致烟尘率的大幅度上升,从而导致一次铅率和铅回收率的下降,所以过低和过高的熔池温度都会导致一次铅率的下降,实际生产过程中应选择合适的熔池温度。安徽某厂依据侧吹炉熔炼选用的 $PbO-SiO_2-FeO-CaO$ 四元渣型,熔池温度通常控制在1150至1200℃之间,在此范围内,铅膏脱硫熔炼过程的还原反应、热分解反应、交互反应和造渣反应正常进行,高铅渣过热充分、流动性良好。熔池温度选定过高,不仅造成热量浪费,而且增加耐火材料的损耗,还会造成烟尘率升高。在熔池温度较低时,可通过调整渣型、提高氧碳比、煤率、增加风量、增加燃料配入量等措施进行调整。

(4)作业方式　侧吹炉熔炼的双炉工艺作业方式为连续进料、间断出铅放渣,冶炼周期为两次放渣之间的时间间隔。连续进料意味着炉膛底部铅层、渣层厚度逐渐增加,当侧吹炉渣线达到1.1 m左右时,在大气压作用下,液态铅通过虹吸铅口逐渐流出,炉膛底部铅层厚度逐渐变薄,一定时间后,渣口及时放渣,可避免炉膛底部铅全部从铅口流出导致液态高铅渣也从铅口流出的事故,影响正常操作制度。根据单位时间的处理量,安徽某厂侧吹炉熔炼以3 h为一个冶炼周期,由于放渣时间约60 min,操作工通常在上次放渣结束后70 min开始下个炉次的放渣准备工作。

(5)高铅渣成分　对高铅渣成分的控制,主要体现在高铅渣含铅量和渣型上。高铅渣含铅量影响到侧吹炉熔炼的一次铅率,渣含铅越高,一次铅率就越低。高铅渣含铅高的一个主要表现是金属铅进入高铅渣,而金属铅进入高铅渣的途径主要有两个，一是由于渣-铅分离不完全形成渣中夹带金属铅；二是侧吹氧化炉内的强烈搅拌状态，使金属铅不能完全沉淀，而在放渣过程中直接从渣口流出。降低高铅渣含金属铅的措施主要有：控制合理渣型，降低渣的黏度，使渣-铅得到更好的分离；提高渣温，增加渣的流动性；控制合理的氧碳比，使氧化铅恰当还原；控制合理的铅坝高度；保持虹吸道的畅通。考虑到侧吹还原炉正常运行，渣含铅应该越低越好，但实际操作中，还需要考虑到高铅渣的流动性。PbO 的存在，有利于降低高铅渣的黏度。侧吹还原熔炼高铅渣的生产实践证明，当高铅渣含铅低于 20% 时，其流动性变差，不利于操作，并带走一部分铅，降低回收率；侧吹还原熔炼渣型主要体现在 FeO、SiO_2、CaO 的比例上，它影响到高铅渣的熔点、黏度、密度等性质，因而选用熔点低、黏度小的渣型对侧吹还原熔炼十分重要。根据 FeO-SiO_2-CaO 系液相状态图，$2FeO$-SiO_2 即铁橄榄石附近的熔点比较低，约为 1200℃，增加 CaO 后，熔点可下降至 1100℃，结合炉渣的熔点和黏度分析，FeO-SiO_2 与 $2FeO$-SiO_2 组成附近的炉渣具有较低熔点和较小黏度。在此基础上增加过多 FeO，虽可降低黏度，但熔点也会升高，再提高 SiO_2 量更不利，不仅熔点升高了，黏度也会增大。结合生产实践，侧吹法熔炼废铅酸蓄电池铅膏的渣型选择为：$w(Fe)/w(SiO_2)$ 为 1.1~1.3，$w(CaO)/w(SiO_2)$ 为 0.4~0.6，理论上渣的熔点在 950℃至 1150℃之间，渣黏度小，流动性好，完全符合侧吹炉还原熔炼的生产要求。

2. 岗位操作规程

1) 总控室岗位

总控室是保障侧吹氧化炉和侧吹还原炉安全生产的最前沿的专业技术监控者和协调者，其职责如下：①执行上级领导下达的相关指令。②以侧吹炉生产为核心，密切联络、协调、指示各子系统(包括供配料、氧气站、供配气、循环冷却水、烟气成分、余热锅炉及负压维持、电炉等)，确保侧吹炉熔炼的正常进行。③根据当前的原辅料情况和侧吹炉熔炼情况，及时调整、变更熔炼供风的氧浓度和流量、熔剂种类和数量、下部和上部风口开启个数和位置、循环冷却水量等。④根据侧吹炉炉况，决定改变技术参数，包括改变熔剂种类与数量、富氧空气的热平衡制度、停热炉制度，但是当要变更熔炼制度时，须上级领导同意方可实施。⑤记录和保存好侧吹炉生产的全部原始资料，不得篡改和删除、漏记等。

2) 给料岗位

①负责各给料皮带、给料仓、给料机的正常运行管理。②负责与备料工序联系，根据料仓料量及时安排上料，交接班时料仓一般必须保证 30 min 以上加料量。③保证瞬时流量与设定值相吻合，不断流。④负责所属区域内卫生。

3) 加料口岗位

①保证向侧吹炉内连续均匀加料，流量变化时，及时通知加料岗位调整。

②及时清理加料口黏结，保证加料口畅通。③密切关注炉况，观察炉温及物料熔化情况，及时向班长汇报炉内情况。④根据侧吹炉负压情况、炉膛温度，合理调节烟道插板。⑤负责直升烟道烟灰、炉结的清理。⑥负责所属区域内现场卫生。

4) 风眼岗位

①保持风压在 0.15~0.20 MPa 条件下操作，当风压低于下限时要联系增压，当风压高于上限时要勤捅风眼，并向班长汇报，采取降压措施。②按工段和班长要求，负责开停风眼，未开风眼时要通风保护，防止自动烧开堵死风眼。③经常检查各风管、水管、三通、阀门、法兰等处有无漏风、漏水情况，发现问题及时处理。④负责侧吹炉两侧及下方现场卫生，并保持备用风眼放置区域内干燥。⑤打开风口操作：a. 风口打开只在得到炉长的指令后进行；b. 将风口送风调节阀门完全打开；c. 检查气压表，确认鼓入混合气体有足够的压力；d. 从风嘴中抽出堵塞杆；e. 用钢钎打开通风眼；f. 用通风杆清洁风口通道；g. 装上窥视镜观察风口情况。⑥关闭风口操作：a. 将风口通道快速用塞杆堵上；b. 扶住塞杆，将塞杆固定；c. 对于处理故障时的短期停风，应将风口送风调节阀门关至 50%~80%，阀门不允许完全关闭。

5) 铅口岗位

①上班前必须戴好劳保用品。②捅铅眼时严禁用空心钢管或冷铁棍。③烧氧时谨防铅液突然溅起烧伤。④扒捞浮渣所用工具必须经过加热。⑤粗铅压出时及时堵塞虹吸道外口，浇冷却铅时严禁水滴溅入铅液中。⑥严禁铅模内积水或潮湿，严禁过早向铅液浇水冷却。⑦不得在铅模上行走或卧内取暖。⑧起吊铅块，钩稳铅鼻，周围不得有人走动，不得撞击各物件。⑨铅块堆放成垛，防止塌倒。

6) 渣口岗位

①炉前工在进行烧氧操作时，必须按规定穿戴好工作服、劳保鞋、安全帽、手套、口罩、风镜、脚围等劳保用品，手套不得沾油污。②烧氧操作时必须一人烧氧一人开氧气，烧氧人员在操作前必须检查连接软管、氧气阀门是否漏气，确认无氧气泄漏后才可以进行烧氧操作，如果连接软管、氧气阀门有漏气情况应及时更换，同时开氧气的人员负有安全监护的职责。③开氧气时应由小到大逐渐开大阀门，必须控制氧气流量稳定，不得忽大忽小，不得过大，严防氧气回火或喷溅伤人。④烧氧操作人员的手不得握住吹烧氧管和皮管连接处，不得正面站立，要求侧面站立，以防止烧氧时氧气回火或喷溅伤人。⑤烧氧操作时，烧氧管出气应顺畅，出气口不能完全抵住渣口、铜锍口、铅口或其他硬物，防止因为烧氧管出气不畅而造成的突然喷溅。⑥使用瓶装氧气进行烧氧操作时氧气瓶必须与烧氧操作处有 10 m 以上的安全距离。⑦在烧氧过程中产生的废弃烧氧管应先堆放在距离氧气管路 3 m 以上无作业的地方，烧氧作业完成后再及时清理到规定的场所集中堆放。

7) 氧化炉冷开炉程序

①向炉内投加引火底木柴：燃烧器拆除后逐步投加引火底木柴，木材投加点包含熔炼炉加料口、侧面烟道接口水套加料口、直升烟道人孔门等处。木柴投加完毕后，向炉内鼓氧气(鼓风点：虹吸道、渣口)保持炉内木柴着火。②检查熔炼炉底部铅口、底部渣口、渣口封堵情况，做好辅助岗位及辅助设备安装。③引火底木柴着火后，继续向炉内投加底柴(投加点不变)，同时向炉内送小风，并根据一次风口观察到的木柴着火情况，逐步调整送风量和供风氧气浓度。在此过程中，木柴投加要求沿炉子长度方向均匀一致，避免局部木柴量过大、局部无木柴或木柴量少。木柴投加分批进行，在上一批木柴着火后进行下一批木柴的投加。④待炉内木柴着火旺盛后，按照风口区截面积 400~600 kg/m² 的标准加底焦，并保持一次风口送风状态，待焦炭下落至风口区域后，根据一次风口观察的焦炭燃烧情况，逐步调整送风量及送风氧浓度。⑤从炉顶观察，焦炭完全着火后，分批向炉内投加底铅。在底铅投加过程中，根据炉内焦炭量适当补加焦炭。最后一次底铅投加完毕并补焦后，待焦炭表面上火时，加底渣造熔池。在加底渣过程中，随时补充焦炭。⑥熔池建立以后，停止投加底渣，按照设定铅膏量向熔炼炉正式进料，进料过程中，无烟煤量按铅膏的 10%~14% 加入，氧碳比 1.0~1.6 调整加料量及入炉风量。⑦开炉各个阶段都须有人看守虹吸道，经常观察虹吸道上涨情况，并用通条和氧气清理虹吸道，避免虹吸道堵塞。待虹吸道铅面上涨至排放高度时，向熔铅锅内排放粗铅。⑧待熔池高度达到设定高度后，打开渣口向还原熔炼炉(或直接对外)排渣。排渣过程结束后，开炉程序完成，转入正常作业。⑨正常生产时，每隔 1 h 从加料水套观察孔取高铅渣样 1 个、氧化炉排渣过程中取高铅渣样 1 个，送化验室分析。确保高铅渣含铅正常(25%~35%)。要求送样后 20 min 内出化验结果。

8) 氧化炉热开炉程序

①通知控制室按照工艺要求调整好入炉氧气量和压缩风量。②现场观察一次风管压力不低于 0.06 MPa 时，通知炉前可以开一次风口。③逐个打开一次风口，向炉内供风。④按照升温制度，对熔炼炉熔池升温 20 min 左右。⑤升温期结束后，转入正常操作。

9) 还原炉冷开炉程序

①向炉内投加引火底木柴：燃烧器拆除后逐步投加引火底木柴，木材投加点包含熔炼炉加料口、侧面烟道接口水套加料口、直升烟道人孔门等处。木柴投加完毕后，向炉内鼓氧气(鼓风点：虹吸道、渣口)保持炉内木柴着火。②检查熔炼炉底部铅口、底部渣口、渣口封堵情况。做好辅助岗位及辅助设备安装工作。③引火底木柴着火后，继续向炉内投加底柴(投加点不变)，同时向炉内送小风，并根据一次风口观察到的木柴着火情况，逐步调整送风量和供风氧气浓度。在此

过程中，木柴投加要求与炉子长度方向均匀一致，避免局部木柴量过大、局部无木柴或木柴量少。木柴投加分批进行，在上一批木柴着火后投加下一批木柴。④待炉内木柴着火旺盛后，按照风口区截面积 400~600 kg/m² 的标准加底焦，并保持一次风口送风状态，待焦炭下落至风口区域后，根据一次风口观察的焦炭燃烧情况，逐步调整送风量及送风氧浓度。⑤从炉顶观察焦炭完全着火后，分批向炉内投加底铅。在底铅投加过程中，根据炉内焦炭量，适当补加焦炭。⑥底铅投加结束后，继续送风 20~30 min，按照正常作业参数调整送风风口数、送风量及送风氧浓度。调整完毕，通知氧化炉向还原炉放渣，要求第一次进渣量超过一次风口中心线 200 mm。⑦第一次进渣结束后，按照还原熔炼制度操作，还原时间为 40 min。若第一次进渣量不足，则还原期结束后直接通知向还原炉放渣，进渣量以不低于 10 t 为宜。第二次进渣结束后，转入还原熔炼作业制度，还原时间 40 min。还原期结束后按照升温放渣制度提温 5~10 min 后排渣。⑧还原熔炼炉第一次排渣结束后，即转入正常作业阶段，按照正常作业制度执行。

10）还原炉热开炉程序

①通知控制室按照工艺要求调整好入炉氧气量和压缩风量。②现场观察一次风管压力不低于 0.06 MPa 时，通知炉前可以开一次风口。③逐个打开一次风口，向炉内供风。④按照升温制度，使熔炼炉熔池升温 20 min。⑤升温期结束后，转入正常操作。

11）侧吹炉计划停炉程序

①接到计划停炉通知后，将熔炼炉所有的作业周期完成，并适当延长熔炼炉升温周期，提高熔炼炉炉渣温度。②按下停炉按钮，通知炉前岗位堵一次风口并打开放空阀；停止向熔炼炉进煤。③停止向炉内鼓风后，立即停止向炉内加料。④将预计停炉时间通知现场管理人员，由现场管理人员决定是否向炉内熔体表面加煤。加煤时，粒煤应尽可能均布于液面，每次加煤量为 200~300 kg。⑤通知各岗位降低二次风量、熔炼炉出口负压和循环水给水量，熔炼炉进入保温状态。⑥计划停炉时，每停 3 h 给熔炼炉升温 20~30 min，单次停炉时间不宜超过 8 h。

12）侧吹炉紧急停炉程序

发生突发情况，威胁到员工人身安全或设备安全时，需要执行紧急停炉操作。①立即按下停炉按钮，通知炉前岗位堵一次风口。②待炉前岗位确认一次风口堵好后，按照正常停炉操作进行停炉。

3. 常见事故及处理

1）铅口不畅通

①原因：铅口浮渣多；虹吸道堵塞；炉内铅液面低。②处理方法：加强铅口保温及捞除浮渣工作；烧氧处理虹吸道；通知相关岗位调整入炉料量提高铅面。

2) 渣口不畅通

①原因：炉渣黏度大；渣口有大块异物堵塞；炉内渣液面低。②处理方法：通知相关单位进行调整，提高炉渣流动性；用钢钎向炉内捅捣，将异物清除；烧氧将异物清除；暂时停止放渣，提高炉内渣液面。

3) 喷炉或炉内冒渣

①原因：炉内长时间过氧化；炉温低时升温速率过快。②处理方法：减料加煤；降低氧气入炉量；如果冒渣严重，采取堵风口措施，直至炉内液面恢复正常后恢复生产。

4) 炉温过低

①原因：煤率偏低；氧煤比低。②处理方法：提高氧煤比；提高煤率；降低加料量；停料执行升温操作制度。

5) 熔炼炉水套出水温度高

①原因：循环冷却水水量偏小；进水温度高；水套烧损。②处理方法：增加出水高的水套循环水供水量；降低循环水进水温度；及时监测熔炼炉水套温度；如温度过高或上升速率过快，必须停炉处理。

4.5.3　计量、检测与自动控制

1. 计量

侧吹炉再生铅熔炼过程计量主要是配料计量，包括原料、辅料及烟灰的计量，其中原料、辅料计量采用配料计量皮带，根据原料、辅料配入量的不同，采用不同型号的配料计量皮带，返料烟灰采用计量螺旋输送机计量。

2. 检测

侧吹炉再生铅熔炼过程检测系统一般由侧吹炉本体现场控制站、余热锅炉现场控制站、系统网、服务器、监控网、工程师站、侧吹炉操作员站、余热锅炉操作员站、现场测控仪表组成。现场测控仪表连接至现场控制站。主要检测项目如下。

1) 温度检测

炉体内部和上升烟道的温度较高，选用铂铑热电偶测温元件；水套支管多，每个支管都要测温，且要有现场显示，选用价格较低的铂电阻测温元件和双金属温度计；其他部分可选用 K 分度热电偶测温元件。

2) 压力检测

熔炼炉、余热锅炉和供气管道内部压力、风嘴压力测量均要求准确、稳定、可靠，选用压力变送器在线测定。

3) 流量检测

锅炉给水和蒸汽流量等测量采用标准孔板；各循环水系统的水流量测量采用电磁流量计；对于大于 DN600 管径的，采用插入式电磁流量计测量；有腐蚀性液体的流量测量，选用电磁流量计，其衬里及电极材料按测量对象的特性选择；对于含有粉尘、SO_2等介质，且温度较高冶炼烟气的流量采用带反吹扫的德尔塔巴流量计测量；对于一些工艺要求测量准确或控制回路中的流量测量，均需有压力或压力和温度补偿计算回路，比如锅炉主蒸汽流量测量；氧气、空气及混合气的流量采用涡街流量计或 V 锥流量计测量。

4）成分检测

SO_2气体、混合气等在线分析选用进口品牌气体分析仪，国内配预处理装置，特别是熔炼烟气中SO_2浓度的测量，必须根据烟气的温度、压力、粉尘量等参数，合理地选配预处理装置，以保证分析仪正常运行，同时配备标准气样进行校验。可燃气体(天然气)泄漏报警选用精确度高、重复性好、适合检测各种可燃气体浓度的检测器，即接触燃烧式检测器，可现场报警。仪表信号需接入控制系统中独立设置的卡件中；有毒气体泄漏报警选用精确度高、重复性好、根据被测介质的特性选择定电位电解型或半导体型检测器，可现场报警，仪表信号需接入控制系统独立设置的卡件中。

5）物位检测

对于普通物位仪表难以测量的腐蚀性液体、高黏性液体、有毒液体等液面位置的连续测量，选用非接触式的超声波物位计或雷达式物位计；对于在环境温度下气相可能冷凝、液相可能汽化或气相有液体分离的对象，采用电容式物位计或平衡容器加差压变送器的方式进行测量，比如锅炉汽包水位、除氧器液位等测量。对于配料仓粉粒状物料的料面连续测量，选用带吹扫的雷达物位计；方便称重传感器安装的料仓，采用称重的方式进行测量，如料仓料位检测选用大吨位料仓电子秤。

3. 自动控制

侧吹法熔炼铅膏过程的自动控制分三个方面：熔炼炉运行、配气、配料。采用机电仪一体化的控制模式并配备可靠、先进的监测元件及执行机构，实现生产过程的连续检测和自动控制。控制系统可对生产过程参数和设备的运行进行显示、累计、记录、调节、连锁和报警，并可自动生成所需的报表，同时，对部分设备可进行必要的操作。

1）配气系统自动控制

配气系统自动控制包括压缩空气、氧气、二次风及压缩空气和氧气的混合气的压力与流量控制。根据工艺要求：①由气站送来的氧气和压缩空气经减压阀减压后压力稳定在 0.2~0.3 MPa，可通过智能压力电动减压阀或自力式减压阀自动控制，阀后压力与设定压力值 0.2 MPa 相比较后，进行 PID 自动调节，控制阀门开度，使阀后压力稳定在 0.2 MPa。②富氧的氧浓度为 60% 左右，压力为 0.12 MPa 左右；风嘴压力为 0.08~0.09 MPa；可通过涡街流量计或 V 锥流量计进行自动控制,能够在一定程度上克服现场振动带来的不利影响。

2)熔炼炉运行控制

熔炼炉运行控制主要包括水套温度、炉渣温度、熔池温度、风嘴压力的监测与控制。

(1)水套温度控制 铜水套是构成侧吹炉炉身的主体部件。铜水套温度监测非常重要,一般维持在 30℃ 至 50℃ 之间。其检测方法是在水套出水管上安装热电偶,温度信号传至中控室,远程检测报警,同时安装双金属温度计,便于现场观察检测。

(2)炉渣温度检测 渣温一般控制在 1050~1200℃。在现场采用一次性热电偶检测炉渣温度,具有远程功能,在中控室能观察并记录下每次渣温检测的时间与数据,及时进行调节。熔池温度检测一般以渣温为准。

3)配料系统的自动控制

配料系统的自动控制主要采用定量给料皮带秤控制系统,这是由一个称重传感器和变频调速器所组成的串级控制系统,其原理为:物料设定值与实际值相比较,对其偏差进行比例积分运算后输出直流信号至变换器,变换后的信号作为变频调速器的速度设定值,变频调速器输出相应频率的电流控制皮带秤电动机转速使皮带输送量达到设定值。皮带秤控制目标为:各物料有累计值显示,便于统计用量;皮带秤在物料达到设定的重量时自动停止,实现定时给料;根据给料设定值进行合理调整,合理控制给料时间,自动控制均匀给料。

4.5.4 技术经济指标控制与生产管理

安徽某典型再生铅生产企业,熔炼系统采用侧吹氧化炉-侧吹还原炉,其主要技术经济指标详见表 4-28。

表 4-28 技术经济指标

项目	指标	数值	备注
1. 设计规模	处理废铅酸蓄电池/$(t \cdot a^{-1})$	400000	
2. 产品产量	2#精铅/$(t \cdot a^{-1})$	270750	
	精制酸/$(t \cdot a^{-1})$	20000	
	普通硫酸/$(t \cdot a^{-1})$	20000	
3. 产品质量	2#精铅/%	$w(Pb) \geqslant 99.99$	
	硫酸/%	$w(H_2SO_4) \geqslant 98$	
4 金属回收率	铅总回收率/%	99	

续表4-28

项目	指标	数值	备注
5.铅原料处理量	废铅酸蓄电池/(t·a^{-1})	400000	含Pb 69.7%
	铅渣/(t·a^{-1})	40000	含Pb 76%
	铅泥/(t·a^{-1})	10000	含Pb 48%
6.铅膏脱硫熔炼技术经济指标	炉床能力/(t·m^{-2}·d^{-1})	80	
	炉床面积/m^2	12	
	熔剂率/%	9.34	占铅膏量
	烟尘率/%	23.55	占铅膏量
	煤率/%	19.6	占铅膏量
	脱硫率/%	94.4	
	渣率/%	25.51	占铅膏量
7.还原熔炼技术经济指标	炉床能力/(t·m^{-2}·d^{-1})	60	
	炉床面积/m^2	6	
	熔剂率/%	1.65	占高铅渣量
	烟尘率/%	15.66	占高铅渣量
	煤率/%	19.5	占高铅渣量
	硫回收率/%	10.53	
	渣率/%	51.8	占高铅渣量
8.主要辅助材料、燃料消耗	石灰石/(t·a^{-1})	7500	
	铁矿石/(t·a^{-1})	15700	
	硫黄/(t·a^{-1})	60	
	氢氧化钠/(t·a^{-1})	320	
	硝酸钠/(t·a^{-1})	700	

从表4-28可以看出，侧吹氧化炉日处理物料量为960 t，烟尘率为23.55%，脱硫率为94.4%，渣率为25.51%；侧吹还原炉日处理物料量为360 t，烟尘率为15.66%，硫回收率为10.53%，渣率为51.8%。

1.能量平衡与节能

侧吹法熔炼废铅酸蓄电池铅膏与原生铅冶炼不同，因铅膏的主要成分为硫酸铅和氧化铅，侧吹脱硫熔炼的热量来源主要为无烟煤等燃料，因此，在忽略原辅材料显热的情况下，根据原辅材料、燃料及熔炼产物的组成和物化性质，以及温度、气氛、压力和时间等熔炼条件，对侧吹铅膏脱硫熔炼和还原熔炼过程的热平衡进行建模计算，其结果见表 4-29。

表 4-29　侧吹铅膏脱硫熔炼和还原熔炼过程的热平衡

脱硫熔炼

	项目	热量 /(MJ·h⁻¹)	占比/%		项目	热量 /(MJ·h⁻¹)	占比/%
热收入	煤燃烧热	173722.46	96.19	热支出	一次粗铅显热	5154.228	2.85
	反应放热	6629.58	3.67		高铅渣显热	14718.096	8.15
	造渣放热	245.59	0.14		烟尘显热	7364.558	4.08
					烟气显热	107799.84	59.69
					循环水吸热	23400	12.96
					水的汽化热	12329.82	6.83
					反应吸热	6538.824	3.62
					炉表面散热	2160	1.20
					其他热损失	1132.2	0.62
	合计	180597.63	100.00		合计	180597.566	100.00

还原熔炼

	项目	热量 /(MJ·h⁻¹)	占比/%		项目	热量 /(MJ·h⁻¹)	占比/%
热收入	煤燃烧热	45013.104	79.98	热支出	二次粗铅显热	3427.236	6.09
	反应放热	836.1	1.48		还原炉渣显热	12953.52	23.01
	高铅渣显热	10432.836	18.54		烟尘显热	2204.604	3.92
					烟气显热	23203.8	41.23
					循环水吸热	11714.4	20.81
					炉表面散热	1260	2.24
					水的汽化热	120.996	0.21
					反应吸热	994.5	1.77
					其他热损失	402.984	0.72
	合计	56282.04	100.00		合计	56282.04	100.00

由表 4-29 可以看出，铅膏等侧吹脱硫熔炼和高铅渣侧吹还原熔炼过程中，热量支出主要是高温烟气和物料带走的潜热。在液态高铅渣成分以及加入量波动时，及时调整氧气、石灰石、粒煤等物料的加入量，可减少因熔剂和燃料加入过量或不足导致熔炼温度波动和热损失。

加强节能管理措施如下：加强职工培训和提高职工操作技能，树立良好节能意识；生产中严格按照工艺要求操作，加强精细化操作，不断优化生产工艺；对水电均设置计量检测，加强节能管理。

2. 物质平衡与减排

侧吹氧化炉铅膏脱硫熔炼投入的炉料是膏泥、铅渣、铅泥、铁矿石、石灰石、无烟煤，熔炼产物是一次粗铅、高铅渣、烟气、氧化烟尘；侧吹还原熔炼投入的炉料是高铅渣、石灰石、无烟煤、氧化烟尘、还原烟尘、低品位浮渣、铅浮渣、碱渣，熔炼产物是二次粗铅、水碎渣、还原烟尘、烟气。国内某示范厂冶炼再生铅的物质平衡情况见表 4-30、表 4-31 所示。

表 4-30　铅膏侧吹脱硫熔炼过程物质平衡　　　　　　单位：t/a

项目	物料	物料量	Pb	S	Sb	Fe	SiO_2	CaO
加入	膏泥	238000	173740	11920.034	23.8	23.8	476	238
	铅渣	40000	30400	656.64	4	4	80	40
	铅泥	10000	4800	60.96	1	1	20	10
	铁矿石	15700	—	—		7850	494.6	34.5
	石灰石	6500	—	—		65	325	3250
	无烟煤	37224	—	297.792	—	111.7	6063.8	152.6
	合计	347424	208940	12935.426	28.8	8055.5	7459.4	3725.1
产出	一次粗铅	146845.38	146258	146.845	8.1	—	—	—
	高铅渣	60664.125	29003.586	370.755	9.1	7894.4	7310.2	3650.7
	烟气/(m³·h⁻¹)	27019.741		12217.826	—			
	氧化烟尘	46530	33678.414	200	11.6	161.1	149.2	74.5
	合计		208940	12935.426	28.8	8055.5	7459.4	3725.2

表 4-31　高铅渣侧吹还原熔炼物质平衡　　　　　　　单位：t/a

项目	物料	物料量	Pb	S	Sb	Fe	SiO₂	CaO
加入	高铅渣	60664.125	29003.6	370.755	9.1	7894.4	7310.2	3650.7
	石灰石	1000	—	—	—	10	50	500
	无烟煤	11827.448	—	94.620	—	35.5	1926.7	48.5
	氧化烟尘	46530	33678.4	200	11.6	161.1	149.2	74.5
	还原烟尘	9502.676	6176.7	9.503	4.8	—	—	—
	低品位浮渣	1076	484.2	—	—	—	—	—
	铅浮渣	4362.2	3707.9	216.558	—	—	—	—
	碱渣	5151.12	2106.8	—	17.2	—	—	—
	合计	140113.569	75157.6	891.436	42.7	8101	9436.1	4273.7
产出	二次粗铅	69712.529	68666.8	69.713	19.481	—	—	—
	水碎渣	31403.741	314	717.6	18.4	8086.4	9419	4266
	还原烟尘	9502.676	6176.7	9.503	4.751	14.6	17	7.7
	烟气 /(m³·h⁻¹)	11990.662		94.62				
	合计		75157.5	891.436	42.632	8101	9436	4273.7

　　侧吹炉熔炼废铅酸蓄电池铅膏生产过程中产生的"三废"排放限值执行国家有关标准。生产废水经处理达到厂区内回用要求后，全部回用，不外排；生活污水经化粪池处理后排入园区污水管网。

　　在原料转运、配料过程中，会产生粉尘飞扬，在上述产尘点设置集气罩抽风，使罩内形成负压，尽量减少逸散，以满足车间的生产环境要求。罩内抽出的含尘气体，经布袋除尘设备处理后排放质量浓度小于 30 mg/m³。收集的废气经布袋除尘器除尘净化后达标排放，尾气含尘不大于 30 mg/m³，通过 20 m 烟囱排放。

　　熔炼烟气中的污染物主要有烟尘、SO₂、NOₓ、铅尘、二噁英等。氧化炉铅膏脱硫熔炼烟气经余热锅炉+电收尘+制酸+离子液吸收处理后通过 50 m 烟囱排放；还原炉熔炼烟气经 SNCR+余热锅炉+布袋收尘+净化+离子液吸收处理后通过 50 m 烟囱排放。侧吹炉采用密闭形式，烟气负压排放，防止烟气外逸；同时在熔炼炉加料口、出渣口、出铅口设置集气罩，烟气温度不大于 80℃，收集的烟气采用布袋收尘+双碱脱硫处理后通过 20 m 烟囱排放。

3. 原料控制与管理

侧吹法熔炼再生铅的主要原料是废铅酸蓄电池铅膏，还可搭配处理铅泥、铅渣、废铅玻璃等二次含铅物料。对入炉铅原料成分要求如表4-32所示。

表4-32 入炉铅原料成分要求（质量分数） 单位：%

铅原料	Pb	S	Sb	Sn	Cu
铅膏	≥60	≤10	≤0.40	—	—
铅泥	≥40	≤5	≤0.81	≤0.75	≤0.75
铅渣	≥65	≤5	≤0.81	≤0.75	≤0.75
废铅玻璃	≥15	—	—	—	—

4. 辅助材料控制与管理

辅助材料有做熔剂的石灰石、铁矿石和做燃料的煤。辅助材料的质量控制与要求如下。

1) 煤

外观干净，无夹杂外来污染物（纸屑、塑料等），化学成分必须符合表4-33要求。

表4-33 煤的规格要求 单位：%

类型	$w[$灰分(A)$]$	$w[$挥发分(W)$]$	$w($硫$)$	$w($水分$)$	燃烧值/kJ	粒度/mm
粒煤	≤13	≤8	≤0.5	≤8	≥27214.2	6~10
粉煤	≤20	≤30	≤0.5	≤8	≥25120.8	0.1~1
无烟煤	≤15	≤30	≤0.5	≤8	≥27214.2	≤5

2) 石灰石

干基成分：$w($CaO$)\geqslant50\%$，$w($MgO$)<1.5\%$，$w($SiO$_2+$Al$_2$O$_3)<3.0\%$，粒度40~80 mm 的不小于60%。

3) 铁矿石

干基 $w($Fe$)\geqslant40\%$。

5. 能量消耗控制与管理

废铅酸蓄电池铅膏侧吹熔炼工艺的主要能源消耗为电、煤、新水、蒸汽消耗，其中蒸汽由余热回收系统供应，多余蒸汽发电。某再生铅厂年处理400 kt 废铅酸蓄电池，产268.68156 kt 精铅。该厂侧吹熔池熔炼过程的能耗情况见表4-34。

表 4-34 再生铅侧吹熔池熔炼过程的能源消耗

种类	消耗量	折标煤系数	标煤量/(t ce·a⁻¹)
电/(MW·h·a⁻¹)	6000	0.1229	737.4
煤/(t·a⁻¹)	65324.12	0.7143	46661.02
新水/(km³·a⁻¹)	164.67	0.0857	14.11
余热发电/(MW·h·a⁻¹)	−12500	0.1229	−1536.25
合计			45876.28

铅膏侧吹熔炼过程能耗为 45876.28 t÷268681.56 t=170.75(kg ce/t)。依据《再生铅单位产品能源消耗限额》(GB 25323—2010)铅膏冶炼能耗限额先进值为 220 kg ce/t,铅膏侧吹熔池熔炼能耗远小于限额先进值。这是由于侧吹熔池熔炼采用富氧强化,大大提高了氧气、燃料等的利用率,降低了能耗;且流程短,原料粒度和水分要求不高,无须物料前期处理,可降低投资、节约能源。

工艺设计充分考虑生产连续运行及动力负荷分布,合理确定设备功率,提高设备的负荷率,减少能源消耗。生产车间与动力车间集中布置,结合实际缩短物料输送与供冷、供热距离,降低能耗。选用高效节能的传动设备。进口输送胶带、泵和风机的运行根据需要调节流量,采用变频调速的方式避免电机长期在高速满负荷状态下工作,机械设备少作无用功,能够产生十分可观的节能效果。采用适合的变频设备能够降低维修及服务费用,进一步提高企业生产力。同时还可以平稳启动设备、放缓惯性运行,延长设备的生命周期。

详细制订各生产工序节能降耗考核指标,提高定额覆盖率、能源计量合格率,积极推广节能"三新技术"。

6. 金属回收率控制与管理

影响侧吹法熔炼废铅酸蓄电池金属回收率的因素主要有机械损失和工艺损失两部分。

1)机械损失

机械损失主要是指物料在传送、混合和贮存过程中的飞扬、黏带、遗漏及流失等造成的损失。在生产过程中,此类损耗不可避免,但应尽量将其控制在一个较低的、可接受的范围内。

2)工艺损失

工艺损失主要指在冶炼过程中由于物理化学反应而造成的损失,如烟气带走的金属挥发物、炉渣带走的金属化合物等。可通过以下途径对其进行控制。

(1)强化管理稳定侧吹炉炉况 炉体运行不稳定,不但影响产量,同时也影响铅回收率的提高。生产过程中要严格控制入炉原料的粒度、块度、水分、杂质等和无烟煤质量，要求操作工强化操作，确保运行平稳。这样才能保证生产的正常运行，延长炉窑使用寿命，提高生产能力，切实提高金属回收率。

（2）强化物料及物流管理力度 及时回收和利用库存的中间物料，减少有价金属库存时间，进一步强化物料的合理流动，千方百计减少物料在运输、贮存中的流失。例如在物料堆卸过程中，尽量做到物料在卸车、堆放之后及时进料，减少二次运输造成的损失；禁止物料露天堆放，必要时进行遮盖；兑翻料时，禁止高位抛洒物料，同时，在物料非常干燥的情况下，可加水减少其逸散；皮带运输过程中，由于物料含水量太低时容易逸散，太高时容易黏结皮带，因此应当确保其含水量适宜，一般控制在 8% 至 10% 之间。

（3）提高收尘效果 在侧吹熔炼过程中，排料、加料、炉前放渣、扒渣等操作会伴随产生大量含有金属粉末或蒸汽的烟尘，必须采用有效的通风除尘设施，实现良好的通风除尘效果。这样，一方面可以创造良好的劳动环境，另一方面可以消除尘害，变废为宝，提高金属回收率。日常设备维护时，需要定时检查收尘系统的收尘效果及整个侧吹炉熔炼系统的密闭情况，减少铅烟尘的逸出损失。

7. 产品质量控制与管理

粗铅执行 YS/T 71—2013 质量标准：$w(Pb) \geqslant 96\%$。物理规格：粗铅锭为四方梯形锭，锭重 1.5~2.0 t/块。在外观质量方面要做到粗铅锭表面平整，不得有大于 10 mm 厚度的炉渣，不得有飞边、毛刺等。锭内不得有夹层、包心和其他杂物等。生产过程中，统计好产出粗铅的批次、产量，填写原始记录。每月对产出品进行盘库和平衡核算，对上月生产情况进行统计分析，不断改进管理。

8. 生产成本控制与管理

物料消耗占侧吹法处理废铅酸蓄电池铅膏的生产成本的比重非常大，以安徽某再生铅冶炼企业为例，生产消耗的原料、辅料、燃料及动力、职工薪酬、制造费用等在生产成本中占有的比例分别为 94.78%、1.07%、3.05%、0.58%、0.52%，由此可见，原辅料消耗、燃料及动力消耗占了很大的比例，因此，加强物资管理、降低消耗、提高管理水平能有效降低生产成本。

从工艺水平来看，提高金属冶炼回收率和资源综合利用率能有效降低生产成本，显著提高冶炼过程的经济效益，可通过加强工艺改进、提高岗位工人操作技能、减少无名损失等多种方法提高铅回收率。

此外，提高产能、设备作业率也可有效降低生产成本；对炉窑运行制度进行改进，使其尽量合理，例如定期检修、规范操作，可降低生产故障率。

4.6　铅物料还原造锍熔炼

4.6.1　简介

为防止和减少二氧化硫烟气的污染，人们研究了沉淀熔炼、碱性熔炼和石灰（石灰石）固硫等多种固硫熔炼工艺。其中采用铁屑固硫的有沉淀熔炼、再生铅的短回转窑冶炼和鼓风炉炼铅。由于铁屑价格贵，来源有限，因此这些固硫方法不能广泛采用。鼓风炉炼铅要求炉料含硫质量分数小于 2%。

与上述固硫工艺不同，ZL00113284.9 号专利用氧化铁废料或含重金属的氧化铁矿做固硫剂，直接由有色金属硫化精矿或含硫物料冶炼粗金属或合金，烟气中二氧化硫达标排放。21 世纪初，该技术曾经以硫化铅精矿和脆硫锑铅矿精矿做原料，分别在 1 m² 的反射炉和 φ1.4 m×2 m 的短回转窑内进行了还原造锍熔炼半工业试验，均取得较好结果。但试验表明，反射炉传热传质效果差，热效率低，冶炼时间长，生产效率低，消耗大；短回转窑的熔炼能力虽然为反射炉的 6 倍，但短回转窑是间断作业，不适于万吨级以上的大规模生产。

中国每年产生上千万吨的多种铅物料，如铅烟灰、铅泥、硫酸铅渣、废电瓶熔炼渣及废铅酸蓄电池铅膏等。另外，硫酸厂每年产生上千万吨的黄铁矿烧渣，锌厂每年产生几百万吨的挥发窑渣，铅废料和铁渣都是高危重金属固体废弃物。

由于含铅等重金属固体废弃物都含有较高的硫，所以有人先将含铅较高 [w(Pb)≥40%] 的铅废料烧结焙烧脱硫后，再还原熔炼。该方法环境污染严重，能耗高，资源利用差，因此已被取缔。而含铅小，特别是 w(Pb)<10% 的铅废料，目前没有成熟可靠的处置方法，绝大部分就地堆存，成为重金属污染的重大隐患与祸源。

鼓风炉是结构简单、连续作业、熔炼能力较强和热利用率高的冶金炉，ZL00113284.9 号专利技术原形与鼓风炉熔炼相结合，可望解决含铅等重金属废料的清洁处置和再生铅物料的清洁冶炼两大难题。为此，2009 年 9 月至 2011 年 1 月，中南大学唐谟堂学术团队进行了 4 m² 鼓风炉还原造锍熔炼清洁处置含铅等重金属固体废弃物一步炼铅工业试验，试验成功。该技术以亟待处置和来源非常广泛的富铁高危重金属废弃物做固硫剂，在无二氧化硫产生的情况下由铅废料一步炼制粗铅和铁锍，低铜铁锍替代铸铁铸造压重物件，含铜较高的铁锍进行氧化熔炼，回收铜和铅，炉料含砷高时产生自然环境下化学性质稳定的砷铜锍，可固定和开路剧毒元素砷。该技术实现了高危重金属固体废弃物的连续无害化处置和高铁氧化铅矿资源的有效利用，具有化害为利、变废为宝、流程简短、环境友好及成本低廉等优点，对重金属污染治理和资源利用均有重大意义。还原造锍熔炼的工业试验成果在省部级鉴定会上获得以张文海院士为组长的专家组的高度评价，该成果获 2012 年环保部科技进步三等奖。

4.6.2 基本原理

1. 还原造锍熔炼的基本反应

铅物料还原造锍熔炼过程中可能发生以下反应：

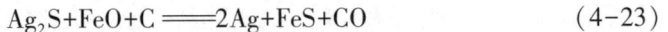

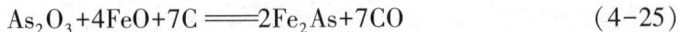

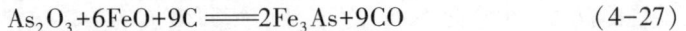

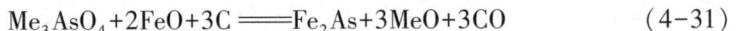

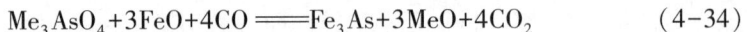

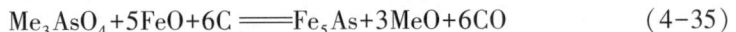

$$PbS+FeO+C \Longrightarrow Pb+FeS+CO \tag{4-19}$$

$$PbS+FeO+CO \Longrightarrow Pb+FeS+CO_2 \tag{4-20}$$

$$PbSO_4+FeO+5C \Longrightarrow Pb+FeS+5CO \tag{4-21}$$

$$PbSO_4+FeO+5CO \Longrightarrow Pb+FeS+5CO_2 \tag{4-22}$$

$$Ag_2S+FeO+C \Longrightarrow 2Ag+FeS+CO \tag{4-23}$$

$$Ag_2S+FeO+CO \Longrightarrow 2Ag+FeS+CO_2 \tag{4-24}$$

$$As_2O_3+4FeO+7C \Longrightarrow 2Fe_2As+7CO \tag{4-25}$$

$$As_2O_3+4FeO+7CO \Longrightarrow 2Fe_2As+7CO_2 \tag{4-26}$$

$$As_2O_3+6FeO+9C \Longrightarrow 2Fe_3As+9CO \tag{4-27}$$

$$As_2O_3+6FeO+9CO \Longrightarrow 2Fe_3As+9CO_2 \tag{4-28}$$

$$As_2O_3+10FeO+13C \Longrightarrow 2Fe_5As+13CO \tag{4-29}$$

$$As_2O_3+10FeO+13CO \Longrightarrow 2Fe_5As+13CO_2 \tag{4-30}$$

$$Me_3AsO_4+2FeO+3C \Longrightarrow Fe_2As+3MeO+3CO \tag{4-31}$$

$$Me_3AsO_4+2FeO+3CO \Longrightarrow Fe_2As+3MeO+3CO_2 \tag{4-32}$$

$$Me_3AsO_4+3FeO+4C \Longrightarrow Fe_3As+3MeO+4CO \tag{4-33}$$

$$Me_3AsO_4+3FeO+4CO \Longrightarrow Fe_3As+3MeO+4CO_2 \tag{4-34}$$

$$Me_3AsO_4+5FeO+6C \Longrightarrow Fe_5As+3MeO+6CO \tag{4-35}$$

$$Me_3AsO_4+5FeO+6CO \Longrightarrow Fe_5As+3MeO+6CO_2 \tag{4-36}$$

2. 还原造锍反应平衡气相组成的热力学计算

还原造锍熔炼过程中，体系达到平衡时气相成分主要以 CO 和 CO_2 为主，同时存在有 CS_2、SO_2、COS 及 S_2 等含硫气体。这些含硫气体在平衡气相中的含量与固硫率有直接关系，所以有必要用热力学计算方法确定以下反应的同时平衡状态下的平衡气相组成。

$$FeO(s)+0.5S_2(g)+CO \Longrightarrow FeS+CO_2 \tag{4-37}$$

$$Pb+CO \Longrightarrow Pb+COS \tag{4-38}$$

$$FeO+0.5CS_2 \Longrightarrow FeS+0.5CO_2 \tag{4-39}$$

$$0.5S_2+2CO_2 \Longrightarrow SO_2+2CO \tag{4-40}$$

$$C+CO_2 \Longrightarrow 2CO \tag{4-41}$$

当体系的温度确定时，以上 5 个反应的平衡常数确定，即可建立 5 个分压方程；当总压确定时，又可建立 1 个总压方程。根据同时平衡原理，将这 6 个独立方程联立求解，即可得到特定温度下的各气体的平衡分压。设定体系总压为101325 Pa，计算出 1100~1400 K 各气体的平衡分压及平衡气相组成，分别列于表 4-35 和表 4-36。

表 4-35　不同温度下的各气体的平衡分压　　　　　　　　　　　单位：Pa

温度/K	p_{S_2}	p_{CS_2}	p_{COS}	p_{CO}	p_{CO_2}	p_{SO_2}
1100	3.78×10^{-5}	2.88×10^{-4}	4.23	93609	7717	5.22×10^{-7}
1200	4.16×10^{-5}	2.87×10^{-4}	2.01	99455	1870	1.78×10^{-7}
1300	4.23×10^{-5}	2.70×10^{-4}	0.99	100802	523	6.50×10^{-8}
1400	2.63×10^{-5}	2.53×10^{-4}	0.54	101153	172	2.10×10^{-8}

表 4-36　不同温度下的平衡气相组成

温度/K	气相平衡组成/%					
	S_2	CS_2	COS	SO_2	CO	CO_2
1100	3.78×10^{-8}	2.88×10^{-7}	4.17×10^{-3}	5.22×10^{-10}	92.38	7.616
1200	4.16×10^{-8}	2.87×10^{-7}	1.98×10^{-3}	1.78×10^{-10}	98.15	1.846
1300	4.23×10^{-8}	2.70×10^{-7}	9.80×10^{-4}	6.50×10^{-11}	99.48	0.516
1400	2.62×10^{-8}	2.53×10^{-7}	5.30×10^{-4}	2.10×10^{-11}	99.8297	0.1697

从表 4-35 和表 4-36 可以看出，还原造锍熔炼平衡气相的主要组成为 CO 和 CO_2，两者之和大于 99.995%；而含硫气体总含量 $\leqslant 50 \times 10^{-6}$，所占的比例很小，其理论固硫率接近 100%，这正是还原造锍熔炼不排放二氧化硫的理论依据。

4.6.3　配料及压团

1. 生产实践与操作

1）工艺技术条件与指标

配料原则及压团条件为：①炉料中 S 和 Cu 全部进入锍相，Fe 除了造锍外，还须造渣；②渣型选定为：$w(SiO_2)$ 32%~37%、$w(FeO)$ 38%~44%、$w(CaO)$ 13%~16%，但须根据 ZnO 含量调整；③固硫剂为理论量的 1.0~1.5 倍；④固体和液体黏结剂分别为炉料量的 0.1%~5% 和 10%~50%；⑤还原剂为理论量的 1.2~3.0 倍；⑥制团炉料含水 10%~30%；⑦压制团块压力为 50~200 t/cm²。

2)岗位操作规程

(1)配料计算　以每炉次 100 t 料为基准,按照渣型和固硫规则建立多元联立方程组,求解得各种原辅材料的配入量后,须根据炉渣中可能的 ZnO 含量进行渣型修正。

(2)混料　根据配料计算结果,称取相关种类相应量的原料和除石灰石、焦炭以外的辅助材料,用皮带输送至混料机中分批混匀。

(3)压团　混好的炉料由皮带输送至压砖机改成的压团机压团,湿团块干燥5 天后,进行冷强度试验。

3)常见事故及处理

不成团及干团块达不到强度要求是常遇到的问题。解决办法是调整水分和黏结剂用量,不合格团块根据天气情况延长晾干时间,若还不合格,须返回处理。

2. 计量、检测与自动控制

1)计量

各类原料及辅助材料均用磅秤(地磅)分批称重计量,而液态黏结剂用高位计量槽计量体积,自来水用流量计计量体积。

2)检测

各类原料及辅助材料的综合试样均先测定水分,然后用原子吸收光谱分析或化学分析方法分析 Pb、Fe、S、Zn、Cu、Sb、As、SiO_2、CaO 的含量。

3)自动控制

压团过程全部实现自动控制,能够自动装料、自动压团及自动脱模;但配料过程仍然是人工控制,实现配料过程的自动控制是今后的努力方向,是扩大生产规模的基本要求。

3. 技术经济指标控制与生产管理

配料与压团是还原造锍熔炼的预处理过程,其指标控制与生产管理非常重要,一般要求团块含铅20%以上。为确保配料的准确性和干团块强度合格,必须对以下环节严格管理:①每种原料和辅助材料都应有各自的堆场,同一种原料或辅助材料的不同批次要同时配料时,必须在堆场用抓斗混匀,然后取综合样,或者根据各批次的干重和有关元素含量推算出混合料的主成分。②控制好混料的水分含量、黏结剂的添加量以及混料和压团技术条件,确保团块质量。③要有足够的团块堆放场地,确保湿团块干燥时间多于 5 d。每批次的湿团块只有在放置 5 d 后经强度试验,即将团块从 1 m 高处抛下 3 次,小于 10 mm 部分不超过 15%时方可入炉熔炼。

1)物质平衡与减排

配料与压团是纯粹的物理过程,无化学反应,物料的损失只是掉落和飞扬飘散,落在地面上的物料均可收集和返回利用。因此,只要将场地封闭,即可做到零排放。

2) 原辅材料控制与管理

二次铅原料为硫含量较低的铅废料，包括铅烟灰、铅泥(硫酸铅渣)、氧浸渣选硫尾矿和废电瓶熔炼渣，其代表性化学成分如表 4-37 所示。

表 4-37　铅废料的种类及化学成分(质量分数)　　单位：%

种类	Pb	Zn	Cu	S	Sb	Sn	FeO	SiO$_2$	CaO
铅烟灰 A	66.71	0.53	—	7.09	—	—	1.21	0.46	0.53
铅烟灰 B	57.16	1.38	—	7.36	—	—	2.41	6.10	0.80
铅泥 A	19.27	10.11	0.10	11.84	—	—	2.41	6.10	4.60
硫酸铅渣 A	13.26	13.40	—	8.61	—	—	7.23	21.16	4.78
硫酸铅渣 B	11.63	—	—	8.29	—	—	9.64	21.33	3.59
氧浸渣选硫尾矿	8.25	6.14	—	25.00	—	—	4.82	24.00	8.16
废电瓶熔炼渣	43.97	—	—	1.27	4.27	0.76	3.02	30.16	1.95

辅助材料包括固硫剂、熔剂、还原剂和黏结剂。固硫剂有黄铁矿烧渣 A 和 B，氧化铅矿 A、B、C 和 D，锌挥发窑渣磁选铁渣 A、B 和 C，以及渣砣。固硫剂化学成分列于表 4-38。还原剂为烟煤，烟煤与焦炭的化学组成如表 4-39 所示。石灰石含 CaO 50%，作为补钙熔剂。黏结剂则为氧化铅矿(化学组成如表 4-38 所示)、腐殖酸钠和造纸废液。

表 4-38　固硫剂的种类及化学成分(质量分数)　　单位：%

固硫剂	Pb	Zn	Cu	S	As	FeO	SiO$_2$	CaO	Ag[①]
氧化铅矿 A	18.58	3.64	—	0.13	0.65	53.65	7.90	0.89	112
氧化铅矿 B	7.07	1.02	—	0.10	0.21	33.75	5.40	7.08	280
氧化铅矿 C	24.26	0.92	—	0.25	—	54.26	12.96	2.00	—
氧化铅矿 D	8.78	0.46	—	0.12	0.06	31.41	25.73	2.60	35
锌挥发窑渣磁选铁渣 A	—	—	0.051	1.31	—	74.91	9.68	1.02	45.08
锌挥发窑渣磁选铁渣 B	—	—	—	6.50	—	69.60	15.15	5.20	—
锌挥发窑渣磁选铁渣 C	—	—	—	7.07	—	57.82	14.27	4.14	1330
黄铁矿烧渣 A	0.10	0.67	2.28	7.94	—	55.28	10.61	1.77	524.33

续表4-38

固硫剂	Pb	Zn	Cu	S	As	FeO	SiO$_2$	CaO	Ag[①]
黄铁矿烧渣B	1.25	1.20	—	3.34	—	56.66	15.66	6.57	—
渣砣	5.89	—	—	0.19	—	78.76	11.62	1.36	—

注：①单位为g/t。

表4-39　烟煤与焦炭的化学组成(质量分数)　　　　　单位：%

名称	C	S	SiO$_2$	CaO	FeO	Al$_2$O$_3$	H$_2$O
烟煤	82.33	3.01	6.66	0.83	—	4.81	—
焦炭	82.23	1.14	6.5	1.3	3.9	1.3	27.94

从综合利用出发，二次铅原料品位和有价金属含量越高越好，固硫剂最好含金银及较高的铅；但从处理含铅重金属固废出发，含铅低的物料也应该处理，其前提是与含铅高的原料搭配使用。为了降低消耗与成本，固硫剂含铁要尽量高，硫和硅的含量要尽量低，最好含有适量的钙。

3) 能量消耗控制与管理

能量消耗基本为动力消耗，包括送料、混料和压团的动力消耗。不开空车、少出废品是降低能耗的主要措施。

4) 金属回收率控制与管理

配准料，使炉料中造渣成分的含量尽量符合冶炼渣型要求，是降低渣含铅、提高金属回收率的关键。另外将场地封闭，使物理损失尽量降到零，亦是控制金属回收率的重要措施。

5) 产品质量控制与管理

干团块产品质量指标有两项。一项是铁和硅的含量及比例应符合还原造锍熔炼的渣型要求。为此，原料及辅助材料的称重计量和化学成分分析必须十分准确，彼此间必须混合十分均匀，配料计算必须百分之百准确。另一项是干团块强度，可通过调整黏结剂用量、采用合适的水分含量以及足够的晾干时间来确保干团块强度合格。代表性干团块的成分见表4-40。

表 4-40　代表性干团块的成分(质量分数)　　　　单位:%

序号	H₂O	Pb	FeO	S	SiO₂	CaO	Zn	As	Ag①
1	9.30	21.046	31.33	2.17	15.76	3.31	—	—	—
2	6.00	23.386	29.81	3.44	18.42	2.42	—	—	—
3	—	21.65	22.24	6.19	12.29	4.46			
4	12.23	25.43	20.92	8.16	11.61	3.72	3.21	1.18	270

注:①单位为 g/t。

6)生产成本控制与管理

在原料和辅助材料确定后,压团工段的成本构成为能源动力消耗成本和工人工资、养老保险及福利劳保等费用。不开空车、少出废品是减少能源动力成本的主要措施;实现团块的机械化运输及码垛可大幅减少工人人数、提高劳动生产率,从而降低工资成本。

4.6.4　还原造锍熔炼

1. 生产实践与操作

1)设备与工艺技术条件

(1)还原造锍熔炼设备　设备为鼓风炉,其风口面积为 4 m²,高为 4.85 m;炉腹角为 5°。

(2)工艺技术条件　①熔炼温度 1090~1250℃,炉顶加料口温度≤200℃;②风压 0.4~0.8 MPa;③鼓风量 200~400 m³/min;④焦炭量为团块的 15%。

2)岗位操作规程

(1)加料　用人工将干团块加入鼓风炉上部,每排料加 1200 kg,刚好将加料口填满,与操作楼面齐平,同时加入相应量的焦炭、部分固硫剂和石灰石,微负压操作,炉顶温度低,加料操作条件比一般炼铅鼓风炉要好得多,无烟气逸出,很少有粉尘。

(2)还原性气氛控制　还原造锍熔炼要求强还原气氛,采用低风压小风量的操作模式,即通过降低鼓风量或减小风压来提高炉气的还原性。

(3)炉温控制　还原造锍熔炼温度较传统鼓风炉炼铅低,但还原性强,炉气中 CO 含量高,这会带来高温带向上移动的问题,致使鼓风炉加料口温度升高。如果加料口温度升至 200℃以上,则须采取措施降低还原性气氛,将鼓风炉上部温度降至正常水平。

(4)熔炼产物放出　粗铅从虹吸口连续放出,虹吸出铅口的操作条件也比一般炼铅鼓风炉要好,温度较低,铅蒸气少;从放渣口将炉渣与铁锍连续放入中间包，炉渣与铁锍在中间包中进行澄清、分离，再从中间包另一边连续排渣水碎。待中间包装满铁锍后，立刻用空包替换，将装满铁锍的中间包推到指定地点冷却。待铁锍冷却达到要求后，取出铁锍，腾出中间包。渣、锍同时从一个放出口放出，可使炉渣覆盖在铁锍表面，减少因铁锍氧化而产生的二氧化硫量。

（5）烟气处理　烟气经冷却、沉降收尘和布袋收尘达标后由烟囱排空，烟尘返回配料。

3）常见事故及处理

常见事故包括炉结、上火和冻炉等三类。

（1）炉结　处理炉结的方法是定期清除，尽量降低炉料中的锌含量可延缓炉结的形成。

（2）上火　指长时间还原性很强时高温带会向上延伸，致使鼓风炉加料口温度升至 200℃ 以上，这时须适当降低还原性，将鼓风炉上部温度降低至正常水平。长时间上火时，硫化铅大量挥发燃烧，致使烟气中的 SO_2 浓度超标，这时须将烟气进行碱液淋洗处理。

（3）冻炉　指液体熔炼产物炉渣和铁锍被冻结放不出来，或者虽然可以出炉，但炉渣黏度大，渣含铅很高。造成冻炉的主要原因是炉料中 FeO、SiO_2、CaO 的含量与比例严重偏离还原造锍熔炼渣型的要求，次要原因是鼓风风量与压力失控，致使熔炼温度降低。处理方法：①如果炉温偏低，应调整鼓风风量与压力，使炉温恢复正常；②快速调整炉料中 FeO、SiO_2、CaO 的含量与比例，使之符合还原造锍熔炼渣型的要求；③如果上述措施不能使鼓风炉恢复正常运行，则只能停炉清理后重新开炉。

2. 计量、检测

1）计量

干团块、焦炭、石灰石、需补加的富铁料、烟尘、粗铅均用磅秤分批称重计量，铁锍与炉渣以包计量，此前分别核准每包铁锍（炉渣）的重量，即将装满铁锍（炉渣）铸铁包冷却后，取出铁锍（炉渣）称重。根据每天所产铁锍（炉渣）的包数，即可求得它们的日产出量。鼓风由流量计计量体积流量。

2）检测

干团块、需补加的富铁料、烟尘分批取综合试样，粗铅、铁锍、炉渣每 8 h 取一综合样。所有试样用原子吸收光谱分析或化学分析方法分析 Pb、Fe、S、Zn、Cu、Sb、As、SiO_2、CaO 的含量。烟气中 SO_2、Pb、Cd 等有毒成分由当地环保部门在线检测。熔炼过程中，随时对炉温、风压、风量进行测定与调整并记录在案。

3. 技术经济指标控制与生产管理

在炉料含铅为 16.51%~20.10% 的情况下，主要技术经济指标见表 4-41。

表 4-41　还原造锍熔炼主要技术经济指标　　　　　　　单位：%

试验号	床能力 /(t·m⁻²·d⁻¹)	回收率	直收率	固硫率	焦率	烟尘率	焦炭消耗 /(t·t⁻¹)	石灰石消耗 /(t·t⁻¹)
1	25	90.68	74.32	—	15.29	6.69	1.239	0.587
2	25	90.41	78.28	—	15.62	5.95	1.056	0.492
3	15.07	95.64	74.75	—	13.66	5.95	0.982	0.057
4	33	95.95	85.02	98.59	15.99	3.84	1.118	0.133

表 4-41 说明，主要冶炼技术指标均较好，床能力与炉料中硫的含量及存在形态密切相关，硫含量越高，特别是以硫酸根形式存在时，床能力就越低。在渣型变化不大的情况下铅和银的冶炼回收率的主要影响因素是炉料的金属品位，品位越高，冶炼回收率就越高，硫含量升高亦使冶炼回收率稍微降低。焦率与炉料水分、硫的含量、硫的存在形态密切相关，硫以硫酸根形态存在及水分含量高时，焦率也会提高。在固硫用铁充足的情况下，还原性越强，固硫率也就越高。如果炉料铅质量分数提高至 25%~35%，技术经济指标将会明显优化。

1）物质平衡与减排

各类铅废料和含重金属的氧化铁废料经过鼓风炉还原造锍熔炼处置后，铅、锌、镉、铜、锑、砷等有毒重金属及绝大部分硫都分别进入粗铅、铁锍和水碎渣，转化为可以出售的有用资源，化害为利，变废为宝，烟气达标排放，大量减排二氧化硫。炉料含砷高时，砷化合物生成自然环境下化学性质稳定的砷铜锍，从而固定和开路剧毒元素砷。代表性的冶炼产物量及主要成分见表 4-42，物质及元素平衡数据见表 4-43，外排烟气中二氧化硫等污染物含量见表 4-44，外排废水中重金属等污染物含量见表 4-45。

表 4-42　冶炼产物质量及成分（质量分数）　　　　　　单位：%

试验号	产物	产物质量 /t	Pb	SiO₂	FeO	CaO	S	Zn	As	Ag①
3	粗铅	12.992	96.77	—	—	—	—	—	—	—
	铁锍	20.897	11.94	1.0	48.09	0.62	21.28	3.33	0.65	190
	炉渣	38.527	1.91	30.41	31.22	11.60	2.44	2.87	0.29	30
	烟尘	4.641	44.00	—	4.08	—	4.08	—	—	—

续表4-42

试验号	产物	产物质量/t	Pb	SiO$_2$	FeO	CaO	S	Zn	As	Ag^{①}
4	粗铅	3.612	96.55	—	1.00	—	0.35	—	—	1256
	铁锍	6.291	5.17	1.0	48.96	0.62	19.26	4.32	0.47	191
	炉渣	9.434	1.76	28.48	32.08	14.94	3.65	3.83	0.34	—
	烟尘	0.692	43.36	0.35	4.09	1.05	5.38	3.75	10.15	—

注：①单位 g/t。

表 4-43　铅金属及主要组分平衡

组分	单位	加入炉料	产出					出入误差
			粗铅	烟灰	铁锍	水碎渣	小计	
Pb	t	16.887	12.572	2.042	2.495	0.737	17.846	0.959
	%	100	70.45	11.44	13.98	4.13	100	5.68
S	t	5.604	0.03	0.190	4.447	0.952	5.619	0.015
	%	100	0.53	3.38	79.14	16.94	100	0.27
FeO	t	25.842	0.082	0.1895	12.928	12.042	25.2415	−0.6005
	%	100	0.32	0.75	51.22	47.71	100	−2.32
SiO$_2$	t	11.941	—	0.016	0.209	11.730	11.955	0.014
	%	100	—	0.13	1.75	98.12	100	0.12
CaO	t	4.460	0.049	0.130	4.474	4.653	0.193	
	%	100	—	1.05	2.79	96.15	100	4.33
Zn	t	—	—	0.174	0.696	1.107	1.977	—
	%	—	—	8.80	35.20	56.00	100	—
As	t	—	0.058	0.471	0.136	0.090	0.755	—
	%	—	7.68	62.38	18.01	11.92	100	—

表 4-44 鼓风炉烟气监测结果 单位：mg/m³

监测点位置	监测时间	铅	镉	SO₂	黑度（林格曼级）	风量/(m³·h⁻¹)
鼓风炉烟窗	2009 年 12 月 23 日	0.031	0.00019	449	—	20150
		0.029	0.00017	458	—	20190
		0.034	0.00021	456	—	20130
	2011 年 1 月 19 日	0.046	—	598	<1	16764
		0.041	—	667	<1	16248
		0.038	—	632	<1	15020
		0.037	—	623	<1	15872
执行 GB 16297—1996 二级标准		0.70	0.85	850	<1	—
结果评价		各监测项目排放浓度达到 GB 16297—1996 二级标准				

表 4-45 废水监测结果 单位：mg/L

监测点位置	监测时间	pH	铅	镉	砷
雨水收集池总排出口	2009 年 12 月 23 日	6.72	0.0189	0.0625	0.0409
冲渣池（循环用水）		6.75	0.0302	0.2891	0.0714
执行 GB 8978—1996 一级标准		6~9	1.00	0.10	0.50
结果评价		外排废水各监测项目浓度均达到 GB 8978—1996 一级标准			

表 4-44 说明，外排烟气中二氧化硫、铅、镉等污染物含量达到《大气污染物综合排放标准》（GB 16297—1996）二级标准；表 4-45 说明，外排废水中铅、镉、砷等污染物含量及 pH 达到《污水综合排放标准》（GB 8978—1996）一级标准。

2）原辅材料控制与管理

还原造锍熔炼原料是干团块，强度达到要求后，丁团块须分批取样，对其主成分进行熔炼前分析，由此核准和修订石灰石、须补加的富铁料及焦炭每批加入量的计算结果，然后按操作规程分批加入炉内。炉料的代表性组成和化学成分列于表 4-46。

表 4-46 炉料加入量及其化学组成

项目	加入量/kg	化学组分/kg				
		Pb	FeO	S	SiO$_2$	CaO
干团块	1200	259.80	266.922	74.28	147.48	53.52
氧化铁粉 B	180	—	125.284	11.70	27.27	9.36
石灰石	11	—	—	—	—	5.50
焦炭	190	—	5.34	0.203	8.90	0.23
合计	1581	259.80	397.546	86.183	183.65	68.61
炉料成分[①]/%	—	18.44	28.22	6.12	13.04	4.87

注：①按焦炭灰分 13%计。

3）能量消耗控制与管理

还原造锍熔炼过程的能量消耗包括焦炭消耗和动力消耗两部分。焦炭消耗体现在焦率上，应尽量降低炉料水分，以降低焦率和焦炭消耗。鼓风机的风量和风压全自动控制，使鼓风机始终处于最佳状态运行，从而节省动力消耗。另外，利用热水上升冷水下降的原理，实现冷却水无动力循环使用。

4）金属回收率控制与管理

金属回收率主要取决于渣含铅和炉渣量，尽可能控制最佳渣型和熔炼温度，确保炉渣有较好的流动性，降低渣含铅。冶炼含硫较低而铅品位较高的炉料，产出的炉渣量较少，从而可获得较高的金属回收率。金属直收率不仅与炉渣量及含铅量有关，而且与烟尘率、铁锍量及其含铅量有关。炉料含硫越高，铁锍量就越高，铁锍含铅也越高，会大幅降低铅冶炼直收率。所以，多种铅物料搭配处理，尽量配制铅品位高、硫含量尽可能低的炉料，是提高铅冶炼直收率的关键措施。

5）产品质量控制与管理

主产品粗铅较还原熔炼粗铅质量好，虽然品位差不多，但含铜低，更重要的是，可通过尽量收购贵金属含量较高的原辅材料的办法来提高粗铅中的贵金属含量；但铁锍用作压重件时，炉料中的贵金属含量不宜配得过高。副产品铁锍分三类：一类是低铅低铜铁锍，当原料中硫含量较低和铜含量很低时会产出这类铁锍，低铅低铜铁锍可代替生铁，用来铸造压重件；一类是高铅低铜铁锍，当原料中硫含量较高和铜含量很低时会产出这类铁锍；还有一类是高铅高铜铁锍，当原料中硫和铜的含量均较高时会产出这类铁锍，后两类铁锍必须进行氧化熔炼处理，以回收有价金属。

6)生产成本控制与管理

代表性的粗铅单位生产成本构成见表 4-47。

表 4-47 铅废料鼓风炉还原造锍熔炼生产粗铅的单位生产成本构成

序号	名称	比例/%	备注
	直接材料费	94.67	
	1. 原料费	79.87	原料 $w(\text{Pb}) \geqslant 10\%$
一	2. 燃料费	13.76	燃料为冶金级焦炭
	3. 辅助材料费	0.58	
	4. 水、电费	0.46	
二	工资及劳保费	2.39	定员 65 人
三	运杂费	0.30	
四	制造费用	2.64	

由表 4-47 可知，鼓风炉还原造锍熔炼铅废料生产粗铅的单位生产成本主要构成是原料费，占 79.87%，其次是燃料费，占 13.76%。与铅精矿冶炼比较，原料费降低 13.64%，具有明显的低成本优势；高品位的铅物料（如废铅酸蓄电池铅膏和高铅烟灰）与低质量分数 $[w(\text{Pb}) < 10\%]$ 铅废料搭配处理，可进一步降低原料费。燃料费降低空间不大，主要原因是炉料中高价态硫和铁还原时必须吸收大量热能；当然，压团时尽量多配入较便宜的粉煤，可小幅度降低焦率，减少部分燃料费。

参考文献

[1] 赵天从. 重金属冶金学[M]. 北京：冶金工业出版社，1981.

[2] 彭容秋. 重金属冶金学[M]. 长沙：中南工业大学出版社，1991.

[3] 蒋继穆，张驾，陈帮俊，等. 重有色金属冶炼设计手册：铅锌铋卷[M]. 北京：冶金工业出版社，1995.

[4] 彭容秋. 有色金属提取冶金手册：锌镉铅铋卷[M]. 北京：冶金工业出版社，1992.

[5] 邱定蕃，徐传华. 有色金属资源循环利用[M]. 北京：冶金工业出版社，2006.

[6] 乐颂光，鲁君乐，何静. 再生有色金属生产(修订版)[M]. 长沙：中南大学出版社，2006.

[7] 金开生. 中国的再生铅工业[J]. 世界有色金属，1998(3)：18-22.

[8] 李富元，李世双，王进. 国内外再生铅生产现状及发展趋势[J]. 世界有色金属，1999，(3)：26-30.

[9] 唐谟堂.火法冶金设备[M].长沙：中南大学出版社,2003.

[10] 唐帛铭.有色金属提取冶金手册能源与节能[M].北京：冶金工业出版社,1992.

[11] 刘元扬,刘德溥.自动检测和过程控制[M].2版.北京：冶金工业出版社,1987.

[12] 张丽军.浅论冶金企业原料成本控制与管理[J].中国金属通报,2013(47)：33-34.

[13] 唐谟堂,唐朝波,姚维义,等.有色金属硫化矿含硫物料的还原造锍冶炼方法 ZL00113284.9[P].2000.

[14] 唐谟堂,唐朝波,陈永明,等.4 m^2 鼓风炉还原造锍熔炼铅废料一步炼铅工业试验报告 [R].2011.

第 5 章　粗铅精炼

5.1　概述

粗铅一般 $w(\text{Pb})>95\%$，另外还含有少量的铜、锑、铋、砷、锡、金、银等有价元素，为了获得 $w(\text{Pb})\geqslant99.99\%$ 的精铅和回收有价元素，粗铅必须进行精炼。粗铅的精炼方法有火法精炼与电解精炼。中国、加拿大、日本等国家的冶炼厂采用粗铅经火法脱铜后再进行电解精炼的工艺流程，这种精炼流程适合处理含铋高的粗铅。其他国家的炼铅厂都采用全火法精炼粗铅。

5.1.1　粗铅火法除铜精炼

粗铅除铜精炼的作业流程如图 5-1 所示，包括熔析(凝析)除铜和加硫除铜两个主要过程。熔析(凝析)除铜的依据是铜在铅中的溶解度随温度的降低而减小，其关系可由第一章中的 Cu-Pb 相图说明。铅含铜的理论极限值在 Cu-Pb 共晶温度 326℃ 下为 0.06%。实际上粗铅中还含有 As、Sb 和 S，其中 Cu 大部分不呈金属状态存在，而是以 Cu_3As、Cu_5As_2、Cu_2Sb 及 Cu_2S 形态存在，当粗铅含砷、锑、硫高时，熔析除铜能使含铜降至 0.06% 以下，甚至可降到 0.02%。

加硫除铜是基于铜与硫的亲和力远大于铅与硫的亲和力。当向铅液中加入元素硫时，由于铅的浓度远大于铜的浓度，所以首先形成 PbS 溶于铅中，在搅拌的条件下 PbS 继而与 Cu 反应生成 Cu_2S。生成的 Cu_2S 在作业温度下不溶于铅，且其密度较小，呈固体浮在铅液表面形成硫化渣从而被除去。随着反应的进行，铅液中含 Cu 浓度降低，反应达到平衡时，由于 Cu_2S 实际上不溶于铅液，且铅的浓度可视为不变，则有：

$$\frac{1}{[\text{PbS}][\text{Cu}]^2}=K_c,\ [\text{Cu}]=(K_c[\text{Pb}])^{-0.5} \tag{5-1}$$

330~350℃ 下 PbS 在铅中饱和溶解度为 0.7%~0.8%，由此可从理论上计算出铅液中残存的最低 $w(\text{Cu})$ 可达百万分之几，实际上只达到 0.001%~0.002%。

粗铅连续脱铜作业多在反射炉内进行，脱铜反射炉要有足够的熔池深度和相应的降温设施，以形成铅熔池自上而下的一定的温度梯度，铜及其化合物从熔池较冷的底层析出，上浮至高温的上层，被铅液中所含的硫化铅或特意加入的硫化

```
                        粗铅
                         │
                         ↓
              ┌──→ 高温熔析 (500~600℃)
              │          │
              │          ↓
              │   部分除铜铅 (＜0.5%Cu) ──→ 铜浮渣
              │          │                   送去回收铜
              │          ↓
              │   低温凝析除铜 (330~350℃)
              │          │
       ┌──────┤          ↓
       │   富铅浮渣   部分除铜铅 (0.03%~0.07%Cu)
       │      │  硫        │
       │      │   └──→ 加硫除铜 (330~340℃)
       │      │          │
       │      ↓          ↓
       └─ 硫化铜浮渣   脱铜铅 (0.001%~0.003%Cu)
```

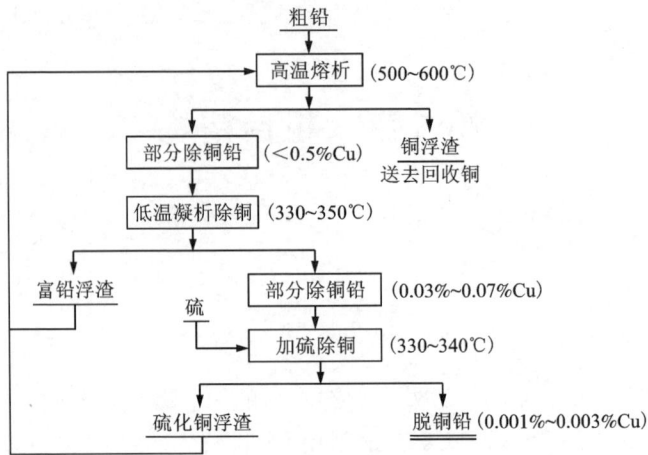

图 5-1 粗铅除铜精炼原则工艺流程

剂(铅精矿或黄铁矿)所硫化,形成铜锍,从而又促使底部的铜上浮。随着过程的进行,底部铅中的铜越来越少。除硫化剂外,还配入铁屑、苏打,以降低铜锍的熔点和含铅量。另外还形成砷酸盐、锑酸盐及锡酸盐进入炉渣。脱铜程度取决于熔池底层的温度、铅在熔池的停留时间和粗铅中的砷锑含量等因素。产出的铜锍和炉渣从熔池上部放出,脱铜铅液从底部虹吸放出。

连续脱铜过程把反射炉处理铜浮渣与粗铅熔析除铜有机结合,相当于将浮渣反射炉置于除铜锅上,不断实现铜的析出和硫化,使其形成铜锍,消除了中间产物——浮渣。

连续脱铜具有以下优点:①简化了流程,能在一个炉子内完成多种任务;②充分利用铅液的潜热,节约燃料;③减轻劳动强度,改善劳动条件,提高劳动生产率,降低了生产成本;④便于实现机械化和自动化。

但目前存在的主要问题是容易长炉结,处理炉结比较麻烦,同时其技术经济指标也不够先进。

经初步火法精炼后的粗铅,为达到电解的要求,还须铸成一定规格的阳极板。一些厂家的阳极板化学成分的实例如表 5-1 所示。

表 5-1 一些厂家的阳极板化学成分(质量分数)　　　　　　　单位:%

序号	Pb	Cu	Sb	Sn	Ag	Bi	As
1	98.58	0.07	0.61	0.004	0.18~0.25	0.19	0.31
2	98.00	0.05	0.35~1.00	0.01	0.13~0.18	—	—

续表5-1

序号	Pb	Cu	Sb	Sn	Ag	Bi	As
3	98	0.04	0.2	0.4~0.6	0.12~0.6	—	0.35
4	98.5	0.06	0.4~0.6	—	0.15~0.2	0.02	0.1~0.2
5	>95	0.04	0.8~1.3	1.0~1.8	—	—	—
6	98.5	0.03	0.25~0.5	—	0.32~0.45	—	—

另外，阳极板厚薄要均匀，上下部厚度差小于 2 mm，允许上部稍厚，不能上薄下厚；表面要平整光滑，无氧化渣及其他杂物，无飞边、毛刺。

5.1.2 粗铅电解精炼

粗铅经火法精炼脱铜并调整锑含量之后进行电解精炼，粗铅电解精炼的工艺流程见图 5-2。相对于正在推广应用的大极板电解精炼工艺，传统粗铅电解精炼工艺为小极板电解精炼工艺。

铅电解精炼用除铜、锡后的粗铅铸成的阳极板做阳极，用电铅制成的始极片做阴极，硅氟酸和硅氟酸铅的水溶液为电解液。电解过程中将阴极、阳极按一定的极距装入盛有电解液的电解槽中，接通直流电。在直流电的作用下，铅自阳极溶解进入电解液中，并在阴极放电析出，从而获得金属铅。铅电解液一般 $\rho(Pb^{2+})$ 为 70~130 g/L，即 $\rho(PbSiF_6)$ 为 120~220 g/L，$\rho(H_2SiF_6)$ 为 60~100 g/L，总的硅氟酸根相当于 110~190 g/L。

在硅氟酸溶液中，由于氢在铅上析出 1.1 V 的超电压，因此 H^+ 不可能放电析氢。但为了确保 Pb^{2+} 的优先析出，必须加强电解液循环，循环速度一般为 1.5 h 左右更换一槽电解液，以保证阳极泥不脱落为原则。

在阳极只发生铅电溶解反应，在阳极区，阳极泥层的存在显著影响 Pb^{2+} 的扩散。总之，粗铅电解过程的电极反应比较单纯，不需要净液过程就能产出质量较高的产品。

随着电解过程的进行，阳极会逐渐溶解，阴极则因金属铅的析出而逐渐增厚，这样阴、阳两极每隔一定时间须更换、重新制作，这就是完成电解单个生产周期。

比铅较负电性的元素 Zn、Cd、Fe、Co、Ni 等，若在阳极中存在，则优先与铅一道放电，从阳极溶解进入电解液，但这些金属的析出电位比铅负，在正常情况下不能在阴极析出。但随着电解周期的延长，这些杂质会在电解液中不断累积，对电解产生不良影响，可定期开路部分电解液净化这些杂质，通过补充新液来降低其在电解液中的含量，减少其影响。

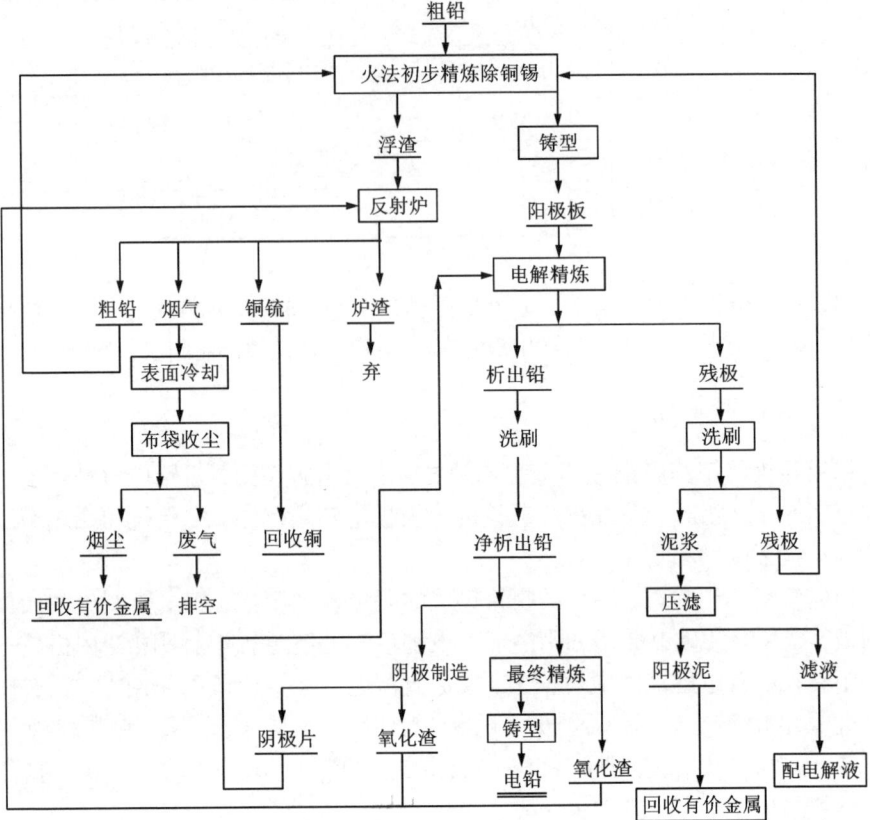

图 5-2　粗铅电解精炼工艺流程

在电解过程中，比铅正电性的元素如 As、Sb、Bi、Cu、Ag 不能在阳极放电溶解而残留在阳极表面，形成海绵状的阳极泥层。

与铅的电极电势接近的金属锡，在阳极能溶解，在阴极也能析出，但由于其与阳极板中一些杂质形成合金，电位升高，只有部分与铅一道溶解、析出。因此要严控锡在阳极中的含量，以防影响析出铅质量和污染电解液。

电解过程最基本的技术条件是阴极电流密度，常用的电流密度为 130~180 A/m²。铅电解槽电压在 0.4 V 左右，随着电解的进行，阳极泥层愈来愈厚，槽电压逐渐增高，甚至高达 0.7 V，因此，应在阳极周期内将阳极定期取出刷去泥层，再进行电解。阳极泥产率为 1.2%~3%，由于阳极泥水中含有酸、铅，所以要洗涤回收，电解液及洗涤液流向见图 5-3。

铅电解的添加剂与铜电解相似。胶质添加剂常用明胶、骨胶或皮胶。与胶质添加剂混合使用的其他添加剂还有 β-奈酚、木质磺酸钠、石炭酸和丹宁等。

阳极板　　　　　　阴极片

供液槽 ────→ 电解槽

电解液　　残极或一次板　　析出铅

残极机洗刷

高位槽　　回液槽

阳极泥水　　　　清水

阳极泥　　压滤机过滤

回收有价金属

新酸

添加剂

一次液　　二次液　　三次液

一次储液槽　　二次储液槽　　三次储液槽

沉淀槽

循环槽

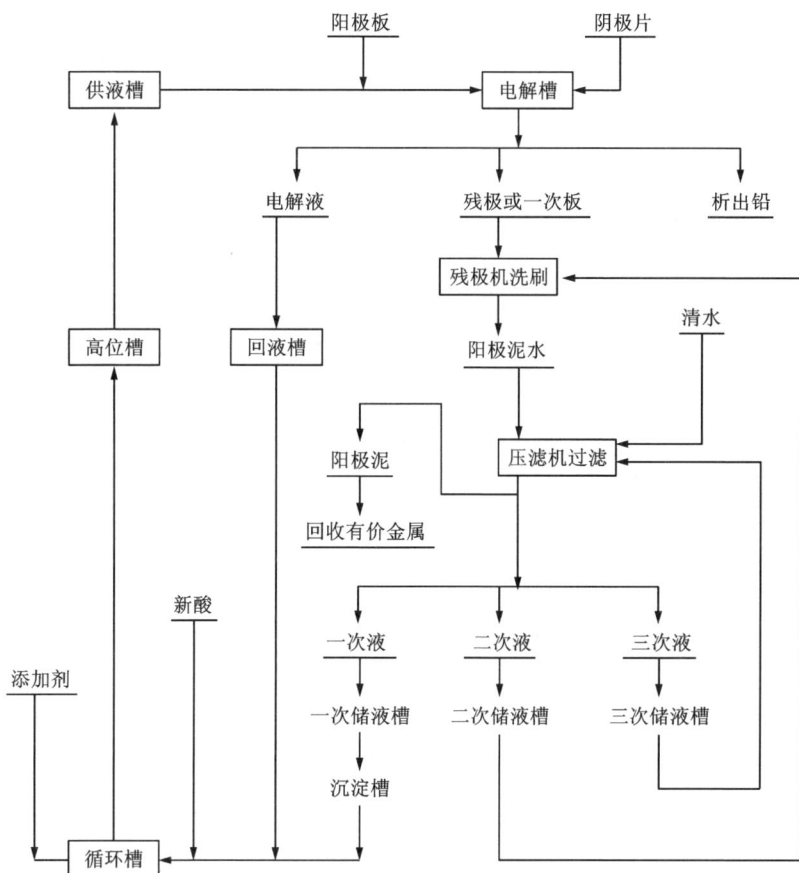

图 5-3　粗铅电解精炼工艺流程

5.2　火法初步精炼

5.2.1　精炼设备运行及维护

1. 精炼锅和除铜炉

精炼锅是铅火法精炼的主要设备，过去多用铸铁或铸钢制造，自重大，不易修补，锅容量也受到限制，近年来多用钢板焊制，锅最大容量已达 350 t。精炼锅结构为筒球形。锅身为圆柱体，锅底为球缺形，其特点是易制造、形状简单，接近于流体的流动轨迹，有利于加热和搅拌锅内熔融液体，使之反应更彻底。

精炼锅容量一般均大于批处理量，主要原因是每一工序作业结束后，不可能将锅中的铅液抽净；剩下铅液量与抽取铅液的方式和锅形有关，当用铅泵抽取时，剩余铅液量为 1%~3%。接受液态粗铅的除铜锅须考虑预装的冷铅量，使进入精炼锅的热铅迅速降至 600℃ 以下。一个烧煤气、容量为 50 t 的锅，其锅台结构见图 5-4。

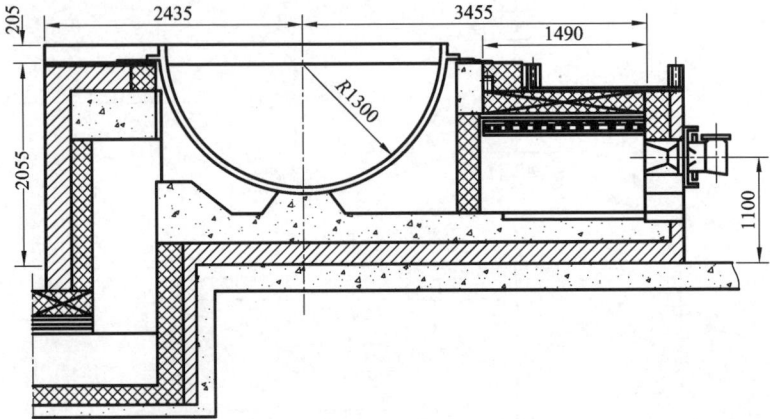

图 5-4 除铜精炼锅锅台结构

澳大利亚皮里港（Port Pirie）铅厂建成了世界上第一座外冷式连续除铜反射炉。经熔析法除铜的铅含铜从 1% 降至 0.06%~0.1%，然后转入加硫除铜工序处理。沈阳冶炼厂于 1974 年建成了中国第一座内冷式连续除铜炉，其结构如图 5-5 所示。

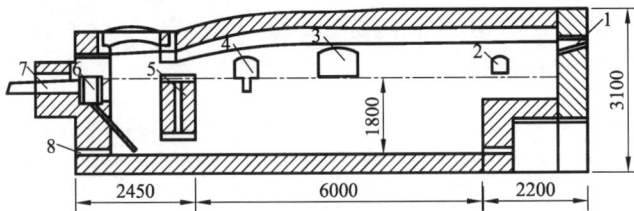

1—烧嘴；2—粗铅进口；3—操作门；4—渣、锍放出口；
5—挡墙；6—放铅槽；7—放铅溜子；8—测温孔。

图 5-5 粗铅连续脱铜炉

连续脱铜炉原设计是在距炉底 500 mm 的水平面设一排冷却水管，对炉底铅液进行强制冷却，现已被改建为一个较深的反射炉。炉底砌成倒拱形，熔池下部及炉底用黏土砖砌筑；炉墙厚 460 mm，渣线及其以上部分砌 460 mm 厚烧结镁砖及 115 mm 厚黏土砖；炉顶砌 300 mm 厚高铝砖，挡墙为铝镁砖。在进料区上安装有溜铅片，端部设有尺型重油喷嘴；熔炼区设有加铁屑操作门，以及炉渣铜锍放出口。炉底铁壳呈拱形，用铁支架支撑。自然通风冷却。

炉内分为进料区、熔炼区、贮存区，其面积分别为 4.2 m²、12.5 m²、5.2 m²。加料区为浅熔池，其深为 1.25 m，与熔炼区无明显界限；熔炼区和贮存区为深熔池，其深为 1.9 m，中间以 560 mm 厚的拆墙隔开，下部连通。脱铜后的铅液从贮存区尾部虹吸放出。

除铜铅含铜 0.04% ~ 0.08%，满足电解精炼含铜要求，不经加硫除铜而浇铸成阳极。粗铅连续除铜是应用熔析法除铜的原理，作业多在反射炉内进行。在除铅过程中，铅熔池自上而下形成一定的温度梯度，铜及其化合物从熔池较冷的底层析出，与加入炉内的铁屑和苏打作用造渣而被除去。

2. 铅液输送及阳极铸造系统

铅液输送方式可用铅泵、铅泵与溜槽结合、舀铅桶等方式进行，现一般都采用铅泵输送。铅泵有离心式和轴流式两种。铅泵的扬程取决于锅深和配置，须考虑最大输送距离。铅泵吸入口应伸至锅底，力求将铅液抽净。为了将铅液抽净，有时配备专用的小流量、高扬程铅泵。我国常用的铅泵为离心式。

铅阳极板的浇铸成型是铅电解前的重要步骤之一。铅电解精炼除了对阳极板的化学成分有一定要求外，同时对物理规格如质量、宽度和厚度都有严格的要求。在我国大多采用圆盘浇铸机，只有少部分小冶炼厂还在用人工浇铸。云锡铅业和河南豫光金铅采用的是更为先进的立模浇铸。

铅阳极圆盘铸型机能完成定量浇铸、脱模、起板、平直和排距 5 个作业，节省人力，减轻劳动强度，并提高了阳极的物理规格，为延长电解周期创造了条件。铅阳极圆盘铸型机构造图见图 5-6。我国部分铅厂阳极铸型机的性能列于表 5-2。

表 5-2　阳极铸型机性能

名称	沈阳冶炼厂	株洲冶炼厂	水口山冶炼厂	韶关冶炼厂	豫光金铅
生产能力/(块·h⁻¹)	192	200	267	200	200
圆盘直径/mm	6270	7100		7100	7200
圆盘模数/个	16	18		18	20
运转速度/(r·min⁻¹)	12	11.1		11.1	10
运转方式	间歇	连续	连续	连续	连续
平板压力/t		15	15	15	15
起板速度/(m·min⁻¹)	20.6				
排距板长度/m	13.68	26.5			18

立模浇铸系统主要由固定架、动模、定模、导向杆、传感系统、液压系统和冷却循环系统等构成。浇铸时它用铅泵泵至浇铸杯内，泵至一定量时，通过传感器自动关闭铅泵，然后倒入合拢的模具腔内。通过冷却系统将铅液迅速冷却成型后，定模不动，动模向外运动，阳极板与模分开，阳极板落入传输设备上进行排距，等待吊装。立模浇铸时铅液温度一般保持在380℃至420℃之间，循环水的温度为40℃，浇铸速度为80片/h，阳极的物理规格得到进一步提升，电解周期也进一步延长。它实现了机械化、自动化、大型化生产。和以往的浇铸方式相比，立模浇铸无论生产能力还是阳极板的质量都有了很大的提高，同时大大降低了工人的劳动强度、改善了劳动环境，明显地提高了生产能力和效率。

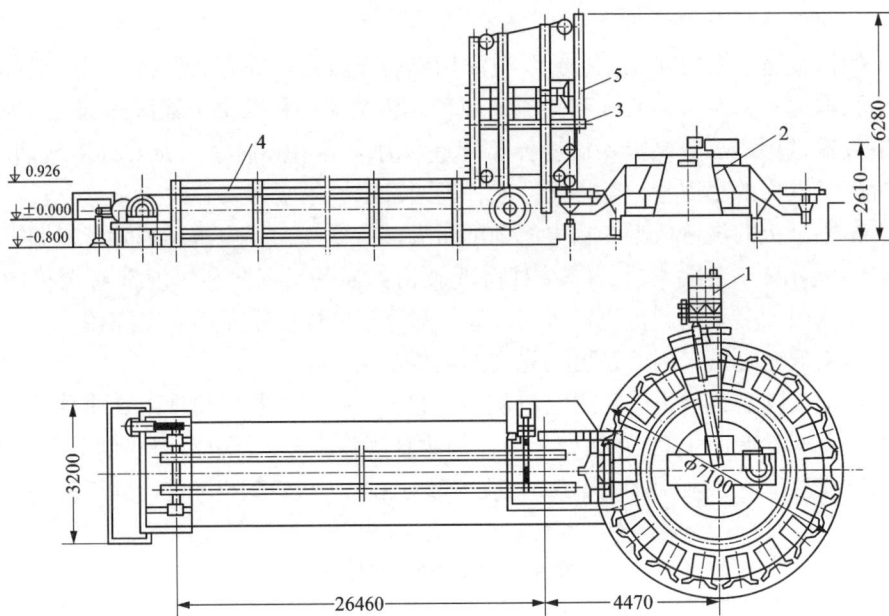

1—定量浇铸装置；2—圆盘铸型机；3—取板平板装置；4—阳极排板装置；5—平板装置。

图5-6　铅阳极浇铸联动线

5.2.2　生产实践与操作

1.工艺技术条件与指标

1)精炼锅间断脱铜工艺技术条件

①熔化期的铅液温度为450~550℃，通过调节天然气用量控制炉内温度。②熔析除铜过程的铅液温度为380~450℃，主要通过装冷铅续锅降温、停止加热等措施控制。③氧化除锡过程的铅液温度为380~420℃。④铸型过程的铅液温度为350~420℃。

2)连续脱铜工艺技术条件与指标

(1)技术条件　①熔池表面温度为 900~1100℃；②熔析层温度为 350~400℃。

(2)技术经济指标　见表 5-3。

表 5-3　连续脱铜的技术经济指标

指标	数值
脱铜铅含铜/%	0.06~0.08
脱铜率/%	91.8~93
铅直收率/%	98.20
铜锍率(含渣)/%	3~6
处理量/(t·d^{-1})	200~250
渣含铅/%	2~4
铜铅比	(3.5~5)∶1
重油消耗/(kg·t^{-1}铅)	20

(3)产品质量指标　①阳极板成分：$w(Pb) \geqslant 98\%$，$w(Sb) 0.4\% \sim 1.2\%$，$w(Cu) \leqslant 0.05\%$。②阳极板质量：阳极板表面平整，无氧化渣、飞边、铅皮，厚薄均匀；阳极板上厚下薄。③阳极板规格：小极板电解一般要求长 760 mm、宽 660 mm、厚度 15~25 mm；大极板电解一般要求长 1330 mm、宽 795 mm、厚度 27 mm。

2. 岗位操作规程

1)装锅熔化操作

装锅操作前，应将排烟风机打开，操作结束后关闭排烟风机。空锅内先装上班捞出的稀渣，再搭配装入本厂粗铅或外购粗杂铅。力争装得紧密，便于熔化。装锅开始时即开煤气(天然气)点火升温，调节好阀门，以控制流量和风气混合比。

2)压渣、捞渣操作

当锅内铅液温度达到 380~450℃时，开始用压渣砣压渣，整个锅面都要压到，要使锅内看不到上浮的铅块。压好后停火，吊入捞渣机，准备捞渣。待捞渣机在锅内预热后开始捞渣。每次吊起捞渣机时，必须在熔铅锅上空停留，待铅液沥尽后将浮渣倒在铁板上，应尽量减少渣含铅。捞出的浮渣过秤后，送到浮渣场堆放；捞完浮渣后，将捞渣机清理干净，以保证网孔通畅。

3)续锅操作

用粗铅或残极续锅。在续锅前，盖好收尘锅罩，打开收尘系统。根据铅液温度可分两次进行。因加入量少，熔化后的浮渣较少，一般不再捞渣。注意：防止续锅时铅液溢出。当铅液温度为330~340℃时加精炼渣搅拌，升温至380~450℃时捞渣(具体操作过程与装锅加粗铅相同)。

4)氧化除锡

若粗铅 $w(Sn) \geq 0.25\%$ 时，除锡按如下步骤进行：①将铅液升温至500~550℃，吊入搅拌机进行搅拌，使铅液形成旋涡。②向旋涡处加入氧化铅渣，继续搅拌20~30 min，当温度降至380~420℃、表面成黑色粉状渣时，停止搅拌，吊出搅拌机，捞净锡渣。

5)喷水降温

①当续锅、捞渣作业完成后，锅内铅液较满、液温较高时，将水均匀喷洒在铅液表面降温。②待表面的水汽化后，搅拌1~5 min，使锅内铅液温度均匀，达到330℃~340℃。③吊出搅拌机，熔析5~10 min，捞净稀渣。

6)铸型操作

(1)铸型前准备　①全面检查阳极联动线各紧固件是否松动，连接件是否可靠，各润滑部位是否有油，确认正常后方可开机。②铅泵须预热15 min左右，用手转动联轴节数圈后，才能启动铅泵，进行铅液循环。③空载试车检查铸型机各部位运转是否正常，有故障或隐患应予以排除，确认正常后，方可正式铸型。④铸型过程中及时调整铅量和冷却水量。设备运转中如发现异常声音，应紧急停车处理。

(2)铸型　待锅内铅液温度达350~420℃时，取样化验。铅液合格后，将合格的铅水倒入铸型锅，并使温度保持在350~420℃，然后进行浇铸，加工成铅电解精炼所需的阳极板。铸型过程中应及时调整铅液和冷却水量。发现有渣、起泡、阳极耳不完整、阳极不完整等不合格阳极板时应及时处理掉。铸阳极温度过高时，应及时加入残极进行降温处理。设备运行中如发现异常声音，应紧急停车处理。

(3)停车顺序　停铅泵→停圆盘铸型机→停起板链条→停油泵→切断总电源。

3. 常见事故及处理

1)铅液爆炸

(1)原因分析　水被带入熔融铅液中时，剧烈蒸发，突然膨胀导致爆炸，铅液飞溅，容易造成人员烧伤。

(2)预防方法　①避免把水带入铅液中。加铅时，尽量不要把带有明水(或包水)的粗铅、析出铅、残片加入锅内。②在加锅或粗铅熔化时，人员远离锅台，并采取防止溅出铅液烧伤的躲避措施。

2)铅阳极圆盘铸型机常见故障

(1)铸出的阳极板厚薄不均　原因：模子安装不水平。处理：须校平模子。

(2)起板链条起板过程中经常掉板　原因：钩子变形或未调节好，链条松紧度不合适,两根链条的中心距不对。处理:调节或更换钩子;如两根链条的中心距不对,则应调整轴承座位置。

(3)不平板无力平板　原因:液压系统无压力,平板油缸内泄,导杆上没有润滑油或导杆上有灰尘。处理:查看油压表,如果无压力,则调节溢流阀使表针到规定的刻度;如果属于导杆问题,则清洗导杆,添加润滑剂;如果是由于油缸内泄,则建议维修部门更换密封圈。

3)输铅泵故障

(1)流量不足或不出铅水故障原因　叶轮磨损或损坏,淋喷头或输铅管堵塞。联轴节木销折断,泵上轴或下轴扭断,叶轮松动,输铅管堵死,都会导致抽不上铅液;下轴变形,隔热节法兰螺栓松动,泵安装不平,支撑管变形,都会导致铅泵摆动大;电机烧坏,铅泵卡死或预热时间不够,铅液温度低,都会导致电机启动不起来;叶轮磨损,或渣多堵塞,下轴颈、泵壳处磨损,都会导致抽力小,铅液流量小。

(2)处理方法　更换叶轮,清理淋喷头孔;若是输铅管堵塞,则应烫通或更换输铅管。

(3)预防措施　捞尽熔铅锅内的渣和杂物,铅液温度达到要求时吊入铅泵预热至一定程度,用手转动联轴节,待运转灵活后,再启动铅泵进行铅液循环。

4)搅拌机常见故障及预防措施

(1)常见故障　基础紧固螺栓松动,轴承损坏,搅拌轴弯曲,叶片损坏,导流桶立栓松动,都会导致搅拌机异常振动;润滑不良,混入杂物,轴承损坏,对轮不平,都会导致轴承发热及发出噪声;减速机润滑不良,齿轮严重损坏,都会导致减速机发出异常噪声。

(2)预防措施　严格按操作规程操作。

5.2.3　计量、检测与自动控制

1.计量

在火法预精炼过程中,粗铅和铜浮渣必须计量,偶尔会涉及辅料的计量。粗铅和铜浮渣采用 SCS-150 电子汽车衡计量。SCS-150 电子汽车衡秤台采用模块化、封闭式截面钢结构设计,结构合理。整个汽车衡系统选用稳定可靠的高精度柱式数字(或模拟)称重传感器和智能化称重仪表,称量迅速准确、操作使用方便、安装维护简单,达到国际计量水平。

辅料计量则采用电子天车秤。电子天车秤随天车移动,操作运行方便,其工作原理是当载荷作用于传感器时,传感器的输出电压发生变化,该电压通过 A/D 采样转换成数字信号,然后由称重仪表中央处理器换算成实际质量,并显示、打印。

2.检测

在火法预精炼过程中,温度是主要的控制参数之一,采用热电偶测温仪检测和控制温度。热电偶测温的基本原理是它的热电效应。温度的检测主要用来指导预精炼过程中对温度的要求,将其控制在工艺要求的范围内,从而生产出合格的阳极板。

用于指导生产的精炼原料和产物的成分分析,采用仪器分析检测和手工化学分析相结合的方式进行。阳极板成分采用直读光谱仪进行检测,阳极板成分对铜、锑有要求,所以对粗铅和阳极板都应有固定的采样周期,以便于指导生产,保证生产的顺利进行。同时,考虑到金属收率的因素,也对铜浮渣取样进行手工分析,防止金属铅在渣中的大量流失而降低其直收率。

3. 自动控制

在粗铅火法精炼过程中加热用的燃料已由木炭改为天然气。操作方式也由原来的人工加料改成电脑和控制箱联合控制加料。燃料的变换,也使得加热过程的控制更趋近于自动化,控制的准确性和操作的简便性都得到大幅度提升。

铸阳极板过程中的自动控制系统:在铸阳极板系统由人工浇铸到圆盘自动浇铸到立模自动浇铸的提升过程中,过程的自动控制也逐步提升,实现了从人工向自动化的转变。目前,大多数企业还是使用圆盘自动浇铸系统。

圆盘浇铸系统是一台能同时完成浇铸成型、平板、排板等功能的联合机组。机组的控制系统由 PLC 根据位置信号和预编程序进行集中控制,无须人工操作。使用行程开关及光电控制开关检测各机构动作位置和运行状态,检测信号输入PLC,经自动处理后,输出命令信号给受控元件——电磁阀,实现对液压元件——油缸的控制,使机组各机构按预先设定好的程序自动完成工作循环。

5.2.4　技术经济指标控制与生产管理

火法初步精炼铅涉及的主要技术经济指标包括天然气、电及辅料的消耗。应每天记录物料和天然气的消耗,每月统计,根据统计数据形成日报表和月报表,从而反映出吨产品的物质和能源消耗。通过对统计数据的管理,分析出成本控制的薄弱环节,从而加强生产管理。

1. 能量平衡

火法初步精炼铅过程的能量平衡系指将粗铅熔化和除铜过程的能量平衡。其能耗的支出主要是热的除铜渣和烟尘带走的热量,以及热能的扩散损失。很大的一部分热能还是留在除铜铅液中,保持铅液的温度以便进行阳极板的浇铸。50 t容量熔铅锅除铜过程热平衡实例见表 5-4。

2. 物质平衡与减排

粗铅初步精炼铅过程产出除铜铅、铜浮渣和烟尘。粗铅大部分来自熔炼,少部分为浮渣反射炉所产粗铅及外购铅。粗铅初步精炼过程的物质平衡见表 5-5。

表 5-4　50 t 容量熔铅锅除铜过程热平衡

热收入			热支出		
项目	数值		项目	数值	
	MJ	%		MJ	%
燃气燃烧热	17874	95.25	产物带走物理热	3707	19.76
物料带入物理热	815	4.34	锅底留铅物理热	109	0.58
鼓风带入物理热	59	0.31	烟气带走热	6709	35.75
化学反应热	18	0.10	机械不完全燃烧	75	0.40
			化学不完全燃烧	2550	13.59
			散热损失热	3659	19.50
			冷却水带走热	1655	8.82
			机械带走热	205	1.09
			其他热损失	97	0.51
合计	18766	100.00	合计	18766	100.00

表 5-5　粗铅初步精炼过程的物质平衡

项目		加入					产出				
物料		熔炼粗铅	反射炉铅	硫黄	残极	合计	新阳极	铜浮渣	重铸阳极	损失	合计
质量		100	5.3	0.06	80.54	185.9	98.44	6.29	80.54	0.63	185.9
Pb	w/%	96.5	96.5	—	98.5	—	98.5	70	98.5	—	—
	质量/t	96.5	5.11	—	79.33	180.94	96.96	4.4	79.33	0.25	180.94
Cu	w/%	0.97	0.6	—	0.05	—	0.05	15	0.05	—	—
	质量/t	0.97	0.03	—	0.04	1.04	0.05	0.94	0.04	0.01	1.04
Sb	w/%	0.8	1.51	—	0.72	—	0.72	2.56	0.72	—	—
	质量/t	0.8	0.08	—	0.58	1.46	0.71	0.16	0.58	0.01	1.46
As	w/%	0.3	1.13	—	0.14	—	0.14	3.34	0.14	—	—
	质量/t	0.3	0.06	—	0.11	0.47	0.14	0.21	0.11	0.01	0.47

续表 5-5

项目		加入					产出				
物料		熔炼粗铅	反射炉铅	硫黄	残极	合计	新阳极	铜浮渣	重铸阳极	损失	合计
Bi	$w/\%$	0.2	—	—	0.19	—	0.19	0.16	0.19		
	质量/t	0.2	—	—	0.15	0.35	0.188	0.01	0.15	0.002	0.35
其他	$w/\%$	1.23	0.26	—	0.4		0.4	8.94	0.4		
	质量/t	1.23	0.01	—	0.32	1.56	0.38	0.56	0.32	0.3	1.56

在除铜过程中物料的损失与烟尘回收紧密相关。收尘设施良好,则烟尘的收集率高。根据《清洁生产标准　铅电解业》的要求,铅的回收率为99%,单位产品铅尘产生量(以铅计)≤8 kg/t(0.8%)。在实际生产过程中,熔铅锅采用锅罩封盖,与收尘管道相接,并通过风机形成负压,使烟尘进入布袋收尘器,经过布袋收尘器后再进入水沫除尘。经过两级除尘后,铅尘的收集率大于99%,达到了清洁生产一级标准的要求。

3. 原料控制与管理

原料控制要严格按照工艺要求进行,包括再生铅在内的原料粗铅的质量要求。①化学成分:见表5-6。②物理规格:粗杂铅表面不得有炉渣、铜锍、泥块等,也不得有砖头、铁块,特别要注意防止上述杂物所造成的包心。粗铅锭为长方梯形锭,分大锭(≤2.0 t/锭)和小锭(30~50 kg/锭)两种规格。大锭应有完整可靠的吊环,小锭两端应有突出的耳部。

表 5-6　粗铅的化学成分(质量分数)　　　　　单位: %

名称	Pb, ≥	Sb	其他杂质, ≤			
			As	Sn	Bi	Cu
原生粗铅	95	0.4~1.5	0.5	0.8	0.5	2.0
浮渣反射炉粗铅	95	0.35~1.2	0.5	0.8	—	0.8
外购粗杂铅	92	—	—	0.5	0.5	—

粗铅进厂后统一调度,均匀分配到各条生产线,以全面保证生产效率,同时统计好粗铅的批次、质量。在生产车间,粗铅根据不同的产地、日期分区堆放,标识清楚,便于调整锑含量,以满足阳极板对锑含量的要求。

4. 辅助材料控制与管理

辅助材料包括铅除渣剂、松香、锯末等材料，用于松散铜浮渣，便于铅和有价金属从渣中分离出来，提高综合回收效益。辅助材料进入车间后分区堆放，做好标识。在生产过程中根据熔铅锅中的铅量控制辅料的加入量，及时观察浮渣情况，在达到要求的情况下及时停止辅料的添加，避免辅料过剩使用。

在生产结束后，认真打扫现场，将散落的物料及时回用。每班生产结束后填写原始记录，做好辅料使用量的统计。

5. 能量消耗控制与管理

节能管理与措施如下：①建立节能考核制度，定期对各生产工序能耗情况进行考核，并把考核指标分解落实到各基层单位。②建立能耗统计体系，建立能耗计算和统计结果的文件档案，并对文件进行受控管理。③应根据 GB 17167—2006 的要求，配备相应的能量计量器具并建立管理制度。④合理组织生产，减少中间环节，提高生产能力，延长生产周期。⑤在粗铅供应不足的情况下，根据粗铅供应情况，及时调整生产，合理安排，尽可能降低天然气空耗。⑥对熔铅炉挡火墙及烧嘴定期进行巡检，发现问题及时处理，保证燃烧设备的正常运行，提高热利用率。⑦加强夜班管理，生产结束时，依次关停相应的熔铅炉天然气，杜绝空耗。

6. 金属回收率控制与管理

金属回收率包括直收率和总回收率。除铜生产过程中控制金属回收率主要是控制除铜渣率和除铜渣中金属的含量。因粗铅的来源不同和杂质成分不一样，除铜渣率偏差也很大。再生铅的除铜渣率约为 7%，矿产铅的除铜渣率为 15%～20%。由于粗铅质量决定了其产渣率，所以在火法初步精炼过程中能控制的就是渣中有价金属的含量。

生产过程中严格控制操作温度和搅拌时间，同时添加一定的辅料，在杂质以浮渣的形式产出时，也能将浮渣中夹带的有价金属分离出来。为了能更好地降低铅中铜的含量，可进一步加硫除铜，使铅中铜的含量降到 0.04% 以下。近年来，在除铜过程中粉渣剂得到大量的使用，所起的作用就是降低表面张力，使渣型变成粉末状，有利于金属颗粒的分离，尤其是有利于降低银的含量。

提高金属回收率的主要措施如下：①加强物料管理，确保进出厂车辆上及现场地面无碎铅屑，杜绝抛洒现象。②控制好除铜工艺制度，使渣铅分离良好，杜绝渣中含明铅，除铜渣含铅全年控制目标≤72%。③加强收尘设施管理和所有扬尘的治理回收工作。

7. 产品质量控制与管理

阳极的化学成分主要影响电解过程的进行和产品的最终质量。首先阳极板的化学成分要达到指标要求，其外形尺寸应保证电解极距要求，为提高电流效率、稳定生产指标创造条件；尤其是阳极板浇铸时的挂耳要饱满，应不易断裂；挂耳与导电棒接触部位应平整, 使阳极板在电解槽中能垂直定位。

(1)在实际生产过程中影响阳极板外观质量因素　①机械振动引起阳极板开裂, 产生飞边、毛刺。②铸模不平, 导致阳极板厚薄不匀。③阳极板含锑过高, 使阳极变脆, 耳子易断, 容易掉极。④定量浇铸系统发生故障, 导致阳极板重量误差大。⑤铸型机平板装置压力过大, 导致阳极板弯曲。

(2)在平时的生产中要注意以下几点　①按要求搭配粗铅, 遵照工艺操作规程进行氧化除锡、熔析除铜等除杂操作, 确保铅液化学成分达到电解生产工艺要求。②加强设备的维护、维修或润滑保养, 确保阳极物理规格质量达到厚薄一致, 无飞边、毛刺, 无裂纹等。

8. 生产成本控制与管理

生产成本的控制主要是指按工序组织生产班组, 通过加强成本管理、开展劳动竞赛和技术革新活动来达到提高产量、降低单耗, 最终降低产品成本的目的。除铜过程中涉及的成本包括天然气消耗、动力电消耗、辅料消耗和人工成本。采取如下措施降低成本: ①加强能耗的管理和控制, 降低能耗成本。②加强工人的责任心和岗位技能培训, 使工人精准操作, 降低操作成本。③加强原料的控制, 按照标识定置摆放, 杜绝随意摆放造成的非生产消耗。某厂阳极板加工成本及构成见表5-7。

表 5-7　某厂阳极板加工成本

序号	成本项目	单位成本/(元·t^{-1})	占比/%
1	材料消耗	7	15.91
2	燃料	30	68.18
3	动力费	7	15.91
	合计	44	100

5.3　电解精炼

5.3.1　电解精炼设备运行及维护

电解精炼主要生产设备是铅阴极联动线、电铅铸锭机、输铅泵、离心风机、电解槽、循环泵和压滤机等。铅阴极联动线的作用, 是将电解精炼铅铸造成符合电解要求的铅阴极板; 电解槽的功能是将装入电解液的阴、阳极在直流电的作用下进行电解, 产出电铅等产品; 电铅铸锭机的作用, 是将电解后的析出铅, 经进一步精炼后, 铸造成符合用户规格要求的铅锭; 要求铸锭机运行平稳, 工作可靠,操作人员必须严格按《设备操作规程》和《设备维护规程》进行铸锭机的操作和维护。

操作人员日常运行检查的具体要求：①要随时掌握本岗位设备运行状况，为设备检修提供可靠的依据。②要精心操作设备，进行日常点检和维护保养，填写点检记录。③发现本岗位设备设施有跑、冒、滴、漏和螺栓松动等现象，应及时处理，如果处理不了应及时汇报专业点检员，点检组协调维修人员进行处理，并做好记录。④岗位点检表由生产班组每月初将上月点检表整理后，送车间点检组审阅存档。⑤倒班岗位点检在接班时要对设备进行点检和记录，设备在运行过程中出现故障的，可直接与点检组或调度室联系（此问题不在点检表中记录）进行处理并在交接班记录本上做好记录。⑥在车间设备停产检修期间，停产设备设施不做记录，但必须注明停产时间。⑦点、巡检过程中发现的问题，一周内由于特殊原因处理不了的，要做好记录并注明原因。⑧岗位人员按周期对所属设备进行加、换油并随时做好记录。⑨对点、巡检表记事栏有问题的则填写问题内容，若无问题则不填写，但点、巡检员必须签名。⑩各岗位操作人员要积极配合点检组的点、巡检工作，同时做好本岗位设备的卫生清扫工作。

1. 电解槽

1）电解槽结构与材质

根据电解工艺的特点，对电解槽结构的要求如下：①具有一定的强度，有良好的抗腐蚀性和抗热性；②便于电解液循环；③结构简单，便于维修，质廉耐用；④槽与槽间、槽与地面间有良好的绝缘性能，防止漏电损失。

为了便于施工、安装和维修，当前广泛采用单体式电解槽，其尺寸为：长2000~5000 mm，宽760~1300 mm，深900~1600 mm，槽壁厚度80~120 mm。电解槽槽体通常用钢筋混凝土制作，内衬沥青或 PVC 塑料。用沥青胶泥做电解槽防腐内衬时，沥青胶泥的配比为5 号石油沥青：滑石粉＝1：（1.8~2.2）。沥青胶泥施工时对环境有污染，且使用寿命短，维修工作量大。采用 PVC 软塑料板做衬里时，施工和维修都比较简单，寿命可达 8 年以上。软塑料板厚一般为 3~5 mm，焊接时焊缝要严密，无气孔和夹杂物。除上述材质外，国外也有用聚合物水泥、衬橡胶钢板和衬胶水泥等材料制作电解槽的。电解槽的侧部留有放置导电棒的边沿，在槽子的一端距上沿约 100 mm 处开有 30~50 mm 的孔，用以安装电解液溢流管。发现电解槽打烂漏酸时，必须及时修补，根据电解槽内衬的不同采取不同的修补方式。

（1）烙油修补法　含烧油、烙油、兑稀油等步骤。

①烧油。先熔化沥青，捞出其中杂质，然后按上述配料比，分三次加入干燥的滑石粉，依次分别加50%、30%及20%。加滑石粉前，沥青只能保持熔化温度250℃左右，不能过高。每次加滑石粉要搅拌均匀，并把锅底的油撬上来，以免烧焦。

②烙油。a.烙新槽子：若是水泥的，应先刷稀油；若是木板或铁制的，应先钉上麻袋和铁丝网，槽底周围或四角要加边并压牢。b.烙补旧槽子、溜子：先擦干、烤干，然后进行修理；对生产槽子，先要横电、抽酸，擦干烘干，再进行修理，在抽酸时，管子不能插入泥内。烙油时，若面积在 1 m² 以上，应分两次或三次进行；一定要把接口处烫好烙牢。对硬化的接口必须烧红烙铁烫熔化，待无气泡后，再进行烙油。分几次烙油的，前后用油的配料要一致，特别是隔天烙同一个地方更要注意。

③兑稀油。把熔化沥青油取出来，往汽油桶内兑，沥青温度不大于60℃。沥青油与汽油的比例为 4：1。兑稀油过程中，要不断搅拌，使其均匀，无分层现象。兑稀油桶要远离高温点和易燃物品，当颜色呈深蓝色、发生烟雾时即停止兑油，待颜色退去后再进行。

（2）塑料焊修补法 ①操作人员应先熟悉塑料的类型及性能。②塑料焊的准备过程：先接好电源。将漏酸（液）电解槽横好电，堵好溜口，吊出阴、阳极放入备用槽。倒酸（液）时注意不要将泥一起倒入循环系统。若底部或下部漏酸（液），要将电解槽内的阳极泥淘洗干净。找到漏点后清洗干净。③塑料焊接：漏点清洗后烤干。根据漏点大小，切割适当的塑料皮。焊接时应从下往上一层一层焊牢，不能留缝隙，再用焊条焊牢。修好槽子后，先将焊枪温度调至"0"位，让冷风把焊枪吹冷后再关风，然后切断电源，收好焊枪。④焊接温度：塑料槽与塑料皮之间温度为 100~250℃。用焊条焊接温度为 90~100℃。⑤塑料焊接后的收尾工作：打开溜口，放满电解液（离回酸口 20 cm 左右）。装好阴、阳极，对好槽子。收好横电棒及工具。

2）电解槽维护规程

①在电解槽上作业时严禁碰伤电解槽。②在电解槽使用中禁止液面距槽沿最低点小于 15 mm 或冒槽。③电解槽槽体溅上溶液后要及时清理。④每个阳极周期出装操作工要对电解槽进行仔细检查，发现问题及时汇报。⑤新电解槽吊装时要用专用架子，在钢丝绳与电解槽接触处垫胶皮。⑥岗位作业人员严禁野蛮作业损坏电解槽。

2. 铅阴极制造设备

铅阴极制造设备主要有铅阴极联动线、输铅泵及鼓风机等，后两者的维护在有关章节中已述及。铅阴极联动线维护规程：①检查各电动机运转声音是否正常。检查各紧固件是否松动，发现松动及时紧固。运行中注意观察，如有卡阻现象，应紧急停车处理。②检查牵引滚筒冷却水的出水温度是否正常，是否流畅，如水流不畅，或有冒蒸汽现象，应立即停车，放干保温箱中的铅水。③检查液压系统油压是否正常，是否有泄漏现象，视情况提出检修建议。液压油须经过滤后再向油箱注油，滤油器每三个月清洗一次。④检查各传动部件是否灵活可靠，喂棒机构是否协调,提升链条的钩子停止位置是否正确。视情况调整链条,更换钩子或钩头轴。⑤铅液温度应控制在 380~420℃。⑥停车时应控制最后一块铅皮停车位置,防止引起钩子错位。每班清扫一次,保持设备整洁。

3. 电解关键设备

电解关键设备主要有残极洗刷机和循环泵等,下面分别介绍它们的维护规程。

1) 残极洗刷机维护规程

①检查各紧固件是否松动,发现松动后及时紧固。②检查残极机刷子、卡子、刷子支撑是否有松动脱出变形现象,视情况调整或更换。③检查电动机运转声音是否正常,如声音异常,应立即停车,通知维修部门进行修理。④检查各机构运行过程中是否有卡阻现象,如有,应查明原因处理。⑤定期加注润滑油。经常保持设备和现场清洁。

2) 循环泵维护规程

①检查泵轴是否有泄漏现象,如有,应调整密封填料压盖螺栓,或更换密封填料。②检查电动机和泵轴承座的振动是否正常,各部螺栓、联轴器销钉有无松动,弹性圈是否磨损,如异常应查明原因。③检查电动机运转声音是否异常。如果声音异常,转速变慢,应立即停车,通知维修部门处理。④检查各部零件是否完好,泵和管道是否有泄漏,发现问题及时处理。⑤检查泵流量是否有变化。如流量变小,应检查泵底阀是否有堵塞现象和进水管道是否有漏气现象。⑥经常保持设备和现场清洁。

4. 电解液循环系统

电解液循环系统包括电解液循环泵、电解液高位槽、电解槽和电解液循环槽等设施。电解液首先由电解液循环泵扬至电解液高位槽,经电解液高位槽自流入电解槽,在电解槽内实行上进下出的方式,而后由电解槽自流至电解液循环槽,如此反复循环。冬季生产时,须对电解液加热。在电解液高位槽中布置了蛇形铜管,冬天通蒸汽进行加热。

5. 电铅铸型关键设备

电铅铸型关键设备主要有电铅铸型机、输铅泵和鼓风机等,后两者的维护在有关章节中已述及。电铅铸锭机维护规程:①检查各紧固件是否松动,发现松动时及时紧固。检查传动部件,确认正常后,方能启动。②检查或调整摩擦轮刹车带、链带的松紧度。③检查、调整或更换浇铸塞杆。铅液温度应控制在 420~480℃。④开车前检查液压系统油压是否正常,是否有泄漏现象,视情况提出检修建议。液压油须经过滤后,再向油箱注油,滤油器每三个月清洗一次。⑤检查浇铸和受锭油缸动作是否协调。⑥控制室、油泵房及设备应无尘垢油污。每班清扫一次,保持设备整洁。

5.3.2　生产实践与操作

1.电解工艺技术条件与指标

1)工艺技术条件

电解精炼过程中的主要技术条件有：电流密度、电解液成分、电解液温度、电解液循环速度、添加剂加入量、阴/阳极电解周期等。

(1)电流密度　电解精炼过程中，电流密度是反映电解生产能力的决定因素。电流密度的选择决定于阳极杂质含量及阴、阳极电解周期。其他各项技术条件，包括电解液成分、循环量、添加剂等的调整控制都要适应电流密度的要求。

(2)电解液成分　对电解液的比电阻有较大影响。当总酸浓度一定时，电解液的比电阻随电解液铅离子浓度的增加而增加，随游离硅氟酸浓度的增加而降低。采用较高的铅离子浓度和较高的硅氟酸浓度有利于改善阴极结晶形态，高电流密度电解宜选用高酸和低铅浓度技术条件，有利于生产控制。我国某厂电解液成分与电流密度的调控关系见表5-8。

表5-8　某厂电解液成分与电流密度的调控关系　　　　单位：g/L

电流密度/(A·m^{-2})	110~140	150~170	180~210	242	140~150	146
总 SiF$_6$	145~150	155~170	170~190	—	100~150	150
游离 H$_2$SiF$_6$	84~87	92~93	93~99	95	6~080	63
Pb	80~90	90~110	110~130	85	60~100	125

(3)电解液温度　升高电解液温度可降低电解液比电阻、加快电解过程中离子的扩散、减少浓差极化等。适当提高电解液温度可增加导电性，可以使析出铅结晶致密平整，可降低槽压，减少阳极钝化，促使阳极溶解降低残极率，有利于高电流密度与铅离子浓度的平衡。但电解液温度过高时，易造成添加剂用量与酸耗的增加、操作条件恶化及对电解槽体影响等。我国某厂电解液的控制温度为40~45℃。

(4)电解液循环速度　在电解过程，为了尽量减小或消除浓差极化，可将电解液进行循环流通，使冷、热不同和成分不一样的电解液能够对流，以保持温度、成分一致。一般而言，电解液循环速度决定于电流密度、电解液循环方式及阳极成分。电流密度增加、铅离子浓度偏低或过高、阳极杂质高时应适当提高电解液循环速度。提高电解液循环速度以不引起阳极泥的脱落和悬浮为原则，以避免阴极铅的质量降低和贵金属的损失。我国某厂电解液的循环速度为每槽20~30 L/min。

(5)添加剂加入量　可增加电极表面的极化电位来改善阴极表面结晶形态，

提高电流效率,降低槽电压。电解过程中使阴极极化电位降低的现象出现时,如电流密度升高、游离酸浓度减少、电解液温度升高等,应增加添加剂用量,但添加剂在不同生产条件下使用量不同。我国某厂添加剂的用量(kg/t 铅):骨胶 0.4~0.5,木质磺酸盐 0.25~0.45。

(6)阴/阳极电解周期　阳极工作期限随其品位而定,品位越低,期限越短。否则阳极泥过厚,导致槽电压升高,杂质溶解。阳极品位不小于98%时,阳极工作期限一般为 6 d,品位小于98%时,阳极工作期限为 4 d 或更短。阴极工作期限为阳极的一半或相等,最好不超过 4 d。因为在一个阳极电解周期内出装多次阴极,常使阴极黏附阳极泥。

2)主要技术经济指标

主要技术经济指标包括电解和熔铸两部分,具体情况如下。

(1)电解　该过程的主要技术经济指标见表 5-9。

表 5-9　电解过程的主要技术经济指标

电流 /A	电流效率 /%	直流电消耗 /(kW·h·t^{-1})	硅氟酸消耗 /(kg·t^{-1})	残极率 /%	阳极泥率 /%	阳极泥含铅 /%
4500	≥93	≤140	≤4	45~48	>1.5	≤11
6500~7800	≥92	≤160	≤4.8	40~47	>1.5	≤11

(2)铅熔铸　①铅锭一级品率 100%。②氧化铅渣率(%):a.氧化精炼渣率 1.5~2.0;b.碱性精炼渣率不大于 3.0。③物理规格缺陷率不大于 4%。

(3)金属回收率　电解与熔铸过程中铅的总回收率和直收率分别为 99.18% 和 54.18%。

2. 岗位操作规程

1)铅阴极生产工段

铅阴极生产工段包括光铜棒、阴极联动线、油泵等岗位,其操作规程介绍如下。

(1)光铜棒岗位　①启动光棒机前,先检查电机及运转部分是否良好,润滑油是否足够。②将铜棒放入斗内,再装入桶内,每桶铜棒按规定量装入。③铜棒入桶后,先倒入稀硫酸 1~1.5 L 运转,待硫酸拌匀后,再加入一筐稻壳继续运转。④运转 15 min 后,启盖门观察铜棒是否合乎要求,如不合要求,则再加半筐稻壳运转几分钟,停车放出铜棒,吊至阴极制造。

(2)阴极联动线岗位　①开车前,仔细检查设备,润滑部位是否加足油,确认无故障后,开动给棒机,贮备道内排满铜棒,开动微电脑,以待开车。②铅液达到 420℃时，吊入铅泵预热 15~30 min，用手转动联轴节数圈后，启动铅泵，进行铅液循环。启动铅泵时，应启动排尘风机，减少现场烟尘，当班生产结束，关闭排尘风机。③启动滚筒预热 3~5 min，启动油泵，打开油箱冷却水、调整油压（规定压力 4~5 MPa），合上自动按钮，空载运行。④检查各部位动作的配合是否准确，确认正常后，可负载运行，如有故障，停车处理。⑤调整铅液面，使滚筒浸入铅液 3~4 mm。让滚筒黏附铅液，转动后逐渐形成好的铅皮。若锅内铅液少，应及时续装析出铅，保持铅液量及铅液温度。⑥铅皮出现裂缝时，应打开滚筒冷却水，降低滚筒温度，出水温度以 55~60℃ 为宜。⑦在运行中，若突然发生故障，应立即停车检查处理。处理时一定要停油泵、电源。处理后，按开车顺序重新开车生产。⑧工作完毕，将泄铅闸开启，并开启集液斗闸，停止铅泵和滚筒，停止油泵，关闭冷却水，放尽池内铅液，清理废铅皮，打扫设备及现场卫生，交下班使用。

（3）油泵岗位　①开车前必须仔细检查：联轴器转动要灵活；进油阀门要松开；油箱内的油不得低于规定的最低油位。②开车时要打开冷却水。先空载运行，待声音正常后，缓慢调节溢流阀，逐渐升高压力。规定系统压力为 4~5 MPa。③油泵在运行中发现异常声音或者其他故障，应立即停车检查，处理完后，方能开车。④停车前要松开溢流阀，压力降至零位后，才能切断电源停车，随即关闭冷却水。⑤泵房要求保持清洁，设备干净。每班清扫一次。⑥阴极制造机使用 32# 透平油，油温≤65℃，每两月清洗一次滤油器。

2）电解工段

电解工段包括出装槽、掏槽、通停电、电调、酸泵、压滤及塑料焊等岗位，其操作规程分述如下。

（1）出装槽　①出槽前，先擦亮母线接头，横电，并压好铅砣，堵好溜口开始出装槽。②正常情况下，按先远后近的顺序出装槽，如两极供不上，可特殊安排。第一、二周期的残极均要洗刷干净。残极不得进行第三次电解。③槽间导电棒要擦三次：先用湿布，后用干布，再用砂纸。④出槽的析出铅，先用刷子在析出铅洗槽内洗掉黏附的阳极泥等杂物，然后二小吊或三小吊一堆放好。如垮吊，当班必须放好。⑤装槽时，铅皮不碰弯，不卷角，不缺板，不缺皮，调整好阴、阳极距离，对好槽子成三条线，并打大耳子。每列电解槽弯铅皮不超过 5 片，由电调工验收。⑥残极洗刷槽要装满二次洗水才能开车洗刷，或用高压泵来进行洗刷，正常情况下只能用二次洗水或新水刷残极，不得干刷，不得缺刷子，残极要洗刷干净。残极机每班要清洗，阳极泥洗水必须当班抽入搅拌槽内。⑦掉入槽内的残极、析出铅、铜棒等要当班捞出，黏附在阴极上的阳极泥必须擦干净。⑧掉泥、掉极严重的槽子，装完须等 4 h 后才能打开溜口。

（2）掏槽　①生产过程需掏电解槽时，用胶管虹吸抽酸，或用泵转酸，但不能进入循环系统，胶管不得插入泥层。抽酸前必须对该槽横电，吊出阴、阳极。②贮液槽掏槽时，可用泵抽酸，抽出的酸液须经压滤沉淀后，才能兑入电解液循环系统中。③停产掏槽时，可用泵抽酸，或胶管虹吸抽酸，抽出的电解液要有计划地贮存或放入贮液槽，或转入已掏净的电解槽内，不得倒入地面。④从电解槽掏出的泥浆，要经过小于 3 mm×3 mm 的铁筛网过筛，筛上铅粒用清水冲洗后送熔铅或反射炉处理。

（3）通停电　①停电。a. 临时停电：首先通知酸泵关闭各供液闸门，捞高位槽渣，再通知停电。b. 计划停电：有计划地缩槽，按原出槽顺序，只出不装。要出的槽列，先打好"卡子"然后缩槽，保留总槽数的 1/2 或 1/3 进行生产，直到积存的残极处理达到要求的数量，再停电。②通电。a. 首先分析电解液成分，并掌握电解液的体积平衡。b. 检查通电线路、酸泵及循环管道是否正常。c. 用纱布制的网罩将电解液上面的污物捞尽，或用玻璃丝、木炭、木屑过滤电解液。d. 通电前，电解液要充分进行循环，同时开始加温，以保证电解液成分、温度和流量均匀。e. 电解液循环后，应进行沉淀，时间不小于 8 h。装满 6 列槽后，应开泵进行循环，待稳定(1~2 h)后，即可送电，先送 3000~4000 A，添加剂随即加入。电流和添加剂加入量随装槽列数的增加而逐步增加。

（4）电调岗位　①用手摸阴极及阳极大耳，以其冷热程度来判定烧板、短路，并做好标记。②处理短路时，将该阴极提出，用小斧头打去短路处的疙瘩，或敲平弯曲凸角。处理凉烧板时，用砂纸清擦阴极与导电棒的接触点。处理热烧板时，用小斧头敲打阴极铜棒，使其接触良好，或将铜棒抽出，用砂纸擦亮。③若阴极表面有严重疙瘩或烧板，阴极有掉极趋势等情况，要及时更换。换出的析出铅要洗净阳极泥，整齐码放在规定位置。提出的残极洗净后，送到残极槽内。换出的铜棒要放入指定位置。④提出有烧板或短路的阴极时，要稳、轻、正，不要碰撞阳极，以免污染电解液。⑤检查溜口电解液流量，如过大或过小，要通知酸泵工调节（或烙油工处理），如发现分层，必须当班处理。

（5）电解液循环岗位　①由岗位当班人员按要求在铅电解循环槽内按标准取电解液样，并送化验单位化验。②岗位当班人员按技术人员的要求补充循环系统中所需的洗液、新酸和添加剂。③测量电解液温度，调整电解液循环量。④开泵：开泵前先检查泵体各部件、管道阀门是否正常。并先用手转动泵轴叶轮，如能正常运转，即可启动循环泵。⑤停泵：正常停泵时，控制洗液兑入量，捞尽高位槽渣，将高位槽酸压满，以免跑酸。⑥兑新酸及洗液：按技术人员的要求确定所兑入的洗液和新酸的用量，新酸打入指定的贮液槽后，要沉淀 8 h 才能使用，兑入的洗液必须经过 24 h 以上沉淀。兑洗液时只能用 φ50 mm 胶管插入带孔的塑料桶内，将洗液虹吸抽出。不能插至槽底，防止带泥。严禁用泵抽洗液。经常检查槽子是否接底，一经发现，立即将两极垫高或掏槽。⑦添加剂的调控及加入方法。根据析出铅的结晶状况调整添加剂用量：a. 提取析出铅，观察阴极表面结晶情况。b. 分析阴极析出异常结晶原因，调整添加剂用量和技术条件。c. 骨胶加入循环槽上带孔的塑料桶内，借电解液冲动溶化，溶入电解液中。d. 木质磺酸盐的加入方法：须先将预备的塑料桶内灌入一定量的水，再把水用蒸汽冲热到50℃左右，然后将木质磺酸盐倒入搅溶即可。本班将上一个班准备好的木质磺酸盐溶液倒入循环槽上面的塑料桶内，然后，打开阀门使其慢慢流入循环槽内。要经常检查是否堵塞。流入时间控制在6 h左右。⑧注意事项。a. 随时检查流量，保证均匀。b. 随时检查管道、溜槽和电解槽，防止破布堵塞、跑酸、漏酸。⑨打扫现场卫生。

（6）压滤岗位　①压滤前先将阳极泥搅拌30~120 min。②开车前对压滤机各部位进行检查。③启动油泵调节系统压力为140~240 kPa。④压紧板框，启动进料钮，压入阳极泥，压出液进一次槽。⑤压滤泥满后，用三次洗水洗涤，压出液进二次槽。⑥三次水洗涤后，用热水洗涤，压出液进三次槽。⑦热水洗涤后，开压缩空气吹风。⑧第一次压出液中带有黑色时，应将其改进二次槽。⑨加水洗涤时，水温不小于80℃。⑩吹风完后，按动卸料钮卸料，做好下一次开车准备。

3）电铅熔铸工段

电铅熔铸工段包括装锅、熔铅、铸型机铸型、定量浇铸系统铸型等岗位，其操作规程分述如下。

（1）装锅　①装锅操作时，将排烟风机打开；操作结束时，关闭排烟风机。装冷锅时可不打开排烟风机。②装锅时析出铅要严格执行南、北搭配，以及分班搭配原则，或按照技术人员的要求配料装锅，并做好记录。③装锅前要仔细检查析出铅质量，严防析出铅中夹带铜棒、铜丝、掏槽铅粒、粗铅块等杂物装入锅内。④装锅把吊人员应与吊车工密切配合，将析出铅装入锅内。装锅要求紧密，以加速析出铅的熔化。

（2）熔铅　①电铅出至22吊以后，才能开始升温，出至25吊后停铅泵，吊出铅泵后才能装锅。②开始装锅时，操作人员要调好煤气及风压、风量，使煤气充分燃烧，火焰不能出炉太外面。③随时检查熔化情况，防止氧化铅渣结块或成稀渣现象出现。④析出铅完全熔化，温度升至480℃时，吊捞渣机捞渣。捞渣机入锅前应预热5 min左右，捞渣时尽量滤干铅液和多捞渣。⑤捞渣后，吊入搅拌机，调整搅拌机高度至中心位置。锅内应保持适量的氧化铅渣。⑥开动搅拌机一定时间后能形成良好旋涡，则证明搅拌位置正确，否则要调整。⑦氧化精炼以搅拌2 h、温度510~530℃为宜。碱性精炼以搅拌45 min左右、温度490~530℃为宜。⑧碱性精炼时，先搅拌10~15 min，待铅液形成良好旋涡后，加入苛性钠，继续搅拌30~50 min至表面渣变色并颜色稳定为止。⑨苛性钠分两次加入为宜，用铁铲将其加入旋涡中心，头次加入10~15 kg，待搅拌10~15 min后，再加入余量5~10 kg，再搅拌 20~30 min。⑩操作结束，停搅拌机并吊出，吊入铅泵预热，待下班铸型。

（3）铸型机铸型　开车顺序：铅泵→油压泵→铸型机本体→浇铸机；停车顺序：铅泵→浇铸机→铸型机本体→油压泵。操作规程如下：①开机前，全面检查各紧固件是否松动，各润滑部位是否有油，各传动机构是否灵活，确认正常后方能开车。②铅泵预热后，用手转动联轴节数圈，转动灵活才能启动铅泵。预热保温箱和浇铸溜子。铅液铸型温度为 450~500℃。③启动主机前，必须先按《油泵操作规程》启动油泵。④专人捞渣，专人铲毛刺。捞净模内液面的氧化铅渣，铲净飞边毛刺，保持铅锭标准的物理规格，发现不合格的铅锭当即挖出。⑤铸型时，若渣多捞不净，应重新操作后再铸型。⑥经常检查，调整打印盒，保证批号清晰。⑦铸型时，注意调节冷却水，尽量使淋水全部浇到铅锭上，使冷却水迅速蒸干，当遇到空模时，应关闭冷却水，避免放炮伤人。⑧设备运行中，如发现异常情况，应紧急停机处理。⑨停机时，先按停机按钮，然后切断总电源。⑩每班清理一次，保持设备整洁。

（4）定量浇铸系统铸型　①开车前的检查工作。a. 集量槽检查：a）检查集量槽，其加铅口、回铅口等是否畅通。b）检查油缸、塞头等是否连接可靠、运转是否灵活，检查铅泵出铅口位置是否正确，是否可靠固定。b. 计量槽检查：a）检查计量槽水平摆动是否灵活，回铅口是否畅通，接地是否牢固。b）检查计量槽与回铅溜槽位置是否适当。c）检查溢流口油缸，其塞头连接是否牢固，运行是否灵活。d）检查计量槽，秤台四周是否有积铅影响计量精度。②开车。a. 开计算机系统：a）打开控制柜总电源开关，电源无异常。b）打开稳压电源开关，检查显示参数是否与设置参数吻合。c）在有溢流的情况下，计算机显示计量槽重是否在 1150~1350 kg 范围内。d）按有关规定对电子秤进行标定。b. 开油泵，检查集量槽、溢流口油缸是否复位。c. 开铅泵：a）用铅液预热集量槽及计量槽，清除其积铅及氧化渣；观察铅泵流量，流量较大时应保持回铅小孔畅通；如流量较小或开车过程中，因铅泵扬程增大而使铅泵流量变小，应用小塞头或钢钎塞住回铅小孔，确保泵流量及集量槽的加料量。b）手动控制集量槽及溢流口油缸，观察油缸是否运转灵活、有无卡滞现象、塞头是否严密。c）清除计量槽氧化渣必须在加料的过程中进行，清理浇铸口应在开始浇铸时进行，在 4 s 内完成，如未达要求可在下一循环中继续进行。③停车。a. 用定时法放干计量槽内铅液，抛掉锭重不合格产品。b. 关闭稳压电源开关。c. 关闭控制柜总电源开关。④紧急停车。a. 当集量槽油缸或溢流口油缸运动有卡滞现象、塞头不严密时应紧急停浇，以免铅液冒出铅模。b. 当有障碍物接触秤台影响计量精度时，应紧急停浇。c. 当计量系统故障影响计量精度时应紧急停浇。d. 由于其他原因影响计量精度时应紧急停浇。⑤运行中注意事项。a. 应及时清除集量槽内氧化铅。b. 应注意设定重量、显示重量、实际重量是否相符，如不相符，分析原因、及时处理。

3. 常见事故及处理

1）电解液分层

在铅电解过程中出现析出铅长毛、发黑、发软，并伴有气泡和臭味发生，电解液循环流动不正常情况即为电解液分层。①主要原因：流量不足，溜口堵死，半圆管堵死或下沉。②处理措施：打开溜口，掏出堵物，升起半圆管。然后用胶管插入半圆管内虹吸电解液，插入深度为酸液深度的三分之二以上，但不能带泥。吸出酸液的流速与进入槽内的酸液流速基本相等，待不用胶管时，液面平稳，不从下酸口溢出酸液时即可。虹吸时应注意槽内的液面高度，防止放炮发生。另外，适当加大溜口酸液循环量，加快循环速度。③预防措施：经常检查电解槽溜口的酸液循环情况，发现溜口的酸液流量偏小时及时给予调整；经常检查电解槽半圆管完好情况，半圆管堵死或下沉时应及时给予处理。

2）电解阳极掉极和掉泥

在铅电解过程中由于强度不够阳极终止电解和形成的阳极泥由于强度不够而掉入电解槽内的现象分别称为电解阳极掉极和掉泥。①主要原因：阳极板的厚度不够或厚薄不均匀，电解电流密度计划不准确；阳极板中杂质含量太高；阳极板中含砷、锑量偏低，导致阳极泥附在阳极上的强度不够。②处理措施：掉入槽内的残极要及时捞出，在捞取掉槽残极时要注意堵好溜口，且让电解液沉淀一定的时间。掉极、掉泥较严重的槽子，装完槽后须通电 4 h 才能打开溜口。掉泥严重污染电解液时，可以停电解液循环 8~16 h，让电解液进行沉淀。另一个方法就是对电解液进行过滤，过滤物可用玻璃丝、木炭、锯末屑或活性炭等。③预防措施：严格按物理规格质量要求验收阳极板，不合格的坚决不装槽。调整好阴、阳极的距离。控制阳极板含锑在 0.4% 至 1.2% 之间，确保阳极泥的强度，使之不掉落。残极洗刷槽要装满二次水后才能开车洗刷，并且要洗刷干净，每班工作完后要将槽内的阳极泥冲洗干净。严禁使用残极作为一次板生产。经常检查，发现问题及时处理。

3）阴极析出铅外观质量异常

（1）主要表现　阴极表面结晶呈海绵状，疏松粗糙且发黑，有时长树枝状毛刺或呈圆头粒状、瘤状的疙瘩等。

（2）析出铅结晶的主要原因及处理措施　①电解液铅离子浓度。铅离子的浓度过高会使阴极结晶粗糙，过低则阴极表面结晶呈海绵状结晶，而且随电流密度的增大而加剧，造成阴极海绵状结晶疏松、多孔且极易脱落，铅离子浓度一般控制在 50 g/L 至 120 g/L 范围内。②电解液含酸。当电解液中的游离硅氟酸含量太低时，也会恶化阴极结晶条件，产生海绵状结晶。因此，游离硅氟酸浓度一般控制在 80 g/L 至 120 g/L 范围内。③添加剂用量。加入胶质添加剂可大大改善阴极结晶状态，析出铅的强度也与电解液含胶量有关，胶多则硬，少则软。在电解过程中，每天分批向电解液中加入添加剂，一般控制在 0.4 kg/t 铅至 1.2 kg/t 铅的范围内。④电解液循环速度。电解液由于重力作用，其成分易发生分层现象，造成浓差极化，以及电解槽下部的阴极结晶比上部粗糙的现象。为消除这种不均匀性，必须加强电解液循环，以消除分层现象。⑤电解液温度。电解液温度过高，会使析出铅发软、酸耗增大；电解液温度过低，会使析出铅结晶表面粗糙、槽电压升高、电耗增大。因此，电解液一般将温度控制在 35 至 50℃范围内。

（3）预防和处理措施　①及时观察了解析出铅的表面结晶状况，根据结晶状况，及时调整添加剂用量并注意添加剂的质量变化情况。②电解技术条件如温度、电流密度等变化时，添加剂用量应做相应调整。③了解电解液循环情况，发现电解液循环停止或循环量减少及电解液分层时，应及时处理。④电解液成分变化主要是电解液铅离子质量浓度偏低(<50 g/L)时，易使结晶迅速恶化，应提高铅离子浓度。⑤安装阴极极化电位测定装置，根据极化电位调整添加剂用量以控制阴极表面晶形。

4）短路和烧板

造成铅电解过程中短路和烧板的原因和处理措施如下。

（1）短路　即阴、阳极直接接触，该片极板比正常的温度要高很多。处理方法：提出阴极，砍去短路、毛刺、疙瘩，敲打平直再放入。同时注意不要接触阳极。

（2）烧板　①凉烧板：为不导电，手感温度低于正常阴极温度，提出阴极看时周围有一黑边。处理办法：用砂纸擦亮触点即可。②热烧板：为接触不好、电阻大，手感温度高。处理方法：一般情况下用小斧子敲打阴极；严重的则需将铜棒抽出擦净再放入或更换阴极。

（3）预防措施　用手摸阴极及阳极大耳，以其冷热程度来判定烧板、断路、短路，并做好记录。若阴极表面疙瘩较多或烧板，阳极有掉极趋势等情况，则要及时更换。提出有烧板或短路的阴极时要稳、轻、正，不要碰触阳极，以免污染电解液。检查溜口处电解液流量，如过大或过小，要通知酸泵调节或烙油工处理；如分层，必须当班处理。

5）设备故障

设备故障包括鼓风机、阴极联动线、电解液循环泵、残极洗刷机、电铅铸型机、桥式起重机等设备发生的故障。

（1）鼓风机　①风量不足。a.原因：电机转速变慢；进风阀关闭；管道漏风。b.处理方法：若电动机转速变慢，则立即停车，通知维修部门处理；如进风关闭，则打开进风阀。②风机振动大。a.原因：电动机轴与风机轴不对中或叶轮不平衡。b.处理方法：若是前一个原因，则检查、调整紧固螺栓，调整电动机轴与风机轴的同轴度；如果是后一个原因，则应请专业人员校正动平衡。③轴承温度高。a. 原因：缺润滑油或油变质，轴承间隙过大。b. 处理方法：若是前一个原因，则添加或更换润滑油；如果是后一个原因，则更换轴承。

（2）阴极联动线　①油泵声音大，杂音多。a. 原因：一般情况下是未开冷却水或冷却器不起作用，温度过高，致使油压开得过高，超过规定压力的三分之一；各接头漏气或油管的油不够；油缸内泄或有机械卡阻障碍等。b. 现象：剪板、平板无力，液压系统无压力。c. 处理方法：查看油压表，如无压力，则调节溢流阀使表针到规定的刻度；如属于机械卡阻，则查清卡阻原因后处理；如果是由于油缸内泄，则建议维修部门更换密封圈。②铅皮经常掉落，不能准确放置在拨距链条上。处理方法：a. 检查钩、销、轴是否变形，垂直度是否正确，应经常调整或更换。b. 设备开始工作时，应在滚筒与刀口处涂上少量黄油，以保证低温时正常脱模和起板。c. 若提升链条钩子的位置过高，且铅皮的长度超过930 mm；而位置过低，则会导致铅皮不合要求，在平板时可能将钩子压坏。为了保证铅皮长度为905 mm，只要把滚筒缺口停在一定位置，把链轮顺时针或反时针拨一个齿即可。d. 两根链条松紧适宜，水平线提升自如。③拨距链条扭矩。处理方法：检查两根链条是否同步前进、松紧是否一样，只要把调节螺杆的松紧程度调到同步前进就行了。④铅皮开口。一般都是铆钉的原因，应及时更换，确保铆在有效部位即可。⑤滚筒黏不上铅皮或铅皮开裂。a. 原因：铅水温度过高，滚筒表面粗糙度不符合要求，滚筒表面有比较深的划痕。b. 处理方法：关小煤气阀门，降低铅水温度；如果是因为滚筒表面粗糙度原因，则应对滚筒表面进行加工，使之符合图纸要求。c. 预防措施：开车前检查设备润滑情况，确认正常后方可使用。

（3）电解液循环泵　①常见故障及其原因：叶轮中有异物，底阀堵塞，吸液口与叶轮间隙过大，叶轮磨损，都会导致流量不足；填料损坏，轴套磨损，都会导致酸液泄漏；轴承损坏，空气进入泵体，地脚螺栓松动，主轴变形，都会导致振动或发出异常噪声。②预防措施：严格按操作规程开启和运行设备。随时检查流量，确保流量均匀。随时检查管道、溜槽和电解槽，防止破布堵塞、跑酸、漏酸。定期检查设备润滑情况。

（4）残极洗刷机　①常见故障：刷子经常掉出；下导管变形；刷子支撑变形或卡子损坏。②处理方法：调整或更换下导管；调整或更换刷子支撑或卡子。

（5）电铅铸型机　①常见故障及原因：由于换向阀卡死、电磁阀烧坏或液动阀不动作，油缸不动作；由于溢流阀阻尼孔堵塞，系统无压力；由于系统压力与压力继电器动作压力调整不当，升降台动作不协调。②预防措施：严格按操作规程开启和运行设备，日常工作中做好设备管理工作。

（6）桥式起重机　常见故障及排除方法见表5-10。

表 5-10 桥式起重机常见故障及排除方法

故障	故障原因	排除方法
吊物下沉	杠杆活动关节卡住	排除卡阻现象
	闸皮过度磨损	更换闸皮
	主弹簧松弛或损坏	调整或更换主弹簧
	制动器间隙过大	调整间隙
夹绳	绳轮损坏	更换绳轮
	沟槽过度磨损	更换绳轮
运行中振动严重	轨道严重磨损	更换轨道
	轨道间隙过大	调整接头间隙
	车体刚度不够	加固车体
小车自动下溜	大梁下挠过大	恢复上拱度
掉道	轨距偏差过大	调整轨距
	车轮磨损过度，不能调心	更换车轮
	联轴器过度磨损，主被动轮行走	更换联轴器
	不协调，车体摆动	

5.3.3 计量、检测与自动控制

1. 计量

原料、中间物料及产品均采取电子秤计量，可以将数字信号显示并打印出来。计量电子秤定期进行校验，确保计量数据准确。在电解精炼过程中，主要涉及析出铅、阳极泥及添加剂的计量。阳极泥是贵重物料，须严格管理，每批都要严格计量，最好采用双计量，铅电解车间出口和金银车间入口都要计量和取样，每批都要认真比对，确保计量准确性。对产品电铅每捆都要称重计量，精确到 10 g，并当场打印好产品标识牌，包括商标、批次、重量和质量等内容，贴在产品上，做到产品可追溯。对原辅材料和中间物料也要做好称重计量，并做好台账登记。电解循环液采用电子流量计进行计量和实时控制，以确保循环液的流量和成分满足工艺要求。

2. 检测

铅电解精炼过程中的检测包括物理测量和化学分析两个方面，物理测量包含电解液温度、槽电压、槽电流和电解液流速的测定。采用电子温度计检测和控制温度。槽电压和槽电流用万能表测定。

待检物料按照相关要求取样，先送试样制备室制样，然后送质量检测分析中心用 X 荧光法或化学分析法进行化验分析，保证各工序生产的原辅材料及产品、副产品质量符合要求。

待检物料的名称和取样要求如下：①原辅材料：阳极板，每熔炼一锅都要取一个样，分析 Pb、Sb、Cu、Sn、Bi、As，每天分析金银一次；始极片浇铸前取样化验；新购进的硅氟酸、骨胶等辅料按照相关要求取样分析化验。②产品和副产品：析出铅按电解系列，成品工段质检岗位每班取两个样、成品铅每炉取一个样，前者分析 Sb、Cu、Sn、Bi、Ag、As；后者按产品标准分析。铅阳极泥每翻斗车取一个样，每天混合样的量不少于 300 g、加工样不少于 100 g 分析测定 Au 和 Ag。每周制混合样一个，分析测定 Pb、Bi、Sb、Sn、As、Te、Cu。③中间物料：电解液每周一、三、五早班在循环槽取一个样，量不少于 150 mL，分析总 SiF_6^{2-}、Pb。每月最后一个样做全分析，即分析总 SiF_6^{2-}、Pb、Ag、Bi、Cu、Sb、Sn、Fe、F 和氨基酸。④终端铅物料：电铅烟尘、铅阴极烟尘、电解木质素渣、熔铅浮渣、熔铅烟尘和氧化铅渣等铅电解精炼和熔铸过程产生的含铅终端物料都应按要求取样，分析铅等相关元素。

3. 自动控制

通常在铅冶炼厂设置有中心控制室，工序的阳极铸型、阴极制造、电解系列、电解液循环系统及电铅熔铸等工艺过程都纳入中心控制室集中自动控制。主要的控制参数有电解液循环流量、高位槽液位、电解液温度、电流密度、阴极片浇铸速度、天然气流量、收尘系统风机转速等。在中心控制室设置生产管理信息系统（MES），对铅电解精炼各主要生产流程进行监控和管理。采用分散型控制系统（DCS）、安全仪表系统（SIS）、可燃气体和有毒气体检测报警系统（GDS）对生产装置及与工艺生产装置相配套的公用工程部分进行监控。要求在生产过程中现场观察的过程变量采用就地显示。必须现场操作的设备，采用就近安装的仪表盘或控制箱对其进行监控。设置必要的能源消耗、原料、中间产品和最终产品的计量仪表，其精度符合本行业有关规定。根据工艺专业的配置和生产操作的要求，采取中心控制室集中控制方式，同时在各主要生产现场设置机柜室。

此外，还采用了自动运行的单过程生产装备，如极板自动出装槽定位行车、机械自动抽棒系统和残极自动洗刷机等。

5.3.4 技术经济指标控制与生产管理

铅电解精炼生产中的技术经济指标主要包括金属回收率、金属直收率、残极率、电流效率、直流电单耗、交流电单耗、蒸汽单耗、硅氟酸单耗和煤气单耗等各项指标。技术经济指标的优化和提高，是企业生产中降低成本、提高经济效益、提升企业综合管理水平的一个综合体现，也是企业管理工作中的重点。

1. 能量平衡与节能

铅电解精炼过程的能量平衡情况如表 5-11 所示。

表 5-11　铅电解精炼过程热平衡实例　　　　　　　单位：MJ/h

热收入			热支出		
项目	实例 1	实例 2	项目	实例 1	实例 2
阳极带入热	26.9	26.7	残极带走热	12	11.4
直流电产生焦耳热	2150	2150	阴极铅带走热	19	17.3
始极片带入热	3.6	3.6	湿阳极泥带走热	6.7	6.7
			水蒸发带走热	749	749
			体系热损失	1310	1289
			供电线路损失	38.8	38.8
			槽漏电损失	1.0	1.0
			电解液漏电	—	—
			接点损失	99	115
			测算误差	−55	−47.9
合计	2180.5	2180.3	合计	2180.5	2180.3

主要的能耗是电解产生的热能。为了提高利用率，首先要控制电解液温度在 40℃ 至 55℃ 范围内。其次做好各接触点电压的控制，减少接触点的发热损失。增大接触点的面积，保持接触面的干净（如清洗铜棒、擦拭铜排等），减少电阻，达到降低接触点热损失的目的。再次是做好槽面管理，经常检查槽体是否漏电和供电线路是否故障，减少线路损失。

2. 物质平衡与减排

除铜粗铅电解精炼过程产出电铅、残极和阳极泥。电解精炼及熔铸过程的物质平衡见表 5-12。

3. 原料控制与管理

阳极板原料的质量要求如下。①化学成分：$w(Pb) \geq 98\%$，$w(Sb)\, 0.4\% \sim 1.2\%$，$w(Bi) \leq 0.5\%$，$w(Sn) \leq 0.25\%$，$w(Cu) \leq 0.06\%$，$w(As) \leq 0.5\%$。②物理规格：质量 110~150 kg/块，厚薄均匀、无飞边毛刺、平直不弯。③外形尺寸为：$(600 \sim 850)\,mm \times (600 \sim 750)\,mm \times (15 \sim 40)\,mm$。

表 5-12 电解精炼及熔铸过程的物质平衡

项目		加入		产出					
物料		阳极板	合计	精铅锭	残极	阳极泥	氧化渣	损失	合计
质量		179.918	179.918	96.03	80.96	1.634	1.13	0.164	179.918
Pb	w/%	98.5	—	99.995	98.5	11	85	—	—
	质量/kg	177.219	177.219	96.023	79.746	0.18	0.961	0.300	177.219
Cu	w/%	0.06	—	—	0.006	2.89	—	—	—
	质量/kg	0.108	0.108	—	0.049	0.047	—	0.012	0.108
Sb	w/%	0.54	—	—	0.54	31.8	—	—	—
	质量/kg	0.97	0.97	—	0.437	0.519	—	0.014	0.97
As	w/%	0.12	—	—	0.12	7.04	—	—	—
	质量/kg	0.216	0.216	—	0.097	0.115	—	0.004	0.216
Bi	w/%	0.23	—	—	0.23	13.83	—	—	—
	质量/kg	0.414	0.414	—	0.186	0.226	—	0.002	0.414
Ag	w/%	0.11	—	—	0.11	6.67	—	—	—
	质量/kg	0.198	0.198	—	0.089	0.109	—	—	0.198

4. 辅助材料控制与管理

辅助材料种类繁多, 包括工业硅氟酸、固体烧碱、硫酸、骨胶、木质磺酸钙、田箐胶、β-萘酚、稻壳、硫黄、沥青、滑石粉和玻璃钢瓷砖等, 它们的质量要求概述如下:

(1) 工业硅氟酸 ① 化学成分: $w(H_2SiF_6) \geq 22\%$, 游离 $w(F) \leq 0.35\%$, $w(SO_4^{2-}) \leq 0.05\%$, $w(Cl) \leq 0.2\%$, $w(Cu) \leq 0.0002\%$。② 物理规格: 外观清亮、透明、无杂物、无硅胶沉淀。

(2) 固体烧碱 应符合《工业用氢氧化钠》(GB 209—1993) 的规定, $w(NaOH) \geq 95\%$。

(3) 硫酸 符合《工业硫酸》(GB/T 534—2002) 的规定, $w(H_2SO_4)$ 95%~98%。

(4) 骨胶 符合《骨胶》(Q/ZYJ 04.02.03—2002) 的规定。一级品为片状或细粒状，外观呈金黄色、半透明带光泽，6.67% 的胶液黏度不小于 3.4 Pa·s（60℃）。

（5）木质磺酸钙　有效成分不小于 50%，全糖不大于 12%，水不溶物小于 2.5%。

（6）田箐胶　淡灰色或奶白色粉末，纯度大于 98%。

（7）β-萘酚　白色至淡红色，有酚味，片状晶体或粉末，纯度大于 98%。

（8）稻壳　稻壳应干燥，不夹杂物、泥土等。

（9）硫黄　符合《工业硫磺》(GB/T 2449—1992)的规定，其中：$w(S) \geqslant 99\%$，粉状。

（10）滑石粉　粒度大于 180 目。

（11）玻璃钢瓷砖　尺寸为 1000 mm×240 mm×35 mm。

5. 能量消耗控制与管理

铅电解精炼时消耗的能量主要是电能，所需电能主要包括直流电和交流电两种。其中，在生产过程中设备所消耗的交流电能相对固定，对企业影响较小，而直流电的消耗量则占很大比重。影响直流电耗的因素比较多，有现场操作管理、槽电压、极距、电流效率及析出周期等，它们之间相互关联、相互制约。要降低直流电耗就必须想办法提高电流效率和降低槽电压：①严格管控电解液中酸铅比例，控制游离酸质量浓度为 (105±5) g/L，铅离子质量浓度为 65~75 g/L，以提高电流密度；②保持合适的电解液温度；③科学管理电解液的循环速度；④科学使用添加剂；⑤控制好阳极质量。此外，熔铅锅采用蓄热式燃烧炉加热，可降低天然气消耗。

铅电解精炼能量消耗的管理措施有：①建立节能考核制度，定期对各生产工序能耗情况进行考核。②建立能耗统计体系及相关的文件档案。③配备相应的能量计量器具并建立管理制度。④加强产品质量全过程管理，确保产品一次合格率为 100%。⑤根据上下工序的衔接，合理安排生产，尽可能减少天然气空耗和设备"大马拉小车"。⑥加强设备运行维护，减少因设备故障而出现的停产限产。⑦利用丰水季节电价优惠政策，用电时削峰填谷，减少峰时用电，增加低谷用电。

6. 金属回收率控制与管理

金属回收率含金属总回收率和金属直收率，为了尽可能提高金属回收率，必须严格按工艺技术条件进行电解和熔铸，严格按岗位操作规程操作。为使总回收率提高，必须尽可能减少铅在阳极泥、氧化铅渣及浮渣中的损失，控制阳极泥含铅不大于 11%，浮渣率不大于 10%，氧化精炼渣率为 1.5%~2.0%，碱性精炼渣率不大于 3.0%。为使直收率提高，必须尽可能降低残极率，使之控制在 40% 至 48% 的范围内。铅的回收率及电铅中银含量达到要求后，自然可确保金、银回收率不小于 99%，铋回收率不小于 96%。

7. 产品质量控制与管理

①要严格按国家有关标准对电铅产品进行质量控制，必须做好三个方面的工作：a. 要制订各部门、各级各类人员的质量责任制，明确任务和职责，密切配合，形成一个高效、协调、严密的质量管理工作系统。b. 必须抓好全员的质量教育和培训。c. 要开展多种形式的群众性质量管理活动，充分发挥广大职工的聪明才智和当家作主的进取精神。

②电铅的质量要求如下。a. 化学成分：$w(Pb) \geq 99.994\%$，$w(Ag) \leq 0.0005\%$，$w(Cu) \leq 0.001\%$，$w(Bi) \leq 0.003\%$，$w(As) \leq 0.0005\%$，$w(Sb) \leq 0.001\%$，$w(Sn) \leq 0.001\%$，$w(Zn) \leq 0.0005\%$，$w(Fe) \leq 0.0005\%$，杂质总和不大于 0.006。b. 物理规格：铅锭为长方梯形，锭底有两条凹槽，锭的两端有突出耳部。c. 锭重：(48 ± 2) kg/块，若有特殊要求，则供需双方商定。d. 表面质量：铅锭不得有冷隔，不得有大于 10 mm 的飞边、毛刺（允许修整）。e. 铅锭表面不得有熔渣、粒状氧化物、夹杂物及外来污染。

8. 生产成本控制与管理

生产成本的控制主要依靠工段、班组加强成本管理、开展劳动竞赛和技术革新活动来达到提高产量、降低单耗，最终降低产品成本的目的。主要措施如下：①缩短工艺流程，改进设备提高产量。②用新的较低廉的材料替代原来较贵重的材料。③按照事先拟定的成本预算指标严格监督，发现偏差及时采取措施加以纠正。④确保资源消耗和费用开支限制在预算指标规定的范围之内，加强原辅材料、燃料动力等直接成本的控制，建立台账记录，经常与定额进行对比，发现异常及时查找原因，采取措施。⑤坚持经济原则和全员参与原则；加强员工培训，提高技术操作技能和管理能力，从而提高劳动生产率。国内某铅冶炼厂铅电解精炼加工成本及其构成如表 5-13 所示。

表 5-13 铅电解精炼加工成本及其构成

项目	单耗	金额/(元·t⁻¹)	占比/%
硅氟酸/(kg·t⁻¹)	3.56	8.22	2.70
骨胶/(kg·t⁻¹)	0.55	6.39	2.10
其他材料		27.98	9.18
天然气耗/(m³·t⁻¹)	15.66	34.77	11.41
水耗/(m³·t⁻¹)	0.17	1.88	0.62
电耗/(kW·h·t⁻¹)	158.25	96.53	31.67
折旧		55.37	18.17

续表5-13

项目	单耗	金额/(元·t^{-1})	占比/%
工资		38.30	12.56
福利费		1.53	0.50
工会教育费		0.77	0.25
保险费		11.42	3.74
制造费		21.64	7.10
总计		304.80	100

表5-13说明，铅电解精炼加工成本中电费是主要的，其次是折旧和工资。

参考文献

[1] 赵天从. 重金属冶金学[M]. 北京：冶金工业出版社，1981.

[2] 彭容秋. 重金属冶金学[M]. 长沙：中南工业大学出版社，1991.

[3] 陈国发. 重金属冶金学[M]. 北京：冶金工业出版社，1992.

[4] 蒋继穆，张驾，陈帮俊，等. 重有色金属冶炼设计手册：铅锌铋卷[M]. 北京：冶金工业出版社，1995.

[5] 彭容秋. 有色金属提取冶金手册：锌镉铅铋卷[M]. 北京：冶金工业出版社，1992.

[6] 张乐如. 现代铅冶金[M]. 长沙：中南工业大学出版社，2005.

[7] 程永强，马春来，杨洪光，等. 粗铅火法精炼工艺的研究[J]. 有色矿冶，2014，30(5)：98-99.

[8] 张勇. 浅谈降低铅电解精炼直流电耗的途径[J]. 云南冶金，2009(s1)：38-41.

[9] 邹强. 云南驰宏锌锗大极板铅电鲟精炼技术引进思考[J]. 中国有色冶金，2009(6)：23-26.

[10] 唐谟堂，何静. 火法冶金设备[M]. 长沙：中南大学出版社，2003.

[11] 唐谟堂，曹列. 湿法冶金设备[M]. 长沙：中南大学出版社，2004.

[12] 唐帛铭. 有色金属提取冶金手册：能源与节能[M]. 北京：冶金工业出版社，1992.

[13] 刘元扬，刘德溥. 自动检测和过程控制[M]. 2版. 北京：冶金工业出版社，1987.

[14] 张丽军. 浅论冶金企业原料成本控制与管理[J]. 中国金属通报，2013(47)：33-34.

第6章　铅生产安全及劳动卫生

6.1　概述

采用富氧强化熔炼铅原料的火法炼铅工艺获得粗铅，粗铅经火法初步精炼浇铸成阳极板再进行电解精炼、铸锭等冶炼过程获得电铅。主要装备为底吹炉、侧吹炉、顶吹炉、基夫赛特炉及闪速炉等火法冶炼设备。生产过程大都为火法过程，涉及高温、高压及全程大量有毒物危害等潜在危险。

以上情况说明，铅的冶炼生产属于高危行业，有毒有害、易燃易爆因素较多，涉及高温、富氧、高浓二氧化硫气氛作业，以及有限空间和高空作业，因此，必须高度重视铅冶炼的安全生产工作，高度重视铅冶炼的职业卫生防护工作，高度重视铅冶炼的环境保护工作。铅冶炼企业和业主单位必须贯彻"安全第一、预防为主、综合治理"的安全生产方针，落实国家有关建设项目（工程）劳动安全卫生设施"三同时"监督的规定，遵守国家有关法律、法规和文件要求，保障劳动者在生产过程中的安全与健康。必须全面、客观、公正地分析和预测在生产过程中存在的主要危险、有害因素的种类和程度，遵守国家相关法律、法规和标准、规范的要求，提出合理可行的安全对策、措施和建议，同时采取一系列重大举措来加强安全生产工作和劳动卫生工作，从而实现科学发展、安全发展的目标。本章主要讨论铅冶炼企业安全生产和劳动卫生规范，适用于铅冶炼企业的设计、生产、设备检修和施工安装。

6.2　建设及生产安全要求

6.2.1　建设"三同时"要求

防雷装置、消防设施、安全设施和职业病危害的防护设施必须与主体工程同时设计、同时施工、同时投入生产和使用。这是新改扩项目合法性的保障，同时是提高安全本质化水平最重要的保障。

1. 防雷装置"三同时"

厂区内的建（构）筑物，应按《建筑物防雷设计规范》（GB 50057）的规定设置防雷设施，供电整流设备、动力配电设备、计算机设备、油罐等均应按相关设计规范设置防雷设施，并定期检查维护，确保防雷设施完好。

2. 消防设施"三同时"

①新建生产、储存、装卸易燃易爆危险物品的工厂、仓库，以及易燃易爆气体和液体的充装站、供应站、调压站，要向公安机关消防机构申请消防设计审核和验收。

②其他建设工程，应当在取得施工许可、工程竣工验收合格之日起 7 日内，通过公安机关消防机构的网站进行消防设计、竣工验收备案，公安机关消防机构随机抽查。

取得公安机关消防机构出具的消防验收合格意见是消防设施"三同时"完成的标志。

3. 安全设施"三同时"

新、改、扩建项目应委托有资质的单位编制可行性研究报告并取得投资备案证，生产、储存危险化学品等规定的建设项目，在进行项目可行性研究时，要对安全条件进行论证并审查。建设项目应委托安全评价中介机构进行安全预评价，设计单位应严格依据可行性研究报告和安全预评价报告的要求，在进行初步设计时编写安全专篇，进行安全设施设计，落实安全生产措施，安全专篇应报安全生产监督管理部门进行审查。项目安全设施应严格按照初步设计和安全专篇的要求与主体工程同时施工。项目投入试生产后应委托安全评价中介机构进行安全验收评价并经安全生产监督管理部门验收合格后，才能投入生产和使用。

6.2.2　建(构)筑物、工艺和设备的安全条件

企业采用的工艺和设备不是国家明令淘汰、禁止使用的危及生产安全的工艺、设备；生产场所、设备和工艺符合有关法规、国家标准或者行业标准的要求。

6.2.3　作业人员的相关要求

铅冶炼企业的全部员工都必须经过相关专业的培训，掌握必要的有关设备、工艺等方面的知识，考试合格才能任职或上岗。

1. 必须进行安全培训的人员及要求

①铅冶炼企业主要负责人和安全管理人员要具备相应的安全知识，必须进行不少于32学时的安全生产培训，具备相应的安全生产知识和管理能力，每年还要进行不少于12学时的安全生产再培训；危险化学品生产企业的主要负责人和安全管理人员必须进行不少于48学时的安全生产培训，考核合格后方可任职，每年还要进行不少于16学时的安全生产再培训。培训重点是法律法规的培训、安全管理基础知识、重大危险源管理、应急救援预案、国内外先进安全管理经验、典

型的事故和应急案例分析。

②新进厂的员工须经厂、车间、班组三级培训，考试合格后才能上岗。调整工作岗位、离岗一年以上重新上岗的员工要进行车间、班组级的安全教育；新工艺、新技术、新设备、新材料的操作人员应进行有针对性的安全生产培训。

2. 三级培训具体内容

(1) 厂级安全教育的主要内容 ①工厂的性质及其主要工艺过程；②我国安全生产的方针、政策法规和管理体制；③各项安全规章制度、劳动纪律和有关事故案例；④工厂内特别危险的地点、设备及其安全防护注意事项；⑤新工人的安全心理教育；⑥有关机械、电气、起重、运输等安全技术知识；⑦有关防火防爆和工厂消防规程知识；⑧有关防尘防毒注意事项；⑨安全防护装置和个人劳动防护用品的正确使用方法；⑩新工人的安全生产责任制等内容。

(2) 车间安全教育的主要内容 ①本车间的生产性质和主要工艺流程；②本车间预防工伤事故和职业病的主要措施；③本车间的危险部位及其注意事项；④本车间的安全生产一般情况及其注意事项；⑤本车间的典型事故案例；⑥新工人的安全生产职责和遵章守纪的重要性。

(3) 班组安全教育的主要内容 ①班组的工作性质、工艺流程、安全生产的概况和安全生产职责范围；②新工人将要从事的工作性质、安全生产责任制、安全操作规程以及其他有关安全知识和各种安全防护、保险装置的作用；③工作地点的安全生产和文明生产的具体要求；④容易发生工伤事故的工作地点、操作步骤和典型事故案例介绍；⑤个人防护用品的正确使用和保管；⑥发生事故以后的紧急救护和自救常识；⑦车间常见的安全标识、安全色介绍；⑧遵章守纪的重要性和必要性。

3. 特种岗位及作业人员的要求

①特种作业人员100%持证上岗；离岗6个月以上重新进行实际操作考核。

②危险化学品岗位培训时间不少于72学时，每年再培训的时间不得少于20学时。培训重点是本岗位的工艺知识和设备知识、本岗位的危险源分布情况、本岗位的安全操作规程、本岗位的应急救援预案。

6.2.4 作业环境的要求

作业环境的要求如下：

①厂址选择、厂区布置和主要车间的工艺布置，应设有安全通道，合理安排车流、人流、物流，保证安全顺行；设备设施布置应留有足够的人员安全通道和检修空间。

②厂区内的坑、沟、池、井应设置安全盖板或安全防护栏；直梯、斜梯、防护栏杆和工作平台应符合《固定式钢梯及平台安全要求 第1部分：钢直梯》(GB

4053.1—2009、GB 4053.2—2009、屯 4053.3—2009)的规定。

③危险化学品的生产场所应当设有符合紧急疏散要求、标识明显、保持畅通的出口。禁止封闭、堵塞生产经营场所的出口。在有较大危险因素的生产经营场所和有关设施、设备上，应设置明显的安全警示标识。作业现场无杂物，行道通畅，物品、工具摆放要有固定的地点和区域，并有明显标识。

④主要通道及主要出入口、通道楼梯、操作室、计算机室、汽化冷却及锅炉设施、主控室、配电室、液压站、油库、泵房、乙炔站、煤气站等应设置应急照明。

(5)操作室物品摆放整齐，室内无杂物，操作台面整洁无灰尘，劳保用品规范整齐摆放；休息室和更衣室整洁无杂物，衣物及洗澡用具定置摆放整齐。

6.3　风险与事故分析

6.3.1　危险源与安全风险分析

炼铅系统存在的主要危险有害因素包括：火灾爆炸(含冶金炉爆炸)、中毒窒息、灼烫(高温烫伤)、锅炉爆炸、压力容器(管道)爆炸、机械伤害、起重伤害、车辆伤害、触电、高处坠落、物体打击、灼烫(化学灼伤)、坍塌、淹溺、粉尘、噪声、振动、非电离辐射、电离辐射等危险有害因素。

1. 火灾爆炸危害分析

炼铅系统使用了较多的易燃易爆物品，如冶金炉热源(含点火烘炉)采用天然气、柴油、煤及煤粉、焦粉等，大部分冶金炉均采用喷吹富氧空气进行熔炼，并配套建设有制氧站，设置有液氧储罐，除此之外，大量设备使用润滑油、液压油，变压器使用大量的变压器油，汽轮机使用汽轮机油，这些可燃物品，甚至易燃易爆物品遇到引火源均有可能引起火灾，甚至爆炸事故。

各生产车间中电气设备运行，当遇到电气设备老化、过负荷运行、短路等情况时，也有可能引起电气火灾事故。

2. 中毒窒息危害分析

炼铅系统所用原料大部分采用硫化矿，在冶炼过程中不可避免地产生含硫烟气，含硫烟气一旦泄漏，就可能造成现场作业人员中毒窒息事故。此外，部分烟气中还含有少量一氧化碳，也可能造成人员中毒。在熔炼过程中，三氧化二砷挥发出来并在制酸前骤冷器中冷却沉降，如果人员意外接触，也有可能造成砷中毒。

3. 灼烫危害分析

炼铅生产系统中，存在大量高温设备，如底吹炉、侧吹炉、顶吹炉、基夫赛特炉、闪速炉以及各类浇铸机装载有大量的熔融金属，锅炉及蒸汽管道、烟气管道存在大量的高温烟气及蒸汽，如果发生喷炉事故、炉体熔融金属泄漏事故、烟气泄漏、蒸汽泄漏或人员误触高温设备，都会造成灼烫(高温烫伤)伤害。

生产过程中会使用到大量的酸(氟硅酸等)、碱(氢氧化钠、石灰等)等腐蚀品，此外，烟气制酸系统还会生产出大量的浓硫酸，在生产、使用、装卸等过程中由于人员操作失误或设备损坏等原因造成酸碱等腐蚀品泄漏进而导致人员接触，就会造成人员灼烫(化学灼伤)伤害。

4. 锅炉爆炸危害分析

余热锅炉若由于超压使用、超温运行、缺水、长时间缺水后突然进水、安全附件失效等，均可能引起爆炸事故。锅炉发生爆炸的事故概率较低，一旦发生容易造成群死群伤事故。

5. 压力容器(管道)爆炸危害分析

炼铅系统使用的是各类压力容器及压力管道，如液氧储槽、液氩储槽、液氮储槽、氮气储罐、压缩空气储罐、天然气储罐及其管道等。设备检修时，还使用氧气瓶、乙炔瓶，若使用不当、安全附件损坏等，均有可能造成压力容器、压力管道爆炸，一旦发生压力容器爆炸事故将造成财产损失，甚至是人员伤亡。

6. 机械伤害危害分析

生产过程中使用的机械设备种类较多，如皮带运输机、电机、泵、轧机、风机等机械设备，在运行过程中可能直接与人体接触从而造成夹击、打击、卷入、碰撞等伤害。另外，在检修检查设备时忽视安全措施或者设备转动外露部分缺乏安全装置，也容易发生机械伤害事故。一旦发生机械伤害事故，将造成人员伤亡。

7. 起重伤害危害分析

炼铅系统生产及检修过程中使用了大量的起重设备，尤其是在熔融金属吊运过程中使用的冶金铸造起重机，其作业过程具有较大的危险性。当违章操作、设备(吊钩、钢丝绳等吊具)失效、违章指挥、缺少防护装置和设备、工具不全、吊物捆绑不当、作业场所狭窄杂乱及组织管理混乱等，都有可能造成吊物坠落、吊物撞人、绳索碾绞、断头崩击、高处坠落、工件碰砸、人员坠落等起重伤害。

8. 车辆伤害危害分析

炼铅系统的原、辅材料及产品运输主要由社会汽车及火车承担，厂内周转运输主要由叉车、装载机等厂内机动车辆承担。由于厂内道路、车辆的装卸和驾驶、车辆和驾驶员的管理等方面存在缺陷均可能引发车辆伤人事故。常见的车辆伤害事故有：车辆行驶中引起的挤压、撞车或倾覆等造成的人身伤害；车辆行驶中碰撞建(构)筑物、堆积物引起倒塌和伤人事故。

9. 触电危害分析

由于各电气装置和电力线缆等设计或安装存在缺陷、漏电保护装置失灵、裸露带电体无防护措施、潮湿环境下电气设备选型不合理、接地不良、误操作、检修维护不及时、缺乏用电常识、违章作业、安全生产管理制度不完善等，均有可能造成人身触电伤害。此外，触电伤害还多发生在检修过程中，临时线路出现裸露带电体、违反操作规程、检修前不验电、不按规定悬挂标识牌等都极易引发触电事故。

10. 高处坠落物体打击分析

炼铅系统的主要生产车间均采用多层布置，生产区内设置有高大设备及地坑，较多生产场所或操作平台与地面之间均存在较大高差，当工作人员进行高处生产操作、设备检修等活动时，由于设备作业平台不满足要求、爬梯设置不合理、作业平台临空处无防护设施、防护设施不完备或损坏、高处作业时作业人员安全带等劳保用品使用不当、安全警示标识不符合要求、照度不足、存在积灰或积水等因素，作业人员可能发生高处坠落事故。

物体打击事故的发生原因主要为两个方面，一是物料、工具等飞出伤人；二是物料、工具等坠落伤人。铅冶炼企业物体打击事故存在的地点和部位比较分散，主要存在于空间交叉作业的下方作业平台，以及各种可能将物料或工具抛飞的机械设备。现场高层作业场所（如熔炼主厂房等）未定置摆放、检修时工具摆放不合理、护栏下方未设置挡板、人员随意乱扔物品、未设置警示标识等，均可能使下方作业人员遭受物体打击伤害。

11. 坍塌危害分析

由于基础质量差、强度低、过负荷以及地震、强风、暴雪等因素，易导致建（构）筑物、操作平台、管道等坍塌，造成人身伤亡事故。高温作业区熔融金属、熔渣等产生的辐射对建（构）筑物的材料寿命产生较大的影响，如果选材不当且未进行防护，长期热辐射可能降低建（构）筑物的强度，进而造成其坍塌。各冶金炉炉内的耐火砖在重新砌筑时，砌筑不当，可能导致炉体内衬耐火砖坍塌。原料储仓、精矿仓、耐火材料库耐火砖等原辅材料以及成品库等的产品如果堆积过高，也有可能造成坍塌。

12. 淹溺危害分析

炼铅系统内存在循环水池，电解精炼系统有各类液体储槽、浓缩池、各类反应容器等液体槽池，数量较多，当其未采取必要的防护措施或采取的防护措施不当时，如缺少警示标识、未设置安全盖板或周边未设置防护栏杆、人员没采取防护措施、夜晚照明亮度不够等，人员上水池操作和检修，都有可能造成人员淹溺。

13. 电离辐射危害分析

原料工序生产过程中存在放射源，主要用于物料称量，因此存在电离辐射。如果放射源未设置警示标识、放射源屏蔽失效，人体受到一定剂量的放射线辐射后，可产生多种对健康有害的生物效应，引起放射病。达到一定累积剂量当量后可能引起以造血系统损伤为主并伴有其他系统改变的全身性疾病，使人体遭受暂时的或永久的损害,严重的甚至有可能造成死亡。

6.3.2 安全事故风险分析

炼铅系统可能存在的主要危险种类、事故后果及影响程度分析见表6-1。

表6-1 安全事故风险分析

序号	主要危险种类	对应事故种类	可能性	事故后果	严重程度	影响范围
1	火灾爆炸（含冶金炉爆炸）	1.熔融金属及熔渣爆炸灼伤事故 2.冶金炉点火爆炸事故 3.煤系统火灾爆炸事故 4.天然气事故 5.液氧(含氧气)事故	小	严重时,人员群死群伤,设备设施严重损毁	严重	车间甚至厂区
		1.汽轮机油系统火灾事故 2.油库火灾爆炸事故 3.其他火灾事故 4.爆破作业意外事故	小	严重时,人员群死群伤,设备严重损毁	严重	一般情况下仅为车间
2	中毒窒息	1.中毒窒息事故 2.危险固体事故 3.冶金炉烟气泄漏事故 4.实验室药品事故 5.惰性气体事故 6.受限空间作业事故	小	严重时,人员群死群伤	严重	车间甚至厂区
3	灼烫（高温烫伤）	1.熔融金属及熔渣爆炸灼伤事故 2.冶金炉泡沫渣喷炉事故 3.蒸汽泄漏事故 4.实验室药品事故	中	冶金炉事故时可能造成较多人员受伤甚至死亡,一般情况下仅为个体伤害	严重	一般情况下仅为车间
4	锅炉爆炸	锅炉事故	小	严重时,人员群死群伤,设备设施严重损毁	严重	车间甚至厂区
5	压力容器（管道）爆炸	压力容器爆炸事故	小	严重时,人员群死群伤,设备设施严重损毁	严重	车间甚至厂区
6	机械伤害	机械伤害事故	大	一般情况下,仅为个体伤害	较大	作业点

续表6-1

序号	主要危险种类	对应事故种类	可能性	事故后果	严重程度	影响范围
7	起重伤害	起重机械伤害事故	小	一般情况下为个体伤亡，调运熔融金属及熔渣时可能造成较多人员受伤甚至死亡以及次生火灾等事故	严重	车间
8	车辆伤害	车辆伤害事故	中	一般情况下为个体伤亡	较大	作业点
9	触电	触电事故	大	一般情况下为个体伤害	较大	作业点
10	高处坠落	高处坠落事故	小	一般情况下为个体伤害	较大	作业点
11	物体打击	1. 物体打击事故 2. 受限空间作业事故	中	一般情况下为个体伤亡	较大	作业点
12	灼烫（化学灼伤）	危险液体泄漏事故	大	一般情况下为个体伤害	较大	作业点
13	坍塌（物品）	熔融金属及熔渣爆炸灼伤事故	中	一般情况下为个体伤害	较大	作业点
14	淹溺	1. 淹溺事故 2. 受限空间作业事故	小	一般情况下为个体伤亡	较大	作业点
15	电离辐射	放射源事故	小	超剂量时造成严重的个体伤害	较大	作业点
16	其他	突发停电事故 停供水事故 电气事故	小	严重时导致次生事故发生	严重	厂区

注：①事故发生的可能性仅分为大、中、小；②事故严重程度根据其可能最恶劣的事故后果分为严重（群死群伤事故、恶性影响事故）、较大（个体伤亡事故）、一般（个体伤害事故）。③事故的影响范围分为三个层级：作业点、车间、厂区。

6.4　生产安全管理

6.4.1　安全管理的要求

1. 安全管理机构

根据有关规定和企业实际，应设立安全生产委员会或安全生产领导机构。安全生产委员会或安全生产领导机构每季度应至少召开一次安全专题会，协调解决安全生产问题。

企业主要负责人应全面负责安全生产工作，并履行下列主要职责：①组织建立、健全本单位的安全生产责任制，并保证有效执行；②组织制订安全生产规章制度和操作规程，并保证其有效实施；③根据规定按时、足量提取安全生产费用，保证本单位安全生产投入的有效实施；④督促、检查本单位的安全生产工作，及时消除生产安全事故隐患；⑤组织制订并实施本单位的生产安全事故应急救援预案；⑥及时、如实报告生产安全事故。

危险物品的生产、经营、储存单位，应当设置安全生产管理机构或者配备专职安全生产管理人员。其他生产经营单位，从业人员超过三百人的，应当设置安全生产管理机构或者配备专职安全生产管理人员。

2. 危险源管理及其制度

危险源是指可能导致伤害或疾病、财产损失、作业环境破坏以及这些情况组合的根源或状态。例如艾萨炉熔池熔炼过程中高温熔体可能产生灼烫，高温熔体就是一个危险源，要消除高温熔体这个危险源，除非改成湿法冶炼，避免产生高温熔体，这显然是很难做到的，最可行的方案就是制订安全管理制度或者安全操作规程来控制其可能发生事故的风险。

1）国家法律法规

我国有关法律、法规对人的行为及设施设备运行的技术标准做了许多规定，特别是特种设备、危险化学品、矿山和建筑行业等比较容易发生事故的行业，国家制定了许多法规和标准，如吊车钢丝绳的报废标准、护栏的高度、压力容器的检测时间、特种作业证的取换证、重大危险源的管理等，都对控制危险源提供了技术标准和行为标准。企业把这些规定转化成企业的安全管理规定或安全操作规程，全体员工遵照执行。

2）企业安全生产规章制度

铅生产企业应按照相关规定建立健全的安全生产规章制度，至少包含下列制度：安全目标管理制度、安全生产责任制、法律法规标准规范管理制度、安全投入管理制度、文件和档案管理制度、风险评估和控制管理制度、安全教育培训管理制度、特种作业人员管理制度、设备设施安全管理制度、建设项目安全设施"三同时"管理制度、生产设备设施验收管理制度、生产设备设施报废管理制度、施工和检(维)修安全管理制度、危险物品及重大危险源管理制度、作业安全管理制度、作业标准管理制度、相关方及外用工(单位)管理制度、职业健康管理制度、劳动防护用品(具)及保健品管理制度、安全检查及隐患治理制度、应急管理制度、事故管理制度、安全绩效评定管理制度等。

3. 重大危险源管理

根据《危险化学品重大危险源辨识》(GB 18218)和《关于开展重大危险源监督管理工作的指导意见》的规定，辨识出企业的重大危险源。铅生产企业的重大危险源一般是锅炉、压力容器和压力管道、危险化学品。

对重大危险源的管理应设置监控装置和报警装置，按法律规定建立档案，编制应急救援预案并经过演练，备足应急救援物资，完善检测、监控设施，加强检查。将重大危险源及有关安全措施、应急措施报政府安全生产监督管理部门备案。

4. 危险化学品管理

铅冶炼过程的尾气生产的硫酸属于危险化学品，需要开展以下管理工作：①办理安全生产许可证、易制毒化学品生产备案证明、易制毒化学品经营备案证明。②做好危险化学品的生产、使用、运输和登记建档工作。③危险化学品从业人员培训、取证后才能上岗。④运输危险化学品的运输工具应取得许可，驾驶员和押运人员应培训取证。运输线路符合规定，并保证所运输的危险化学品处于押运人员的监控之下。⑤定期进行安全评价。

5. 危险作业管理

铅生产企业主要存在以下危险作业：①危险区域动火作业；②进入受限空间作业；③高处作业；④大型吊装作业；⑤临时用电作业；⑥抽堵盲板作业；⑦破土(断路)作业；⑧交叉作业；⑨其他危险作业。

铅生产企业对危险作业要制订管理办法，明确企业内各种危险作业类型的审批单位、检查单位，并有危险源辨识、安全防范措施和应急措施。进行爆破、吊装等危险作业时，应当安排专门人员进行现场安全管理，确保操作规程的遵守和安全措施的落实。

6. 隐患排查

建立隐患排查治理的管理制度，检查方式采用综合检查、专业检查、季节性检查、节假日检查、日常检查，明确检查的责任部门、责任人和检查范围。隐患排查的范围应包括所有生产经营场所、环境、人员、设备设施和活动。

根据隐患排查的结果，制订隐患治理方案，对隐患进行治理。重大事故隐患在治理前应采取临时控制措施并制订应急预案。隐患治理措施应包括工程技术措施、管理措施、教育措施、防护措施、应急措施等。

7. 事故管理

发生事故后，主要负责人或其代理人应立即到现场组织抢救，采取有效措施，防止事故扩大。及时向上级单位和有关政府部门报告，并保护事故现场及有关证据。严格按照"四不放过"组织事故调查组或配合有关政府行政部门对事故、事件进行调查。

8. 应急救援管理

在危险源的控制过程中，因为管理缺陷或者认知不足，依然可能会出现人的不安全行为、物的不安全状态，从而引发事故，需要采取应急救援预案或应急措施。应急救援预案和应急措施的目的是通过有效的应急救援行动，尽可能降低事故产生的后果。

法律规定重大危险源、危险化学品、特种设备、高毒物品、职业病危害和重点防火单位应制订应急救援预案。同时，对安全风险较大的岗位，应按应急预案编制指导原则的规定编制应急救援预案。根据应急救援预案配备必要的合格的应急设施设备和物资，建立应急救援设备、物资台，对其进行定期检查和维护保养，确保其始终处于良好状态。铅生产企业应定期对应急救援预案进行演练，评估应急设施设备和物资的可靠性和充足性，评估预案的适宜性，并根据演练经过进行整改和修订。

6.4.2　安全管理核心运用

1. 安全因素识别表

1) 制订

一般来说，安全因素识别表由管理者和专业人员执笔，员工参与，即最后由员工对制订出来的安全因素识别表提出意见。需注意的是，安全因素识别表是动态的，由于企业的工艺、产品和人员都在变，因此有的企业半年就强制修改一次。

2) 培训

对于一线员工的培训而言，安全因素识别表是最好的教材，可以用其培训员工所在岗位所具有的风险以及应该采取的措施，并让员工了解自己的上下工序以及与自己工序邻近的其他工序都存在哪些安全隐患，应该如何防范。这样当员工发现其他工序有违规作业时，有能力进行指正。而这也就要求员工首先要专业地掌握自己工序和邻近工序的安全问题。

3) 运用

安全因素识别表主要用于对潜在的风险因素的识别。企业可以利用安全因素识别表对每个工序、每个工位的安全隐患进行识别，并根据产生的频率和危害的大小进行分级，然后针对风险大小采取对应的措施——或提供防护装置或减少采购量等, 将所有的安全隐患充分而准确地识别出来并进行安全隐患分级。

2. 现场安全管理

概括来说, 现场管理的重点有两个。

1) 安全巡检"挂牌制"

即对重要的安全岗位实行挂牌制, 如检修设备, 就需要断开设备的电源, 并要在设备电源挂上"设备正在检修, 请勿合闸"的提醒牌; 对于重要的安全隐患岗位, 实行挂牌授权制, 如对于危险的地带, 可以挂牌指出哪些人员才能进入此区域, 非名单内的人员, 不得擅自进入。

2) 现场"三点控制"

现场"三点控制"指对危险点、危害点、事故多发点的控制。

3. 安全思想教育

对于安全思想教育, 企业应着重抓好以下十种精神分散忽视安全的状态: ①新进人员上岗, 以及病假人员、伤愈复工人员和调换工种人员。②职工精神状态、体力或情绪出现异常。这类人员情绪容易波动, 并且容易将情绪发泄到产品或设备上, 所以要及时发现, 及时沟通, 多监督。③抢时间、赶任务和职工下班前夕。在生产紧急抢时间、赶任务时, 容易出现安全事故。④领导忙于抓生产或处理事故。生产紧张时, 领导往往忙于抓生产或其他事情, 而忽视了安全问题, 这时要注意好安全问题, 不能顾此失彼。⑤职工受表扬、奖励、批评或处分。对安全工作做得好和不好的员工给予正负激励时要特别注意员工的情绪波动。⑥工资晋级、奖金浮动、分配住房、工作变动。⑦职工遭遇天灾人祸。⑧节假日前后 (包括节假日加班)。如 7、8 月防汛时期和节假日前后, 要做好安全检查, 包括电源是否切断、安全措施是否到位、值班人员是否落实等。⑨重点岗位、重点操作人员。⑩发生事故后。

6.5　劳动卫生

在生产过程和生产环境中存在多种影响劳动者健康的职业危害因素, 它们对职工的健康可能造成不良影响, 甚至导致职业危害。为改善劳动条件, 防止各种职业性损害, 保护劳动者的健康, 提高劳动生产率, 让职工了解和掌握一些职业卫生的相关制度和基本常识, 提高广大职工的自我防护水平是十分必要的。以下对职业卫生防护设施"三同时"、职业卫生防护设施设备要求、职业卫生管理、常见的职业危害因素等进行简单介绍。

6.5.1　职业卫生防护设施"三同时"

职业病危害的防护设施必须与主体工程同时设计、同时施工、同时投入生产和使用。这是新改扩项目合法性的保障，同时是提高安全本质化水平最重要的保障。职业病防护设施须经卫生行政部门验收合格后，方可投入生产和使用。

可能产生职业病危害的建设项目，指存在或产生《职业病危害因素分类目录》所列职业病危害因素的项目。国家对职业病危害建设项目实行分类管理。对可能产生职业病危害的建设项目分为职业病危害轻微、职业病危害一般和职业病危害严重三类。

6.5.2　职业卫生防护设施设备的要求

1. 作业场所的要求

作业场所应符合如下要求：①职业病危害因素的强度或者浓度符合国家职业卫生标准；②有与职业病危害防护相适应的设施；③生产布局合理，符合有害与无害作业分开的原则；④有配套的更衣间、洗浴间、孕妇休息间等卫生设施；⑤设备、工具、用具等设施符合保护劳动者生理、心理健康的要求。

2. 防护设施维护

应当对聚烟罩、空气呼吸器等职业病防护设备、应急救援设施和个人使用的职业病防护用品进行经常性的维护、检修，定期检测其性能和效果，确保其处于正常状态，不得擅自拆除和停止使用。

3. 报警、急救与撤离

对可能发生急性职业损伤的有毒、有害工作场所，应当设置报警装置，配置现场急救用品、冲洗设备、应急撤离通道和必要的泄险区。

4. 放射性防护

放射工作场所和放射性同位素的运输、贮存，必须配置防护设备和报警装置，保证接触放射线的员工佩戴个人剂量计。

5. 烟气及粉尘防护

①所有产生烟气及粉尘的系统都应设净化或收尘系统；产生粉尘、烟气的设备和输送装置均应设置密闭罩壳。②所有产尘设备和尘源点应严格密闭，并设除尘系统。③除尘设施的开停应与工艺设备一致；收集的粉尘应采用密闭运输方式，避免二次扬尘产生。

6. 噪声防护

风机、空压机现场须设有隔音降噪设施。

7. 防火防爆

①处理含易燃、易爆介质的除尘器应安装易燃、易爆气体检测装置、连锁报警控制系统、防爆装置。②气力输送系统中的贮气包、吹灰机和罐车，均应设有安全阀、减压阀和压力表。

6.5.3　职业卫生管理

设置或者指定职业卫生管理机构或者组织，配备专职或者兼职的职业卫生管理人员，负责本单位的职业病防治工作，具体工作范围和要求如下：

①制订职业病防治计划和实施方案。

②制订职业卫生管理制度和操作规程。

③建立职业卫生档案和劳动者健康监护档案。

④制订工作场所职业病危害因素监测及评价制度。

⑤制订职业病危害事故应急救援预案。

⑥加强含砷、镉、铊、汞原料的采购管理，杜绝高砷高镉高铊高汞原料进厂。各岗位应加强通风除尘设备和设施的管理，特别是火法熔炼系统，尽可能降低岗位危害物的浓度。加强厂区道路运输车辆的管理，尽可能减少精矿泼洒和道路扬尘。

⑦在醒目位置设置公告栏，公布有关职业病防治的规章制度、操作规程、职业病危害事故应急救援措施和工作场所职业病危害因素检测结果。

⑧对产生严重职业病危害的作业岗位，应当在其醒目位置，设置警示标识和中文警示说明。警示说明应当载明产生职业病危害的种类、后果、预防以及应急救治措施等内容。

⑨安排专人负责职业病危害因素日常监测，并确保监测系统处于正常运行状态。

⑨根据岗位的危害因素的特点，为员工提供符合国家标准或者行业标准的劳动防护用品，并监督、教育员工规范佩戴、使用。

⑪组织员工进行上岗前的职业卫生培训和在岗期间的定期职业卫生培训，普及职业卫生知识，指导员工正确使用职业病防护设备和个人使用的职业病防护用品。戴防毒口罩是最便捷最有效的防护措施，它能有效阻止危害物从呼吸道进入人体；饭前洗手和漱口能有效阻止危害物从食道进入人体；勤换衣服、勤洗澡能有效阻止危害物从皮肤进入人体。禁止员工在有毒有害的岗位吸烟和吃零食，以免毒物直接进入消化系统，引发中毒。员工下班后要用肥皂洗手，要漱口、洗澡，要勤洗工作服。

⑫严格按照《中华人民共和国职业病防治法》的规定组织上岗前、在岗期间和离岗时的职业健康检查，按法规规定对异常人员进行及时处理。不得安排未经上岗前职业健康检查的员工从事接触职业病危害的作业；不得安排有职业禁忌的员工从事其所禁忌的作业；对在职业健康检查中发现有与所从事的职业相关的健康损害的员工，应当将其调离原工作岗位，并妥善安置；对未进行离岗前职业健康检查的员工不得解除或者终止与其订立的劳动合同。

⑬应当为员工建立职业健康监护档案，并按照规定的期限妥善保存。职业健康监护档案应当包括员工的职业史、职业病危害接触史、职业健康检查结果和职业病诊疗等有关个人健康资料。对职业病患者按规定给予及时的治疗、疗养。对患有职业禁忌症的，应及时调整到合适岗位。

⑭及时、如实地向政府主管部门申报生产过程存在的职业危害因素。出现下列情况要重新申报：①新、改、扩建项目；②因技术、工艺或材料等发生变化导致原申报的职业危害因素及其相关内容发生重大变化；③企业名称、法定代表人或主要负责人发生变化。

6.5.4 职业危害因素及其影响

1. 职业危害因素

在从事矿山开采、选矿、冶炼、化工、机械加工和建筑等生产活动中，存在的某些因素对员工的健康可能产生一定影响，我们把这些因素称为职业危害因素。职业危害因素主要有以下三类。

（1）生产过程中的职业危害因素 主要有粉尘、氯气、二氧化硫、硫酸雾、硫化氢、一氧化碳、氮氧化物、二氧化碳、镍、铅、锰、噪声、振动、强热辐射、X射线和γ射线等。

（2）劳动过程中的职业危害因素 主要有长时间强迫体位、个别器官和系统的过度紧张等。

（3）与生产环境有关的职业危害因素 如露天作业气温高、厂房狭小、照明不良等。

2. 职业危害因素对健康的影响

职业危害因素对接触者健康造成的各种不良影响统称为职业性损害，其主要表现为：

（1）职业特征 指由职业危害因素引起的机体某些改变，而对健康没有实质性影响的表现，如皮肤着色等。

（2）非特异作用 指职业危害因素可降低机体对一般疾病的抵抗力，使患病率增加，病情加重，病程延长。

（3）工作有关疾病 指职业危害因素是某种疾病发生的许多因素之一，但不是唯一的、直接的原因。通过控制职业危害因素，改善劳动卫生条件，可使所患疾病得到防止或缓解。

（4）职业病 指在从事生产过程中由职业危害因素引起的特征疾病。在立法意义上，职业病具有一定的范围，即国家规定的法定职业病。凡属法定职业病的患者，在治病、休息期间，以及在确定为伤残或治疗无效而死亡时，均应按国家规定给予劳保待遇。

6.5.5　铅冶炼主要职业危害

铅冶炼过程中的职业危害主要有铅中毒、砷中毒、硫化合物危害、氟化氢及四氟化硅危害等。

1. 铅中毒

铅的熔点低（327.5℃），在 400～550℃ 便开始挥发，并随温度的升高而显著增多。炉渣中只含有 2% 左右的铅，但在放渣过程中铅同样挥发；铅矿中的铅、砷、锑等有一部分形成铅铜锍和砷铜锍。铜锍排放时，铅的挥发更多；熔融金属铅的流出也造成铅蒸气的形成。铅蒸气在空气中迅速凝聚、氧化成氧化铅（PbO），呈气溶胶散布于作业环境中，而铅及其化合物都是毒性很强的毒物。

铅及其化合物在生产中以蒸气、烟及烟尘的形式存在，主要由呼吸道进入人体，在呼吸道内的吸收远较消化道完全和迅速。铅经常不断地进入和蓄积于人体内，会引起操作人员铅中毒。铅中毒能引起神经系统功能的紊乱、造血机能的减退。

2. 砷中毒

砷中毒包括砷蒸气中毒和砷化氢中毒等。

1）砷蒸气中毒

由于铅精矿中含有一定量的砷，在炼铅过程中会生成砷铜锍。在放出砷铜锍时，有大量砷蒸气及三氧化二砷向操作现场弥散。在污酸站操作处理过程中作业不当也易引起操作人员砷中毒。砷蒸气中毒会引起毛细血管、新陈代谢、神经系统等方面的病变。

2）砷化氢中毒

砷化氢剧毒，是强烈的溶血性毒物。砷化氢引起的溶血机理尚不十分清楚，一般认为血液中砷化氢 90%～95% 与血红蛋白结合，形成砷-血红蛋白复合物，通过谷胱甘肽氧化酶的作用，使还原型谷胱甘肽氧化为氧化型谷胱甘肽，红细胞内还原型谷胱甘肽下降，导致红细胞膜钠-钾泵作用破坏，红细胞膜破裂，出现急性溶血和黄疸。砷-血红蛋白复合物、砷氧化物、破碎红细胞及血红蛋白管型等可堵塞肾小管，是造成急性肾损害的主要原因，可造成急性肾功能衰竭。此外砷化氢对心、肝、肾有直接的毒副作用。

3. 硫化合物危害

二氧化硫和硫化氢两类硫化合物对身体会产生不同程度的危害。

1）二氧化硫危害

二氧化硫为无色、有辛辣气味的刺激性气体，主要分布在火法冶炼和硫酸生产等车间岗位环境中，是工业废气的一种，是大气主要污染物之一。车间空气中二氧化硫的最高容许质量浓度为 15 mg/m³。二氧化硫属中等毒性物质，对眼及呼吸道黏膜有强烈的刺激作用，大量吸入可引起肺水肿、喉水肿、声带痉挛而窒息。

①急性中毒：仅见于生产事故。轻度中毒时发生流泪、畏光、咳嗽、鼻及咽喉灼痛、声音嘶哑、胸闷、呼吸急促、全身不适、乏力。严重中毒可在数小时内发生肺水肿。吸入极高浓度的二氧化硫，可引起反射性声门痉挛而窒息。

②慢性影响：长期吸入低浓度二氧化硫，可引起神经衰弱综合征。常有鼻炎、咽炎、喉炎、支气管炎以及嗅觉、味觉减退等症状。少数人可有中毒性肺硬变和牙齿酸蚀症。

2）硫化氢危害

在铅冶炼污酸治理过程中可能会产生硫化氢气体。人体吸入硫化氢可引起急性中毒和慢性损害。急性硫化氢中毒可分为三级：轻度中毒、中度中毒和重度中毒。不同程度的中毒，其临床表现有明显的差别。轻度中毒表现为畏光、流泪、眼刺痛、异物感、流涕、鼻及咽喉灼热感等症状，检查可见眼结膜充血、肺部干性啰音等，此外，还可有轻度头昏、头痛、乏力症状；中度中毒表现为立即出现头昏、头痛、乏力、恶心、呕吐、共济失调等症状，可有短暂意识障碍，同时可引起呼吸道黏膜刺激症状和眼刺激症状，检查可见肺部干性或湿性啰音，眼结膜充血、水肿等；重度中毒表现为明显的中枢神经系统的症状，首先出现头晕、心悸、呼吸困难、行动迟钝，继而出现烦躁、意识模糊、呕吐、腹泻、腹痛和抽搐，迅速进入昏迷状态，最后可因呼吸麻痹而死亡。在接触极高浓度硫化氢时，可发生"电击样"中毒，接触者在数秒内突然倒下，呼吸停止。长期反复吸入一定量的硫化氢可引起嗅觉减退，以及出现神经衰弱综合征和自主神经功能障碍。

4. 氟化氢及四氟化硅危害

铅电解精炼时，所用的电解液是硅氟酸（H_2SiF_6）和硅氟酸铅（$PbSiF_6$）的水溶液。硅氟酸由氢氟酸（H_2F_2）加石英石粉（SiO_2）制成；氢氟酸由（CaF_2）加硫酸制成；硅氟酸铅用硅氟酸加铅而产出。在制备上述产物时，有氟化氢、四氟化硅溢出，它们可造成对呼吸道黏膜、牙齿和皮肤的伤害，严重者可得氟骨症。操作者如皮肤直接接触氢氟酸，不仅损伤皮肤肌肉，严重者还会损坏骨骼。

6.5.6　铅冶炼主要职业危害预防措施

铅冶炼中职业危害的预防措施如下。

1）预防铅、砷中毒

预防铅、砷中毒常采用的措施有：①有尘毒飞扬的铅物料在运输、转移及生产过程中均应采取密闭、排风和净化等措施。②铅作业场所应设置吸入式清扫装置，定期对设备、地面、侧墙和房顶进行清扫，以减少粉尘及二次粉尘的飞扬。③铅作业人员的工作服、口罩等，必须集中在厂内洗涤，有铅尘的工作服不得带出厂外，防止二次污染，尤其要防止职工家属铅中毒。穿工作服不得进入食堂。④饭前、饮水时应先洗脸、洗手，不得在作业场所吸烟和进食。更不得利用热的铅渣及铅锭烤煮食物。⑤对从事铅作业人员要定期进行体检。

2）预防二氧化硫危害

和预防氯气中毒一样，一要杜绝意外事故的发生；二要防止生产设备和管道跑、冒、滴、漏；三要做好废气的回收和利用；四要加强车间岗位的通风；五要加强个人防护，正确使用防毒口罩和面具。有明显的眼、鼻、喉及呼吸道疾病，手、面部湿疹，支气管哮喘和肺气肿等疾病者，不应从事接触二氧化硫作业的工作。

3）预防硫化氢、砷化氢危害

在工业废水处理过程中会加入硫化剂对砷、镉、铊等重金属进行脱除，这可能会产生硫化氢气体。铅冶炼过程综合回收小金属过程中砷会富集，在熔炼和收尘过程中可能会产生砷化氢气体，因此对反应釜、炉体和收尘设备等产生气体的设备进行强制抽风，增加除害塔，现场安装硫化氢及砷化氢气体检测报警器。此外对操作员工进行安全教育培训，要求员工穿戴好防毒面具等劳保用品。

4）预防氟化氢、四氟化硅危害

防止氟化氢及四氟化硅危害的具体措施如下：作业时，均应在密闭的容器内进行。加强铅电解厂房内的自然通风，发放防酸的工作服、长筒靴及防酸手套，严防皮肤直接接触。夏季发放护肤膏，以免造成皮疹。

参考文献

[1] 彭容秋.有色金属提取冶金手册：锌镉铅铋卷[M].北京：冶金工业出版社，1992.

第7章 铅生产"三废"治理与环境保护

7.1 概述

铅冶炼工业是资源、能源密集型产业,其特点是产业规模较大、生产工艺流程复杂。目前我国铅矿山为冶炼厂提供的铅精矿主要是方铅矿精矿,其次是铅锌混合精矿,还有一些氧化铅矿也逐渐成为铅冶炼的原料。火法是冶炼粗铅的唯一方法。铅冶炼过程就是通过物理化学的方法将铅精矿中的铅与其他元素分离。铅冶炼过程中部分元素根据工艺变化进入烟气、水体及固废,造成污染物的排放。铅冶炼污染物的排放主要分为三大类:废水、废气、固体废物。

2000 年以来,随着国家对环境保护工作的日益严格,我国有色金属工业通过不断推进清洁生产、工艺升级改造,从源头消除、消减污染物排放,以达到从根本上保护环境、安全文明生产的目的。为控制铅生产工业污染物排放,防止其污染物排放对环境造成污染和危害,促进生产技术装备和污染控制技术的进步,2001 年 12 月 28 日国家环境保护总局、国家质量监督检验检疫总局批准了《一般工业固体废物贮存、处置场污染控制标准》(GB 18599—2001),为防止二次污染,对一般工业固体废物贮存、处置场的选址、设计、运行管理、关闭与封场,以及污染控制与监测等提出要求;同时发布了《危险废物贮存污染控制标准》,对列入国家危险废物名录的危险废物在包装、贮存设施的选址、设计、运行、安全防护、监测和关闭等方面提出技术要求。

2009 年 11 月 13 日环境保护部发布了《清洁生产标准 粗铅冶炼业》(HJ 512—2009)和《清洁生产标准 铅电解业(HJ 513—2009),从生产工艺与装备、资源能源利用指标、产品指标、污染物产生指标(末端处理前)、废物回收利用指标、环境管理六个方面提出了相关要求。铅冶炼环境污染治理,应尽量从源头控制,采用以防为主、防治结合的原则,实施全过程清洁生产,从源头上减少污染物的产生,从而降低和减轻污染物末端治理的压力,提高环境污染防治和管理水平;从冶炼主体工艺到末端污染治理全过程进行污染防治,实现对环境的高水平整体保护。

环境保护部于 2010 年 9 月出台了《铅、锌工业污染物排放标准》(GB 25466—2010),替代铅、锌生产企业之前执行的《污水综合排放标准》《大气污染物综合排放标准》《工业炉窑大气污染物排放标准》，并于 2010 年 10 月 1 日起实施。该标准规定了铅、锌工业企业产生的废水、废气中污染物排放限值、监测和监控要求，具体情况如表 7-1 及表 7-2 所示。另外，环境保护部于 2013 年 2 月 27 日公布了《关于执行大气污染物特别排放限值的公告》(2013 年第 14 号)，其中有关铅、锌工业大气污染物特别排放限值也示于表 7-2 中。

表 7-1　水污染物排放浓度限值及单位产品基准排水量　　单位：mg/L

序号	污染物	限值		特别限值		污染物排放监控位置
		直接排放	间接排放	直接排放	间接排放	
1	pH	6~9	6~9	6~9	6~9	企业废水总排放口
2	化学需氧量	60	200	50	60	
3	悬浮物	50	70	10	50	
4	氨氮(以 N 计)	8	25	5	8	
5	总磷(以 P 计)	1.0	2.0	0.5	1.0	
6	总氮(以 N 计)	15	30	10	15	
7	总锌	1.5	1.5	1.0	1.0	
8	总铜	0.5	0.5	0.2	0.2	
9	硫化物	1.0	1.0	1.0	1.0	
10	氟化物	8	8	5	5	
11	总铅	0.5		0.2		车间或生产设施废水排放口
12	总镉	0.05		0.02		
13	总汞	0.03		0.01		
14	总砷	0.3		0.1		
15	总镍	0.5		0.5		
16	总铬	1.5		1.5		
单位产品基准排水量	选矿/($m^3 \cdot t^{-1}$ 原矿)	2.5		1.5		计量位置与监控位置一致
	冶炼/($m^3 \cdot t^{-1}$ 产品)	8		4		

表 7-2 大气污染物排放浓度限值   单位：mg/m³

序号	污染物	适用范围	限值	特别排放限值	污染物排放监控位置
1	颗粒物	所有	80	10	
2	二氧化硫	所有	400	100	
3	氮氧化物	所有		100	污染物净化
4	硫酸雾	制酸	20	20	设施排放口
5	铅及其化合物	熔炼	8	2	
6	汞及其化合物	烧结、熔炼	0.05	0.05	

2020 年 3 月，工业和信息化部颁布了 2020 年第 7 号公告，将《铅锌行业规范条件》(2015) 修订为《铅锌行业规范条件》(2020)，对铅锌企业布局和生产规模、质量、工艺和装备、能源消耗、资源消耗及综合利用、环境保护等方面出台了行业规范条件。在环境保护方面，公告规定：冶炼企业依法实施强制性清洁生产审核。

铅冶炼生产企业属涉重金属企业，使用和产生的有毒有害危险化学品较多，因此，必须高度重视"三废"治理和环境保护工作。为了满足日益严格的环境保护法规，必须大力开发铅冶炼的绿色技术和绿色装备，这是今后铅冶炼工业发展的一个重要方向。

铅生产环境保护主要涵盖三个方面：①有害气体、粉尘及噪声尽量减少和达标排放；②尽量减少和达标排放废水到环境水系中；③废渣、烟尘等固体废弃物的无害化处置和资源利用。

为实现环保目标，人们开发成功了一系列相应的"三废"处置工艺方法。本章系统介绍铅冶炼生产过程产生的"三废"情况及其处置方法，重点介绍二氧化硫烟气的治理和制酸，酸性重金属废水的处理与回用，以及炼铅烟尘、铅铜锍、黄渣及炉渣的无害化处置技术与措施。

7.2 环境保护管理

7.2.1 污染防治

环境污染问题十分复杂，因此必须采取立法、经济、教育、行政、技术等相结合的手段，并采取有效的综合防治措施。

1. 依法防治

把环境保护纳入国民经济计划和管理的轨道，要以《中华人民共和国环境保护法》等法律、法令、条例为依据,具体包括:①要把保护环境与自然资源作为制定国民经济计划时不可缺少的内容,实行全面规划合理布局。②进行基本建设时,要贯彻执行环境保护设施与主体工程同时设计、同时施工、同时投产(即"三同时"的原则)。③在老企业的技术改造中,要把消除污染作为技术改造的内容之一,对一些危害严重的污染源,要分期分批限期解决。④对企业的管理,不仅要求提高产品的数量和质量,还必须按照国家规定对环境进行控制和减少污染。只有这样,才能解决日益严重的环境污染问题。

2. 环境规划

做好基本建设项目的环境规划工作,把好新建企业这一关,不再增加新的污染源,对环境进行全面规划,做到防患于未然。

3. 技术政策

制订控制环境污染的技术政策,主要有:①改革工艺,优先发展和采用无污染和少污染的工艺。②减少燃料用量,改变能源结构。③禁止和限制生产和使用高污染的物品等。④建设综合性工业基地。

4. 经济管理与环境

用经济手段管理环境,在国民经济发展的同时,要相应增加环境保护投资。对环境污染的治理要从经济上予以优待,治理环境污染的资金,银行要给以低息长期贷款。治理建设固定资产折旧实行减税,利用废弃物生产的产品要利润留成。

5. 其他措施

其他措施包括绿化造林、安装净化装置等。

7.2.2　污染源控制

环境污染源控制就是在对污染源进行调查的基础上运用技术、经济、法律以及其他手段与措施对污染源进行监督,控制污染物的排放量,以改善环境质量。控制污染源的主要措施包括:

①控制排放污染物的标准,即根据环境标准的要求考虑技术上可行、经济上合理并结合地区与企业的环境特征,制订各种排放污染物的标准和指标,如污染物排放标准(或允许排放量)、单个设备排污控制指标、单位产量排污控制指标、单位产量用水量指标、燃料消耗指标、原材料消耗指标等。这些标准和指标经国家有关部门批准公布即成为污染源控制的法律依据。

②按照有关标准控制污染源产生的污染物排放量,这是改善环境质量的重要措施。对确定的污染源要加以监督,发现排放污染物超过标准时,应对责任者实行经济和法律的制裁,以促使排污责任者改进生产工艺和设备,改变原料和燃料成分构成,综合利用资源,减少排污量。

7.2.3　环境管理

1. 主要对象及内容

环境管理就是对那些可能造成损害或已经造成损坏并破坏环境质量的活动进行有效的控制和管理。

1) 企业环境管理对象

①资源开发和利用。系指自然资源在开发和利用时进行管理，以达到合理开发和合理利用的要求。②预防和治理环境污染。预防和治理企业环境污染必须从生产原材料及能源的质量、生产工艺、技术装备等方面科学选择和管理，提高企业管理者对环境污染危害的认识水平、科学知识水平，改进他们的管理方法及管理手段。

2) 环境管理内容

①组织污染源调查，弄清和掌握污染状况，建立污染源档案，并定期进行环境监测。②编制企业环境保护规划和计划，并作为企业生产目标的一个内容，纳入企业生产发展规划和计划中去。③制订便于考核的污染物排放指标、环境设施运转指标、绿化指标等，同生产指标一样进行考核，做好环境指标的统计。④建立各种管理制度，经常检查督促。⑤加强基建工程管理工作，严格控制新污染源的产生。⑥组织开展环境管理教育和技术培训，提高各级领导干部和广大职工的认识水平和技术水平。⑦把环境保护纳入企业的劳动竞赛，表彰先进，发动群众，以推动环境保护工作。

2. 环境监测

环境监测对象及统计指标：①废水，包括用水量、废水排放总量、废水处理率、废水中的污染物等。②废气，包括废气排放量、废气处理率、废气中污染物排放总量、可回收利用的可燃废气总量、可回收利用的余热总量。③废渣，包括废渣产生量、废渣综合利用率、废渣处理率、废渣占地面积。④锅炉及工业炉窑，包括现有和已经改造的锅炉和工业炉窑数。⑤"三废"综合利用产品价值，即"三废"综合利用利润。⑥厂区绿化面积。⑦污染处理装置，包括物理、化学、生物处理装置等。

7.2.4　管理制度及措施

1. 日常管理

企业根据自身生产经营等情况，可以将每年的环保教育、环保治理、环保管理等工作纳入目标责任书，与所有生产单位和相关部门签订环保目标责任书，下发目标责任书考核办法，开展月度考核、制订季度红黑旗制度、进行年终总评，促进环保工作的开展和管理。

企业应建立完善的环保管理体制，成立以董事长或总经理为主任的环保委员会，负责企业的日常环境监督管理工作；生产安全部门下设专职环保员和环境监测站，负责企业的日常环境质量和设施运行情况的监测管理工作；下属各生产单位实行厂长负责制，设立专职环保员。项目审批文件、设备运行记录、监测记录等均归档整理。

企业应推行企业环境监督员管理制度，进一步规范和加强环保管理工作。建立公司、生产单位、工段三级环保管理网络，使环保管理体系与环境监督体系有机结合，做到横向到边、纵向到底。根据生产实际情况，加强废水、废气、固废、放射源等管理，结合行业特点和企业性质制订《危险固废管理制度》《污水处理管理制度》等环保管理制度，修订完善应急预案；对所有环保设施从工艺管理、操作规程等方面进行严格控制，认真落实在线监测设备管理制度，使企业环保管理实现规范化、制度化和标准化。

为增强全体员工的环保意识和环保责任感，提高企业环保管理水平和环保应急处置能力，防止和减少各类环保事故，对与企业各单位与公司形成劳动关系的人员、进入公司的外来施工人员、实习人员进行三级以上的环保培训教育工作。对全公司所有从业人员展开分级分类培训，将环保法律法规、现场管理、在线监测管理、污染防治设施运行知识灌输给每一个管理者和操作工，同时根据不同岗位开展岗位环保专业知识和运行操作培训，将绿色环保的理念落实到每个岗位、每个员工的日常工作中。

企业可根据国家政策把每年的 6 月定为环保宣传月，根据每年 6 月 5 日世界环境日的主题，在全公司范围内开展相应的环保宣传教育活动。

定期对环保隐患进行排查，对小隐患做到及时整改，把短时间内难以完成的隐患作为重点治理项目，指定专人负责，制订完善的整改计划和整改方案，并由督查办公室进行督促落实。年初在企业范围内组织征集环保治理项目，将环保治理项目纳入年度环保重点工作，确定工作进度，确保按时完成。通过隐患排查和征集清洁生产方案，完成环保项目整改，实现"三废"达标减排。

2. 日常环境监测

企业应建有环境监测站和化验室，用手工和自动监测相结合的方法对污染源进行日常监测和采样分析。

1）自动监测

企业应安装废气在线监控装置，主要对二氧化硫、氮氧化物、烟尘、流量、含氧量进行监测，安装废水在线监控装置，主要对铅、铜、锌、砷、镉、COD、氨氮、pH 进行监测。做到对主要污染源排放口全天候监控，并与生态环境部、省生态环境厅、市生态环境局实时对接。

为保证在线监测设备稳定运行，监测站专人负责并制订在线管理办法，纳入责任制进行考核，日常管理重点关注。企业可委托第三方负责在线设备的日常运营管理，制订《基站站房管理制度》《基站监测仪器操作规程》《维护人员岗位职责》等制度，并定时进行检查、标对，确保监测设施稳定运行和数据有效传输，该数据用于排污费征收。市环保部门定期对在线监测数据进行有效性审核。

2）手动监测

企业环境监测站应配备有自动烟（尘）气测试仪、烟尘平行采样仪、声级计、空气总悬浮采样器、智能烟气分析仪等仪器及专用环境监测车辆，中心化验室配备等离子体发射光谱、ICP、可见分光光度计、原子吸收分光光度计、电子天平等分析仪器，按要求开展自行监测工作。

国家对重点监控企业自行监测情况加强了管理，并要求对所有自行监测数据（包括在线监测数据）按因子、频次要求开展工作，并在网上公开、公示。公示的内容应包括废气排放口中的铅、汞、烟尘、硫酸雾、SO_2，废水排放口中的COD、氨氮、pH、铅、砷、镉、锌、汞，厂界噪声等。

3. 现场物料管理

企业设立密闭大棚，所有物料做到入仓、入棚管理，避免物料堆存、转运过程中无组织排放对周边环境的影响。

4. 无组织排放治理

在所有的放渣口、上料口以及可能产生扬尘的地点，对收尘设施进行全面排查，扩改收尘烟罩，增大风机和收尘器，烟灰采用密闭管道气体输送，原料运输采用封闭皮带廊或管式皮带传送，杜绝粉尘的无组织排放。对所有内部物料倒运的车辆进行密封改造，对内部车辆司机进行培训，强化管理，杜绝内部物料倒运过程中的抛洒和扬尘。在原料大棚内加装雾炮机降尘，厂区道路采用真空吸尘车清扫，有效减少扬尘，避免物料的中间浪费。

5. 生态保护

企业还应加大绿化力度，在厂区生产区域种植各类树木花草，提高厂区绿化覆盖率。这对调节周边气候、涵养水源、减轻大气污染具有重要意义。

6. 关爱职工健康

企业应强化职工劳保佩戴意识，利用各类媒介向职工宣传铅污染预防基本知识，加强现场作业管理，广泛采用自动控制、机械化操作、密闭或远距离操作，从源头上减少污染发生。企业应在绿化区主要种植能净化空气的树木，草坪，有效改善员工作业环境、保证员工的身体健康。

7.2.5 铅冶炼厂环境治理范例

河南豫光金铅股份有限公司可视为铅冶炼厂环境治理的典范，几十年来该企业秉承绿色环保理念，在研发清洁生产工艺、建立完善的环保管理体制、负责起草及参与制定国家铅冶炼企业清洁生产和环保标准等方面开展了卓有成效的工作，取得了显著的社会环保效益和经济效益。

1. 研发清洁生产工艺

该企业自主研发的"豫光炼铅法"炼铅新工艺获得国家发明专利，被环保部列入中国铅冶炼最佳污染防治工艺技术之一。在中国有色金属工业协会组织的科技成果鉴定会上专家认为：该工艺技术先进，运行可靠，生产稳定，原料适应性强，生产成本低，节能减排效果显著，总体技术达到了国际领先水平，建议推广应用。该项目的投产达产，标志着我们的铅冶炼水平迈上了一个新的台阶，再次引领行业发展方向。

2. 建立环保管理体制

半个世纪以来，该企业始终把环境管理与治理作为重要工作来抓，建立了完善的环保管理体制。该企业成立了以总经理为主任的环保委员会，负责全公司的日常环境监督管理工作，并下设环境监测站，负责全公司的日常环境质量和设施运行情况的监测管理工作。该企业于 2003 年通过了 ISO14000 环境管理体系认证和 OSHA18000 职业健康管理体系认证，2006 年至今通过了五轮省级清洁生产审核验收工作。该企业重要的废水、废气排放口均按要求安装有在线监测装置，排污口均按照省、市环保部门要求进行规范化管理，是济源市第一家排污口规范化管理样板单位。

3. 负责起草及参与制定国家铅冶炼环保标准

2010 年以来，该企业先后负责起草和参与制定了国家铅冶炼企业产品能耗标准、国家有色金属工业铅锌污染物排放标准、国家有色金属行业铅锌行业清洁生产标准、国家重金属污染源产排污系数修订(2013 年)、国家铅冶炼行业污染治理最佳工艺技术以及河南省铅冶炼企业有关标准等，成为中国有色金属行业节能减排标杆企业。2010 年 8 月，环保部组织全国 14 个省市环保观摩团到该企业学习重金属污染防治经验。2011 年该企业被河南省环保联合会、《河南日报》评为"河南省十大节能减排先进企业"，2014 年被国家发改委、工信部、环保部确认为"国家清洁生产试点单位"，2015 年 11 月荣获环保部"'十二五'节能减排先进单位"称号。

7.3　铅冶炼污染源

火法炼铅是生产粗铅的唯一方法，生产过程由备料、氧化熔炼和还原熔炼等工序组成；粗铅经火法初步精炼和电解精炼产出电铅。铅冶炼过程中产生的废气主要分为工艺废气和环境废气两种，如备料过程产生的含尘废气、工业炉窑烟气、环保通风烟气、电解槽等散发的酸雾及制酸尾气等；废水主要来源于二氧化硫烟气净化排出的废酸、阳极泥湿法处理工段和中心化验室排出的含酸废水、车间地面冲洗水、工业冷却循环水的排污水、余热锅炉排污水、锅炉化学水处理车间排出的酸碱废水和硫酸场地的初期雨水。其中烟气净化排出的废酸中含重金属离子等有毒有害物质，对环境的污染最严重。排放的固体废物主要有冶炼水碎渣、渣选矿尾矿、酸泥渣、污酸污水处理渣、脱硫副产物等。另外铅冶炼过程中还产出高毒有价副产物，如铅铜锍、黄渣、不能返回冶炼的烟尘、铜浮渣和铅阳极泥等。

7.3.1　废气的产生

空气中含有颗粒物、SO_2、酸雾及其他有害物即为废气，废气可分为工艺废气和环境废气。铅冶炼过程中会产生大量的废气，例如一台底吹炉富氧氧化熔炼过程产生的烟气（含 $8\% \sim 10\%$ SO_2）量约 67000 m^3/h。

1. 废气中颗粒物的产生

颗粒物来源于干燥工序中干燥窑烟气、精矿上料、精矿出料，以及配料工序中抓斗卸料、定量给料设备、皮带运输设备转运过程的矿粉流失；熔炼炉和吹炼炉冶炼过程中的熔体喷溅，以及加料口、放铅口、放渣口、喷枪孔、溜槽、包子房等处的泄漏；还有精炼和渣贫化过程中的烟气，以及加料口、锍放出口、渣放出口、电极孔、溜槽、包子房等处的泄漏。

2. 废气中 SO_2 的产生

SO_2 主要来源：①干燥工序中干燥窑烟气；②熔炼工序中熔炼炉冶炼过程中加料口、放铅口、放渣口、喷枪孔、溜槽、包子房等处的泄漏；③精炼过程中炉窑的烟气，以及加料口、放渣口、电极孔、溜槽、包子房等处的泄漏；④烟气制酸的尾气排放。

3. 废气中 NO_x 的产生

NO_x 主要来源：①熔炼工序熔炼炉冶炼过程中加料口、放铅口、放渣口、喷枪孔、溜槽、包子房等处的泄漏；②烟气制酸的尾气排放；③压缩空气、氮气及燃料携带；④排放氮氧化物最严重的生产过程是贵金属精炼的硝酸溶解过程。

4. 废气中酸雾的产生

酸雾主要来源于电解精炼工序电解槽及其他储槽或计量槽，阳极泥处理工序中的反应槽等。

5. 废气中其他污染物的产生

炼铅所产生的废气中的其他污染物主要是铅、砷、汞、镉等金属的单质和化合物，特别是铅蒸气（雾）大量产生和广泛分布。

7.3.2　废水的产生

1. 冷却水排污水

熔炼炉运行时必须用工业冷水对其特定部位进行冷却降温,保证设备能够正常运行,由于需要的水量较大,一般采用的是循环冷却方式。如底吹炉利用汽化水套或水冷套将冷却水不断循环使用,但仍需要在一定时间内将升温的冷却水部分排放,然后补充新水。冷却水排污水的主要污染为热污染。

2. 制酸洗涤废水

在用水对制酸烟气进行净化洗涤过程中产生了不少的洗涤废水,若在日常设备维护中存在疏漏,还会出现泵类泄漏的情况,主要污染物为重金属离子、废酸和酸泥。

3. 铸锭或熔铸冷却水排水

铅产品浇铸冷却水的排污水,如圆盘浇铸机、直线浇铸机等浇铸过程产生的冷却水排污水,其主要污染为热污染。

4. 废电解液

在铅电解精炼生产中须开路一部分电解废液,但不能直接排放,应除去有害金属离子后返回利用。

5. 湿法除尘器排污水

利用湿法除尘工艺除去系统中产生的颗粒物和烟尘时产生湿法除尘酸性废水,如精矿干燥湿法除尘产生的酸性废水。主要污染物为悬浮物和热污染。

6. 冲渣水和直接冷却水

冲渣水和直接冷却水主要来源于水碎装置等设备,主要污染物有悬浮物和少量重金属污染物。

7.3.3　废渣的产生

在炼铅过程中产生大量的烟化渣(水碎渣)、一定量的污酸污水处理渣、脱硫副产物等废渣。除了烟化渣(水碎渣)含铅、锌等较低,且具有类似玻璃的结构和良好的工程性能,能生产水泥等建筑材料外,其他废渣都必须进行无害化处置。

1. 水碎渣

还原渣烟化处理后的熔融渣经水碎获得水碎渣,这是铅冶炼的最终炉渣,其成分主要来自铅精矿中的脉石和熔剂,见表 7-3。数据表明,此渣主要成分是不同形态的铁、硅和钙的氧化物。水碎渣的产生量与原料品位及矿物构成有关,一般为 1.1 t/t 铅。水碎渣具有类似玻璃的结构和良好的工程性能,可生产水泥和制砖等。

表 7-3　烟化炉水碎渣的主要成分(质量分数)　　　　　　　　单位: %

Pb	Zn	Fe	Cu	S	SiO$_2$	CaO	O	其他
0.22	2.51	28.98	0.22	2.01	28.84	18.28	8.83	10.10

2. 酸泥

冶炼烟气制酸过程中,烟气被稀酸清洗,所带入的烟尘进入清洗酸中形成废酸,这部分废酸过滤产生含有 As 等污染物的酸泥,属于危险废物。

3. 废水处理污泥

废水处理过程中一般污染物以固体的形式沉淀出来形成污泥。根据废水处理方式的不同,污泥中有价金属的含量也不同,有价金属含量高的污泥可以作为二次原料利用;有价金属含量低的则视为危险废物。

4. 石膏渣

用石灰乳中和处理污酸过程中会产生大量的石膏渣。这种石膏渣是重金属污染物,但具有利用价值。

5. 废旧内衬与耐火材料

当熔炼炉及电解槽因磨损而更换内衬时,将会产生大量的废旧内衬。

7.3.4　高毒中间产品和副产物

在火法炼铅的过程中,产生了大量的高毒中间产品和副产物,前者如高铅渣、还原渣,后者如铅铜锍、黄渣、铅烟尘、铜浮渣和铅阳极泥。这些中间产品和副产物含有较多的砷、铅、硫等有毒元素,毒性大,而且含有不少 Pb、Zn、Sb、Bi、Au、Ag 等有色金属及贵金属,价值高,必须进行后续处理和综合利用。

1. 高铅渣

高铅渣是铅冶炼过程中产生的中间产品,含有较高的 Pb、Zn 等有价元素。高铅渣代表性成分为: $w(Pb)$ 40%~55%、$w(ZnO)$ 5%~8%、$w(Fe)$ 6%~12%、$w(SiO_2)$ 3%~7%、$w(CaO)$ 2%~5%。显然,高铅渣既是有价值的中间产物,又是重金属污染源,因此对高铅渣的贮存和运输必须进行严格的管控,防止其对环境的污染。

2. 还原渣

还原渣是高铅渣还原过程中产生的中间产品,其渣量较大,成分为: $w(ZnO)$ 10%~18%、$w(Pb)$ 1%~2.5%、$w(Fe_2O_3)$ 11%~35%、$w(SiO_2)$ 12%~20%、$w(CaO)$ 5%~9%,可烟化处理回收 Zn 和 Pb。但还原渣是重金属污染源,对其贮存和运输必须进行严格管控。

3. 铅阳极泥

铅阳极泥是铅电解过程中产生的副产物,产出率一般为阳极溶解量的 1%~

3%，其代表性成分为：$w(Pb)$ 11%、$w(Cu)$ 2.89%、$w(Sb)$ 31.80%、$w(As)$ 7.04%、$w(Bi)$ 13.83%、$w(Ag)$ 6.67%、$w(Au)$ 0.02%~0.32%、$w(Te)$ 0.1%~0.43%、$w(Se) \leqslant 0.2\%$。由此可见，阳极泥是一种高价值的贵金属富集物，必须进行回收。但铅阳极泥含砷较高，是重金属污染源，对其贮存和运输必须进行严格管控。

4. 铅烟尘

各种冶炼方法生产粗铅及粗铅火法初步精炼等过程都产生含尘烟气，烟气经净化系统收集获得铅烟尘。氧化熔炼的烟尘率因方法不同而有差别，底吹、侧吹、顶吹氧化熔炼的烟尘率分别为 12%~18%、≤15%、13%~23%，还原熔炼的烟尘率较低，如侧吹还原熔炼的烟尘率为 8.21%，其中 3.16%须开路处理。铅烟尘富含目标金属，大部分返回熔炼系统循环利用。但少部分含砷、锑等有害元素高，属高危固废，必须进行无害化处置。铅烟尘含砷较高，是重金属污染源，对其贮存和运输必须进行严格管控。

5. 铅铜锍

铅铜锍又称铅锍、铅冰铜，产出率为 1%~3%，富氧顶吹氧化熔炼所产铅铜锍的代表性成分为：$w(Pb)$ 42.77%、$w(Ag)$ 0.08%、$w(Cu)$ 17.37%、$w(S)$ 8.57%。由此可见，铅铜锍价值较高，必须处理利用。但铅铜锍含铅和硫较高，是重金属污染源，对其贮存和运输必须进行严格管控。

6. 黄渣

当炉料中含砷、锑或镍、钴高时，还原熔炼产出少量黄渣，使砷、锑或镍、钴富集其中。其产出率还与还原性气氛有关，还原性气氛弱时有部分砷以氧化物形式挥发，黄渣量减少。鼓风炉还原熔炼所产黄渣的代表性成分为：$w(As)$ 20.7%~34.2%、$w(Sb)$ 1.40%、$w(Fe)$ 46%~66%、$w(Pb)$ 1.4%~4.4%、$w(Zn)$ 1.5%、$w(Cu)$ 4.8%~8.3%、$w(S)$ 2.6%~2.9%、$w(Ag)$ 21.1 g/t、$w(Au)$ 1.0 g/t。由此可见，黄渣价值不大，但块状黄渣较稳定，耐候性强，可作为开路处置砷的一种手段，但必须设置专门堆场单独堆存。富集镍、钴的黄渣送镍冶炼厂处理。

7. 铜浮渣

在粗铅初步火法除铜精炼中产生铜浮渣，因捞渣方式和设备不同，铜浮渣成分差别较大，其代表性成分为：$w(Cu)$ 10%~30%、$w(Pb)$ 45%~70%。铜浮渣价值较大，必须处理利用，但含铅高，是重金属污染源，对其贮存和运输必须进行严格管控。

7.3.5　噪声的产生

铅冶炼过程产生的噪声主要为由机械的撞击、摩擦、转动等运动引起的机械噪声，以及由气流的起伏运动或气动力引起的空气动力性噪声，主要噪声源有熔炼炉、精炼炉、余热锅炉、鼓风机、空压机、氧压机、二氧化硫风机、各类除尘风机、各种泵类和机械搅拌等。

7.4 "三废"治理与环境保护

"三废"治理与环境保护就是采取多种措施对工业生产排放的废气、废水、废渣进行无害化处置、保护环境的同时开展资源的合理利用，这是一个系统工程，必须与生产工艺的选择、生产过程控制、技术改造及后续的治理工作有机结合。从资源回收和经济运行方面来考虑，尽量避免尾部治理，首先应选择能源利用率高、生产流程短、环境保护好的生产工艺，从源头上控制或减少污染物的产生；其次在生产工艺控制过程中尽量减少污染物的排放；最后从提高资源(能源)利用效率入手尽可能做到资源的循环利用。污染物大都是放错地方的资源，铅冶炼生产过程中排放的固体废物、烟尘、粉尘、二氧化硫、含重金属废水等会污染环境，但由于冶炼工艺的特殊性，决定了一些污染物的双重特性，因为这些排放物中大多含有可回收的有价金属和元素，甚至有的本身就是重要的二次资源，最后才是末端治理工作。下面以河南豫光金铅有限责任公司为范例，对污染物的防治技术、方法以及"三废"治理作简要介绍。

7.4.1 废气治理

1. 废气治理技术

1) 烟气除尘方法

铅冶炼烟气除尘方法见表7-4。

表7-4 铅冶炼烟气除尘方法

方法名称	原理	适用性
密闭尘源	将散发粉尘的地点密闭起来，防止粉尘扩散	物料储仓、物料卸料点、物料转运点、物料受料点、物料破碎筛分设备扬尘点、炉窑加料口、铅液排出口、渣排出口、渣包房、溜槽等产烟部位
加湿防尘	当加湿物料不影响生产和改变物料性质时，可加湿防尘或喷雾抑尘	卸料、转运等物料有落差易扬尘的部位

续表7-4

方法名称	原理	适用性
电收尘	含尘气体通过高压电场电离、粉尘荷电，在电场力的作用下粉尘沉积于电极上，从而使粉尘与含尘气体分离	用于底吹炉、侧吹炉、顶吹炉、基夫赛特炉、闪速炉、贫化电炉、烟化炉收尘
袋式收尘	利用纤维织物的过滤作用对含尘气体进行过滤	用于精矿干燥、底吹炉、侧吹炉、顶吹炉、基夫赛特炉、闪速炉、贫化电炉、烟化炉烟气收尘、通风除尘系统及环保排烟系统废气净化
旋风收尘	利用离心力的作用，使烟尘从烟气中分离而加以捕集	粗收尘时使用

2) 烟气制酸

铅精矿熔炼过程中会产生含二氧化硫烟气，部分二氧化硫浓度较高的烟气如熔炼炉烟气采用烟气制酸技术将二氧化硫制成硫酸。主要烟气制酸技术见表7-5。

表7-5　烟气制酸技术

技术名称	原理	适用性
低位高效二氧化硫干燥和三氧化硫吸收技术	由于水蒸气对生产工艺有危害，因此 SO_2 进入转化工序前必须进行干燥，浓硫酸具有强烈的吸水性能，常用作干燥气体的吸收剂；98.3%浓硫酸吸收 SO_3 速度快、吸收率高、酸雾少，因此被作为 SO_3 的吸收剂	适用于所有烟气干燥和 SO_3 的吸收
湿法硫酸技术	烟气经过湿式净化后，不经干燥直接进行催化氧化，SO_2 转化为 SO_3，进而水合生成硫酸(气态)，然后在特制的冷凝器中被冷凝成液态浓硫酸	适用于 SO_2 浓度为 1.75% ~ 3.5% 的烟气制取硫酸
单接触技术	SO_2 烟气只经一次转化和一次吸收。单接触工艺转化率相对较低，不能达到尾气排放限值，需另外配置 FGD 装置。单接触工艺由转化器和外置换热器组成。通常采用四段转化、设置 4 台换热器完成烟气的换热	适用于 SO_2 浓度为 3.5% ~ 6% 的烟气制取硫酸

续表7-5

技术名称	原理	适用性
双接触技术	SO_2烟气先进行一次转化,转化生成的SO_3在吸收塔(中间吸收塔)生成硫酸,吸收后烟气中仍然含有未转化的SO_2,返回转化器进行二次转化,二次转化后的SO_3在吸收塔(最终吸收塔)生成硫酸	适用于SO_2浓度为6%~14%的烟气制取硫酸
预转化技术	烟气在未进入正常转化之前,先经过一次转化(段数不定),把烟气中的SO_2浓度降低到主转化器、触媒能够接受的范围内;同时在预转化生成的SO_3进入主转化器,起到抑制一层转化率的作用,避免因温度过高损坏触媒和设备	适用于SO_2浓度高于14%的烟气制取硫酸
LURECTM 再循环技术	将反应后的含SO_3烟气部分循环到一层入口,抑制一层SO_2的氧化反应,从而控制触媒层温度在允许范围内	适用于SO_2浓度高于14%的烟气制取硫酸
废酸浓缩回收技术	对废硫酸进行加热,使其蒸发浓缩,生产浓硫酸	适用于任何烟气制酸装置

3)烟气脱硫

铅精矿干燥、铅熔炼、冶炼过程产生的含SO_2的逸散烟气和制酸尾气,必须经过脱硫达标后方可排放。烟气脱硫技术见表7-6。

表7-6 烟气脱硫技术

技术名称	原理	适用性
氨法脱硫技术	利用(废)氨水、氨液作为吸收剂吸收去除烟气中的SO_2。其工艺过程包括SO_2吸收、中间产品处理和产物处置	可将烟气中的SO_2作为资源回收利用,适用于液氨供应充足,且副产物有一定需求的冶炼企业
石灰/石灰石-石膏法脱硫技术	用石灰或石灰石悬浮液吸收烟气中的SO_2,净化后烟气可达标排放。烟气中的SO_2与浆液中的碳酸钙进行化学反应被脱除,最终产物为石膏	满足铅冶炼企业低浓度SO_2治理的同时,还可以部分去除烟气中的SO_3、重金属离子、F^-、Cl^-等
钠碱法脱硫技术	将碳酸钠或氢氧化钠作为吸收剂,吸收烟气中的SO_2,得到Na_2SO_3后作为产品出售	适用于氢氧化钠或碳酸钠来源较充足的地区

续表7-6

技术名称	原理	适用性
金属氧化物吸收脱硫技术	根据部分金属氧化物如 MgO、ZnO、Fe_2O_3、MnO_2、CuO 等对 SO_2 都具有较好吸收能力的原理,对含 SO_2 废气进行处理	应用于金属氧化物易得或金属氧化物为副产物的冶炼厂烟气脱硫
有机溶液循环吸收脱硫技术	以离子液体或有机胺类为吸收液,添加少量活化剂、抗氧化剂和缓蚀剂组成的水溶液;在低温下吸收 SO_2,高温下将吸收剂中 SO_2 再生出来,从而达到脱除和回收烟气中 SO_2 的目的	适用于厂内低压蒸气易得,烟气 SO_2 浓度较高、波动较大,副产物二氧化硫可回收利用的冶炼企业
活性焦吸附法脱硫技术	活性焦吸附 SO_2 后,在其表面形成硫酸存在于活性焦的微孔中,降低其吸附能力,可采用洗涤法和加热法再生。再生回收的高浓度 SO_2 混合气体送入硫回收系统作为生产浓硫酸的原料	适用于厂内蒸气供应充足,场地宽裕,副产物二氧化硫可回收利用的冶炼企业
等离子体烟气脱硫脱硝技术	采用烟气中高压脉冲电晕放电产生的高能活性离子,将烟气中的 SO_2 氧化为高价的硫氧化物,最终与水蒸气和注入反应器的氨反应生成硫酸铵	新技术
生物脱硫技术	将烟气中的 SO_2 以具有经济价值的单质硫的形式分离回收	新技术

4)NO_x 脱除

铅熔炼过程及制酸过程中会产生部分 NO_x,须经过处理后才能达标排放。NO_x 脱除方法见表7-7。

表 7-7　NO_x 脱除方法

脱除方法	原理	适用性
选择性催化还原(SCR)法	将 NH_3 作为还原剂,在一定温度反应条件下,通过金属催化剂将 NO_x 还原成 N_2	适用于中等温度条件下反应脱硝
选择性非催化还原(SNCR)法	向高温烟气中直接喷洒氨水等还原剂,不需要催化剂,直接将 NO_x 还原成 N_2 和 H_2O	适用于高温条件下反应脱硝,不需要催化剂

续表7-7

脱除方法	原理	适用性
臭氧氧化碱液吸收法	利用臭氧发生器将臭氧与难溶于碱液的NO反应,使其氧化成易溶于碱液的高价NO_x,然后利用碱液吸收处理	基本适用于铅冶炼及制酸过程的脱硝

5)酸雾处理

冶炼烟气制酸及铅电解过程中产生的酸雾废气,必须经过处理后方可排放。酸雾处理方法见表7-8。

表 7-8　酸雾处理方法

处理方法	原理	适用性
填料塔吸收法	利用酸液的溶解特性,使含酸气体充分与水接触或溶于水中,从而得以净化	适用于硫酸雾、盐酸雾以及其他水溶性气体的吸收处理
动力波湍冲吸收法	利用吸收液与废气相互碰撞、扩散,在固定区域内形成一段稳定的湍冲区,气液之间达到充分的传质、传热,酸性废气与碱性吸收液在湍冲区进行中和反应,达到处理酸性废气的目的	适用于氯气、氮氧化物等废气的吸收

2.烟气治理

1)干燥烟气治理

以煤或天然气为燃料干燥铅精矿时产生含 SO_2 和颗粒物的烟气,该烟气经过除尘和脱硫处理后排放。

2)火法炼铅烟气治理

硫化铅精矿进行火法熔炼时产生 SO_2 含量高的大量烟气,必须综合利用 SO_2 制取工业硫酸。来自熔炼炉的含 SO_2 烟气先被余热锅炉将余热回收后,再用电收尘器收尘,经动力波、电除雾除尘净化,接着经干燥塔浓酸干燥,干而纯净的 SO_2 烟气进入转化器经转化、被浓酸吸收后得到成品硫酸。

3)逸散烟气治理

铅冶炼厂房内有关工序在进行正常的出铅、出高铅渣、出渣作业时,在出铅口、出渣口及包子箱周围会逸出大量含有 SO_2、NO_x 及粉尘的烟气,形成面源污染。在正常作业时会在逸出烟气的作业点设置集烟罩收集处理这类烟气,即通过集烟排风机将各作业点逸出的烟气收集、除尘、脱硫、脱硝,然后经烟囱达标排放。

4)酸雾废气治理

铅电解精炼过程产生大量含有氢氟酸的废气,可采用吸收法净化此废气,先用风罩集气，再用局部机械排风系统收集废气，并将废气从喷淋塔下部输入塔内，上部喷淋碱液吸收酸雾，使尾气达标排放。

3. 铅冶炼废气治理范例

河南豫光金铅股份有限公司可视为铅冶炼企业治理废气的成功范例。1997年，该公司在国内首次采用非稳态工艺对铅烧结烟气进行治理，成功解决铅烧结工艺低浓度 SO_2 的治理难题。2002 年到现在，随着生产工艺的变革，该公司又采用双转双吸稳态制酸工艺和尾气增吸工艺，SO_2 排放质量浓度低于 250 mg/m^3，总硫利用率为 98% 以上，从根本上解决了铅冶炼 SO_2 污染问题。为淘汰落后产能，该公司投资 1.95 亿元建成了国内第一家富氧底吹生产线，投资 3.1 亿元建设熔池熔炼工程，淘汰落后的烧结机生产线。先后投资 3 亿元，建成了 4 套脱硫系统和 23 套除尘设施，其中一般含尘烟气主要采用袋式除尘器，高浓度含硫烟气经余热锅炉+电收尘+两转两吸接触法制酸+尾气增吸工艺进行处理，外排尾气远优于《铅、锌工业污染物排放标准》（GB 25466—2010）。该公司在尾气排放口安装在线监测装置并与环保部门联网，实时在线监控。

2007—2016 年，该公司投资 9500 万元，在所有含硫尾气排放口增加一级碱液吸收装置，大幅减少 SO_2 排放量，制酸尾气加装电除雾装置，减少颗粒物排放。建设 2 套烟化炉尾气治理系统使脱硫废液变成亚硫酸钠，解决了二次污染问题，SO_2 排放质量浓度低于 50 mg/m^3，达到河南省地方排放标准。

2018 年该公司投资 1 亿元左右的资金再次治理工业废气，满足了《铅、锌工业污染物排放标准》（GB 25466—2010）中大气污染物特别排放限值要求，有的污染物指标已经达到超低排放标准。

7.4.2　废水治理

1. 废水处理技术

1）硫化法+石灰石中和法

硫化法+石灰石中和法适合处理污酸。向废水中投加硫化剂，使废水中的重金属离子与硫离子反应生成难溶的金属硫化物沉淀并除去，主要去除镉、砷、锑、铜、锌、汞、银、镍等。硫化反应后再向废水中投加石灰石（$CaCO_3$），中和硫酸，生成硫酸钙沉淀（$CaSO_4 \cdot 2H_2O$），除去硫酸根。可用于含砷、汞、铜离子浓度较高废水的处理。出水与其他废水合并做进一步处理。

2）石灰中和法

石灰中和法适合处理重金属废水。向废水中投加石灰，使重金属离子与羟基反应，生成难溶的金属氢氧化物沉淀、分离。可用于去除铁、铜、锌、铅、镉、钴、砷等。

3）石灰-铁盐（铝盐）法

石灰-铁盐（铝盐）法适合处理含砷重金属废水。向废水中加石灰乳

[Ca(OH)$_2$]，并投加铁盐，使砷以溶度积很小的砷酸铁除去。该法还可用于去除钒、铬、锰、铁、钴、镍、铜、锌、镉、锡、汞、铅、铋等重金属离子，如废水中含有氟时，需投加铝盐。将 pH 调整至 9~11，即可达到脱氟的目的。

4) 净化+反渗透法

净化+反渗透法适用于不含有毒有害物质的一般生产、生活废水及循环水排污水的深度处理，使处理后的水质达到工业循环水的标准，回用于循环水系统的补充水。

5) 电凝聚法

电凝聚法是处理重金属废水的新技术，以铝、铁等金属为阳极，在电流作用下，阳极金属析出离子到废水中与水电解产生的氢氧根形成氢氧化物。此类氢氧化物在絮凝过程中吸附重金属离子生成絮状物，从而使水得到净化。

2. 铅冶炼废水处理

铅冶炼废水含有砷、镉、铊、铅等重金属污染物，是危害较大的废水之一，要尽量减少废水外排。对排出的废水要进行无害化处理。一般采用下列措施：①改进冶炼工艺减少废水；②清污分流；③加强管理，防止"跑、冒、滴、漏"现象；④建立冶炼废水处理系统，净化后的废水回用于生产，逐步实现废水的闭路循环，实现工艺废水"零排放"。下面对工艺废水、场面水、初期雨水和突发事故废水的处理分别进行介绍。

1) 工艺废水的处理

①热污染废水可以通过循环水设施冷却后循环使用。②烟气制酸洗涤产生的废液含有高浓度重金属、酸污染，可以通过硫化法+石灰石中和法预处理后与其他生产废水一同处理。一些厂家根据内部的实际情况，废液不进行处理，而是内部循环使用。③冲洗设备废水、化验室废水等其他生产废水，含有较低浓度的重金属，可以通过石灰-铁盐(铝盐)法处理后外排。

2) 场面水、初期雨水的处理

铅冶炼企业的生产活动会造成厂区地面污染。为了避免污染物通过雨水污染水源，必须对场面水和初期雨水进行收集处理。收集的场面水和初期雨水可以循环用于冲洗地面、运输车辆等，多余的初期雨水可以与其他废水一并处理后外排。

3) 突发事故废水的处理

铅冶炼过程中出现设备故障及大修而无备用设备或备用设备无法启用等情况时，可能造成大量重金属污染废水外排，因此必须采取相关措施进行处理。可以修建事故池存放污水，防止外排。在事故池与外排渠道间设置闸板，故障时及时关闭闸板，污水临时存放在应急事故池内，并修建事故应急废水处理站进行处理，确保废水达标排放。

4）区域防渗和地下水的监控

电解精炼、制酸、废渣堆放等区域存在大量酸性、碱性和高浓度重金属液体，如进入地下，会造成地下水污染。必须采用防渗措施避免渗漏，并在区域范围内设置监测井长期监控，如发现异常及时采取措施。

3. 铅冶炼废水治理范例

河南豫光金铅有限责任公司可视为铅冶炼企业治理铅冶炼废水的成功范例。该公司投资近亿元，对厂区污水管网进行改造，对全公司生产废水进行综合治理。对清洁的冷却水和冲渣水均进行就地循环回用，制酸废水进入污酸污水处理站处理后返回使用。其他生产用水经冷却塔降温或沉淀后循环使用。低质水系统主要采用加碱中和、铁盐曝气的主体处理工艺，处理后废水达到河南省地方标准后回用。高质水系统采用超滤加反渗透的双膜主体工艺进一步深度处理，处理后达到工业循环用水标准后回用，少量浓水达标排放。废水排放口安装有重金属在线监测装置，对铅、砷、镉、COD（化学需氧量）和氨氮进行监测，并与环保部门联网。

豫光金铅上、中、下游齐头并进的节水行动，取得了显著成效，废水排放量从 2010 年的 6200 m³/d 降低至 2015 年的约 1000 m³/d；公司年产值提高了129%，而年生产用水量却下降了 15.2%，年节约一次水 43 万 m³。多年来，豫光金铅始终以保护环境节约用水为己任，用实事求是、务实尽责的态度，用先进的绿色冶炼理念、强烈的社会责任感，致力于先进技术的开发应用，致力于先进理念的提升实践，致力于打造豫光"水文化"，用强有力的行动诠释了"绿水青山就是金山银山"的发展理念，为铅锌铜冶炼企业提供绿色发展的典范。

豫光金铅将节水减排、综合治理、提高水资源利用率作为绿色冶炼的基础，陆续投资 7000 余万元用于废水治理和回用项目，按照源头减排、分质收集、过程回用、末端保障的思路进行全程管控，节水取得了显著成效。

1）源头减排

本着治水先节水的原则，豫光金铅着力加强节水意识的宣传，制定公司用、排水管理和奖惩制度，对各单位用水量和排水量进行精确计量，并列入各单位产品能耗考核指标，从源头杜绝浪费。经过冶炼工艺升级和源头节水控制，目前吨铅耗水量已降低至 2 m³/t（行业标准为 4 m³/t）以下，节水效果显著。

2）分质收集、过程回用

豫光金铅的废水主要分为酸性生产废水、中性生产废水、生活废水。为了实现分质收集处理，公司架设生产、生活废水收集管网，所有废水输送均采用架空管道的方式，分别排入污酸站、中水站、生活污水一体处理站进行达标处理和回用。为了实现雨污分流，根据厂区地形因地制宜建设 5 座雨水收集池，并架设雨水专用收集管道，满足暴雨天气厂区内 20 mm 高的雨水收集能力。建立公司废水水质数据库,按月更新,准确掌握各排水点水质水量,为各单位不同工艺段废水分类收集、阶梯回用提供数据支撑,100%实现工业用水循环利用。

3)末端保障

①酸性废水处理采用成熟的两级"石灰–铁盐"中和加一级生物制剂处理的组合工艺,实现出水稳定,达到河南省《蟒沁河流域水污染物排放标准》(DB 41/776—2012)中$\rho(Pb) \leqslant 0.3$ mg/L、$\rho(As) \leqslant 0.2$ mg/L、$\rho(Cd) \leqslant 0.03$ mg/L,且铊稳定,$\rho(Tl) \leqslant 1$ μg/L,并全部回用。②中性废水通过废水收集管网进入中水站,中水站采用先进的生物制剂法+"双膜"处理工艺,实现了重金属脱除和中水回用,回用率达到65%,回用水质优于工业循环水用水标准,可直接替代软水回用于生产。未回用部分水质稳定,达到河南省《蟒沁河流域水污染物排放标准》(DB 41/776—2012),且铊稳定,$\rho(TL) \leqslant 0.5$ μg/L,经过在线监测基站实时检测后达标排放。③职工餐厅、厕所、洗浴中心等生活废水全部收集并送入生活污水一体处理站进行处理,该系统采用成熟的接触氧化法生物处理技术,使出水COD、氨氮含量远低于该标准,产水全部用于公司绿化灌溉。

7.4.3 废渣治理

本小节仅限于介绍炼铅废渣等固废的治理技术与工艺,通过对固体废物的有效处置,减少最终废弃物的排放量,防止二次污染,减轻对当地的环境污染,同时处理费用低,资源利用效率高,体现全过程控制和管理的原则,实现对环境的高水平整体保护。铅冶炼产生的铅铜锍、铅烟尘、铜浮渣和铅阳极泥等高毒和价值较高的中间产品和副产物,已有成熟的处理工艺与技术进行处理和综合利用,在此不作介绍。

1. 废渣处理技术

1)一般工业固废处置

可建立处置场永久性集中堆放。按照《固体废物浸出毒性浸出方法》(GB 5086)规定方法进行浸出试验的浸出液中,任何一种污染物的浓度均未超过《污水综合排放标准》(GB 8978)最高允许排放浓度,且pH为6~9的,属于第Ⅰ类工业固体废物,按第Ⅰ类场标准处置。浸出试验的浸出液中,有一种或一种以上的污染物的浓度超过《污水综合排放标准》(GB 8978)最高允许排放浓度,或者pH为6~9的,属于第Ⅱ类工业固体废物,按第Ⅱ类场标准处置。

2)有资源回收价值的固废处置

对于有金属等资源利用价值的固体废物,应首先考虑综合回收利用。方法有浮选法、挥发法、熔炼法、湿法冶金法等。对含挥发性的金属和金属氧化物、硫化物可采用烟化炉或回转窑进行烟化挥发处理,对含铅和贵金属的渣可熔炼生产合金或锍,综合回收Pb、Bi、Cu、Ni、Co、Au、Ag。例如制酸系统铅渣可用作提取铅铋的原料；污酸处理产生的硫化渣属危险固废，可用于回收铜及处置砷。

3）无资源利用价值的危险固废处置

对于没有金属等资源利用价值的危险固废应建立危险固废填埋场。污水处理产生的中和渣含 As(Ⅲ)、F⁻、Cu(Ⅱ) 等重金属离子属于危险固废，按危险固废处理处置。危害较大的固废（如砷渣），可先固化后填埋。固化法能大幅度减少废物中金属离子的溶出数量，消减产生污染的风险。

2. 铅冶炼废渣处理

铅冶炼废渣包括水碎渣（水碎熔融还原熔炼渣或烟化渣获得）、污酸污水处理渣、脱硫副产物等废渣。下面简要介绍废渣处置方法。

1）水碎渣

水碎渣是铅冶炼的最终炉渣，主要成分是不同形态的铁、硅和钙的氧化物。水碎渣具有类似玻璃的结构和良好的工程性能，可用作生产水泥和制砖等。

2）铅烟尘

铅烟尘富含目标金属，大部分返回熔炼系统循环利用。但少部分含镉、砷、锑等有害元素且含量较高，属高危固废，须开路进行无害化处置或外售给有资质的环保企业处理，含镉高的烟尘可用湿法工艺回收镉。

3）酸泥

含有砷和汞等污染物的酸泥属于危险固废，应回收有价金属、做无害化处置或外售给有资质的环保企业处理。

4）废旧内衬与耐火材料

根据实际情况球磨一部分废旧内衬和耐火材料可生产耐火材料粉料，含金银较高的废料通过球磨返回熔炼炉回收金银。

5）废水处理污泥

废水处理方式的不同，污泥处置方法也不同。富含有价金属的污泥可以作为二次原料返回系统形成资源以循环利用，也可以出售给有资质的环保企业来处理回收有价金属资源，对于没有回收价值的一般作为危险固废处置。

6）石膏渣

石灰乳中和污酸产生的石膏渣既可返回铅系统作为钙熔剂利用，亦可外售用于建筑材料加工。

3. 铅冶炼废渣治理范例

豫光金铅可视为铅冶炼企业治理铅冶炼废渣的成功范例。该公司配套建设了多种有价金属回收生产线，从各类高毒副产物及冶炼废渣中提取金、银、铜、锑、铋、铟、镉、碲及锌等有价金属，对物料实现"吃干榨净"。该公司投资 7600 万元建成了两套还原熔炼渣烟化提锌生产线，回收次氧化锌大于 25 kt/a，处理后的废渣全部销到水泥厂；投资 1600 余万元，建成了锑、铋渣深加工生产线，年回收锑

3000 t、铋>600 t；投资 1800 万元，建成了硒、汞回收生产线，回收汞 300 t/a、硒 150 t/a。

自 2016 年起该公司先后与长沙有色冶金设计研究院和北京矿冶研究总院合作，研发成功高危废渣无害化利用技术，投资 5000 多万元，对硫酸污水处理站产生的含重金属的中和渣进行资源化利用，制作行道面砖，投产运行后将彻底解决济源市和河南省范围内含重金属的中和渣危险固废无害化利用这一重大难题。

针对铅铜锍、铜浮渣等冶炼渣中存在诸多有价金属的状况，该公司 2013 年开始建设冶炼渣处理技术改造项目，该项目总投资 20 亿元。冶炼渣处理技术改造工程是一个高科技项目，采用自主研发、具有自主知识产权、国内领先的双底吹直接处理技术。设计年处理冶炼废渣料 260 kt，综合回收金 3.5 t、银 118 t、铜 100 kt、硫酸 400 kt。项目建成后，淘汰落后的反射炉 9 台，减少烟尘排放 5.8 t/a、SO_2 排放 1164 t/a。2014 年 2 月试车，2015 年 1 月份通过验收，并被评为河南省建设项目样板工程。

目前该公司拥有河南省环保厅颁发的三个危险固废经营许可证，可处理 12 个种类的危险固废。该公司大部分固废均能自行利用，对部分不能自行利用的固废，则向有处置资质的单位转移。

7.4.4　噪声治理

铅冶炼生产过程的噪声主要从三个方面进行治理：①根治声源。在满足工艺设计的前提下，选用低噪声设备。②控制传播。在设计上，从消声、隔声、隔振、减振及吸声上考虑，合理布置厂内设施，采取绿化等措施，降低噪声。③个人防护。设置必要的隔声操作间、控制室等，使室内的噪声符合有关卫生标准。此外，还通过佩戴耳塞、耳罩等进行个人防护。

参考文献

[1] 彭容秋.有色金属提取冶金手册：锌镉铅铋卷[M].北京：冶金工业出版社，1992.

[2] 生态环境部，国家市场监督管理总局. 一般工业固体废物贮存和填埋污染控制标准[S]（GB 18599—2020）.北京：中国标准出版社，2020.

[3] 环境保护部，国家质量监督检验检疫总局.铅、锌工业污染物排放标准[S]（GB 25466—2010）.北京：中国标准出版社，2010.